Karl-Gerhard Haas, Jochen Letsch

Heizung und Warmwasser

Das passende System für Ihr Haus

Stiftung Warentest

Inhaltsverzeichnis

Effizient und umweltfreundlich heizen

6 Welche Heizung für mein Haus?
9 Die rechtlichen Rahmenbedingungen
14 Die Fördermöglichkeiten
18 Denken und Planen im System: Voraussetzung für Effizienz
21 Den Einsatz erneuerbarer Energien planen
23 Die Gebäudetypen
25 Die Dämmung: Voraussetzung für energieeffiziente Gebäude
32 Gebäudetechnik effizient dimensionieren und nutzen
34 Typische Häuser – und wie sie sich optimieren lassen

Wie kann man in Zukunft günstig heizen?

46 So funktionieren Heizungen
51 Wie heizt man klimafreundlich?
53 Das Wichtigste für die Planung: den Bedarf klären
61 Warmwasser zweckmäßig und effizient bereiten

Wärmepumpen

74 Wie funktionieren Wärmepumpen?
80 Wärmepumpenkennzahlen und ihre Bedeutung
85 Luftwärmepumpen
92 Erdwärmepumpen
98 Sole-Wasser-Wärmepumpen mit Eisspeicher
100 Grundwasserwärmepumpen
103 Allein oder im Verbund? Hybrid-Wärmepumpen
108 Kühlen mit Wärmepumpen
110 Wärmepumpe planen
116 Wärmepumpe wirtschaftlich betreiben und warten

Alternativen und Ergänzungen zur Wärmepumpe

124 Warmwasser und Heizung mit Solarthermie
134 Gas- und Ölheizung
138 Wärmeerzeugung mit Biogas
143 Elektroheizung
148 Blockheizkraftwerke
150 Heizen mit Holz
158 Fernwärme – die effiziente Alternative?
160 Wichtige Auswahlfaktoren

Wärmeverteilung

164 Prinzipien der Wärmeübertragung
166 Heizung: Bestandsaufnahme
168 Warmluft oder -wasser als Medium?
170 Heizkörper
175 Fußboden-, Wand- und Deckenheizungen
180 Luftheizung
182 Kühlen mit der Heizung – und umgekehrt
184 Kamine und Kaminöfen
187 Der richtige Rauchabzug

34
Neubau oder Bestand: Welche Heizung rechnet sich für Ihr Haus?

58
So finden Sie das passende Heizsystem für Ihren Bedarf.

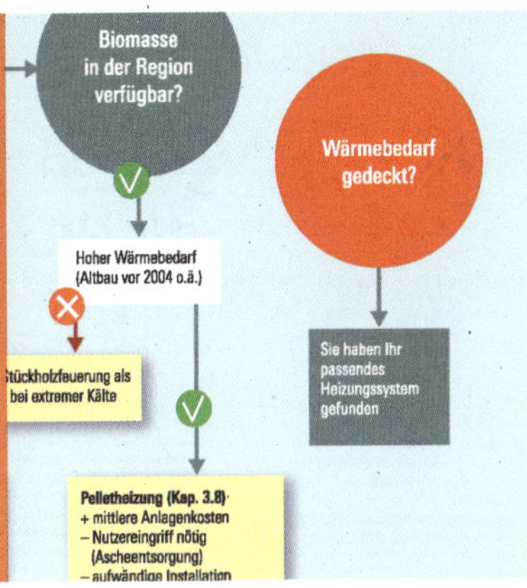

85 Luft-Wasser-Wärmepumpen im Test: Effizient heizen mit Umweltwärme

130
Solarthermie für Warmwasser und Heizung: Wann es sich lohnt

Heizungssteuerung und Smart Home

192 Regelung des Wärmeerzeugers
194 Regelung der Heizkörper
199 Smart-Home-Systeme
205 Das Haus für die Intelligenz vorbereiten
206 Wahl des richtigen Smart-Home-Systems
208 Die Heizung per Smart Home steuern?

Service

210 Bedarfsberechnungen für die Beispielgebäude
211 So teuer wird Ihr Warmwasser
212 Wann lohnt sich eine Hybridheizung?
214 Die Kosten verschiedener Wärmepumpentypen im Vergleich
216 Luft-Wasser-Wärmepumpen im Test
218 Smart-Home-Systeme im Überblick
220 Stichwortverzeichnis

Effizient und umweltfreundlich heizen

6 Welche Heizung für mein Haus?
9 Die rechtlichen Rahmenbedingungen
14 Die Fördermöglichkeiten
18 Denken und Planen im System: Voraussetzung für Effizienz
21 Den Einsatz erneuerbarer Energien planen
23 Die Gebäudetypen
25 Die Dämmung: Voraussetzung für energieeffiziente Gebäude
32 Gebäudetechnik effizient dimensionieren und nutzen
34 Typische Häuser – und wie sie sich optimieren lassen

Welche Heizung für mein Haus?

Bauherren wie Gebäudeeigentümerinnen müssen handeln. Niemand will im Kalten sitzen – aber die Wahl der richtigen Heizung wird immer komplexer. Zusätzlich macht die Politik Druck.

Nach politischem und medialem Getöse beschloss die Bundesregierung im September 2023 die Eckdaten des aktuellen Gebäudeenergiegesetzes (GEG). Unmittelbar wirkt es sich auf Neubauten aus, sukzessive aber auch auf Bestandsbauten. Bauherren und Immobilieneigentümerinnen müssen also handeln.

Im Neubau ist dies relativ leicht: Hier deckt sich das wirtschaftliche Interesse der Hausbauer mit dem Willen des Gesetzgebers, möglichst energieeffiziente Gebäude zu errichten. Denn: Die billigste Heizenergie ist die, die man nicht braucht. Wesentlich komplizierter ist es, Bestandsgebäude heizungs- und dämmungstechnisch möglichst effizient zu sanieren.

Im Neu- und noch mehr im Bestandsbau führen viele Wege zum Ziel – die eine, für alle Situationen passende Lösung gibt es leider nicht. Viele Details hängen vom Standort, dessen Geologie und den dort herrschenden Temperaturen ab, dazu kommen die Gebäudeart, die persönlichen Wünsche und finanziellen Möglichkeiten sowie beim Bestand selbstverständlich die vorhandene Bausubstanz.

Unser Buch zeigt, wie man den neuen rechtlichen Vorschriften zur Heizung im Neubau und in bestehenden Gebäuden gerecht wird. Wir erklären, in welchen Fällen ein Heizungstausch erforderlich ist, wann er sinnvoll sein könnte und welches System für welche Bedürfnisse am besten geeignet ist. Dazu diskutieren und beschreiben wir im Detail die verschiedenen Technologien und ihre Kombinationsmöglichkeiten.

Die gute Nachricht: Die Energie liegt in vielen Fällen zwar nicht auf der Straße, aber oft in der Luft oder im Erdreich. Und sie ist kostenlos und unbegrenzt verfügbar – was für fossile Energien nicht gilt.

Zudem sind im Neubau nach der aktuellen Fassung des GEG reine Gas- oder Ölheizungen nicht mehr erlaubt. Hier wird man in vielen Fällen auf Wärmepumpen für Heizung und Warmwasser setzen. Diese Geräte sind energetisch kleine Wunderwerke, denn aus einer Kilowattstunde (kWh) elektrischer Energie erzeugen sie drei oder mehr kWh Wärme. Alternativlos sind Wärmepumpen aber nicht – es gibt tatsächlich Konstellationen, in denen es wirtschaftlicher ist, direkt mit Strom zu heizen und warmes Wasser zu bereiten.

Besitzern und Besitzerinnen von Bestandsbauten lässt das GEG mehr Zeit – sie können die verschiedenen Optimierungsmöglichkeiten über Jahre strecken. Wenn sie mit einem Energieberater einen Sanierungsplan erarbeiten, werden fast alle Maßnahmen gefördert.

Wichtig bei der Betrachtung technischer Möglichkeiten und ihrer Vor- und Nachteile ist, diese nicht isoliert zu sehen, sondern als System – jede mögliche Komponente der Haustechnik steht mit anderen in Wechselwirkung. Achtet man hingegen nicht auf das Zusammenspiel der einzelnen Gewerke, kann prinzipiell nützliche Gebäudetechnik kontraproduktiv werden. Diese Abhängigkeiten zu berücksichtigen stellt nicht nur für Handwerker und Energieberaterinnen eine Herausforderung dar – auch Bauherren selbst sollten sich so weit in die Materie einarbeiten, dass sie Dienstleistern in der Planungsphase die richtigen Fragen stellen können.

Denn im 21. Jahrhundert sind die Anforderungen an eine zeitgemäße Heizung sehr umfassend. Neben der eigentlichen Wärmeerzeugung sind folgende Punkte wichtig:

- Heizung mit all ihren Unteraspekten, also Warmwasser, Lüftung, Klimatisierung

Nicht immer und überall – aber so wie an diesem Haus wird in Zukunft wohl oft in Deutschland eine Wärmepumpe heizen und warmes Wasser bereiten. Alternativlos ist die Technik aber nicht – Hausbauer und -besitzer müssen individuell entscheiden, welche Lösung die wirtschaftlichste ist.

- Gebäudedämmung
- zusätzliche Effizienz durch Smart-Home-Technik
- Energiegewinnung durch Solarthermie und/oder Photovoltaik, Erdwärme und aus anderen Quellen.

Der letzte Aspekt wird in Zukunft immer wichtiger, denn die CO_2-Emissionen des Gebäudesektors sollen sinken. Noch 2018 verursachte allein Deutschland einen CO_2-Ausstoß von 120 Mio. Tonnen pro Jahr (t/a). Um die Klimaziele der Europäischen Union bis 2030 zu erreichen, muss er auf 72 Mio. Tonnen pro Jahr sinken.

Kein „Weiter so"

Mit vielen existierenden Gebäuden und deren Technik ist dies nicht zu realisieren. Solche Häuser müssen also renoviert und nachgerüstet werden, neue gleich so gebaut, dass sie möglichst wenig externe Energie benötigen und wenig zum CO_2-Ausstoß beitragen. Dies ist nicht nur im Interesse der Allgemeinheit wünschenswert, sondern auch für jeden künftigen oder aktuellen Besitzer einer Immobilie.

Die lange preistreibende EEG-Umlage auf den Strompreis ist weggefallen; mit dem steigenden Angebot von Strom aus erneuerbaren Energien und den günstiger werdenden Möglichkeiten privater Stromerzeugung wird Elektrizität als Energieträger attraktiver. Aktuell ist es schon wirtschaftlicher und sinnvoller, Gebäude mit strombetriebenen Wärmepumpen statt fossiler Energie zu beheizen beziehungsweise auf fossile Energie nur noch zurückzugreifen, wenn die Leistung der Wärmepumpe allein nicht ausreicht. Ein weitgehender Verzicht auf fossile Brennstoffe ist nicht nur politisch gewünscht, sondern in puncto Erderwärmung im Interesse jedes Einzelnen.

Nachhaltigkeit hat viele Facetten

Nicht nur übers Heizen werden sich angehende Bauherrinnen und Bauherren Gedanken machen müssen. Angesichts immer längerer Hitzeperioden wird die Klimatisierung immer relevanter. Auch die CO_2-Bilanz des gesamten Gebäudes wird stetig wichtiger. So spielt für die Nachhaltigkeit eines Hauses auch die Menge an CO_2-Emissionen eine Rolle, die Herstellung, Einbau und später Entsorgung der Baumaterialien verursachen. Diese Aspekte werden unter dem Oberbegriff „graue Energie" zusammengefasst.

Zudem steht bei allen Wünschen nach Effizienz und ressourcenschonender Technik immer das Kosten-Nutzen-Verhältnis im Vordergrund. Die beste Technik nützt nichts, wenn man sie sich nicht leisten kann oder sie sich schlicht nicht rechnet. Auch die Folgekosten sind zu berücksichtigen: Komplexe Regeltechnik etwa kann nach einigen Jahren ausfallen und benötigt ihrerseits Strom.

Es ist also immer sinnvoll, sich in der Planung die Frage zu stellen, was für ein effizientes Gebäude wirklich wichtig ist – und was nur nette Spielerei. Diese Entscheidung muss jeder nach einem gründlichen Blick auf die eigene Situation treffen: Halten sich Kinder oder gesundheitlich eingeschränkte Menschen ständig im Haus auf, sollte die Gebäudetechnik darauf abgestimmt sein – wohnen dort nur gesunde Erwachsene, kann man auf manches Komfortdetail hingegen gut verzichten.

Bedarfsgerechte Haustechnik

Energieeffizienz und Umweltfreundlichkeit stehen immer im Widerstreit mit den Ansprüchen ans Wohnklima und die Benutzbarkeit des Gebäudes. Die effizienteste Heizung und Warmwasserbereitung machen wenig Spaß, wenn erst nach Minuten tatsächlich warmes Wasser fließt oder es Stunden dauert, bis im Haus wohlige Temperaturen herrschen.

Die Haustechnik soll zudem zuverlässig funktionieren, einmal eingerichtet, möglichst wenig Bedienung und Aufmerksamkeit erfordern – und die unvermeidliche Interaktion mit Heizung und Energieversorgung sollte verständlich und intuitiv sein.

Intelligente Kompromisse zu entwickeln und realisieren war schon immer die Quintessenz jeder Bauplanung. Dies kann aber nur gelingen, wenn man als Bauherrin oder Bauherr die Ausstattungsmöglichkeiten und -varianten kennt und überblickt. Unser Buch will exakt dieses Wissen vermitteln und potenziellen Hauseigentümern helfen, die für sie passende Entscheidung zu treffen.

Ein Schlüsselelement für diesen ganzheitlichen Ansatz ist das Intelligente Haus, neudeutsch oft Smart Home genannt. Moderne Kontroll- und Steuerungstechnik kann Ihnen helfen, die Übersicht über die komplexen und vielfältigen technischen Einrichtungen zu behalten. Die verfügbare Smart-Home-Technik illustriert zugleich beispielhaft die Komplexität moderner Systeme. Nur wer genauer nachfasst, überblickt, was die einzelnen Systeme tatsächlich leisten – und was nicht.

Beispiele zur passenden Lösung

In diesem Buch schildern wir, welche rechtlichen, finanziellen und praktischen Rahmenbedingungen Bauherren und Bauherrinnen bei der Planung und Nutzung eines Gebäudes im Blick haben sollten, welche Vor- und Nachteile sich aus Entscheidungen für oder gegen bestimmte Verfahren oder Technologien ergeben. Wir illustrieren dies ab Seite 34 an verschiedenen, im Alltag häufig anzutreffenden Konstellationen – Sanierungen eines freistehenden Hauses aus der Zeit von etwa 1930 bis etwa 1980, eines Reihenhauses aus der Mitte der 1990er, eines denkmalgeschützten Altbaus sowie dem Neubau eines Einfamilienhauses. Für diese vier Fallbeispiele schildern wir präzise, unter welchen Bau- und Ausstattungsvarianten Bauherren heutzutage wählen können – und was diese kosten.

In Neubaugebieten können Gemeinden vielfältige Vorschriften machen, die Bauherrinnen in spe in ihrer Planungshoheit und Entscheidungsfreiheit massiv einschränken, die Idee vom individuellen Traumhaus unter Umständen also schnell zunichtemachen. Umgekehrt bietet ein existierendes, unter Bestandsschutz fallendes Haus oft ungeahnte Sanierungs- und Ausbaumöglichkeiten – man muss sie nur kennen.

Die rechtlichen Rahmenbedingungen

Wer ein Haus neu baut oder saniert, muss neben allgemeinen örtlichen Bauvorschriften mit Blick auf die Gebäudetechnik eine Vielzahl von Gesetzen und Verordnungen beachten.

Im Oktober 2023 stellt sich für Neubauten die Rechtslage im Gebäudeenergiegesetz (GEG) wie folgt dar:

In Neubaugebieten ist es ab 2024 nur noch erlaubt, Heizungen zu installieren, die zu mindestens 65 Prozent mit erneuerbaren Energien betrieben werden. Für Neubauten außerhalb von Neubaugebieten gilt dies erst ab 2026. In der Praxis bedeutet dies wohl meist eine Wärmepumpe (siehe ab Seite 72) oder eine dezentrale Stromheizung bei extrem gut wärmegedämmten Gebäuden (siehe „Elektroheizung“, Seite 143). Neben Strom zählen auch „grüner“ Wasserstoff aus PV-, Wind- oder Wasserkraftstrom (siehe ab Seite 143), Solarthermie (siehe ab Seite 124) sowie Holz (meist Pellets, – freilich nur aus nachhaltiger Produktion, siehe ab Seite 150) zu den erneuerbaren Energien.

In Bestandsgebäuden dürfen weiterhin Gasheizungen installiert werden, sofern diese sich auch mit Wasserstoff betreiben lassen. Außerhalb von Neubaugebieten ist dies auch in Neubauten erlaubt.

Die kommunale Wärmeplanung

Ein wesentliches Element des neuen GEG stellt die kommunale Wärmeplanung dar, die es bislang nur in Baden-Württemberg gibt. Hier sind Gemeinden ab Großen Kreisstädten zu einer Wärmeplanung verpflichtet; für die bundesweite Regelung ist eine Einwohnerzahl von 10 000 oder mehr als Grenze vorgesehen. Sinn der Planung ist nicht nur eine Bestandsaufnahme – also festzustellen, wie bislang geheizt wird –, sondern vor allem der Aufbau von Fernwärmenetzen.

Die Gemeinden haben bis 2028 Zeit, einen Wärmeplan zu erstellen. Solange es keinen Plan gibt, müssen Besitzerinnen von Bestandsbauten nichts unternehmen, und auch Erbauer neuer Häuser könnten die jüngsten Vorschriften theoretisch ignorieren – klug wäre das allerdings nicht.

Gibt es eine kommunale Wärmeplanung und sieht diese vor, ein Gasnetz mit klimaneutralem Biogas (siehe „Wärmeerzeugung mit Biogas“, Seite 138) oder Wasserstoff aufzubauen, dürfen auch in Neubauten noch reine Gasheizungen installiert werden. Ist ein solches Netz nicht vorgesehen, wäre eine Versorgung über Tanks möglich – ähnlich denen für Flüssiggas. In dieser Konstellation reicht es – wie auch bei anderen Heizungen –, dass mindestens 65 Prozent der Heizenergie mittels Biogas oder lokal erzeugtem Wasserstoff oder dessen Derivaten produziert werden.

Da die Gemeinden bis 2028 Zeit für die Wärmeplanung und den eventuellen Aufbau eines klimaneutralen Gasnetzes haben, darf man, solange der Wärmeplan eben nicht vorliegt, auch nach 2024 Gasheizungen durch Gasheizungen ersetzen. Diese müsste man theoretisch jedoch stilllegen, sobald die Kommune ihre Wärmeplanung abgeschlossen hat. Für solche Fälle soll es aber „angemessene“ Übergangsfristen geben – schließlich ist es auch nicht klimaneutral, einen wenige Jahre alten Heizungskessel zu verschrotten.

Mit Systemplanung zur Effizienz

Neu ist das GEG nicht: Schon seit Jahren, genauer gesagt seit November 2020, fordert der Gesetzgeber für Neubauten hohe Standards in

Mit der neuen Energieeffizienzauszeichnung („Label") der Europäischen Union sollen Verbraucher auf einen Blick ablesen können, wie sparsam eine Heizung mit Energie umgeht und wie laut sie ist. Die „Klasse" kann aber nur der groben Orientierung dienen; um zu entscheiden, ob eine Heizung fürs eigene Haus ideal ist, muss man die technischen Daten im Detail studieren.

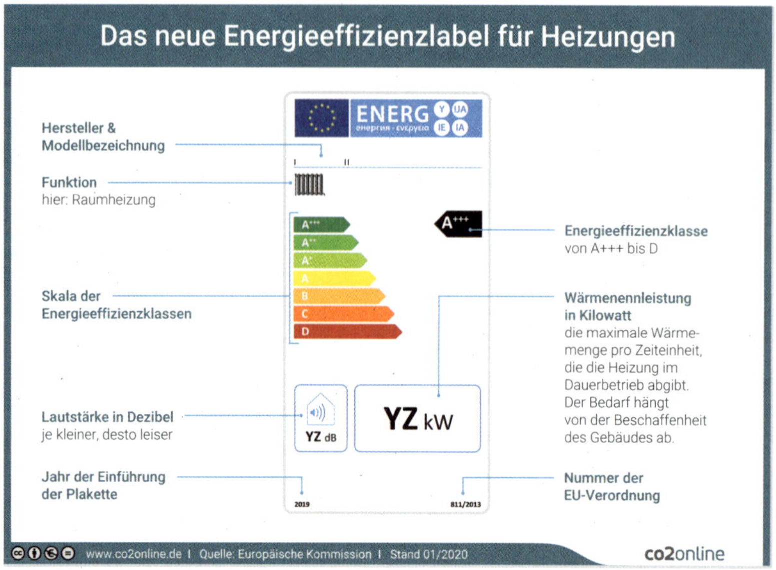

Sachen Energieeffizienz – und spätestens bei einem Eigentümerwechsel mussten sich auch bisher die neuen Besitzer von Bestandsbauten schon um höhere Effizienz kümmern. Dabei steht das gesamte System der Gebäudetechnik im Fokus – erst die Kombination von guter Dämmung, wirksamer und möglichst klimaneutraler Heizung sowie eigener Energieerzeugung und bewusst gesteuertem Energieverbrauch erzielt die gewünschte und geforderte Nachhaltigkeit.

Schwerpunkte des Gebäudeenergiegesetzes (GEG) sind der Energieverbrauch und die Dämmung von Gebäuden. Als Bezugsgröße dient im GEG an vielen Stellen ein sogenanntes Referenzgebäude. Dabei handelt es sich um ein Rechenmodell, um einen Maßstab für Bau- und Sanierungsvorhaben zu haben. Hierfür sind Referenzmaterialien und -techniken definiert – sie entsprechen in etwa dem Stand des Bauwesens im Jahr 2014. Über das Referenzgebäude-Rechenmodell ermittelt man den Primärenergiebedarf (PE), also wie viel Energie aufgewendet werden muss, um den Wärmebedarf für Heizung und Warmwasser (und gegebenenfalls Kühlung) bei für Deutschland standardisierten Randbedingungen über ein Jahr zu decken. Die primärenergetische Betrachtung berücksichtigt die Energieverluste, die auf dem Weg vom Ort der Brennstoffgewinnung (Erdölquelle, Kohleflöz, Erdgasbohrung) bis zur Wärmebereitstellung im Gebäude entstehen. Ausgedrückt wird dies in Kilowattstunden pro Quadratmeter und Jahr (kWh/m^2a). Die zweite Größe bildet der mittlere Wärmedurchgangskoeffizient der Hülle – banal ausgedrückt wird also ermittelt, wie viel Wärme pro Quadratmeter Außenhautfläche ein Gebäude verliert. Die Einheit dafür ist Watt pro Quadratmeter und Kelvin ($W/(m^2{\cdot}K)$); der Koeffizient wird im GEG mit HT bezeichnet. Aus technischen Gründen werden viele Werte in Kelvin angegeben; praktisch entsprechen sie Grad Celsius.

Die Berechnung liegt schlussendlich in der Verantwortung der Bauherren; in der Praxis kümmern sich Architektin, Statiker oder Energieberaterin in deren Auftrag darum. Ein praktisches Beispiel: Das für Neubauten angestrebte Effizienzhaus 40 verbraucht lediglich 40 Prozent der Primärenergie des Referenzgebäudes und hat dabei einen mittleren Wärmedurchgangskoeffizienten von 55 Prozent bezogen auf das Referenzgebäude. Das bei einer Modernisierung angestrebte Effizienzhaus 70 benötigt entsprechend 70 Prozent der Primärenergie des Referenzgebäudes – allerdings bei einem mittleren Wärmedurchgangskoeffizienten von 85 Prozent.

Aus den GEG-Vorschriften ergeben sich Folgen für die Gebäudetechnik: Neue Heizungsanlagen müssen der ErP-Richtlinie (Energy-related Products; energiebezogene Produkte) entsprechen. Dies betrifft Heizkessel, Umwälzpumpen sowie Lüftungsanlagen. Ähnlich wie Hausgeräte müssen diese mit Energielabeln gekennzeichnet sein. Statt von A bis G wie bei Elektrogeräten reichen die Kennzeichnungen bei Heizungen von A+++ bis D. Das Verbrauchsklassenetikett muss vom Hersteller bereitgestellt und auf der Heizungsanlage angebracht werden, für die Kontrolle ist der Schornsteinfeger zuständig.

Bestehende Heizungsanlagen für flüssige und gasförmige Brennstoffe (in der Praxis also Heizöl oder Gas) ohne Niedertemperatur- oder Brennwerttechnik dürfen nicht mehr betrieben werden, sofern sie älter als 30 Jahre sind. Kontrolliert wird dies von den Bezirksschornsteinfegermeistern. Eine Besonderheit gilt schon jetzt in Baden-Württemberg: Beim Ersatz zentraler Wärmeerzeuger muss ein Anteil von 15 Prozent der benötigten Heizenergie aus regenerativer Energie stammen. Alternative mögliche Ersatzmaßnahmen sind etwa Kraft-Wärme-Kopplung, der Anschluss an ein Fernwärmenetz oder der Einsatz von Strom aus Photovoltaik zur Heizung.

Die Heizkostenverordnung (HKV) legt seit dem Januar 2022 die Pflicht von Vermietern fest, Mietern und MieterInnen monatlich eine Übersicht über die angefallenen Beträge für die Wärme zur Verfügung zu stellen – dies soll einerseits Mieter vor unerwartet hohen Nebenkostennachzahlungen schützen und andererseits zum verantwortlichen Umgang mit der Wärmenutzung animieren. Betroffen davon sind zunächst nur Wohnungen, in denen bereits passende Verbrauchszähler installiert sind; ansonsten müssen Vermieterinnen und Vermieter bis zum Jahr 2027 geeignete Zähler nachrüsten.

Schlechter darf es nicht werden

Laut GEG darf der Ersatz beziehungsweise Austausch vorhandener Anlagen und Gebäudeteile nicht zu einer energetischen Verschlechterung führen – darauf wird aber jede Hauseigentümerin schon im eigenen Interesse achten. Das GEG legt außerdem fest, dass, sofern nicht längst vorhanden, die Heizungsvorlauftemperatur (Details dazu ab Seite 47) über einen Außentemperatursensor (siehe Seite 194) gesteuert wird, an den Heizkörpern jedes Raumes Thermostatventile anzubringen sind (Seite 195) und die Heizungsanlage sachkundig gewartet und instandgehalten wird.

In der Praxis lässt sich dies meist am einfachsten durch einen Wartungsvertrag gewährleisten. In Häusern mit mehreren Parteien müssen die Zähler zur Abrechnung der Wärmemengen geeicht sein.

Weitere Details betreffen das Gebäude selbst. Sofern nicht bereits geschehen, muss die oberste Geschossdecke wärmegedämmt sein, ebenso Heizungsrohre im Haus, auf deren Wärmeabgabe die Nutzer keinen Einfluss haben, also die im Keller sowie zu anderen Räumen oder Wohnungen durchlaufenden Heiz- und Warmwasserleitungen.

Beim Verkauf neuer oder umfassend modernisierter Wohngebäude ist ein Energieausweis erforderlich (bereits vorhandene dürfen nicht älter als zehn Jahre sein), ebenso ein Beratungsgespräch mit einem Energieberater, sofern nach dem Kauf eines Ein- oder Zweifamilienhauses Änderungen an der Gebäudehülle geplant beziehungsweise gewünscht werden. Dies bietet sich schon mit Blick auf die Fördermöglichkeiten an (siehe ab Seite 14).

Lass die Sonne rein!

Bei einem Neubau sind der Primärenergiebedarf (PE) sowie der Mittlere Transmissionskoeffizient (HT) zu berücksichtigen. Der Primärenergiebedarf hängt maßgeblich von der Gebäudetechnik beziehungsweise direkt von den eingesetzten Energieträgern und der benötigen Brennstoff- und Strommenge zur Deckung der Wärme- und Kälteversorgung des Gebäu-

Photovoltaikanlagen sind eine gute Möglichkeit, die Stromrechnung deutlich zu senken. Sie sind ideale Energielieferanten für Wärmepumpen und Elektroautos, versorgen aber auch andere Verbraucher im Haus.

des ab, der Mittlere Transmissionskoeffizient ausschließlich von der Geometrie des Gebäudes und dem Wärmedämmvermögen der Gebäudehülle. Diese sind bereits in der Planungsphase zu berechnen und gegebenenfalls zu optimieren. Auch hier bestehen Fördermöglichkeiten.

Ebenso ist geregelt, was bei der Sanierung von Bestandsgebäuden zu beachten ist. So darf etwa der Primärenergiebedarf eines Bestandsgebäudes nach umfassender Modernisierung 40 Prozent über dem eines vergleichbaren Neubaus liegen; bei umfassender Modernisierung eines Baudenkmals ist ein Primärenergiebedarf von 60 Prozent über dem eines vergleichbaren Neubaus erlaubt.

Werden bei der Sanierung (fast) alle Fenster ausgetauscht, muss ein Lüftungskonzept erstellt werden. In der Praxis kann dies bedeuten, dass etwa Lüftungsöffnungen an den Außenwänden installiert werden müssen.

Will man Bestandsgebäude erweitern, kommt der Paragraf 51 des GEG zur Anwendung. Der besagt, dass bei Erweiterung und Ausbau von Wohngebäuden der spezifische, auf die wärmeübertragende Umfassungsfläche bezogene Transmissionswärmeverlust der Außenbauteile der neuen Räume das 1,2-Fache des entsprechenden Wertes des Referenzgebäudes nicht überschreiten darf. Für Erweiterungen mit einer Grundfläche von mehr als 50 Quadratmetern müssen zusätzlich die Anforderungen an den sommerlichen Wärmeschutz erfüllt werden.

Zum Zeitpunkt der Erstellung dieses Buches hatten neun der 16 deutschen Bundesländer und Stadtstaaten eine Solardachpflicht beschlossen, Hausbauern also die Installation einer Photovoltaikanlage (PV) zur Stromerzeugung vorgeschrieben. Unabhängig davon können dies auch einzelne Gemeinden festlegen. Wie im deutschen Föderalismus üblich, unterscheiden sich die Details von Bundesland zu Bundesland – auch hier bleibt Bauherrinnen nur, sich im Vorfeld zu informieren und mit Energieberater und Architektin zu klären, ob und welche Vorgaben fürs eigene Projekt relevant sind.

Was auf die Schnelle tun?

Mit Blick auf das ab 2024 geltende GEG, wonach Heizsysteme mit rein fossilen Brennstoffen nicht mehr genehmigungsfähig sind, ist unüberlegter Aktionismus sicherlich nicht der richtige Weg. In den meisten Fällen können Eigentümer von Bestandsbauten in aller Ruhe nach der besten und günstigsten Technik für die Zukunft suchen.

Energieeffizientes Bauen und Sanieren sind der beste Schutz vor hohen Heizkosten. Die billigste Wärme ist die, die man nicht braucht. Wärmedämmung an Gebäuden wird die Regel sein, nicht wärmegedämmte Gebäude werden die Ausnahme bilden.

Wärmebedarf berechnen

Im Bestand ist die energetische Sanierung aber mit hohen Kosten verbunden, die nicht jeder Hauseigentümer stemmen kann oder will. Ist es angesichts der kommenden GEG-Regeln eine gute Idee, noch schnell eine neue, konventionelle Gas- oder Ölheizung einzubauen? Es kommt sehr auf die Umstände an.

Handelte es sich beim bestehenden Heizkessel schon um ein älteres Exemplar, das erwartbar innerhalb der nächsten fünf Jahre ausgetauscht werden müsste, kann man den Ersatz der Heizung erwägen. Man sollte die Sinnhaftigkeit dieser Maßnahme aber entweder selbst durchrechnen oder mit einem Energieberater kalkulieren. Wichtigste Voraussetzung dafür ist ein Kassensturz: Lesen Sie aus den Verbrauchszahlen der letzten Heizsaison – falls möglich besser der letzten drei Jahre – ab, wie viele Kilowattstunden (kWh) das Haus pro Jahr benötigt. Gas wird ohnehin in Kilowattstunden berechnet, ein Liter Heizöl entspricht rund 10 Kilowattstunden. Dann berechnen Sie, wie viel Fläche des Hauses beheizt wird. Dazu ermitteln Sie die Zahl der Quadratmeter aller beheizten Räume des Gebäudes. Auch beheizte Kellerräume und bewohnte Dachböden zählen dazu. Teilen Sie nun die Verbrauchswerte, also die ermittelten Kilowattstunden, durch die Zahl der Quadratmeter. Das Ergebnis ist der Wärmebedarf („spezifischer Verbrauch") Ihres Hauses in Kilowattstunden pro Quadratmeter und Jahr (kWh/m2a). Faustregel: Ein halbwegs zeitgemäßes Haus sollte bei einem Wert zwischen 75 und 125 liegen, im unsanierten Altbau muss man mit 200 und mehr rechnen. Läge der Verbrauch in dieser Höhe, sollte man, wenn irgend möglich, in energetische Sanierung investieren.

Denn Erdgas wird durch steigende CO_2-Bepreisung unabhängig von der Entwicklung der Energiepreise für die Verbraucher teurer. Der CO_2-Preis ist bis 2026 über das BEHG (Brennstoffemissionshandelgesetz) geregelt und auf 60 Euro pro Tonne CO_2 begrenzt. Danach soll der CO_2-Preis voraussichtlich über das Europäische Emissionshandelssystem vorgegeben werden. Dabei werden aktuell CO_2-Preise von 120 bis 180 Euro oder höher prognostiziert. Das führt zu einer Erhöhung des Erdgaspreises um circa 3 Cent pro Kilowattstunde und um circa 4 Cent pro Kilowattstunde bei Heizöl.

Unter Umständen ist es sinnvoller, eine günstige Luft-Wasser-Wärmepumpe (siehe Seite 85) zu installieren und den vorhandenen Heizkessel als Reserve für besonders kalte Tage zu halten. Ein solches Hybridkonzept (siehe ab Seite 103) ist auch in Zukunft erlaubt, solange die Wärmepumpe die erwähnten 65 Prozent regenerative Heizwärme liefert. Schließlich sind bei Luft-Wasser-Wärmepumpen wie auch bei Luft-Luft-Wärmepumpen (siehe Seite 91) sowohl Fortschritte in der Effizienz wie auch Preissenkungen zu erwarten – es kann also sehr wohl sinnvoll sein, die bestehende Heizung weiterzubetreiben und Geld für eine Wärmepumpe zu sparen. Sofern es der erwartbare Sonnenertrag rechtfertigt, sollte man ebenfalls über Solarthermie (siehe ab Seite 124) oder Photovoltaik (siehe ab Seite 118) als Energiequellen nachdenken.

Anhand von vier typischen Neu- und Bestandsbauten zeigt dieses Buch detailliert die technischen Optionen, deren Vor- und Nachteile, Kosten sowie die Fördermöglichkeiten. Was man allerdings an dieser Stelle schon sagen kann: Der Ersatz eines vorhandenen fossilen Brenners durch einen neuen dürfte sich in den allermeisten Fällen nur dann rechnen, wenn man das Haus absehbar nur noch für einige Jahre selbst nutzen will und die Generalsanierung auf die künftigen Eigner abwälzen kann.

Bei Kauf und Verkauf einer Immobilie sollte berücksichtigt werden, dass die europäische Gebäuderichtlinie (die maßgeblich für die deutsche Gesetzgebung ist) ab 2030 eine Mindesteffizienz für Wohngebäude entsprechend der Energieeffizienzklasse E (Energieausweis gemäß GEG) fordert. Ab 2033 muss sogar die Effizienzklasse D erreicht werden. Bei Kauf, Verkauf oder Vermietung eines Wohngebäudes werden die Kosten, die bei Bestandsgebäuden notwendig sind, um das geforderte energetische Niveau zu erreichen, schon jetzt eingepreist. Energieeffizienz wird damit von der Kür zur Pflicht!

Die Fördermöglichkeiten

Energieeffizientes Bauen und Sanieren kostet. Bund, Länder und Gemeinden unterstützen Bauherren mit Krediten und Zuschüssen.

Grundlage der meisten Fördermöglichkeiten ist die Bundesförderung für energieeffiziente Gebäude (BeG). In der BeG wurden diverse, zuvor mehr schlecht als recht koordinierte Subventionen zusammengefasst. Im Wesentlichen sind zwei Institutionen dafür verantwortlich: die Kreditanstalt für Wiederaufbau (KfW) und das Bundesamt für Wirtschaft und Ausfuhrkontrolle (Bafa). Darüber hinaus füllen an vielen Orten Länder sowie Gemeinden eigene Fördertöpfe. Welche speziellen Förderungen es für die verschiedenen Gewerke eines Hauses gibt – darüber informieren wir detailliert in den folgenden Abschnitten. An dieser Stelle soll es allgemeine Hinweise zu staatlichen Zuschüssen geben.

Zum 1. Januar 2024 treten mehrere Änderungen in Kraft. Die Wichtigste: Die Fördersätze steigen auf bis zu 75 Prozent, gleichzeitig sinken aber für viele Maßnahmen die förderfähigen Kosten von 60 000 auf 30 000 Euro. Jedoch können Maßnahmen für Gebäudehülle und Heizung gleichzeitig gefördert werden, sodass es in der Summe wieder auf Investitionen in Höhe von 60 000 Euro Zuschüsse gibt. Zweite wichtige Änderung: Bislang wurden durch die Bafa gezielt bestimmte Heizungstechnologien gefördert. Ab 2024 unterstützt die KfW pauschal Heizungserneuerungen mit bis zu 75 Prozent. Details in der Tabelle auf Seite 16.

Zuschuss oder Kredit

Bafa wie KfW vergeben – je nach den ihnen gemachten Vorgaben – direkte oder Tilgungszuschüsse oder zinsgünstige Darlehen. Vereinfacht kann man sagen, dass sich die KfW schwerpunktmäßig ums Haus als Ganzes kümmert – sie bezuschusst in der Hauptsache die Effizienzhäuser (siehe nebenstehende Aufstellung). Dafür hat sie Stufen definiert – aktuell lautet diese für den Neubau 40 NH. Kleinere Zahlen sind hier besser und geben den Prozentsatz des vom geförderten Gebäude noch benötigten Primärenergiebedarfs gegenüber dem Referenzgebäude an. Zusätzlich wird mit dem Zusatz NH der Nachweis für besondere Nachhaltigkeit gefordert, das betrifft die „graue Energie", die zur Herstellung der Baustoffe und technischen Anlagen benötigt wird. Dies erfordert zumindest teilweise den Einsatz regenerativer Baustoffe (Holz). Bis Ende Januar 2022 wurden noch Effizienzhäuser der Kategorie 55 gefördert. Die zur Erfüllung der Kategorie 55 nötigen Spezifikationen gelten jedoch zwischenzeitlich als Standard im Neubau, weshalb es hierfür keine Unterstützung mehr gibt. Stattdessen wird die Förderung auf die Sanierung von Bestandsimmobilien verlagert, denn hier hat man das größte Einsparpotenzial verortet. Deshalb werden bei der Modernisierung zu Effizienzhäusern von der KfW die Standards EH 85, EH 70 und EH 55 gefördert. Bessere Konditionen gibt es, wenn zusätzlich die Anforderungen für den Status EE (Einsatz erneuerbarer Energie) oder NH (Nachhaltige Bauweise) erfüllt werden.

Zum Jahreswechsel 2023/2024 übernimmt die KfW zusätzlich die Förderung der Heizungsmodernisierung. Beim Bafa verbleibt die Förderung von Einzelmaßnahmen an der Gebäudehülle sowie der Wärmeverteilung. Eine verbindliche Aussage, welche Institution sich um welche Gebiete kümmert, ist leider nicht möglich, da sich deren Fördermöglichkeiten durch politische Vorgaben und die Kassenlage des Staats immer wieder ändern können.

Beispielhaft seien dennoch einige Maßnahmen genannt. Die KfW nummeriert ihre Förderprogramme. Zum Redaktionsschluss exis-

Sanierung von bestehenden Immobilien zum Effizienzhaus

Wenn Sie ein Wohngebäude zum Effizienzhaus sanieren oder ein frisch saniertes Effizienzhaus kaufen, fördert die KfW das mit einem Kredit mit Tilgungszuschuss.

Effizienzhaus	Tilgungszuschuss in % je Wohneinheit*	Betrag je Wohneinheit*
Effizienzhaus 40	20 % von max. 120 000 Euro Kreditbetrag	bis zu 24 000 Euro
Effizienzhaus 40 Erneuerbare-Energien-Klasse**	25 % von max. 150 000 Euro Kreditbetrag	bis zu 37 500 Euro
Effizienzhaus 55	15 % von max. 120 000 Euro Kreditbetrag	bis zu 18 000 Euro
Effizienzhaus 55 Erneuerbare-Energien-Klasse**	20 % von max. 150 000 Euro Kreditbetrag	bis zu 30 000 Euro
Effizienzhaus 70	10 % von max. 120 000 Euro Kreditbetrag	bis zu 12 000 Euro
Effizienzhaus 70 Erneuerbare-Energien-Klasse**	15 % von max. 150 000 Euro Kreditbetrag	bis zu 22 500 Euro
Effizienzhaus 85	5 % von max. 120 000 Euro Kreditbetrag	bis zu 6 000 Euro
Effizienzhaus 85 Erneuerbare-Energien-Klasse**	10 % von max. 150 000 Euro Kreditbetrag	bis zu 15 000 Euro
Effizienzhaus Denkmal	5 % von max. 120 000 Euro Kreditbetrag	bis zu 6 000 Euro
Effizienzhaus Denkmal Erneuerbare-Energien-Klasse**	10 % von max. 150 000 Euro Kreditbetrag	bis zu 15 000 Euro
Worst-Performing-Building-Bonus* **	10 % von max. 150 000 Euro Kreditbetrag	bis zu 15 000 Euro

* Abgeschlossene Wohnungen nach Sanierung
** Die höhere Förderung für die Erneuerbare-Energien-Klasse können Sie in Anspruch nehmen, wenn Sie im Zuge der Sanierung zum Effizienzhaus eine neue Heizungsanlage auf Basis erneuerbarer Energien einbauen und damit mindestens 65 Prozent des Energiebedarfs des Gebäudes gedeckt werden. Die höhere Förderung erhalten Sie auch, wenn mindestens 65 Prozent des Energiebedarfs des Hauses zum Teil oder ganz durch unvermeidbare Abwärme erbracht werden.
***Entspricht das zu modernisierende Bestandsgebäude der Effizienzklasse H oder liegt das Baujahr vor 1957 und es wurden noch keine energetischen Modernisierungen vorgenommen, kann der Worst-Performing-Building-Bonus zu der mit der Modernisierung erreichten Effizienzhausförderung addiert werden.
Quelle: kfw.de Stand: 23. August 2023

tierte für Effizienzhäuser der Topf 261 – dabei handelt es sich um einen Kredit mit Tilgungszuschuss. Der Bau von Photovoltaikanlagen wird aus dem Topf KfW 270 unterstützt.

Mit der Förderung will der Staat natürlich nicht Geld mit der Gießkanne unter Bauherren verteilen, sondern gezielt die Energiewende forcieren. Das hat Folgen für die als förderwürdig erachteten Vorhaben. So gibt es, wenn als zukünftiges Brennmaterial der nachwachsende Rohstoff Holz gewünscht ist, zwar Geld für einen automatischen Pellet-Heizkessel, nicht aber für einen manuell zu beschickenden Kamin, den man eher als wohlige Zusatz- denn als Primärheizung betrachtet.

Ob ein Kredit oder ein Zuschuss sinnvoller ist, ob das Bafa oder die KfW der bessere Partner ist – das kann am besten ein Energieberater einschätzen. Für viele Maßnahmen ist seine Unterstützung ohnehin zwingend, denn von den Antragstellern wird für die meisten der gewünschten Vorhaben eine genaue Wirtschaftlichkeits- und Effizienzberechnung verlangt. Aufgabe des Energieberaters oder der Energieberaterin ist es, den Ist-Zustand von Gebäude wie Gebäudetechnik zu evaluieren,

Fördersätze der KfW für Heizungserneuerungen

Berechtigte	Anteil	Erläuterungen
Grundförderung, alle Hauseigentümer	30 %	Bezieht sich auf die Investitionskosten von neuen Heizungen. Alle im Bestand möglichen Heizungsanlagen, die dem neuen GEG entsprechen, sollen gefördert werden. Dazu zählen Wärmepumpen, Wärmepumpen als Hybridheizungen, Solarthermie, Biomasse-Heizungen, der Anschluss an ein Wärmenetz. Wasserstofffähige Gasbrennwertheizungen sollen nur in Gebieten gefördert werden, für die eine kommunale Wärmeplanung ein regeneratives Wasserstoffnetz vorsieht.
Grundförderung, alle Hauseigentümer	5 %	Innovationsbonus, wenn Wärmepumpen mit natürlichen Kältemitteln installiert werden und/oder diese Erd-, Wasser- oder Abwasserwärme nutzen
Bewohner der eigenen Immobilie	25 %	Klima-Geschwindigkeitsbonus, wenn eine mindestens 20 Jahre alte Gasheizung oder eine Ölheizung, Kohle-, Gasetagen- oder Nachtspeicheröfen ersetzt werden. Nach 2026 sinkt der Zuschuss um 5 %, nach 2028 alle 2 Jahre um 3 %.
Bewohner der eigenen Immobilie	30 %	Wenn das zu versteuernde Einkommen des Nutzers unter 40 000 Euro/Jahr liegt

Alle Zuschüsse können kumuliert werden, der maximale Fördersatz ist aber auf 70% begrenzt. In den Jahren 2024 und 2025 wird die maximale Förderung bei der Heizungsmodernisierung mit dem „Speed-Bonus" auf 75% angehoben.
Quelle: BMWK Stand: 27. September 2023

Fördersätze für Einzelmaßnahmen beim Bafa

Einzelmaßnahmen Zuschuss	Standard	Boni	Gesamt
	Zuschuss	Individueller Sanierungsfahrplan (iSFP)	Maximaler Fördersatz
Gebäudenetz[1] Errichtung/Erweiterung	25 %		25 %
Gebäudehülle[2]	15 %	5 %	20 %
Anlagentechnik[3]	15 %	5 %	20 %
Heizungsoptimierung	15 %	5 %	20 %

1) Gebäudenetz = Fernwärmeverbindung von bis zu zwölf Gebäuden auf Privatgrund 2) Gebäudehülle betrifft Maßnahmen rund um die Dämmung von Außenwänden, Dach, Geschossdecken und Bodenflächen, Austausch von Fenstern und Außentüren, sommerlichen Wärmeschutz. 3) Anlagentechnik umfasst folgende Maßnahmen: Einbau, Austausch, Optimierung von Lüftungsanlagen; WG: Einbau „Efficiency Smart Home"; NWG: Einbau Mess-, Steuer- und Regelungstechnik, Raumkühlung und Beleuchtungssysteme Stand: 27. September 2023

Einsparungs- und Optimierungsmöglichkeiten zu identifizieren und nach Dringlichkeit und Wirksamkeit einzustufen. Ihnen obliegt auch die Planung möglicher Verbesserungen sowie die Aufgabe, deren Wirksamkeit darzulegen und für die Förderung zu dokumentieren. Explizit ausgenommen vom Energieberaterzwang sind nur Förderungen für Heizungsanlagen über das Bafa. Das Bundesamt steuert seinerseits aber für Maßnahmen an Ein- und Zweifamilienhäusern 1300 Euro zu den Energieberaterkosten bei („Bafa-Vor-Ort-Beratungsprogramm"). Mehr dazu auf bafa.de (Suchworte: „Bundesförderung Energieberatung für Wohngebäude").

Da sich die Konditionen häufig ändern, sollten Sie sich für einen ersten Überblick zu Fördermöglichkeiten auf den Internetseiten der Behörden umschauen. Auf kfw.de und bafa.de führen anwenderfreundliche Menüs zu den passenden Fördertöpfen.

Unter test.de/thema/eigenheimfoerderung finden Sie die aktuellen Förderkonditionen und wesentlichen Informationen zur Förderung. Mit einem Rechner können Sie hier nach Eingabe der Rahmendaten einen schnellen Überblick über Höchstbeträge, Laufzeiten, Zinssätze und Tilgungszuschüsse der KfW-Programme bekommen.

Oft geben auch Kommunen Geld

KfW und Bafa decken nur bundesweit gewährte Hilfen ab. Viele deutsche Bundesländer und Kommunen legen ihrerseits aber immer wieder zusätzliche Programme auf, um Häuser klimaneutral auf- oder umzubauen. Neben einer simplen Abfrage der Suchmaschine Ihrer Wahl („Förderung energetische Sanierung/Effizienzhaus Gemeindename" beziehungsweise „Förderung energetische Sanierung/Effizienzhaus Landesname") findet sich in den Internetauftritten des jeweiligen Bundeslandes oder der jeweiligen Gemeinde Hilfreiches. Im Zweifelsfall hilft ein Anruf – auf Landesseite sind meist die Umwelt- oder Wirtschaftsministerien die richtigen Ansprechpartner, bei der Gemeinde das Wirtschafts- oder Umweltdezernat. Energieberater sind mit den lokalen Besonderheiten in der Regel bestens vertraut.

Die meisten staatlichen Förderprogramme sind befristet beziehungsweise die bereitgestellten Summen gedeckelt. Sobald man also sicher ist, alle wesentlichen Informationen und Unterlagen beisammen zu haben, und seinerseits zuversichtlich, nach einer Förderungsbewilligung mit dem Bau loslegen zu können, sollte man die Förderung beantragen. Wer bis zum letztmöglichen Einreichungstermin wartet, riskiert, dass der passende Topf leer ist. Sind Fördergelder aber einmal bewilligt, steht deren Zusage. Anders als bei anderen, meist kurzfristig vergebenen Hilfen prüfen die Behörden nicht erst rückwirkend, ob die Voraussetzungen für die Bezuschussung erfüllt wurden. Kurz: Was man hat, das hat man. Für die meisten Förderungen haben Bafa beziehungsweise KfW ohnehin die Technischen Mindestanforderungen (TMA) festgelegt, die Ihr geplantes Vorhaben erfüllen muss. Die Einhaltung oder, wenn mit vertretbarem Aufwand möglich, Übererfüllung dieser Spezifikationen liegt im ureigensten Interesse der Bauherrinnen, denn sie wollen sich gegenüber dem Ist-Zustand schließlich verbessern.

Bauen in Deutschland ist teuer, und die umweltpolitisch gewollte und gebotene energetische Sanierung vieler Gebäude wird vermutlich die Preise längere Zeit hoch halten. Bei der Sanierung von Bestandsbauten gibt es aber eine Möglichkeit, ehrgeizige Einsparziele auch mit begrenztem Budget zu erreichen: den individuellen Sanierungsfahrplan, den man zusammen mit einer Energieberaterin entwerfen kann (Bafa-Vor-Ort-Beratungsprogramm, siehe vorherige Seite). Es könnte beispielsweise sinnvoll sein, zunächst die Außenwände zu dämmen, dann die Fenster eines Hauses auszutauschen, dann eine Wärmepumpe für die Heizung zu erwerben und schließlich eine Photovoltaikanlage auf dem Dach zu installieren. Rechnet man mit seiner Energieberaterin all diese Schritte durch und legt sie per Sanierungsfahrplan fest, erhöhen sich etwa die Bafa-Zuschüsse für die neuen Fenster von 15 auf 20 Prozent. Auch andere Maßnahmen an der Gebäudehülle werden mit Sanierungsfahrplan höher gefördert. Dadurch steigen für ein Einfamilienhaus die förderfähigen Kosten von 30 000 auf 60 000 Euro. Der individuelle Sanierungsfahrplan ist 15 Jahre gültig. Alle umgesetzten Maßnahmen an der Gebäudehülle, die im Sanierungsfahrplan fixiert wurden, erhalten den Bonus einer um 5 Prozent erhöhten Förderquote. Auf jeden Fall können die gewonnenen Daten zum Heizleistungs- und Lüftungsbedarf als wertvolle Grundlage für eine passgenaue Dimensionierung der neu zu installierenden technischen Anlagen dienen.

Bei Bafa wie KfW liegt der Fokus auf Maßnahmen, die ein Haus energieeffizienter machen. Dennoch sollte man bei jeder geplanten Sanierung prüfen, was diese Behörden sonst noch alles fördern. Viele aktuell unterstützte Vorhaben wird man nicht gleich mit Bafa oder KfW in Verbindung bringen. Ein Blick auf die verfügbaren Zuschüsse lohnt sich fast immer, eine Energieberaterin oder ein Energieberater können dabei helfen.

Denken und Planen im System: Voraussetzung für Effizienz

Nur wer bei Neubau oder Sanierung das gesamte Gebäudetechniksystem im Blick behält, erhält ein wirklich effizientes Paket.

Die geschilderten Vorschriften und Fördermöglichkeiten stecken für Neu- und Umbaumaßnahmen den Rahmen ab, innerhalb dessen man sich bewegen kann. Dennoch kann man sich gar nicht genug auf Eventualitäten vorbereiten. Vor allem sollte man – in Abstimmung mit Architekt und Energieberaterin – die Wechselwirkungen berücksichtigen, die einzelne Maßnahmen und Komponenten der Gebäudetechnik im Gesamtsystem auslösen.

Bei den Überlegungen für einen energieeffizienten Neubau oder die energetische Sanierung eines Bestandsbaus besteht die wichtigste darin, wie weit sich der Energiebedarf des Hauses senken lässt beziehungsweise wie viel regenerative Energie man auf Haus und Grundstück erzeugen kann – und was das kostet, sprich: ob sich die Investition rechnet.

Dabei sind neben den Anschaffungskosten auch die für Wartung und eventuelle Ersatzteile relevant – wie auch die in Abschnitt „Die Fördermöglichkeiten" (siehe ab Seite 14) genannten Zuschüsse.

Verfügbare Energiequellen

Wenngleich noch nicht in allen Bundesländern Vorschrift: Die Investition in eine Photovoltaikanlage ist nur an solchen Standorten sinnlos, die den ganzen Tag im Schatten liegen. Ansonsten ist angesichts steigender Energiepreise und des Vormarsches von Elektromobilität eine weitestgehende Selbstversorgung mit Strom in jedem Fall wirtschaftlich.

Eine Photovoltaikanlage sollte mit einem Akku ausgestattet sein, der für zwei Nutzungstage überschüssige Energie speichern kann. Derzeit ist die Einspeisung überschüssigen Stroms ins öffentliche Netz für die Erzeuger unattraktiv. Da Wasserstoff bereits als Energieträger der nahen Zukunft gehandelt wird, zu dessen Produktion man ebenfalls Strom benötigt, kann sich die Situation für private PV-Anlagen in einigen Jahren deutlich verbessern. Übrigens: Eine heimische Wasserstoffproduktion mit überschüssiger Elektrizität ist zwar theoretisch machbar, da Wasserstoff ein extrem flüchtiges und explosives Gas ist, übersteigen die Kosten zur sicheren und dauerhaften privaten Lagerung den möglichen Ertrag.

Elektrizität ist aber nicht die einzige Energie, die ein Haus samt zugehörigem Grundstück liefern kann. Auch andere erneuerbare Energien können Sie an vielen Standorten nutzen. Mit der PV-Anlage lassen sich Wärmepumpen aller Art zu niedrigen Kosten betreiben; sofern PV möglich ist, ist es auch sinnvoll, mit einer Wärmepumpe zu heizen. Luft-Wasser-Wärmepumpen (siehe Seite 85) lassen sich praktisch überall zum Heizen verwenden, an vielen Standorten taugen aber – mit den entsprechenden Wärmepumpen – auch das Grundwasser oder die Erdwärme als Energiequelle. Beide Ressourcen sind jedoch nicht überall nutzbar, meist benötigt man zudem eine Genehmigung (siehe Seite 92 und 101). Es gilt also in der Planungsphase, alle potenziellen Quellen erneuerbarer Energie auf ihre Verfügbarkeit und den dafür nötigen Aufwand abzuklopfen. Daraus ergibt sich die bestmögliche Art der Heizung und Gebäudedämmung.

Machbarkeit und Wirtschaftlichkeit

Selbst wenn erneuerbare Energien bereitstehen, ist deren Nutzung nicht immer wirtschaftlich. Gerade in einem Bestandsbau, der sich nur eingeschränkt nachträglich dämmen

Mit Fernwärme lassen sich viele Gebäude gleichzeitig effizient versorgen. Mit der richtigen Energiequelle ist sie klimafreundlich, ihr Preis hängt vom Versorger ab.

lässt (siehe „Das freistehende Bestandshaus", Seite 36), kann es sein, dass die erzeugbare eigene Energie nicht zur Beheizung des Hauses reicht. Aber auch bei einem Neubau sollte man auf jeden Fall zu Beginn der Planung prüfen, welche Primärenergieträger vor Ort zur Verfügung stehen. Sind Fern- oder Nahwärme verfügbar? Genossenschaftliche, lokale Betreiber können attraktive Angebote machen. Besteht in einem Neubaugebiet Anschlusszwang bei einem großen Versorger, sollte man sehr gründlich überlegen, ob man dort bauen will, denn eventuellen Preissteigerungen der Anbieter ist man komplett ausgeliefert. Im Einzelnen gehen wir im Abschnitt "Fernwärme – die effiziente Alternative?"(siehe Seite 158) auf die wichtigen Dinge rund um Fernwärme ein. Wenn überhaupt, sollte die Fern- oder Nahwärme sehr nachhaltig gewonnen und effizient bereitgestellt werden. Ein Hinweis darauf ist der für jedes Fernwärmegebiet ausgewiesene Primärenergiefaktor (fp). Je niedriger er ist, desto besser – er sollte möglichst unter 0,5 liegen. Bestehen andere Einschränkungen hinsichtlich der Heizung, etwa ein Kaminverbot? Besteht die Möglichkeit, Erdgas zu beziehen? Plant der Erdgasversorger schon konkret den schrittweisen Ersatz von Erdgas durch erneuerbare Gase? Darf man am Standort mit Holzpellets heizen? Diese sind zwar nachhaltig, erzeugen aber Feinstaub, der ebenfalls die Umwelt belastet, weshalb Pelletheizungen in manchen Lagen nicht erlaubt sind.

Sind die verfügbaren erneuerbaren und Primärenergien und deren Preise ermittelt, können Sie entscheiden, wie viel Aufwand und damit Geld Sie in die Wärmedämmung des Gebäudes stecken möchten. Es gibt leider keine bundesweit einheitliche Anlaufstelle, bei der man mit wenigen Klicks erführe, was vor Ort bereitsteht. In Bestandsbauten erkennt man das üblicherweise schon daran, welche Leitungen in Keller oder Techniknische führen – es ist aber nicht zwingend, dass die Vorbesitzer alles, was am Platze lieferbar ist, tatsächlich selbst nutzten. Gute Adressen sind die örtlichen Energieversorger, bei Neubausiedlungen Bauträger, Gemeindeverwaltungen sowie die Grundstücksnachbarn. Die Entscheidung für einen bestimmten Energieträger und Heizungstyp hat (vor einer eventuellen späteren Sanierung) über Jahrzehnte Folgen für die Betriebskosten und den Marktwert eines Gebäudes. Mit Blick auf die Baukosten scheint es zunächst sinnvoll, beim Wärmeschutz des Gebäudes nur die Mindestanforderungen nach dem Baurecht (GEG) zu erfüllen. Es kann hinsichtlich der verfügbaren Förderungen aber dennoch erschwinglich sein, sich für einen sehr hohen Effizienzhausstandard zu entscheiden (siehe Seite 15) – sowohl bezüglich der Bau- als auch der Betriebskosten.

Weitere Rahmenbedingungen

Teil des Systems Haus – und das betrifft sowohl die Energieerzeugung und -nutzung wie auch den Dämmaufwand – sind die tatsächlichen wie rechtlichen Randbedingungen. So finden sich in Bebauungsplänen oft Vorgaben zur Dachform und dessen Firstausrichtung, was sich auf die Nutzung von Photovoltaik oder Solarthermie (Heizungs- und Warmwasserunterstützung) auswirkt. Existieren andere Vorschriften oder Sachzwänge am gewünschten Bauplatz, die Folgen für Bauform und Energiebedarf haben, etwa eine Hanglage, ein hoher Grundwasserspiegel, (un)mögliche Unterkellerung des Hauses?

Altbau: Worauf Sie achten müssen

Die genannten Rahmenbedingungen betreffen Neu- wie Altbau gleichermaßen. Bei der Sanierung eines vorhandenen Gebäudes ist aber nicht nur eine Bestandsaufnahme der energetischen Möglichkeiten geboten, sondern auch eine gründliche Evaluierung der Bausubstanz. Prüfen Sie zunächst, ob die Gebäudehülle in Ordnung ist und ob innerhalb der nächsten fünf Jahre absehbar Reparaturen fällig werden. Dasselbe gilt für die vorhandene Gebäudetechnik. Kontrollieren Sie die Trinkwasserleitungen: Aus welchem Material bestehen sie, und in welchem Zustand befinden sie sich? Ist Korrosion sichtbar? Sind die Leitungen für den geplanten Ausbauzustand nach einer Renovierung ausreichend bemessen? Existieren nicht benutzte Leitungsabschnitte, die im Zuge der Sanierung entfernt werden sollten?

Auch der Zustand der Regenwasserableitungen (Dachrinnen, Abflüsse) ist zu prüfen.

Vergewissern Sie sich, dass die Abwasserleitungen im Boden („Grundleitungen“) dicht sind. Führen sie unter der Bodenplatte des Hauses entlang? Checken Sie auch die Abwasserleitungen im Haus. Ist für diese Leitungen eine Schmutzwasserbelüftung (sorgt dafür, dass die Flüssigkeit in den Abwasserleitungen fließen kann) auf dem Dach vorhanden, und ist diese ausreichend dimensioniert?

Der Keller sollte rückstausicher sein, also durch eine manuelle oder automatische Klappe vor überlaufenden Mischwasserkanälen geschützt werden.

Befassen Sie sich als Nächstes mit der Heizung. Wie alt ist sie? Ist die Art der Wärmeerzeugung noch zulässig und wenn ja, wie lange noch? Sind die Abgaswerte in Ordnung? Ist am Heizkessel oder an den Heizungsrohren Korrosion sichtbar? Sind sie dicht?

Falls mit Öl geheizt wird, muss der Tank geprüft und dicht sein, die Schutzfolien im und unterm Tank müssen intakt sein. Ist eine Auslaufwanne vorhanden? Falls mit Erdgas geheizt wird, ist es wichtig, dass die Zuleitung frei zugänglich und der Raum mit dem Übergabepunkt ausreichend belüftet ist. Zeigen die Rohre sichtbare Korrosionsstellen?

Unabhängig von der Art der Wärmeerzeugung ist der Zustand der Wärmeverteilung. Sind die Heizungsleitungen des Gebäudes wärmegedämmt und dicht? Zeigt sich an ihnen Korrosion? Was für eine Umwälzpumpe ist im System verbaut? Prüfen Sie die Heizkörper auf Korrosion. Existieren an ihnen Thermostatventile mit regulierbaren Ventilunterteilen? Wann wurde zuletzt ein hydraulischer Abgleich durchgeführt (siehe Seiten 115, 117)?

Prüfen Sie den Zustand des Warmwasserbereiters. Achten Sie auf Verkalkung. Er sollte problemlos eine Temperatur von 60 Grad Celsius erreichen. Ist ein eventuell installierter Warmwasserkreislauf („Zirkulation“) installiert, sollte auch an der höchstgelegenen Zapfstelle des Hauses in weniger als fünf Sekunden warmes Wasser fließen. Ist die Temperaturregelung des Warmwasserbereiters in Ordnung? Schaltet sich die sogenannte Ladepumpe am Warmwasserbereiter automatisch ab, wenn die gewählte Temperatur erreicht ist? Dieses Gerät macht im Betrieb Geräusche und vibriert leicht; man bemerkt also, wenn es sich abschaltet oder läuft.

An der Elektrik sollten Laien nicht arbeiten – ihren Zustand muss ein Fachmann überprüfen. Lassen Sie sich vom Elektriker über die folgenden kritischen Punkte informieren:

Sind alle Stromanschlüsse im und am Haus korrekt geerdet? Ist ein Potenzialausgleich vorhanden? Ist die Absicherung der Elektroverteilung ausreichend dimensioniert, und ist sie funktionsfähig? Basiert die hausinterne Verteilung auf dem veralten Vier- oder dem aktuellen Fünfleitersystem? Braucht das Gebäude einen Blitzschutz und falls ja: Ist dieser bereits vorhanden und in einwandfreiem Zustand?

Den Einsatz erneuerbarer Energien planen

Erneuerbare Energien stehen fast überall zur Verfügung, und Ökonomie wie Ökologie gebieten es, möglichst viel davon zu nutzen.

Der typische Wärmebedarf eines Wohngebäudes liegt bei 10 Kilowattstunden pro Quadratmeter und Jahr (kWh/m²a) für ein Passivhaus und rund 200 kWh/m²a für einen Altbau; der typische Warmwasserbedarf zwischen 10 und 35 kWh/m²a – die Werte variieren je nach Zahl der Bewohner und Anforderungen. Strom verbraucht ein typisches Wohngebäude oder ein durchschnittlicher Haushalt (ohne Wärmepumpe oder Elektroauto) 15 bis 65 kWh/m²a.

Im Norden Deutschlands stehen an solarer Einstrahlung etwa 900 kWh/m²a und in Süddeutschland etwa 1100 kWh/m²a zur Verfügung. Die eingestrahlte Sonnenenergie wird in Erde, Luft und Wasser aufgenommen, führt zu Wind und kann direkt zur solarthermischen Wärme- oder photovoltaischen Stromerzeugung (PV) genutzt werden. Die Sonnenenergie treibt auch die Photosynthese der Pflanzen an, aus denen etwa Holz als Brennstoff entsteht.

Jedes Gebäude nutzt von der Sonne gelieferte Energie – auch ohne dafür gedachte technische Einrichtungen. Die Problematik besteht darin, erneuerbare Energie dann nutzbar zu machen, wenn sie gerade benötigt wird.

Ist das auch bio?

Zu Biomasse zählen Holz in Form von Scheiten, Hackschnitzeln oder Pellets, Miscanthus (Riesen-Chinaschilf), Pflanzenöl und Biogas sowie synthetische Brennstoffe. Biomasse kann die bisher eingesetzten fossilen Brennstoffe direkt ersetzen, vorhandene Heizanlagen müssen wenig bis gar nicht umgebaut werden. Mit Biomasse arbeitende Heiztechnik kann weiterhin problemlos neu eingebaut werden. Der Nachteil von Biomasse: Wer nicht gerade auf dem Bauernhof wohnt, muss die biogenen Brennstoffe außerhalb des eigenen Geländes anbauen und aufbereiten (lassen). Dafür wird viel Platz benötigt, je nach Art der Biomasse konkurriert sie mit dem Anbau von Lebensmitteln. Zudem könnte etwa Holz allein fossile Brennstoffe nicht ersetzen – das als Brennmaterial nutzbare, natürlich innerhalb Deutschland nachwachsende Holz würde höchstens sieben Prozent der benötigten Heizenergie abdecken. In jüngster Zeit wird zudem über den durch Holzheizungen verursachten Feinstaub diskutiert. Aber vielerorts tun sich Genossenschaften oder ganze Gemeinden zusammen, um etwa aus Gülle oder

Pflanzenresten Biogas zu produzieren. Was immer letztlich als Biomasse verwendet wird – überwiegend wird sie dort eingesetzt, wo sie regional leicht verfügbar ist oder andere regenerative Heizungstechnik nicht ideal wäre.

Die Sonne bringt es an den Tag

Solarthermie meint die Nutzung des Sonnenlichts, um damit direkt Wärme zu erzeugen. Auf dem Hausdach angebrachte Solarkollektoren heizen Warmwasser und Heizung. Leider stehen rund 75 Prozent der jährlich eingestrahlten Sonnenenergie zwischen April und September zur Verfügung – wenn wenig bis gar nicht geheizt werden muss. Die gewonnene Energie für die Wintermonate zu speichern ist im Privathaus unwirtschaftlich. Deshalb werden solarthermische Heizsysteme meist so ausgelegt, dass sie bis maximal 50 Prozent zum gesamten Wärmebedarf beitragen und mit einem anderen regenerativen System, etwa einer Holzfeuerung, kombiniert werden.

Unter Photovoltaik (PV) versteht man die direkte Erzeugung von Strom durch Sonnenlicht. Photovoltaik ist sehr vielseitig einsetzbar, weil Strom für viele Zwecke nutzbar ist. Neben der Deckung des klassischen Strombedarfs für Haushaltsgeräte können auch Heizungstechnik, Warmwasserbereitung, Lüftung und Kühlung sowie die Elektromobilität versorgt werden. Photovoltaik kann also dazu beitragen, den zusätzlich benötigten Strom vollelektrisch betriebener Gebäude vor Ort bereitzustellen und damit die öffentliche Strominfrastruktur zu entlasten.

Eine Stromspeicherung im Gebäude ist zumindest für den Tag-Nacht-Übertrag beziehungsweise zur Überbrückung von ein bis zwei Schlechtwettertagen möglich, aber bisher aufgrund der Kosten für den Speicher in der Regel nur bei Betrachtungsdauern von mehr als zehn Jahren wirtschaftlich darstellbar.

Umweltwärme: Energie aus Nichts

Umweltwärme steht auf dem eigenen Grundstück zur Verfügung. Die Luft, das Grundwasser und der Erdboden speichern Wärme – mit geeigneten Wärmepumpen kann man der Umwelt diese Energie entziehen und damit das Haus heizen. Wärmepumpen benötigen Strom, weshalb sie idealerweise so weit wie möglich von einer Photovoltaikanlage versorgt werden. Luftwärmepumpen erzeugen Lärm, was bei dichter Bebauung zu Ärger mit den Nachbarn führen kann; wenn für Erdwärme eine Tiefenbohrung erforderlich ist, muss diese von der Gemeinde genehmigt werden. Eine Variante der Erdwärme ist der Eisspeicher. Detailliert gehen wir auf alle Formen der Umweltwärme im Kapitel „Wärmepumpen“ ab Seite 72 ein.

Die Nutzung der Windenergie ist im privaten Rahmen eher ein Nischenthema. Kleinwindanlagen für die Montage auf dem Hausdach werden nur von wenigen Herstellern angeboten. In windreichen Gebieten, also an der Küste oder auf einem Berg, sind sie sehr wohl effizient. Aber man hört und sieht sie, weshalb sie Nachbarn oft ein Dorn im Auge sind. Sie konkurrieren mit Photovoltaikanlagen und sind in den meisten Situationen eher die zweite Wahl. Mit ihnen sind in dicht bebauten Wohngebieten in der Regel nur Anlagengrößen von 200 bis 500 Watt (W) realisierbar. Mit maximal 1000 bis 2 000 Kilowattstunden pro Jahr (kWh/a) bleibt ihr Jahresertrag auch bei sehr guten Windverhältnissen eher gering.

Externe Wärme – nicht immer klug

Als Nah- oder Fernwärme bezeichnet man die Wärmeerzeugung außerhalb des eigenen Hauses. Ein typischer Fall von Nahwärme wäre etwa ein gemeinsames Blockheizkraftwerk für eine Siedlung, typische Fernwärme etwa die Abwärme von Fabriken oder Kraftwerken. Der Vorteil von Nah- oder Fernwärme für Eigenheimbesitzer liegt darin, dass im Haus lediglich sehr einfache Heizungstechnik eingebaut werden muss und sie sich um die eigentliche, oft komplexe Wärmeerzeugung nicht kümmern müssen. Die Investition in den Wärmeanschluss ist vergleichsweise günstig, was die zu stemmenden Bau- oder Modernisierungskosten senkt. Die laufenden Kosten für Nah-

oder Fernwärme sind wiederum eher hoch, weil in dem Wärmepreis auch der Wartungsaufwand, die Refinanzierung der Wärmezentrale und des -netzes und die Wärmeverluste des Verteilnetzes enthalten sind.

Ob Nah- oder Fernwärme eine Option ist, sollte geprüft werden. Wenn es sich um die – eventuell genossenschaftlich finanzierte – Gemeinschaftsanlage einer Siedlung oder eines Dorfes handelt, besteht üblicherweise ein Einfluss auf deren Preisgestaltung. Hält hingegen ein Großkonzern für ein Gebiet das Wärmemonopol, sollte man sich sehr genau überlegen, ob man sich dem ausliefern will.

Zukunftsmusik: Wasserstoff

Das Gas Wasserstoff kann prinzipiell per Elektrolyse (Spaltung von Wasser in Sauerstoff und Wasserstoff durch Strom) vor Ort hergestellt werden, allein seine Lagerung ist problematisch. Ihn zu verheizen ist zwar möglich – energetisch sinnvoller ist es aber, ihn mithilfe einer Brennstoffzelle wieder in Strom zu wandeln und damit während der Dunkelflaute im Winter eine Wärmepumpe zu betreiben.

Wegen der Lagerungsprobleme und der hohen Entzündlichkeit des Gases ist Wasserstoff als Energiespeicher im eigenen Haus wenig geeignet. Wahrscheinlicher ist, dass Energieversorger Wasserstoff großtechnisch erzeugen und lagern. Ein Eigenheimbesitzer könnte dann im Sommer überschüssigen Photovoltaikstrom an den Energieversorger liefern, der damit Wasserstoff produziert und diesen für den Winter speichert.

Die Gebäudetypen

Wie sich beim Heizen möglichst hohe Energieeffizienz und Nachhaltigkeit erreichen lassen, hängt von der Art des Gebäudes und den daraus folgenden energetischen Voraussetzungen ab.

Ob Neubau oder Sanierung, freistehende Villa oder schmales Reihenhaus, fast immer führen zwar nicht alle, aber viele Wege zum Ziel. Für welchen man sich entscheidet, ist sowohl eine Frage der Kosten als auch der konkreten Situation vor Ort. Ausgangspunkte bei der Planung eines Neubaus oder einer Sanierung sollten das Heizkonzept und die dafür nötige beziehungsweise vorhandene Energiequelle sein. Um diese herum sollten dann – bei Bestandsbauten in Abhängigkeit von der vorhandenen Substanz – die übrigen Komponenten gruppiert werden.

Drei Ansätze für Gebäude und Heizkonzepte sind gängig: das Passivhaus, das Aktivhaus und das LowEx- (Niedrig-Exergie-, siehe nächste Seite) oder Niedrigenergiehaus.

Das Passivhaus

In diesem Gebäudetyp ist die Heizung eigentlich keine – das Haus ist so gut gedämmt, dass es kaum Wärmeenergie benötigt. Wir gehen später detailliert auf diesen Ansatz ein (siehe Seite 91). Hier die wichtigsten Merkmale eines solchen Gebäudes:

- Es benötigt praktisch nur Energie für die Warmwasserbereitung.
- Die Räume werden über eine – zwingend notwendige – Lüftungsanlage erwärmt.

Dieser Ansatz ist sehr nachhaltig, die nötige Dämmung macht das Haus aber teuer. Zudem bedarf es aufwendiger Regelungstechnik, die bedient und gewartet werden will. Ein weiterer, eher hypothetischer Gedanke: Sollte das

Ein modernes Passivhaus benötigt so gut wie keine Wärmezufuhr. In vielen Fällen erübrigt sich hier eine Zentralheizung.

Gebäude durch Unachtsamkeit oder Glasbruch auskühlen, dauert es mitunter Tage, bis wieder wohlige Temperaturen erreicht sind.

Das Aktivhaus

Bei diesem Typ stehen nicht die maximale Energieeinsparung, sondern die maximale Gewinnung und Nutzung von Umweltenergie im Vordergrund.

- Es nutzt über Wärmepumpen, Photovoltaik und/oder Solarthermie alles an Umgebungsenergie, was wirtschaftlich sinnvoll ist.
- Eine massive Dämmung der Gebäudehülle ist nicht nötig.

Dieser Ansatz eignet sich vor allem für die Sanierung von Bestandsbauten, aber auch für Standorte, an denen Umweltenergie mit wenig Aufwand genutzt werden kann und eine maximale Dämmung des Hauses nicht möglich oder wirtschaftlich wäre. Sinnvoll ist diese Herangehensweise aber nur, wenn die geförderte Energie auch gespeichert werden kann – in den meisten Fällen in Akkus. Das verteuert diesen Ansatz, die Gebäuderegelungstechnik wird komplexer. Im Vergleich zum Passivhaus sind Aufwand und Kosten für die Anschaffung der Technik und deren Wartung höher.

Das LowEx-Haus

Die englische Abkürzung steht für Niedrig-Exergie. Dieser relativ neue Begriff meint das potenzielle Gefälle zwischen mindestens zwei Zuständen. Bezogen auf die Gebäudeheizung bedeutet dies, den Temperaturunterschied zwischen Wärmequelle und zu heizendem Raum auszuschöpfen. Da hierfür schon ein Gefälle von etwa fünf Grad Celsius reicht, spricht man von Niedrig-Exergie. In einem LowEx-Haus ist man also bestrebt, mit minimaler Heizungsbetriebstemperatur („Vorlauftemperatur") die Räume angenehm warm zu halten (siehe Seite 192). Dieser Ansatz eignet sich zur Nachrüstung beziehungsweise Sanierung von Bestandsbauten:

- Bei autarker Energieversorgung erfordert das LowEx-Haus eine Wärmepumpe. Wegen der hier niedrigen Vorlauftemperatur benötigt diese ihrerseits wenig Energie, arbeitet also besonders effizient.
- Nutzen Sie Nah- oder Fernwärme, genügt schon leicht erwärmte Abwärme, etwa von einem Kühlhaus, Bürogebäude, Rechenzentrum oder einer Fabrik, um das LowEx-Haus ausreichend zu temperieren.
- Zur Wärmeverteilung im Haus variiert man das von den Römern erfundene Prinzip des Hypokaustums. In der Regel vertei-

len Fußbodenheizungen und in den Außenmauern installierte Wandheizungen (siehe auch „Fußboden-, Wand- und Deckenheizungen“ ab Seite 175) die Wärme. Die Heizflächen bleiben dabei auf einer Temperatur von konstant 25 Grad Celsius.

Ob und wie stark ein LowEx-Haus gedämmt wird, hängt von den Umständen ab. Betreiben Sie es mit eigener Wärmepumpe, werden Sie bestrebt sein, deren Energiebedarf niedrig zu halten, und sich entsprechend für eine wirksamere Dämmung entscheiden. Liefert ein Industriebetrieb aus der Nachbarschaft seine Abwärme praktisch frei Haus, kann es wirtschaftlich und umwelttechnisch nachhaltig sein, auf zusätzliche Verbesserungen der Gebäudeaußenhülle zu verzichten. Die Abwärme würde ungenutzt verpuffen und ihrerseits die Umgebung aufheizen; auch bei der Produktion von Dämmmaterial entstehen Kohlendioxid (CO_2) und Schadstoffe.

Kassensturz mit der Planerin

Die Kombination verschiedener Elemente und Techniken führt also zu einem effizienten und nachhaltigen System. Welche für den individuellen Fall optimal sind, lässt sich nur durch eine präzise Bestandsaufnahme und gründliche Kalkulation der Alternativen herausfinden. Neben den Anschaffungskosten und eventuellen Beihilfen muss die Aufmerksamkeit der typischen Lebensdauer und den Betriebs- oder Unterhaltskosten einer Maßnahme gelten. Manche Investitionen zahlen sich über die Nutzungsdauer gewinnbringend aus, andere sind eher Geldverschwendung.

Prinzipiell können Bauherren entsprechende Berechnungen selbst anstellen. Da in die meisten Projekte aber ohnehin ein Energieberater eingebunden sein muss, ist es sinnvoll, eigene Berechnungen mit ihm oder ihr auf Vollständigkeit und Richtigkeit zu prüfen.

Die Dämmung: Voraussetzung für energieeffiziente Gebäude

Wann immer möglich, ist eine wirksame Dämmung der Haus-Außenhaut die beste Sparmöglichkeit. Aber nicht immer ist sie an Bestandsbauten realisierbar – und nicht immer wirtschaftlich.

Wer sein Eigenheim konzipiert oder ein bestehendes Gebäude kauft, möchte sich dort vor allem wohlfühlen. Deshalb spielen das Raumangebot, der Schnitt des Grundrisses, die Behaglichkeit in Innenräumen sowie die Aussicht die größte Rolle. Allerdings muss das Wohnen in den eigenen vier Wänden auch langfristig bezahlbar bleiben – dabei fällt der Blick schnell auf die Gebäudetechnik.

Energieeffizient – was heißt das?

Bezogen auf ein Gebäude beginnen die Überlegungen zu seiner Effizienz mit den infrage kommenden Materialien, denn deren Herstellung und Transport belasten die Umwelt. Zudem ist ihre Lebensdauer und Wiederverwertbarkeit für die gesamte Umweltbilanz relevant. Beim Haus selbst meint Energieeffizienz, einerseits alles zu tun, um Energieverluste zu

Eine zeitgemäße Dämmung senkt den Energiebedarf eines Gebäudes nachhaltig und ist das beste Mittel gegen explodierende Heizkosten. Sie nachträglich anzubringen ist allerdings nicht immer möglich.

vermeiden, das Haus andererseits optimal an seine Umgebung anzupassen, wo möglich, natürliche Energien zu nutzen und möglichst sparsame Geräte einzusetzen.

Beginnen wir mit den Baumaterialien: Für eine erste Orientierung sind die sogenannten Umweltproduktdeklarationen („Environmental Product Declaration“, EPD) hilfreich. Sie berücksichtigen die in den Baustoffen enthaltene graue Energie, deren Ökobilanz (Aufwand zur Gewinnung sowie den Weg zum Kunden). Das Bundesministerium für Wohnen, Stadtentwicklung und Bauwesen stellt unter der folgenden Adresse Informationen unter anderem zu Bau- und Dämmstoffen, deren Haltbarkeit und Nachhaltigkeit zur Verfügung: nachhaltigesbauen.de/austausch.

Nicht nur die Anschaffungskosten und der CO_2-Ausstoß bei Produktion und Transport der Materialien für ein Haus sollten berücksichtigt werden, sondern auch eventuelle Kosten für Wartung oder Reinigung.

Ebenso wichtig ist es, wie Materialien als System harmonieren: Nicht jedes Baumaterial verträgt sich mit jedem Dämmstoff, bestimmte Bodenbeläge schränken bei der Art der Heizung ein. Zudem sollten Bau- und Dämmstoffe mit ähnlicher Haltbarkeit verwendet werden, um nicht während der Nutzungsdauer Teile der Außenhaut erneuern zu müssen. Ideal sind wiederverwertbare Materialien, besonders nachhaltig sind Baustoffe, die leicht austauschbar, gut trennbar und nicht fest miteinander verbunden sind.

Das eingesetzte Material sollte nicht nur einen möglichst günstigen CO_2-Fußabdruck haben, sondern natürlich auch zum möglichst geringen Energiebedarf des Hauses beitragen.

Sehr vereinfacht gesagt, will man in einem Gebäude drei Dinge unter einen Hut bekommen: Im Haus soll eine möglichst angenehme Innentemperatur aufrechterhalten sowie die Raumluft regelmäßig ausgetauscht werden und dabei weder übermäßig feucht noch zu trocken sein. Schließlich soll das Licht im Haus bei Tag und Nacht angenehm und, wo nötig, hilfreich sein. Diese drei Aufgaben fordern Energie – je weniger, desto besser. Darüber hinaus soll mit Blick auf die Klimabilanz auch so wenig fossile Energie wie möglich im Gebäudebetrieb verwendet werden.

Um das Haus so effizient wie möglich mit Wärme versorgen zu können, sollte die Gebäudehülle eine möglichst geringe Transmission aufweisen, also möglichst wenig Wärme aus dem Haus entweichen lassen. Dies ist sowohl von der schieren Fläche der Außenhaut abhängig als auch deren Form und den verwendeten Dämmmaterialien. Unter energetischen Gesichtspunkten ist ein möglichst kastenförmiges Haus ideal – Erker und anderer „Zierrat“ verlieren Energie.

Dämmung – ja oder nein?

Ein modernes Haus ohne Dämmschicht scheint vielen Bauherren und Planerinnen kaum noch denkbar. Tatsache ist: Bei Massivbauweise kann man mit der richtigen Wahl der Baustoffe oft auf die Dämmung verzichten. Dämmziegel arbeiten traditionell mit luftgefüllten Hohlräumen und dämmen dadurch die Außenhaut des Gebäudes. Verwendet man in den Ziegeln statt Luft Füllstoffe, die beispielsweise unter Namen wie Perlit vermarktet werden, erhält man einen Baustoff, mit dem sich Effizienzhäuser der Klassen 55 und 40 bauen lassen.

Nicht immer wird man aber auf diesen Baustoff zurückgreifen können, bei Bestandsbauten lässt sich die vorhandene Außenhaut ohnehin nicht ändern. Standard bei Neubauten oder bei der Sanierung von Bestandsbauten mit glatter Gebäudefront, also Häusern mit einschaligen Außenwänden oder Wänden mit Vormauerschale, sind Wärmedämmverbundsysteme (WDVS). Für Fachwerkhäuser, Fassaden mit Zierelementen und denkmalgeschützte Bauten eignen sie sich nicht.

Beliebtes und günstiges Dämmmaterial für Wärmedämmverbundsysteme ist Polystyrol („Styropor"). Dies ist allerdings nicht unumstritten, weil es nur begrenzt haltbar ist und am Ende seiner Lebenszeit kaum wiederverwertet werden kann. Es stehen aber auch Dämmstoffe wie Mineralwolle oder Kork zur Verfügung. Letzterer zählt zu den biologischen Dämmstoffen, die gesundheitlich unbedenklich sind und aus nachwachsenden Rohstoffen produziert werden.

Gängige Schichtdicken für Wärmedämmverbundsysteme sind 12 bis 16 Zentimeter.

Eine verhältnismäßig neue Alternative zu Wärmedämmverbundsystemen ist die Vakuumdämmung. Dabei fungieren luftleere Platten auf der Außenwand als Isolierschicht – im Prinzip wie bei einer Thermoskanne. Diese Art der Dämmung benötigt weniger Platz, auf der gleichen Gebäudefläche steht also mehr Wohnraum zur Verfügung. Man rechnet mit einer Haltbarkeit der Dämmschicht von rund 50 Jahren – deren Wirksamkeit lässt aber über die Jahre nach, und schon verhältnismäßig kleine Schäden an den Dämmplatten zerstören ihre Wirksamkeit.

Wer die Außenwände von Bestandsbauten wärmedämmen will, sollte dies unbedingt vor einer Erneuerung der Heizanlage tun, denn ein gedämmtes Haus kommt mit einer schwächer dimensionierten Heizung aus. Da die Wärmedämmung üblicherweise auf den Außenwänden angebracht wird, kann es bei sehr beengten Verhältnissen zu Problemen an den Grundstücksgrenzen kommen, wenn die Dämmung etwa in einen Durchgang ragt.

Mindestens so wichtig wie Wände mit geringer Transmission sind ebensolche Dachböden. Sind sie nicht gedämmt, entweicht über sie ein Großteil der Wärme aus dem Gebäude. Für Häuser, die nach dem 1. Februar 2002 gekauft oder geerbt wurden, ist die Wärmedämmung des Dachbodens in der Regel verpflichtend. Üblich sind hier Dämmschichten mit einer Dicke von 24 Zentimetern.

Bei Kauf oder Renovierung eines Bestandsbaus ist deshalb unbedingt zu prüfen, ob die oberste Geschossdecke wärmegedämmt ist. Steht der Ausbau des Dachbodens an, sollte als Erstes das Dach gedämmt und luftdicht werden. Falls zum Ausbau (zusätzliche) Dachfenster gehören, sind diese vor der Dachdämmung einzubauen.

Bei der Gelegenheit sollte man prüfen, ob das Haus unverschattete Dachflächen oder Fassaden Richtung Westen, Süden oder Osten hat. Falls ja, sollte man das Gebäude beim Ausbau zumindest auf die Nutzung von Solarthermie- oder Photovoltaikanlagen vorbereiten, also etwa Kabel und/oder Leitungen Richtung Dach verlegen und dafür sorgen, dass für eine spätere Solarinstallation nötige Zugänge erreichbar bleiben.

▶ **Welche Dämmstoffe für welchen Zweck am besten geeignet sind, was sie kosten und wie man sie einbaut, lesen Sie im Ratgeber „Richtig dämmen" der Stiftung Warentest.**

Zimmer mit Aussicht

Idealerweise hat ein Haus kleine Fenster in Richtung Norden und größere Fenster nach Süden. Nordfenster bringen nur wenig Licht ins Haus, geben aber im Winter viel Wärme nach außen ab. Das Minimum bei der Erneuerung von Fenstern ist Zweifachverglasung, üblich in Neubauten ist Dreifachverglasung. Bei Bestandsbauten müssen die neuen Wunschfenster schon rein physisch in den vorhandenen Platz passen; bei denkmalgeschützten Gebäuden muss obendrein deren Optik den Charakter des Hauses wahren. Allgemeines Maß für die Wärmedämmung von Gebäudeteilen ist ihr U-Wert – das bezeichnet den Wärmedurchgangskoeffizienten (das „U" stammt von der englischen Bezeichnung: Unit of Heat Transfer). Der Koeffizient gibt an, wie viel Energie durch einen Quadratmeter eines Bauteils bei einem Grad Kelvin Temperaturunterschied ($W/(m^2K)$) von innen nach außen abgegeben wird. Relevant für Scheiben ist der Uw-Wert („w" für Window) – er gibt den Koeffizienten des kompletten Produkts an, also Fensterrahmen und Glas. Vorgeschrieben für neue Fenster ist ein Uw-Wert von 1,3; doppelt verglaste erreichen üblicherweise einen Uw-Wert von unter 0,95 $W/(m^2K)$, womit sie von der KfW als förderfähig betrachtet werden.

Der Hauptzweck von Fenstern besteht nicht darin, dass sie Wärme im Gebäude halten – oder von ihm fern; sie sollen Licht in die Zimmer bringen. In unseren Breiten steht ausreichend natürliches Licht nur tagsüber zur Verfügung – und das, abhängig von der Jahreszeit, unterschiedlich lange. Tages- und Kunstlicht müssen sich also ergänzen. Durch möglichst hohe Fenster fällt viel Tageslicht in die Räume. Sie sollten so groß wie machbar und sinnvoll dimensioniert werden, müssen aber mit gutem Sonnenschutz versehen sein, um im Sommer Überhitzung zu vermeiden. Nordfenster bringen im Winter wenig Licht, verlieren jedoch viel Wärme an die Umgebung. Daher wird man für die Fenster einen Kompromiss finden müssen: Zu kleine Fenster lassen wenig Licht in einen Raum, zu große Scheiben können schwierig zu putzen sein. Unterstützend wirken sogenannte Lichtkamine – sie bringen Tageslicht in dunkle Ecken eines Hauses. Künstliche Beleuchtung kann in fast allen Bereichen eines Gebäudes mit energiesparenden LED-Lampen ausgeführt werden.

Prima Klima

Im Winter wollen wir es in unserer Wohnung angenehm warm haben, im Sommer ausreichend kühl. Wenn die Außenhaut eines Gebäudes hinlänglich gedämmt ist, reicht auch eine verhältnismäßig schwache Heizung für wohlige Temperaturen. Die wichtigste Regel bei der Planung der Heizung ist folglich: Der Wärmeerzeuger muss auf den Bedarf ausgelegt sein. Eine überdimensionierte Heizung kostet unnötig Geld, eine zu knapp kalkulierte wärmt nicht ausreichend. Welche Technik für die konkrete Gebäudehülle richtig ist, berechnet ein Energieberater. Wie man den Bedarf überschlägig ermittelt, erklären wir auf Seite 110.

Klassische Heizungssysteme arbeiten umso effizienter, je niedriger ihre Vorlauftemperatur ist. Dies gilt für alle Heizquellen, wirkt sich bei Wärmepumpen aber deutlicher aus. Voraussetzung für niedrige Vorlauftemperaturen ist ein möglichst gut gedämmtes, also effizientes Gebäude.

> **Klassische Heizungssysteme arbeiten umso effizienter, je niedriger ihre Vorlauftemperatur ist.**

Versorgung klären

Im Abschnitt „Denken und Planen im System: Voraussetzung für Effizienz" (Seite 18) ging es bereits um die Energiequellen, die in einem modernen Haus prinzipiell zur Verfügung stehen – als Primärenergie Heizöl oder Gas (Letzteres kann als Biogas nachhaltig sein; über die Erdgas-Infrastruktur und viele Gasbrenner

Flächenheizungen versorgen Häuser mit der angenehmsten Wärme, arbeiten besonders effizient und sind deshalb ideale Partner von Wärmepumpen. Im Bild ein Beispiel für eine trocken verlegte Fußbodenheizung

lässt sich auch nachhaltig erzeugter Wasserstoff nutzen), Kohle (auch wenn man diesen Brennstoff in der Praxis wegen des mangelnden Komforts nur für Zusatzheizungen nutzen wird), Nah- oder Fernwärme und als erneuerbare Quellen Solarthermie, Holzpellets, aber auch Solarstrom – sei es, um damit direkt elektrische Heizelemente zu versorgen oder eine Wärmepumpe zu betreiben.

Manche Energiequellen bedürfen besonderer Beachtung. Soll Umweltwärme aus Luft oder Boden gewonnen werden, ist zu prüfen, ob sich der Untergrund für Erdsondenbohrungen eignet. Beim Einsatz von Luft-Wärmepumpen sind mindestens drei, besser fünf Meter Abstand zwischen Außeneinheiten und eigenem Gebäude sowie Nachbargebäude notwendig (siehe auch Seite 86).

Falls Fern- und Nahwärme genutzt werden soll oder muss, sind Heizungstechnik und Warmwasserbereitung entsprechend den vom Fernwärmeversorger vorgegebenen Heiztemperaturen auszuführen.

Ist am Grundstück von Bestandsbauten ein Gasanschluss verfügbar, sollte man berechnen, ob es wirtschaftlich sinnvoll ist, diesen weiter zu nutzen – was davon abhängt, ob der Versorger perspektivisch auf Biogas oder Wasserstoff umstellen kann, sowie davon, ob am Haus per Photovoltaikanlage ausreichend eigener Strom zum Heizen produziert werden könnte. Auch die Art der Wärmeverteilung (siehe Kapitel „Wärmeverteilung", Seite 162) ist relevant: Kommt sie mit Vorlauftemperaturen unter 45 Grad Celsius aus, lohnen sich strombetriebene Wärmepumpen auch, wenn der Strom aus dem Stromnetz bezogen wird.

Mögliche Wärmeverteiler

Wärmeerzeugung und Wärmeverteilung hängen zusammen – nicht jede Heizquelle lässt sich mit jedem Heizkörper kombinieren. Die Art der Wärmeverteilung entscheidet darüber, ob überhaupt klassische Heizelemente nötig sind. Wenn eine Luftheizung (Details dazu im Abschnitt „Luftheizung", Seite 180) die Räume temperiert, sind konventionelle Heizkörper überflüssig. Wird eine Luftheizung abgelehnt oder ist ihr Einbau bei einer Sanierung nicht möglich, müssen Flächenheizungen oder Heizkörper die Wärme verteilen. Klassische Heizkörper transportieren einen Großteil der Wärme über die Luft und – wegen ihrer kleinen Fläche – nur einen geringen Anteil als Strahlungswärme. Letztere wird von den meisten Menschen aber als angenehmer empfunden – unter anderem, weil die Raumluft weniger trocken wird. Wo immer möglich, setzt man daher auf Flächenheizungen, also in Fußböden, Wände oder Decken eingelassene Heizleitungen, in denen das von der Heizungsanlage erwärmte Wasser zirkuliert und dabei die Wärme abgibt. Ausführlich besprechen wir die Vor- und Nachteile aller Heizkörperarten ab Seite 175 – an dieser Stelle soll es nur um Überlegungen zu den Konsequenzen gehen, die sich aus der Entscheidung für oder gegen einen Typ ergeben.

Flächenheizungen benötigen keine Stellfläche und kommen mit geringeren Heizungsvorlauftemperaturen aus, können dadurch also Energie sparen. Sie schränken aber bei der Wahl der Einrichtung ein. Teppichböden reduzieren den Wärmefluss, was im Zusammenspiel mit Fußbodenheizungen ungünstig ist. Bessere Bodenmaterialien sind hier Fliesen oder Holz. Wenn es Teppichböden sein müssen, kombiniert man sie vorteilhafterweise mit Heizkörpern beziehungsweise Decken- oder Wandheizungen.

Auch wer in seine Räume gern viele große Möbel stellt, schränkt die Wirkung einer Fußbodenheizung ein. Wandheizungen sind diese Probleme fremd – aber da die Abdeckung von Wandheizungen aus sehr feinem Material besteht und dahinter die Heizungsrohre verlaufen, kann man in sie keine Nägel schlagen und erst recht keine Löcher für Dübel bohren, um Bilder oder Regale zu befestigen. Und auch eine Wandheizung erwärmt den Raum nur, wenn sie nicht durch Möbel verstellt ist.

Schon beim Bau oder der Sanierung verlangen Fußbodenheizungen besonderes Augenmerk, denn sie erfordern in der Regel einen höheren Bodenaufbau. Bei einem Neubau kann man den Platz zwischen Estrich und Lauffläche für die Heizungsrohre natürlich entsprechend einplanen; bei einer Sanierung kann dies, wenn etwa viele Türen höher gesetzt oder gekürzt werden müssten, zum Problem werden. In solchen Fällen kann es unterm Strich sinnvoller sein, bei klassischen Heizkörpern zu bleiben. Sind in Bestandsbauten Heizkörper vorhanden, sollte deren Alter und Technik geprüft werden – vielfach lohnt es sich, sie durch moderne zu ersetzen, da diese dieselbe Heizleistung bei niedrigeren Heizungsvorlauftemperaturen bringen, also Energie sparen.

So bleibt es im Sommer kühl

Der bereits erwähnte Sonnenschutz ist nicht nur im Zusammenhang mit der Beleuchtung ein Thema – er hilft auch, die Räume kühl zu halten. An gewissen Gebäuden wird ein solcher allein im Hochsommer aber nicht für angenehme Raumtemperaturen sorgen können. Die günstigste und in einem modernen Energieeffizienzhaus ausreichende Art der Kühlung ist eine von einer Wärmepumpe betriebene Luft- oder Konvektionsheizung, die im Sommer statt Wärme Kälte transportiert (siehe Seite 182).

Ist eine konventionelle Klimatisierung unumgänglich, sollte diese möglichst natürliche oder wenig ozonschädigende Kältemittel einsetzen. Außerdem sollte sie die Raumluft auch entfeuchten, was bei hohen Temperaturen als sehr angenehm empfunden wird. Subjektiv wirkt trockene Luft kühler, die Klimaanlage muss die Raumtemperatur folglich gar nicht so stark reduzieren. Wärmepumpen können heizen und kühlen; Flächenheizungssysteme vermögen ebenfalls beides. Sie zu kombinieren verspricht also gleich in mehrerlei Hinsicht Vorteile. Ein Ersatz für eine konventionelle (und entsprechend energiehungrige) Klimaanlage ist das Duo aus Wärmepumpe und Flächenheizung aber nicht. Die mögliche Kühlleistung ist deutlich geringer, für einen gut gedämmten Neubau sowie bei Bestandsbauten mit kleinen Fensterflächen und gutem Sonnenschutz aber ausreichend.

Gut geregelt

Zu einer effizienten Heizung gehört eine passende Regelung. Die Raumtemperatur sollte so niedrig wie möglich (natürlich noch angenehm) eingestellt werden. Sofern dies mit der installierten Heizung umzusetzen ist, steigert es die Effizienz, wenn die Heizungssteuerung erkennt, dass sich niemand in einem Raum aufhält, und dort die Temperatur senkt. Eine so kleinteilige Regelung für die Heizung ist nur sinnvoll, wenn die Heizung ihrerseits die Temperatur ausreichend schnell regulieren kann. Für Fußbodenheizungen wäre eine solche Regelung sinnlos, da diese teils Stunden brauchen, um auf die gewünschte Temperatur zu kommen. Luftheizungen dagegen reagieren bei entsprechender Heizquelle schnell auf unterschiedliche Temperaturanforderungen.

Mittel gegen dicke Luft

In direktem Zusammenhang mit der Heizung steht eine effiziente Lüftung. Deren Planung setzt deutlich vor Rohrleitungen oder Ventilatoren an. Es beginnt mit neuen, luftdichten Fenstern. Lärm, schlechte Luft sowie Einbruchgefahr vereiteln die Nutzung der Fenster zur Lüftung oft. Gelüftet wird dann besser über eine zentrale Lüftungsanlage mit Zu- und Abluft – und entsprechenden Filtern.

Durch die Wahl nicht chemiebelasteter Farben, Möbel und Bodenbeläge lässt sich der nötige Luftaustausch reduzieren. Auch der Gebäudegrundriss beeinflusst diesen Faktor: Offene Wohnküchen etwa sind sehr beliebt, tragen aber Luftfeuchtigkeit und Gerüche in weite Teile eines Hauses – es muss also mehr gelüftet werden. Eine kleine, räumlich abgetrennte Kochküche mit Abluftschacht hingegen hält Feuchtigkeit und Mief in einem kleinen Bereich des Hauses, wo beides auch problemlos abgesaugt werden kann.

In puncto Lüftungsanlagen sind in Küchen Umlufthauben einfacher zu betreiben, ziehen aber Mief und Fett nicht so effektiv aus der Küche wie Ablufthauben. Diese erfordern in neuen, gut gedämmten und weitgehend luftdichten Gebäuden eine – am besten automatische – Öffnung zumindest eines Fensters beziehungsweise einen Kontaktschalter, der verhindert, dass man die Abzugshaube einschaltet, solange kein Fenster geöffnet ist.

Generell gilt beim Thema Lüftung: Je luftdichter ein Raum ist, desto geringer sind dessen Lüftungsverluste und umso geringer wird auch der Lüftungsbedarf – aber der hygienisch erforderliche Mindestluftwechsel muss erfolgen, denn in abgestandener Luft mag sich niemand aufhalten. Auch hier kann eine intelligente Regelung sparen, denn der Lüftungsbedarf hängt unter anderem von der Zahl der Personen ab, die sich im Raum aufhalten. Diese Art Steuerung für Heizung und Lüftung setzt intelligente Gebäudetechnik, also Smart-Home-Systeme voraus.

Warmwasser marsch!

Beim Warmwasser zeigt sich der Gegensatz von Komfort und Effizienz besonders drastisch: Mit Blick auf den Verbrauch sind kurze Duschzeiten und möglichst niedrige Wassertemperaturen sinnvoll – aber sie sind nicht unbedingt angenehm. Dennoch lässt sich auch beim Warmwasser die Effizienz ohne gravierenden Komfortverlust steigern. An der Zahl der Personen im Haushalt lässt sich nichts ändern. Wassersparamaturen beziehungsweise -duschköpfe minimieren aber den Wasserdurchsatz. Thermostatarmaturen für Dusche und Badewanne sorgen dafür, dass nicht mehr Warmwasser als nötig verbraucht wird. Bei der Planung eines Hauses ist auf möglichst kurze und so knapp wie möglich dimensionierte Warmwasserleitungen zu achten – so ist an den Zapfstellen Warmwasser möglichst schnell verfügbar, und die Leitungen verlieren weniger Wärme, während kein Wasser gebraucht wird. Ausführlich gehen wir im Abschnitt „Warmwasser zweckmäßig und effizient bereiten" (ab Seite 61) auf das Thema ein, insbesondere auf sinnvolle Kombinationen mit der Heizung.

Platz für die Technik

Technikkomponenten benötigen Raum – etwa der Pufferspeicher für thermische Solaranlagen, das Lager für Holzpellets, Kamine, die Akkus, die überschüssigen Strom der Photovoltaikanlage speichern. Viele Elemente moderner Gebäudetechnik erzeugen zudem Geräusche. In einem abgetrennten, meist im Keller untergebrachten Raum stören diese Komponenten nicht. Ist wenig Platz vorhanden, sind außerhalb des Hauses aufgestellte Anlagen (Wärmepumpen) vorteilhaft oder Kompaktanlagen, die Heizung, Warmwasser und gegebenenfalls Lüftungsanlage platzsparend und optisch ansprechend zusammenfassen.

Gebäudetechnik effizient dimensionieren und nutzen

Bei der Planung eines Gebäudes oder dessen Renovierung entscheiden Anzahl und Verhalten der Nutzer über die Effizienz.

Von der Anzahl der Personen, die ein Haus bewohnen, und von der Art,wie diese das Haus nutzen, hängt ab, wie die Gebäudetechnik dimensioniert werden muss, um allen Bewohnern ein behagliches Heim zu bieten – und was deren Betrieb kostet. Zudem steigen mit der Anzahl der Bewohner und deren (Fehl-)Verhalten die Gefahren, Schäden am Gebäude zu verursachen. Betriebskosten wie Gebäudeschäden lassen sich vermeiden, wenn die Bewohner eines Hauses dessen energetisches Konzept verstehen und danach handeln.

Anschaffungs- und Betriebskosten

Ziel jeder wirtschaftlich denkenden Bauherrin, jedes Gebäudeplaners ist es, mit den zur Verfügung stehenden Möglichkeiten ein angenehmes Wohnumfeld zu schaffen und dafür möglichst wenig Ressourcen einzusetzen.

Ein Beispiel: Bewohner könnten es angenehm finden, dass in sämtlichen Räumen ihres Traumhauses ständig eine Temperatur von 23 Grad Celsius herrscht. Diesen Wunsch in einem Neubau zu realisieren benötigt mehr Heizenergie, als einen Altbau nur bedarfsabhängig zu heizen, also nur die jeweils genutzten Zimmer. Ähnlich verhält es sich beispielsweise mit der Beleuchtung: Wer in sämtlichen Räumen eines Gebäudes ständig das Licht brennen lässt, wird trotz energieeffizienter LED-Lampen unterm Strich eine höhere Stromrechnung zahlen als jemand, der noch mit Glühbirnen die Räume erhellt, aber das Licht konsequent nur dort anschaltet, wo es wirklich gebraucht wird. Anders gesagt: Der Energiebedarf eines Gebäudes ist nicht in Stein gemeißelt – er hängt maßgeblich von der Gebäudenutzung und den -nutzern ab.

Die Gebäudetechnik von Wohngebäuden wird üblicherweise so dimensioniert, dass in allen als Wohnräumen geplanten Zimmern eine Beheizung auf 20 Grad Celsius möglich ist, für Bäder werden sogar 24 Grad Celsius veranschlagt. Entsprechende Auslegungswerte gibt es für Warmwasser, Lüftung, Wasser, Abwasser, Beleuchtungsbereiche und so weiter. So soll ein Gebrauchswert eines Wohngebäudes erreicht werden, der die normalen Anforderungen von mehr als 95 Prozent aller Nutzer erfüllt. Dies führt in der Praxis zu eher überdimensionierten Anlagen, weil sie auf Anforderungen ausgelegt wurden, die im Alltag selten vorkommen. Es ist an den Bewohnern eines Gebäudes, die Möglichkeiten der Regelung von Heizung, Warmwasser, Lüftung und den anderen Komponenten zu nutzen, um den Anlagenbetrieb auf den tatsächlichen Bedarf einzustellen und so die Betriebskosten zu minimieren. Wie Sie dabei am besten vorgehen, erklären wir in den Abschnitten „Regelung des Wärmeerzeugers“ und „Regelung der Heizkörper“ (siehe Seiten 192 und 194). Dabei sollten sich die Bauherrinnen und Bauherren selbstkritisch fragen, was notwendig ist – und was nur wünschenswert. Zusammen mit einem Energieberater lässt sich die Gebäudetechnik so auslegen, dass sie einerseits genug Reserven hat, um sich ändernde Besucher- oder Bewohnerzahlen zu bewältigen, andererseits nicht überdimensioniert wird, also bei Erwerb und Betrieb teurer als nötig wird – und sich vor allem mit möglichst wenig Zutun der Nutzer und Nutzerinnen unterschiedlichen Verhältnissen anpasst.

Moderne Gebäude sind gut wärmegedämmt, also weitestgehend luftdicht. Sofern keine automatische Lüftung dies übernimmt, müssen die Bewohner regelmäßig für frische Luft sorgen.

Typische Nutzungsfehler und wie man sie vermeidet

Gerade in gut gedämmten Gebäuden sind zu viel Feuchtigkeit und mangelnde Lüftung häufige Probleme. Kochen und Waschen oder Wäschetrocknen lassen bei geschlossenen Fenstern die relative Feuchte stark steigen, woraufhin sich an kühlen Stellen – etwa der Fensterlaibung oder hinter Schränken – Kondensat bildet. Arbeitet in der Küche eines Hauses ohne Lüftungsanlage eine Umlufthaube, verteilt diese die vom Kochtopf abgesaugte Feuchtigkeit nur. Gerade niedrig beheizte Räume müssen deshalb regelmäßig gelüftet werden, denn bei geringer Raumtemperatur steigt die relative Luftfeuchtigkeit. Gelangt Luft aus den stärker beheizten Wohnräumen in einen niedrig beheizten Raum (etwa das Schlafzimmer) wird automatisch Feuchtigkeit hierhin transportiert. Dort riecht es muffig, oder es bildet sich Kondensat an kühlen Bauteilen. Gerade im Schlafzimmer reicht einmaliges, kurzes Lüften nach dem Aufstehen nicht. Über Nacht verliert jeder Mensch rund einen halben Liter Flüssigkeit, wovon ein Teil morgens in der Bettwäsche steckt. Bis diese Feuchtigkeit an die Raumluft abgegeben ist, vergehen Stunden. Wer zu Hause ist, sollte vormittags nochmals lüften oder seine Lüftungsanlage im Schlafzimmer weiterlaufen lassen.

Wo wir eingangs schon übertriebene Raumtemperaturen beschrieben: Falsche Sparsamkeit beim Heizen ist ebenfalls kontraproduktiv – unter 12 Grad Celsius sollte die Raumtemperatur innerhalb des Wohnbereichs in der Nähe von Außenwänden und Fenstern nicht sinken, denn dann steigt das Risiko für Kondensatbildung massiv. In nicht wärmegedämmte Kellerräume wandert in Frühjahr und Sommer gern warme, feuchte Außenluft. Der in der feuchten Luft enthaltene Wasserdampf kondensiert, und es bildet sich ein Wasserfilm auf den kalten Wänden, Böden und Decken. In der Luft allgegenwärtige Pilzsporen, Algen und Mikroorganismen besiedeln feuchte Oberflächen bereits nach wenigen Stunden – haben sie sich einmal niedergelassen, reichen ihnen schon relative Luftfeuchtigkeiten unter 90 Prozent, um weiterzuwachsen. Das kann nicht nur zu gesundheitlichen Problemen der Bewohner führen, sondern auch die Bausubstanz angreifen.

Dies gilt auch für Feuchtigkeit, die in Bauteile eindringt. Sie ist ein verhältnismäßig guter Wärmeleiter und reduziert so die Wärmedämmfähigkeit. Das führt zu einem Teufelskreis, denn geringere Wärmedämmeigenschaften führen im Winter zu einer niedrigeren Temperatur des Bauteils, was wiederum die Kondensatbildung aus der Raumluft erhöht. Hat eine Wand dann etwa zu viel Wasser aufgenommen, gefriert dieses bei Frost dicht unter der Gebäudeoberfläche und sprengt dabei den Putz ab.

Typische Häuser – und wie sie sich optimieren lassen

Kein Haus, kein Grundstück ist wie das andere. Vier Modellbeispiele zeigen, wie sich der Energiebedarf senken lässt – und was das kostet.

Mit vier beispielhaften Einfamilienhäusern erläutern wir im Folgenden, wie man Haustechnik sinnvoll kombiniert und die Wechselwirkungen der einzelnen Komponenten effizient nutzt. Für jedes Gebäude wurde ein Modell mit einer Grundfläche von zehn mal neun Metern auf zwei Geschossen angelegt. Mit diesen Modellen wird die energetische Bilanzierung nach Din V 18599 durchgeführt.

1. **Ein Neubau** auf unbebauter Fläche, bei dem man als Bauherr alle Freiheiten hat, allerdings die Vorschriften zum energieeffizienten Bauen einhalten muss.
2. **Ein freistehendes Haus** aus der Zeit von etwa 1930 bis 1980. Die Bausubstanz ist hier praktisch ungedämmt, auch sonst gibt es wenig bis keine Maßnahmen für Energieeffizienz im Bestand.
3. **Ein Reihenhaus** aus der Mitte der 1990er-Jahre. Das Gebäude ist wirksam und ausreichend effizient gedämmt, dennoch besteht Optimierungspotenzial – und Sanierungs- beziehungsweise Renovierungsbedarf in näherer Zukunft.
4. **Ein denkmalgeschützter Altbau,** an dessen äußerem Erscheinungsbild sich nichts ändern darf.

Für diese vier Gebäudetypen zeigen wir beispielhaft Möglichkeiten der Ausstattung oder Sanierung auf. Manche Dinge sind optional, sie ergänzen eher die Haustechnik, sind aber für hohe Energieeffizienz nicht zwingend. Bei den Bestandsbauten sind unsere Vorschläge Exempel für eine sinnvolle und wirtschaftliche Herangehensweise – sie können allerdings nur Beispielcharakter besitzen. Wofür Sie sich konkret entscheiden, hängt vom jeweiligen Objekt ab. So existieren mitunter relativ junge Gebäude, deren Dämmung komplett unzureichend sein kann, oder freistehende Einfamilienhäuser, deren Lage die Nutzung von Sonnenenergie vereitelt. In diesen Fällen muss man unsere Beispiele entsprechend anpassen und variieren. Die Mustergebäude zeigen die zahlreichen Ansatzpunkte und Maßnahmenpakete – sie sind kein Ersatz für eine individuelle Bestandsaufnahme und Planung.

1: Der freistehende Neubau

Ein Neubau kann problemlos dem Stand der Technik entsprechend errichtet und nachhaltig und energieautark konzipiert werden. Folgende Maßnahmen sind möglich beziehungsweise gefordert:

Eine zentrale Lüftungsanlage mit Wärmerückgewinnung sorgt für frische Luft, die warme Abluft aus dem Gebäude erwärmt mittels hocheffizienter Wärmetauscher die frische Außenluft, die laufend ins Gebäude gefördert wird. Die davon getrennt arbeitende Luft-Wasser-Wärmpumpe muss also nur die auch im gedämmten Haus unvermeidlichen Wärmeverluste ausgleichen und die Temperatur der vorgewärmten, frischen Außenluft um wenige Grad erhöhen. Im Sommer kühlen Lüftungsanlage und Wärmepumpe das Haus (siehe Seiten 78 und 108).

Den Strom fürs Haus – und damit auch für den Betrieb der Wärmepumpe – liefert eine Photovoltaikanlage (PV) mit Akkus als Energiespeicher.

Fürs warme Wasser sorgen Elektrodurchlauferhitzer, was zunächst weder wirtschaftlich noch nachhaltig erscheinen mag. Aber bei der Versorgung des Hauses durch eine PV-An-

Wer neu baut, kann alle energetisch relevanten Aspekte schon in der Planung berücksichtigen und das Haus möglichst energieeffizient und sparsam auslegen.

lage muss im Zweifelsfall nur kurzfristig externer Strom bezogen werden, die Stromkosten bleiben also überschaubar. Sowohl die klassische Kombination von Heizung mit Warmwasserbereitung (siehe „Warmwasser zweckmäßig und effizient bereiten", Seite 61) als auch ein mit Strom beheizter Warmwasserspeicher wären in Bau und Betrieb deutlich teurer und weniger effizient.

An der Dusche senkt zudem eine Abwärmenutzung den Bedarf an elektrisch aufgeheiztem Warmwasser. Darin heizt das Abwasser der Dusche über einen Wärmetauscher das Nass für den Brausekopf.

Mit dieser Gebäudeausstattung ist der Einsatz von Solarthermie (siehe Seite 124), also zusätzlichen Dachkollektoren, die die Sonnenwärme zur Heizung und Warmwasserbereitung nutzen, überflüssig – die Photovoltaikanlage ist universeller; bei der Kombination von Luft-Wasser-Wärmepumpe und zentraler Lüftungsanlage ist die klassische Heizungsunterstützung durch Solarthermie zudem gar nicht realisierbar.

Für die Mobilität der Bewohner sorgt zumindest ein Elektroauto, in der Garage oder am Stellplatz sind daher entsprechend belastbare Stromleitungen und Ladekontakte („Wallbox") vorzusehen. Dabei sollte es sich um Modelle handeln, die das Speichern überschüssiger PV-Energie in den Autos beziehungsweise deren Abgabe ins Haus ermöglichen („bidirektionales Laden").

Diese Aufgabe können entsprechende Wallboxen und Wechselrichter (die Schnittstelle der PV-Anlage zum Haus-Stromnetz) übernehmen. Aber auch durch ein Intelligentes Haus („Smart Home") lässt sich dieses Zusammenspiel koordinieren. Smart-Home-Technik (siehe das Kapitel „Heizungssteuerung und Smart Home", Seite 190) gehört zur optionalen Ausstattung.

Folgende Werte werden angenommen:

Gebäudetyp: Neubau, zweistöckiges Einfamilienhaus, Flachdach

Wohnfläche: 150 Quadratmeter
Grundstücksgröße: 500 Quadratmeter

Kosten für Gebäudetechnik inklusive Montage:

Luft-Wasser-Wärmepumpe mit 5 Kilowatt (kW) Leistung (mit Heizstab)	20 000 Euro
PV-Anlage mit rund 8 Kilowatt Spitzenleistung (kWp)	16 000 Euro
Lüftungsanlage mit Wärmerückgewinnung	10 000 Euro
Warmwasserbereitung	3 500 Euro
Abwärmenutzung Dusche	1 200 Euro

Ladeanschluss E-Auto	3000 Euro
Sanitäre Einrichtung	20000 Euro
Fußbodenheizung	15000 Euro
Elektroinstallation	15000 Euro
Summe Gebäudetechnik (Heizung, Lüftung, sanitäre Anlagen, Elektrik): rund 103700 Euro	

Stand 2023 wird beim Neubau eines Wohngebäudes nur der Effizienzhausstandard 40 mit Nachhaltigkeitsaspekten gefördert. Zu den förderwürdigen Kosten gehören die Heizungsanlagen, die Warmwasserbereitung und die Lüftungsanlage. In diesem Beispiel sind das circa 50000 Euro. Die Förderung erfolgt über ein zinsgünstiges Darlehen der KfW-Bank (Programm 297/298), über das insgesamt maximal 150000 Euro „energetische Baukosten" (nachhaltige Wärmedämmung, nachhaltige Heiz- und Lüftungstechnik) bezuschusst werden. Für die Photovoltaikanlage und gegebenenfalls Batteriespeicher kann ein separates, zinsgünstiges Darlehen bei der KfW-Bank (Programm 270) genutzt werden.

Die gegenüber dem Referenzhaus (virtuelles Gebäude mit gleichen Abmessungen, aber mit Referenz-Wärmedämmung und Referenz-Gebäudetechnik gemäß Gebäude-Energie-Gesetz (GEG)) mögliche Energieeinsparung beträgt rund 5400 Kilowattstunden pro Jahr (kWh/a) Strom beziehungsweise 60 Prozent weniger Energiebedarf als ein nach den gesetzlichen Anforderungen des GEG errichteter Neubau. Bei einem Strompreis von 35 Cent pro Kilowattstunde (kWh) spart der energieeffiziente Neubau jährlich Energiekosten von rund 1900 Euro gegenüber einem konventionellen Neubau. Außerdem werden jährlich etwa 1,4 Tonnen CO_2-Emission vermieden.

Die Mehrkosten für ein Effizienzhaus der Nachhaltigkeitsklasse (NH) 40 entstehen überwiegend bei der Baukonstruktion und der Wärmedämmung. Die Anforderungen an die Heizungs- und Lüftungstechnik sind im GEG so gestaltet, dass in einem Neubau eigentlich nur eine Wärmepumpe als wirtschaftliche Lösung eingesetzt werden kann. Lüftungstechnik ist auch im konventionellen Neubau notwendig, um jedoch die Nachhaltigkeitsklasse 40 zu erreichen, muss diese mit Wärmerückgewinnung kombiniert werden. Die Mehrkosten dafür gegenüber dem Referenzhaus belaufen sich auf etwa 5000 Euro. Diese Maßnahme spart rund ein Drittel der Energiekosten, zwei Drittel bringt die bessere Wärmedämmung des Effizienzhauses. Bei dieser Betrachtung amortisieren sich die Mehrkosten des Wärmetauschers von etwa 5000 Euro durch die jährliche Energiekosteneinsparung der effizienten Gebäudetechnik von rund 500 Euro pro Jahr also innerhalb von zehn Jahren.

2: Das freistehende Bestandshaus

Es kann aus der Zeit von etwa 1930 bis etwa 1980 stammen. Typisch für diese Gebäude ist: Das Haus ist grundsätzlich in einem ordentlichen Zustand, irgendwann wurden schon moderne, wärmegedämmte Fenster und eine Heizöl- oder Erdgaszentralheizung eingebaut. Keller und Dachboden sind wärmegedämmt – weit weniger als heute üblich, aber immerhin. Ein derartiges Gebäude wird auf lange Sicht umfassendere Wärmedämmung und effiziente Heizungstechnik benötigen. Dabei können Sie aber schrittweise vorgehen.

Falls die vorhandene Heizungsanlage absehbar noch fünf bis zehn Jahre funktioniert, kann eine Luft-Wasser-Wärmepumpe als zusätzlicher Wärmeerzeuger installiert werden (Hybrid-Wärmepumpe, siehe Seite 103). An der Gebäudehülle muss zunächst nichts geändert werden – durch die Wärmepumpe sinkt der Heizenergiebedarf dennoch erheblich. Deren Leistung wird auf etwa die Hälfte des Werts ausgelegt, der aktuell für die Beheizung des Gebäudes benötigt wird. Damit kann die Wärmepumpe bis zu einer Außentemperatur um 0 Grad Celsius das Gebäude mit den vorhandenen Heizkörpern allein erwärmen. Sinkt die Außentemperatur unter 0 Grad Celsius, übernimmt der existierende Heizkessel die komplette Beheizung des Gebäudes. Auf diese Weise deckt die Wärmepumpe rund 65 Pro-

Viele Bestandsgebäude in Deutschland stammen aus den 1950er- oder 1960er-Jahren. Ungedämmte Fassaden sowie Dach- und Kellerböden treiben ihren Heizbedarf in die Höhe.

zent des Heizwärmebedarfs ab – deshalb ist diese Hybridheizung auch gemäß der ab 2024 geltenden Fassung des GEG erlaubt. Außerdem wird das so beheizte Haus beim bedarfsorientierten Energieausweis in Klasse E oder D (möglich: A bis G) eingeordnet. Damit erfüllt es die von der EU geplante energetische Mindestanforderung an Wohngebäude bis ins Jahr 2033 oder länger. So lange hat man also Zeit gewonnen, bis energetische Modernisierungen an der Gebäudehülle umgesetzt werden müssen. Für diese planen wir folgende Ergänzungen:

Fassade und Dach werden modernisiert auf hohes Wärmedämmvermögen. Ziel ist das Wärmedämmniveau eines Effizienzhauses 70, was etwa dem Neubauniveau im Jahr 2022 entspricht. Dies mag im Vergleich zum Effizienzhaus 40 unseres Neubaubeispiels wenig ambitioniert erscheinen. Tatsächlich ist das Effizienzhaus-70-Niveau bei einer Sanierung eines alten Gebäudes allerdings ein respektables Resultat. An alten Häusern bildet sehr oft der Bodenbereich den Dollpunkt – er ist nur selten gut vom Erdreich entkoppelt, es wird also immer von unten Kälte ins Haus ziehen. Ein Gebäude vom Boden zu entkoppeln ist nur mit hohem Aufwand möglich – unter anderem müsste eine Lüftung im Untergeschoss installiert werden. Insgesamt kosteten diese Maßnahmen mehr, als sie brächten, und sind deshalb wirtschaftlich nicht sinnvoll.

In praktisch allen Bestandsbauten wird Heizwärme durch Wasser transportiert und über konventionelle Strahlungsheizkörper in die Räume abgegeben. Hier hilft die weiter oben für einen ersten Modernisierungsschritt vorgeschlagene, mit Strom betriebene Luft-Wasser-Wärmepumpe, die Heizkosten zu senken. Mit den Wärmedämmmaßnahmen an der Gebäudehülle sinkt der maximale Heizleistungsbedarf auf weniger als die Hälfte des Wertes des Bestandsgebäudes. Wurde, wie angeregt, als erster Modernisierungsschritt eine entsprechend dimensionierte Wärmepumpe eingebaut, kann jetzt der noch vorhandene Heizkessel des Bestandsgebäudes stillgelegt werden.

Dies klingt zunächst unwirtschaftlich, denn Strom ist teurer als fossile Brennstoffe. Ein effizienter Betrieb ist dennoch möglich, wenn bei der Beheizung wesentlich weniger Strom als bisher etwa Erdgas benötigt wird. Das schafft eine Wärmepumpe, wenn die Randbedingungen stimmen. Beim momentanen Stand der Wärmepumpentechnik sollte für hohe Effizienz die erforderliche Heizungsvorlauftemperatur (siehe „So funktionieren Heizungen", Seite 46) unter 55 Grad Celsius liegen. Die Heizkörper unseres Beispielgebäudes sind sehr wahrscheinlich auf höhere Vorlauftemperaturen von 70 Grad Celsius ausgelegt – wie passt das zur Wärmepumpe? Zwei Möglichkeiten gibt es:

Sie können die konventionellen Heizkörper durch Konvektorheizkörper ersetzen. Diese Heizkörper arbeiten mit Lüftern, verlangen also an ihren Aufstellungsorten nach einem Stromanschluss. Sie werden wie konventionelle Heizkörper vom durchfließenden Warmwasser erwärmt, ihre Lüfter blasen die Wärme aber in den Raum, transportieren diese also wesentlich effektiver und schneller. Dadurch muss der Wärmeerzeuger das Wasser statt auf 65 bis 70 Grad Celsius nur auf eine Vorlauftemperatur von 40 oder 45 Grad erhitzen, was wesentlich sparsamer ist. Das System Konvektorheizkörper-/Luft-Wasser-Wärmepumpe ist also besonders effizient. Weiterer Vorteil: Dieses System kann im Sommer die Räume eines Hauses kühlen, was den Wohnkomfort deutlich steigert.

Alternativ können Sie die vorhandenen Heizkörper einfach weiternutzen. Diese sind für das jetzt wärmegedämmte Gebäude deutlich überdimensioniert, haben also große Leistungsreserven. Mit der Dämmung reicht es, die Heizungsvorlauftemperatur schlicht zu reduzieren. Für die installierten Heizkörper des energetisch modernisierten Gebäudes reicht eine Vorlauftemperatur von nur noch 50 bis 55 Grad Celsius. Die Wärmepumpe arbeitet dann nicht so effizient wie mit den oben beschriebenen Konvektorheizkörpern, der Ersatz der vorhandenen Heizkörper und die damit verbundenen Kosten können aber auf einen späteren Zeitpunkt verschoben werden.
Mit dem Einbau moderner, sehr luftdichter Fenster wird auch in diesem Gebäudetyp eine Lüftung benötigt. Dazu bestehen mehrere Möglichkeiten. Für eine zentrale Lüftung müssen in allen Räumen und über alle Etagen Rohre installiert werden – bei einer reinen Renovierung vermutlich zu viel Aufwand und zu teuer. Dennoch sollte man mit Energieberaterin und Handwerkern berechnen, ob sich eine Lüftungsanlage zu vertretbaren Kosten einbauen lässt. Sie eröffnet in Bestandsbauten nämlich weiteres Sparpotenzial. Über sie lässt sich eine Abluft-Wärmepumpe besonders effizient betreiben. Diese entzieht den Räumen des Hauses die verbrauchte, aber aufgewärmte Raumluft und heizt damit das Warmwasser. Diese Technik schlägt zwei Fliegen mit einer Klappe: Sie verbessert das Raumklima und spart Energiekosten. Sie erfordert neben der eigentlichen Lüftungsanlage Nachströmöffnungen (kleine Lüftungsöffnungen) in Außenwand und Fenstern.

Auf andere Art – und im Bestand wohl in den meisten Fällen wirtschaftlicher – lassen sich mit einer dezentralen Zu-/Abluftanlage mit Wärmerückgewinnung lüften und Heizkosten senken. Sie erfordert zwar kleine Mauerdurchbrüche in den Außenwänden aller Räume, kommt aber ohne aufwendige Luftkanäle im Haus aus. Dazu werden in die Außenmauern kombinierte Saug-Zug-Ventilatoren eingesetzt, auch Push-Pull-Ventilatoren genannt, die einen Keramikbaustein enthalten. Der Ventilator saugt für eine festgelegte Zeit aufgeheizte, verbrauchte Luft aus dem Raum, wobei sich der Keramikbaustein erwärmt und die Wärme speichert. Dann saugt er die frische, aber kalte Außenluft über einen Partikelfilter an, leitet sie über die erwärmte Keramik und bläst sie in den Raum, wodurch dieser erwärmt wird – ähnlich wie durch die Wärmerückgewinnung in der Lüftung unseres Neubaubeispiels. Neben einem Stromanschluss in Ventilatornähe erfordert dieses Verfahren zusätzlich Nachströmöffnungen in der Außenwand und den Fenstern, damit der Ventilator tatsächlich auch Luft bewegen kann.

Sofern es die Größe und Ausrichtung des Daches erlauben, kann die Installation einer Photovoltaikanlage in Betracht gezogen werden. Sie ist aber eher ein optionales Element und gehört nicht zum Systemkern der vorgestellten Effizienzkonzepte. Wir nehmen für dieses Fallbeispiel folgende Werte an:

Gebäudetyp: zweistöckiges Einfamilienhaus, konventionelles Dach

Wohnfläche: 150 Quadratmeter
Fläche Außenhaut: 400 Quadratmeter
Grundstücksgröße: 500 Quadratmeter

Förderfähige Kosten:

Luft-Wasser-Wärmepumpe, Hybrid mit vorhandenem Erdgas-Brennwertkessel	25 000 Euro
Konvektionsheizkörper bei vorgesehenem Heizungstausch, Mehrkosten m. Elektroanschluss	12 000 Euro
Wanddämmung (18 cm Mineralfaser)	36 850 Euro
Fenster dreifach	27 830 Euro
Dezentrale Lüftung mit Wärmerückgewinnung	8 000 Euro
Tür	6 000 Euro
Dämmung oberste Geschossdecke (oder Dachausbau), 16 cm Polyurethan	9 900 Euro
Dämmung Kellerdecke, 12 cm Mineralfaser	9 000 Euro
Abluft-Wärmepumpe zur Warmwasserbereitung	4 000 Euro
Förderfähige Kosten:	**rund 139 000 Euro**

Zusätzliche, nicht förderfähige Kosten, um EH 70 EE zu erreichen:

Photovoltaikanlage, 10 kWp	20 000 Euro

Das modernisierte Gebäude erreicht den Effizienzhausstandard 70 EE (erneuerbare Energie) und kann über die Bundesförderung energieeffiziente Gebäude (BEG) gefördert werden. Dabei stehen 150 000 Euro für energetische Modernisierung als zinsgünstiges Darlehen mit 15 Prozent Tilgungszuschuss bereit.

Die Photovoltaikanlage kann separat über das KfW-Programm 270 mit einem zinsgünstigen Darlehen finanziert werden.

Stand 2023:

Förderfähige Kosten:	
Gebäudetechnik	139 000 Euro
Förderbetrag:	
Tilgungszuschuss gewertet	–20 850 Euro
Zinsvergünstigung gewertet	–20 000 Euro
Photovoltaikanlage, 10 kWp	20 000 Euro
Tatsächliche Kosten	**rd. 118 000 Euro**
Jährliche CO_2-Einsparung Heizung	7,8 Tonnen
Jährliche CO_2-Einsparung PV	ca. 3 Tonnen
Jährliche Kosteneinsparung Heizung	3 400 Euro
Jährliche Kosteneinsparung PV-Strom[1]	900 Euro
Amortisiert in 27 Jahren (aktuelle Energiepreise, ohne Preissteigerung)	

1) Grundlage: 6 000 kWh für Eigennutzung und Einspeisung 30/70 %: 30 ct/kWh Verdrängung Netzstrom und 8 ct/kWh Einspeisevergütung

3: Das wärmegedämmte Reihenmittelhaus aus der Mitte der 1990er

Hier besteht kein kurzfristiger energetischer Handlungsbedarf. Die Gebäude sind bereits wärmegedämmt, als Heizung sind oft schon Brennwertgeräte vorhanden, teilweise sogar unterstützt von Solarthermieanlagen (siehe Seite 124). Wer ein solches Gebäude kauft, hat meist noch fünf bis zehn Jahre Zeit, bevor er sich um die Heizungstechnik kümmern muss.

Das Optimierungs- und damit Einsparpotenzial ist entsprechend gering. Nicht nur, weil diese Gebäude weitestgehend dem Stand der Technik entsprechen, sondern auch, weil die meist kleinere Grundstücks- und Dachfläche wenig Raum beispielsweise für Photovoltaik bietet. Folgende Maßnahmen wären möglich:

Eine Erd- oder Biogas-Brennstoffzelle („heiße Batteriezelle" oder Blockheizkraftwerk, siehe Seite 148) versorgt das Haus witterungs- und saisonunabhängig autark mit Wärme und Strom. Diese könnte in Zukunft mit geringsten Änderungen auch mit Wasserstoff betrieben werden. Trotz des zuletzt sehr sprunghaften Erdgaspreises ist diese Art der Energiegewinnung wirtschaftlich, solange die Strompreise hoch sind. Was Wasserstoff angeht, besteht zumindest die Perspektive auf praktisch unbegrenzte, bezahlbare Energie. In einer zukünftigen Energiewirtschaft, bei der Wind und Sonne für die Stromerzeugung genutzt werden, müssen Zeiten überbrückt werden, in denen weder die Sonne scheint noch ausreichend Wind weht. Fließt mehr Strom, als aktuell gebraucht wird, könnte man mit ihm per Elektrolyse Wasserstoff produzieren und speichern. Brennstoffzellen würden daraus wieder Strom und Wärme produzieren.

Ein Reihenhaus hat energetisch Vor- und Nachteile. Die Nachbarhäuser isolieren idealerweise – aber ihre kleinen Dächer bieten wenig Platz, um Sonnenenergie zu nutzen.

Die für Einfamilienhäuser verfügbaren Brennstoffzellen erzeugen allerdings nicht ausreichend Wärme, um andere Wärmeerzeuger komplett abzulösen, eine zusätzliche Erd- oder Biogastherme muss die Wärmelastspitzen abfangen. Das Duo aus Brennstoffzelle und Therme kann immerhin die installierte Wärmeverteilung, also Heizungsrohre und -körper, weiternutzen, hier sind keine Investitionen nötig.

Auch die Lüftung muss nicht zwingend geändert werden. Bessere Luftqualität bedeutet allerdings weniger Energieverbrauch. Sofern nicht schon irgendeine Form von Lüftung im Haus existiert, bietet sich hier eine dezentrale Zu-/Abluftanlage mit Wärmerückgewinnung an.

Mittelfristig ist es mit Blick auf die zu erreichende Klimaneutralität vorteilhaft, das Gebäude mit mehr Wärmedämmung auszurüsten. Das geht beim Reihenhaus vergleichsweise einfach, weil die Wände zu den Nachbarn nicht wärmegedämmt werden müssen. So kann mit geringem Aufwand eine gute energetische Bewertung erreicht werden. Das Heizungssystem muss dafür nicht weiter geändert werden. Die Brennstoffzelle oder das Blockheizkraftwerk laufen weiter wie bisher für die Grundlast der Wärmeversorgung und der Warmwasserbereitung. Der Spitzenkessel wird weniger benötigt und verbraucht weniger Energie.

Für dieses Modell rechnen wir mit folgenden Werten:

Gebäudetyp: Bestandsgebäude, zweistöckiges Einfamilienhaus, konventionelles Dach

Wohnfläche: 150 Quadratmeter
Fläche Außenhaut: 270 Quadratmeter
Grundstücksgröße: 200 Quadratmeter

Kosten für Gebäudetechnik und Dämmung inklusive Montage:

Brennstoffzelle	35 000 Euro
Batteriespeicher	6 500 Euro
Dezentrale Zu-/Abluftanlage mit Wärmerückgewinnung*	8 000 Euro
Dämmung Außenwand (16 cm Mineralfaser) *	18 750 Euro
Dämmung oberste Geschossdecke (16 cm Polyurethan)*	9 900 Euro
Dämmung Kellerdecke (12 cm Mineralfaser)*	9 000 Euro
Summe	**87 150 Euro**
Davon (Stand 2023) förderfähig:	
*BEG Einzelmaßnahmen (15 %)	45 650 Euro
Brennstoffzelle (25 %)	35 000 Euro

Die einzelnen Maßnahmen sind jeweils förderwürdig in der BEG (Bundesförderung energieeffiziente Gebäude) und werden mit 15 Prozent der Investitionskosten gefördert. Wird vorab über einen Energieeffizienzexperten (Energieberater) ein Sanierungsfahrplan erstellt, steigt der Fördersatz bei den Wärmedämmmaßnahmen auf 20 Prozent. Die Brennstoffzelle wird durch die BEG mit 25 Prozent gefördert. Die maximalen förderwürdigen Kosten sind bei der BEG-Einzelmaßnahmenförderung auf 60 000 Euro pro Jahr begrenzt. Übersteigen die Modernisierungskosten diesen Betrag, können die über 60 000 Euro hinausgehenden Kosten nicht gefördert werden. Es ist aber möglich, die BEG-Einzelmaßnahmenförderung jährlich zu beantragen. Bei Aufteilung der Modernisierungsmaßnahmen auf zwei Jahre können die energetischen Maßnahmen komplett gefördert werden.

Förderbetrag gesamt	ca. 16 000 Euro
Tatsächliche Kosten	71 000 Euro
Einsparung gegenüber Bestandsgebäude:	
CO_2-Emissionen	1,7 Tonnen/Jahr
Reduzierter Wärmebedarf	ca. 600 Euro/Jahr
Eigenstromnutzung/Einspeisung	ca. 500 Euro/Jahr
Amortisiert in 65 Jahren	

Die wirtschaftliche Betrachtung ist ernüchternd – selbst junge Hausbauer können nicht sicher sein, so lange zu leben, bis sich diese Investition ausgezahlt hat. Die energetische Ausgangssituation derartiger Gebäude ist schon sehr gut – deshalb kann nur eine überschaubare Energiemenge eingespart werden. Daher dauert es zwangsläufig lange, bis sich energetische Investitionen rechnen. Zwar lässt sich argumentieren, dass Investitionen in energetische Optimierung den Wert Ihrer Immobilie erhöhen. Dennoch sollte man in dieser Konstellation Alternativen durchrechnen. Sofern das Dach für Photovoltaiknutzung optimal ausgerichtet ist, kann diese sich auch bei kleiner Dachfläche rechnen – zumal diese Energielieferanten ihrerseits immer bessere Wirkungsgrade bieten. Sofern es noch eine Garage oder einen größeren Schuppen gibt, könnten auch diese Solarzellen aufnehmen. Auch kompakte, senkrecht aufgebaute Windgeneratoren sind unter Umständen interessant.

Bei relativ neuen Häusern, bei denen kein unmittelbarer Handlungsbedarf besteht, kann man aber auch einfach abwarten. Es ist absehbar, dass Wärmepumpen effizienter und günstiger werden, auch bei Photovoltaikanlagen gibt es immer noch Fortschritte.

▶ Ausführliche Informationen zu Photovoltaik finden Sie im Buch „Photovoltaik und Batteriespeicher" der Stiftung Warentest.

4: Das denkmalgeschützte Haus

Es ist üblicherweise mehr als 100 Jahre alt. Diese Gebäude verfügen über keinerlei Außendämmung, gravierende Änderungen am Erscheinungsbild sind nicht erlaubt, was etwa sichtbare Solarkollektoren oder Photovoltaikelemente auf dem Dach ausschließt. Auch die energetische Sanierung von Außenhaut und Fenstern ist nur eingeschränkt möglich, in denkmalgeschützten Gebäuden muss selbst der Bodenbelag in den meisten Fällen erhalten bleiben. Dennoch lassen sich auch in diesen Fällen bedeutende Verbesserungen erzielen:

Ein Innenputz, der Aerogel (Silikatkügelchen) enthält, senkt den Wärmedurchgang der Wände um bis zu 50 Prozent. Diese Zahl erscheint zunächst beeindruckend; bezogen auf die gesamte Energieeffizienz eines Gebäudes ist der dadurch erzielbare Wärmeschutz zwar mess- und spürbar, aber im Verhältnis zu an neueren Gebäuden möglichen Maßnahmen gering. Bei einem denkmalgeschützten Haus stößt man, wenn man auf die erprobten anderen Dämmmaßnahmen verzichten muss, in dieser Hinsicht leider an Grenzen.

Die Umstellung der Heizung auf Holzpellets ist mit Blick auf die Kosten und Nachhaltigkeit eine ideale Möglichkeit, weniger fürs Heizen zu zahlen und die Umwelt zu entlasten.

Ob sie denkmalgeschützt sind oder nicht: Wer den Charakter von Fachwerkhäusern erhalten will, kann sie nur begrenzt energetisch sanieren. Ansatzpunkte für einen geringeren Wärmebedarf finden sich jedoch auch bei ihnen.

Da die Böden in denkmalgeschützten Häusern meist nicht angetastet werden dürfen, können die Eigentümer keine Fußbodenheizung installieren. Die Alternative ist eine Wandheizung. Die würde nicht nur für wohlige Wärme sorgen, sondern auch die Räume zur Außenhaut hin isolieren.

Die Umstellung der Heizung auf Holzpellets ist eine ideale Möglichkeit, weniger fürs Heizen zu zahlen und die Umwelt zu entlasten.

Für das hier betrachtete Beispielgebäude gehen wir davon aus, dass darin für Heizung und Warmwasser bereits eine Ölheizungsanlage installiert war und diese mit geringem Aufwand etwa durch eine Holzpelletheizung (siehe Abschnitt „Heizen mit Holz", Seite 150) ersetzt werden kann. Diese funktioniert während der Heizperiode gut, im Sommer müsste der Pelletkessel aber in Bereitschaft bleiben, um immer wieder ein wenig Warmwasser zu erwärmen. Diese Betriebsweise ist nicht energieeffizient und provoziert Störungen. Deshalb wäre eine Brauchwasser-Wärmepumpe eine Alternative. Diese nutzt die warme Abluft aus dem Gebäude als Wärmequelle und spielt ideal mit Lüftungsanlagen zusammen. Gerade in alten Gebäuden funktioniert dieser Typ Wärmepumpe aber auch ohne Lüftungssystem – im Zweifelsfall verbindet man sie mit dem Lüftungsschacht einer Innentoilette. Abluft aus dem Gebäude steht ganzjährig mit circa 20 Grad Celsius zur Verfügung, deshalb schafft die Brauchwasser-Wärmepumpe auch im tiefsten Winter eine Warmwassertemperatur von 60 Grad Celsius. Durch das permanente Absaugen von Abluft aus dem Gebäude wird eine Grundlüftung erreicht. Das wiederum reduziert die Gefahr der Schimmelbildung an wenig durchlüfteten Bereichen und an Wärmebrücken im Bauwerk.

Kachelöfen könnten die Pelletheizung ergänzen. Wenn man auf den Bedienkomfort Letzterer keinen Wert legt, kann man das Haus auch ausschließlich mit Kachelöfen heizen. Einmal mehr ist Holz als nachwachsender Rohstoff unter Umwelt- und Kostenaspekten vorteilhaft. Voraussetzung für den Einbau von Kachelöfen sind Nachströmöffnungen für Verbrennungsluft in den Außenmauern der Räume. Die sind optisch unauffällig zu installieren, kollidieren also nicht mit dem Denkmalschutz.

Grundsätzlich kann ein denkmalgeschützter Altbau auch mit einer Wärmepumpe beheizt werden, jedoch sinkt die Wirtschaftlichkeit bei den aktuellen Wärmepumpenmodellen mit steigendem Temperaturniveau im Heizungssystem, und leistungsstarke Modelle erfordern hohe Investitionen. Vor allem können die heute meist eingesetzten Luft-Wasser-Wärmepumpen nicht unsichtbar vor dem Gebäude untergebracht werden. Mit entsprechenden Außen- und Fortluftöffnungen finden Luft-Wasser-Wärmepumpen aber im Keller Platz. Kann der Untergrund mit einer Erdsonde thermisch genutzt werden, ist auch eine Sole-Wasser-Wärmepumpe denkbar (siehe Seite 92).

Trotz Denkmalschutz ist eine eigene Stromversorgung über eine Photovoltaikanlage auch in solchen Gebäuden möglich. Statt der üblichen Solarpanele erzeugen hier Photovoltaikschindeln, die die bisherigen Dachziegel ersetzen, den Strom. Der Nachteil: „Unsichtbare" Photovoltaik kostet gut und gerne doppelt so viel wie konventionelle Photovoltaik, also solche mit Photovoltaikmodulen auf einer Tragekonstruktion.

Auch wenn man die – immer optionale – Smart-Home-Technik (siehe ab Seite 199) für entbehrlich hält: Bei der Sanierung eines Altbaus ist, sofern dies nicht bereits in jüngerer Zeit geschehen ist, fast immer die Elektroinstallation zu erneuern. Dies erhöht nicht nur den Schutz der Bewohner vor elektrischen Schlägen – alte Leitungen fangen leicht Feuer, was gerade in einem Altbau ein zusätzliches und lebensgefährliches Brandrisiko darstellt. Wenn die Erneuerung der Elektrik ohnehin ansteht, sollte man zumindest prüfen, ob man sie gleich durch eine intelligente Variante ersetzt. Für diesen Haustyp rechnen wir mit folgenden Größen:

Gebäudetyp: zweistöckiges Einfamilienhaus, konventionelles Dach (Satteldach Nord/Süd)

Wohnfläche: 150 Quadratmeter
Fläche Außenhaut: 400 Quadratmeter
Grundstücksgröße: 150 Quadratmeter

Kosten für Gebäudetechnik inklusive Montage:

Wärmedämmender Innenputz	29 000 Euro
Pelletheizkessel	28 000 Euro
Kaminertüchtigung	2 000 Euro
Wandheizung (Lehmmodule, etwa 50/40° C Vorlauf-/Rücklauftemperatur)	20 000 Euro
Brauchwasserwärmepumpe (mit Absaugung der Raumluft aus Gebäude, Nachströmung Außenluft über vorhandene Fugen)	6 000 Euro

Förderbetrag:

Tilgungszuschuss	8 500 Euro
plus rund 17 000 Euro aus zinsgünstigem Darlehen	
Tatsächliche Kosten	60 000 Euro
Jährliche Kostenersparnis gegenüber Bestandsgebäude	3 900 Euro
Amortisiert in 16 Jahren	
Kosten optionale PV-Anlage denkmalgerecht	18 000 Euro
Jährliche Ersparnis bei einem durchschnittlichen Vierpersonenhaushalt	620 Euro
Amortisiert in 29 Jahren	

Mit den betrachteten Modernisierungsmaßnahmen erreicht das Gebäude den Effizienzhausstandard 160 EE (erneuerbare Energien). Das reicht, um bei einem denkmalgeschützten Gebäude die BEG-Effizienzhausförderung auszuschöpfen. Damit können bis zu 150 000 Euro der Kosten zur Förderung angemeldet werden, sie werden mit 10 Prozent gefördert.

Ergänzung:

Kachelöfen (neuer Ofen an vorhandenem Kamin)	10 000 Euro
Kachelofeneinsatz (Ersatz des vorhandenen Kachelofeneinsatzes, um Emissionswerte zu reduzieren)	5 000 Euro
Summe Gebäudetechnik (Pelletkessel, Kamin, Brauchwasser-WP, Wandheizung):	**85 000 Euro**
KfW-Kreditförderung (Stand 2023):	**85 000 Euro**

▶ **Den Wärmebedarf für alle hier aufgeführten Beispielgebäude finden Sie in der Übersichtstabelle auf Seite 210.**

Wie kann man in Zukunft günstig heizen?

46 So funktionieren Heizungen
51 Wie heizt man klimafreundlich?
53 Das Wichtigste für die Planung: den Bedarf klären
61 Warmwasser zweckmäßig und effizient bereiten

So funktionieren Heizungen

In diesem Abschnitt sondieren wir die verschiedenen Möglichkeiten, die Räume eines Gebäudes zu heizen und warmes Wasser zu bereiten – dies möglichst nachhaltig und preiswert.

Aus dem Physikunterricht der Mittelstufe wissen wir: Energie geht nicht verloren. Was nach der Lösung aller Versorgungsfragen der Menschheit klingt, erfährt im Nachsatz dann eine gravierende Einschränkung: Die Energie wird umgewandelt – in der Praxis gelingt dies nie vollständig. Für das Heizen von Wohnräumen und die Bereitung warmen Wassers bedeutet dies: An irgendeiner Stelle und in irgendeiner Form müssen Energie und/oder Brennstoffe eingesetzt werden, um Wärme zu produzieren. Wir brauchen also einen Wärmeerzeuger (WEZ).

Es liegt auf der Hand: Die günstigste Energie ist die, die man nicht braucht. Vor Gedanken an die Art des Wärmeerzeugers gilt es also, Neu- wie Bestandsbauten so weit zu dämmen, dass sie möglichst wenig Wärmeenergie benötigen. Aber auch eine energetisch optimale Bauweise reduziert den Bedarf eines Hauses an Heizenergie lediglich – warmes Wasser kann sie nicht produzieren. Und jede Bauherrin und Planerin muss sich immer die Frage stellen, ob alles, was technisch machbar ist, auch wirtschaftlich ist.

Dennoch sollte sowohl bei der Art der Gebäudedämmung als auch des Wärmeerzeugers eine möglichst weitreichende Autarkie das Ziel sein. Die Preisschwankungen und Lieferprobleme der letzten Jahre bei praktisch allen Energieträgern sind das beste Argument, größtmögliche Energieunabhängigkeit anzustreben (siehe auch Kasten Seite 50).

Vollständig lässt sich dieses Ziel beim aktuellen Stand der Technik nur mit Hocheffizienzhäusern erreichen – bei denen sich die erwähnte Wirtschaftlichkeitsfrage stellt. Eine für die meiste Zeit des Jahres ausreichende Dämmung ist für Neubauten aber Pflicht und bei Bestandsbauten sinnvoll und meist mit vertretbarem Aufwand realisierbar. Seit einigen Jahren ist daher die Kombination mehrerer Wärmeerzeuger geübte Praxis, um Gebäude möglichst effizient mit Wärme zu versorgen. Üblicherweise übernimmt ein mit regenerativer Energie betriebener Wärmeerzeuger die Grundlast, an besonders kalten Tagen kommt zusätzlich fossile oder elektrische Energie zum Einsatz.

Die EU-Verordnung Nr. 813/2013, die „Anforderungen an die umweltgerechte Gestaltung von Raumheizgeräten und Kombiheizgeräten“ umreißt, definiert als Wärmeerzeuger die Verbrennung von fossilen oder Biomasse-Brennstoffen, die Nutzung des Joule-Effekts in elektrischen Widerstandsheizelementen sowie die Aufnahme von Umgebungswärme aus Luft, Wasser, Boden oder von Abwärme („Wärmepumpe“).

Nicht von dieser Verordnung erfasst, in der Praxis aber sehr relevant ist Sonnenenergie – im Falle von Heizung und Warmwasserbereitung spricht man von Solarthermie. Detailliert gehen wir in den folgenden Abschnitten und Kapiteln dieses Buchs auf die verschiedenen Wärmequellen und deren Vor- und Nachteile ein. Hier nur ein kurzer Abriss.

Zentral oder dezentral?

Im Zusammenhang mit Wohnungen und Häusern ist mit Heizung meist eine Zentralheizung gemeint, wenn von der Heizung die Rede ist, sprich: Es gibt eine zentrale Quelle, die alle Räume des Hauses mit Wärme versorgt. Die Wärmequelle gibt die Energie über Wasser weiter, das von einer Umwälzpumpe durch Rohre zu Heizkörpern (siehe Seite 170) transportiert wird. Diese geben die Wärme in den Raum ab. Das dabei kühler werdende Wasser fließt zurück in den Heizkreislauf.

Die Wärme kann von nur einer (monovalenten) Energiequelle stammen oder von mehreren. Die gängige Kombination etwa einer Pelletheizung mit Solarthermie bezeichnet man als bivalent; kommen mehr als zwei Energieträger zum Zuge, ist die Heizungsanlage polyvalent.

Auch in einem modernen oder grundsanierten Gebäude ist eine Zentralheizung nicht zwingend – je nach Rahmenbedingungen kann es sinnvoll sein, einzelne, direkt versorgte Heizquellen zu nutzen. Diese können mit elektrischer Energie wie auch klassischen Brennstoffen wie Holz oder Briketts befeuert werden.

Das A und O von Zentralheizungen: die Vorlauftemperatur

Die Vorlauftemperatur ist ein für die Funktionsweise von Heizung und Warmwasserbereitung zentraler Wert.

Die meisten Heizungen nutzen Wasser als Transportmittel für die Wärme. Die Temperatur, mit der es in den Heizkreislauf fließt, wird als Vorlauftemperatur bezeichnet. Warum man sie nicht einfach Betriebstemperatur nennt? Weil noch eine zweite Größe bei der Planung und Dimensionierung von Heizungen relevant ist: die Rücklauftemperatur – also die, mit der das Wasser aus dem Heizungskreislauf zurück zur Heizquelle gelangt. Auch die ist für die Auswahl der richtigen Heizung von Bedeutung.

Die Vorlauftemperatur ist entscheidend für die Auswahl von Brennstoff, Heizkessel, Heizkörper und für die Frage, ob man Heizung und Warmwasser kombiniert oder getrennt bereitet, sowie die Wirtschaftlichkeit des Systems. Faustregel: Je niedriger die nötige Vorlauftemperatur, desto effizienter arbeitet die Heizung. In der Praxis spielen aber viele weitere Faktoren eine Rolle – so verlangt warmes Wasser nach einer höheren Vorlauftemperatur als viele Heizungen, was die Frage nach sich zieht, ob es wirtschaftlicher ist, beide Funktionen zu kombinieren oder getrennte Systeme für diese Aufgaben zu installieren. Klassische Konvektionsheizkörper fordern zudem eine höhere Vorlauftemperatur als Flächenheizungen, also in Wand, Zimmerdecke oder Fußboden untergebrachte Heizspiralen (siehe „Fußboden-, Wand und Deckenheizungen“, ab Seite 175).

Wärmepumpe

Wärmepumpen nutzen die Umgebungswärme der Außenluft, des Grundwassers oder des Erdbodens, um Wärme fürs Haus zu erzeugen. Zu ihrem Betrieb ist Strom nötig, der idealerweise von einer eigenen Photovoltaikanlage produziert wird. Wegen ihres Strombedarfs sind die korrekte Dimensionierung und Anlagenplanung kritisch. Wird ein für den tatsächlichen Heizbedarf zu großes Modell gewählt, kann es wegen seines hohen Stromverbrauchs unwirtschaftlich werden. Die Details der Technik sind komplex, weswegen wir ihr das gesamte folgende Kapitel dieses Buchs gewidmet haben.

(Voll-)Brennwertkessel

Ein – meist, aber nicht zwingend – mit Gas oder Heizöl befeuerter Brennwertkessel ist die in der Anschaffung günstigste Art der kombinierten Heizung und Warmwasserbereitung. Vollbrennwertkessel entsprechen dem aktuellen Stand der Technik; sie verwerten nicht nur die bei der Verbrennung des Brennstoffs entstehende Wärme, sondern auch die des Abgases. Damit nutzen sie die im Brennstoff vorhandene Energie sehr effizient. Durch die kombinierte Verwertung des Heizwerts des Brennstoffs (also der Energie, die bei der Verbrennung entsteht) und des Brennwerts (Energie des Abgases, „latente Wärme“ oder Kondensationsenthalpie genannt) ist ein zunächst unmöglich erscheinender Wirkungsgrad von über 100 Prozent (bezogen auf den Heizwert) möglich.

Um die Abgasenergie zu nutzen, wird dieses so weit heruntergekühlt, dass der im Abgas immer enthaltene Wasserdampf verflüssigt

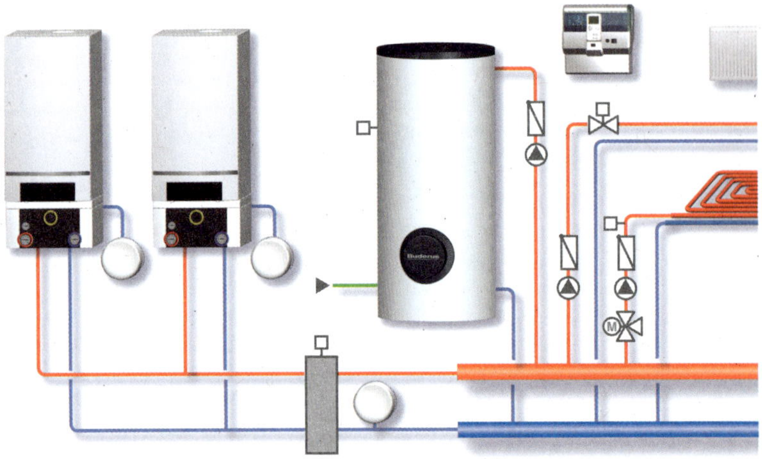

Brennwertheizkessel nutzen die Energie gasförmiger oder flüssiger Brennstoffe maximal aus. Im Bild ein Beispiel für eine Installation in einem Mehrfamilienhaus mit zwei Brennkesseln (links), Pufferspeicher (rechts) und Bedienteil (rechts oben).

(„kondensiert"), was dessen latente Wärme freisetzt. Althergebrachte Heizungen hingegen blasen diese Energie ungenutzt aus dem Schornstein, Brennwertsysteme hingegen führen sie dem System wieder zu. Ölfeuerungen gewinnen so theoretisch bis zu sechs Prozent Energie, Gas-Heizkessel bis zu elf Prozent des Heizwertes.

Den ersten Brennwertkessel konstruierte der inzwischen verstorbene Erfinder Richard Vetter 1982 – übrigens gegen zunächst heftigen Widerstand der etablierten Hersteller und des TÜV Hannover. Er kühlt das Abgas durch das in die Heizung zurückfließende Wasser. Die entscheidende Größe ist hier dessen Rücklauftemperatur. Der Taupunkt, also die Temperatur, bei der der Wasserdampf in den Abgasen wieder flüssig wird, liegt bei Heizöl als Energieträger bei etwa 47 Grad Celsius, bei Gas bei 56 Grad Celsius. Um die Abgase durch das rücklaufende Heizungswasser kühlen zu können, muss dessen Rücklauftemperatur unter dem jeweiligen Taupunkt liegen. Für eine Ölheizung haben sich in der Praxis Rücklauftemperaturen von etwa 30 bis 40 Grad Celsius als geeignet erwiesen. Damit ist aber der Rahmen für eine sinnvolle Vorlauftemperatur gesetzt, denn auf seinem Weg durch die Heizkörper des Hauses sinkt die Vorlauftemperatur nur um wenige Grad. Ist eine Rücklauftemperatur von 30 bis 40 Grad Celsius gefordert, darf die Vorlauftemperatur nicht über 40 bis 50 Grad Celsius liegen. Damit eignet sich der Brennwertkessel in seiner ursprünglichen Form nur zum Betrieb von Flächenheizungen (Wand-/Fußbodenheizung), nicht zur Warmwasserbereitung oder für die Nutzung klassischer Heizkörper.

Vollbrennwertkessel verwerten die Energie des Brennstoffs maximal, sind aber teurer und erfordern höheren Installationsaufwand.

Den ebenfalls von Richard Vetter entwickelten Vollbrennwertkesseln ist diese Einschränkung fremd – sie arbeiten mit gleich zwei Wärmetauschern. Üblicherweise besteht der erste Wärmetauscher aus Stahl, er kühlt die Abgase auf 70 bis 60 Grad Celsius. Diese Temperatur liegt über dem Taupunkt von Öl- wie Gasheizungsabgasen, die Abgase kondensieren also nicht. Mit der Abgaswärme heizt der Wärmetauscher das rücklaufende Wasser wieder auf eine Vorlauftemperatur von bis zu 80 Grad Celsius. Ein Vollbrennwertkessel muss aber nicht mit dieser hohen Vorlauftemperatur ar-

Ein Blockheizkraftwerk erzeugt aus Primärenergie Strom und Wärme. Noch ist diese meist fossilen Ursprungs; in Zukunft könnten aber Gas oder Wasserstoff aus nachhaltiger Produktion zum Einsatz kommen.

beiten – dank eines integrierten Vierwegemischers sind Vor- und Rücklauftemperatur frei wählbar, er eignet sich folglich für den Betrieb mit allen Heizkörpern und Warmwasserbereitern.

Ein zweiter Wärmetauscher aus Kunststoff ist in Vollbrennwertkesseln für die Abgaskondensation zuständig. Hierfür saugt der Brenner Außenluft an, welche im Gegenstromverfahren an den Abgasen vorbeigeführt wird. Die Luft erhitzt sich dabei auf etwa 50 bis 60 Grad Celsius und wird vom Brenner als Verbrennungsluft genutzt. Gleichzeitig sinkt durch den Prozess die Abgastemperatur auf etwa 45 Grad Celsius – bei dieser Temperatur kondensiert es, man kann dessen latente Wärme nutzen. Die ebenso praktische wie geniale Eigenschaft des zweiten Wärmetauschers ist: Je kälter die Außenluft, desto effektiver kondensiert das Wasser im Abgas. Wann ist der Heizbedarf am größten? Im Winter, wenn die Außenluft kalt ist. Während konventionelle Heizkessel gegen die Außentemperaturen arbeiten, nutzt sie ein Vollbrennwertkessel.

Vollbrennwertkessel verwerten die Energie des Brennstoffs maximal, sind aber teurer und erfordern höheren Installationsaufwand, etwa für die Luftzuführung, weswegen sie nur von wenigen Herstellern angeboten werden. Wenn von vornherein feststeht, dass ein Heizkessel nur eine Flächenheizung versorgen soll, ist ein Brennwertkessel wirtschaftlicher. Mehr zu Heizkörpern lesen Sie im Kapitel „Wärmeverteilung“ ab Seite 162.

Fernwärme

Fernwärme bedeutet, dass die Heizenergie außerhalb des eigenen Hauses erzeugt wird. Dies kann ein gemeinsames Kleinkraftwerk für ein Wohngebiet sein oder auch ein Kraftwerk oder eine Fabrik, die ganze Stadtteile mit ohnehin anfallender Prozesswärme versorgt. Auch eigene Heizkraftwerke können Fernwärme produzieren. Ihr größter Vorteil ist, dass sie den Platz für Heiztechnik im eigenen Haus spart, ihr größter Nachteil: die Abhängigkeit von der Preisgestaltung des Versorgers. Nähere Erläuterungen finden Sie im Abschnitt „Fernwärme – die effiziente Alternative?“ ab Seite 158.

Kraft-Wärmekopplung/Brennstoffzellen

In Blockheizkraftwerken (BHKW) arbeiten gas- oder ölbetriebene Verbrennungsmaschinen, die gleichzeitig Elektrizität und Wärme erzeugen. Sie sind besonders effizient und beim Betrieb mit nachwachsenden Rohstoffen auch umweltfreundlich. Sie sind allerdings teuer, weshalb sie eher für Mehrfamilienhäuser oder Wohnanlagen attraktiv sind.

Gut zu wissen

Energieautarkie – was ist machbar, was sinnvoll?

Mit den heute verfügbaren Technologien ist es möglich, in unseren mitteleuropäischen Breiten ein typisches Einfamilienhaus ohne Energiezufuhr von außen mit Strom und Wärme zu versorgen. Machbar heißt allerdings nicht: wirtschaftlich sinnvoll. Die meiste Energie benötigen Häuser im Winter, also dann, wenn am wenigsten erneuerbare Energie zur Verfügung steht. Zwar lassen sich Strom und Wärme in Akkus und Eisspeichern (siehe Seite 98) über beziehungsweise für Monate speichern. Um mit dieser Energie im Wortsinne über den Winter zu kommen, müssten diese Speicher aber groß und entsprechend teuer ausfallen. Im Mittel wäre die derart bevorratete Energie fünfmal teurer als die von Energieversorgern (Stand Ende 2023). Auf vielen Grundstücken wäre zudem gar nicht der Platz für derart große Speicher vorhanden.

Klüger ist es also, die Speicherkapazitäten realistisch zu dimensionieren – der Akku der Photovoltaik-Anlage sollte zwei trübe Tage überbrücken können, die üblichen Pufferspeicher für Heizungen (siehe Seite 67) ebenfalls. Ansonsten ist es sinnvoller, an ertragreichen Tagen überschüssige Energie abzugeben – so vorhanden ins eigene Elektroauto, ansonsten an externe Abnehmer. Hier sind Hauseigentümer leider auf die Politik angewiesen – die entsprechenden Einspeisevergütungen sollen wieder attraktiver werden; im Haus nicht verwertbarer Strom beispielsweise grünen Wasserstoff produzieren (siehe Seiten 23, 141).

Nach einem anderen technischen Prinzip arbeiten Brennstoffzellen. Sie sind auf den Betrieb mit Wasserstoff ausgelegt, können diesen aber auch aus Erdgas vor Ort selbst gewinnen. Brennstoffzellen erzeugen sehr effizient Strom aus Brennstoff, sie sind in der Anschaffung allerdings teuer und im Betrieb empfindlich. Näheres dazu im Abschnitt „Blockheizkraftwerke" ab Seite 148.

Strom

In der Vergangenheit galten das Heizen und die Warmwasserbereitung mit Strom als besonders teuer und unwirtschaftlich. Dies hat sich geändert: In gut gedämmten Bauten kann der Heizbedarf so gering sein, dass unterm Strich moderne Elektroheizkörper wirtschaftlich sind – auch, wenn der Strom für ihren Betrieb von einem Energieversorger kommt. Moderne Infrarotheizungen arbeiten effizient, auch moderne Versionen der klassischen Nachtspeicheröfen eher nicht – Letztere sollte man nur in Erwägung ziehen, wenn im örtlichen Stromnetz günstige Nachttarife technisch möglich und verfügbar sind. Wenn sich eine Heizung nur mit Mehrkosten auch zur Warmwasserbereitung eignet, kann es ebenfalls günstiger sein, dies etwa Durchlauferhitzern zu überlassen. Im Abschnitt „Elektroheizung" (siehe Seite 143) schauen wir uns dies im Detail an.

Einzel(kamin)öfen

Einzelöfen werden meist mit Holz befeuert, gelegentlich mit (Braun-)Kohle. Sie können als Zusatzheizung an besonders kalten Tagen dienen, stimmungsvolles Gelegenheitsfeuer, Reserve bei Stromausfall oder komplette Zentralheizung sein. Näheres dazu finden Sie im Abschnitt „Heizen mit Holz" ab Seite 150.

Holz-Hackschnitzel sind Abfälle aus der Holzverarbeitung sowie die für Tischler unbrauchbaren Teile eines Baumstammes. Mit ihnen lässt sich nachhaltig und klimaneutral heizen.

Wie heizt man klimafreundlich?

Wie nachhaltig eine Heizungsanlage ist, hängt nicht von der Art der Heizenergie ab, sondern davon, wie diese gewonnen wird.

Es gibt so gut wie keinen Wärmeerzeuger, der aus Prinzip umweltfreundlicher und damit nachhaltiger ist als ein anderer – der mit Biogas betriebene Heizkessel hat einen geringeren ökologischen Fußabdruck als die mit Kohlestrom betriebene Wärmepumpe. Das kommende Gebäudeenergiegesetz (GEG) ist in dieser Hinsicht leider inkonsequent: Strom gilt immer als nachhaltig – selbst wenn er mit fossilen Brennstoffen erzeugt wird. Der Gedanke dahinter ist, dass sich Strom am schnellsten auf nachhaltige Produktion umstellen, also aus Wind- oder Solarenergie erzeugen lässt.

Bei allen anderen Energieträgern, außer der unzweifelhaft fossilen (Braun-)Kohle, kommt es darauf an. Erd- und Flüssiggas sind fossil, Biogas oder mit erneuerbaren Energien produzierter Wasserstoff nachhaltig. Heizen mit Erdöl ist wenig umweltfreundlich, sollten in Zukunft mit erneuerbaren Energien produzierte synthetische Kraftstoffe („E-Fuels") bereitstehen, wären diese nachhaltig.

Fossile Brennstoffe

Erdgas, Flüssiggas und Erdöl gelten als fossile Brennstoffe, deren Einsatz ab 2024 nur noch in Verbindung mit regenerativen Energien erlaubt sein wird. Ab 2030 darf nach den bislang geplanten Gesetzen nur noch „grünes", aus erneuerbarer Energie hergestelltes Gas verfeuert werden. Zudem werden die fossilen Energieträger schon jetzt mit einem steigenden CO_2-Preis beaufschlagt, und der Preis dieser Bodenschätze unterliegt starken, oft spekulationsbedingten Schwankungen (zu fossilen Energieträgern siehe ab Seite 134). Hier nur so viel: Bei Neuinstallation der Heizung sollte man wegen der Unwägbarkeiten nach Möglichkeit auf fossile Brennstoffe verzichten und sie nur noch als Reserve für Spitzenlasten einplanen, sofern nötig. Ausnahmen von dieser Regel: Zum einen kann statt Erd- oder Flüssig- auch biologisch erzeugtes Erdgas (siehe Seite 138) zum Einsatz kommen, das aus Abfällen etwa der Landwirtschaft produziert wird, also nachhaltig ist. Moderne Gasheizkessel können zudem nicht selten alternativ auch mit Wasserstoff befeuert werden. Es könnte langfristig sinnvoll sein, für einige Jahre mit den Marktunsicherheiten des Erdgases zu leben, dann aber noch mehr als ein Jahrzehnt den vergleichsweise günstigen Heizkessel etwa mit

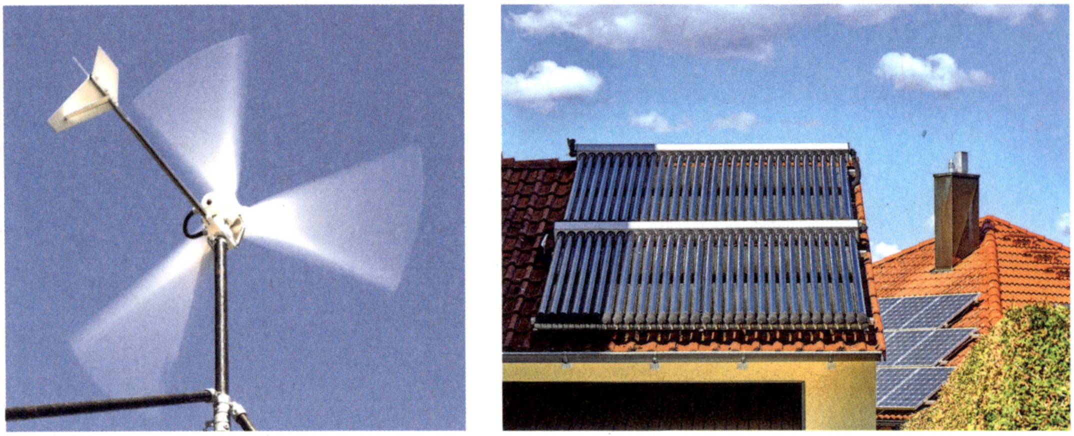

Die Energie der Natur lässt sich auf viele Arten nutzen, links eine Windturbine, rechts Solarthermiekollektoren.

umweltfreundlichem Wasserstoff oder Biogas zu betreiben.

Nachwachsende Brennstoffe

Meist aus Holzresten geformte Pellets (lokal sind auch Strohpellets verfügbar) oder Hackschnitzel (grobstückigerer Holzabfall) zählen zu den regenerativen Brennstoffen. Sie fallen bei der Holzverarbeitung ohnehin an, bei ihrer Verbrennung wird nicht mehr CO_2 freigesetzt, als sie während des Baumwachstums gebunden haben, Bäume wachsen nach. Alternativ bietet sich Scheitholz an. Als Heizkessel eignen sich sowohl herkömmliche Modelle wie auch Brennwertkessel. Allerdings unterliegt auch der Holzmarkt Preisschwankungen. Im Abschnitt „Heizen mit Holz“ ab Seite 150 finden Sie Details zu Vor- und Nachteilen. Eines sei aber schon hier gesagt: Holz taugt nicht als regenerativer Brennstoff für ganz Deutschland – mit den verfügbaren Holz- und Holzabfallmengen ließen sich maximal sieben Prozent des deutschen Heizbedarfs decken.

Solarthermie und Photovoltaik

Sonnenlicht und -wärme kommen frei Haus – wann immer möglich, sollte man diese kostenlose Energiequelle nutzen. Mit entsprechenden Kollektoren lässt sich ein Teil des Warmwasser- und Heizungsbedarfs gratis decken. Die Technik ist preiswert, ihr offenkundiger Nachteil besteht aber darin, dass sie am produktivsten im Sommer arbeitet, wenn man keine Heizung braucht. Im Abschnitt „Warmwasser und Heizung mit Solarthermie“ (siehe Seite 124) erklären wir, warum sich Solarthermie dennoch in vielen Fällen lohnt.

Mit Sonnenlicht lässt sich nicht nur heizen, sondern auch Strom erzeugen. In Panels wandeln Fotozellen das auftreffende Licht in Elektrizität um, die sich ins Haus- und in vielen Fällen auch ins öffentliche Stromnetz einspeisen lässt. Sofern die Ausrichtung des Hausdachs oder einer anderen Fläche einen Großteil der täglichen Sonneneinstrahlung auffangen kann (siehe Seite 127), ist Photovoltaik (PV) nicht nur für Fahrer von Elektroautos fast immer eine lohnende Investition. Auf den Seiten 22, 52, 107 und 118 lesen Sie mehr dazu.

Kleinwindkraftanlagen

Wer Windkraft hört, denkt vermutlich als Erstes an gigantische, auf Bergkuppen platzierte Windräder. Tatsächlich ist an Standorten, an denen mittlere Windgeschwindigkeiten von mehr als vier Metern pro Sekunde vorherrschen, auch eine kompakte Windkraftanlage auf dem Dach oder im Garten eine interessante und potenziell wirtschaftliche Alternative – zumal wenn am Wohnort der Himmel häufig wolkenverhangen ist. Auch diese Technik wird weiterentwickelt, ihre Effizienz gesteigert.

Das Wichtigste für die Planung: den Bedarf klären

Eine gründliche Bestandsaufnahme ist Voraussetzung für möglichst wirtschaftliche Heizung und Warmwasserbereitung.

Egal, ob Neubau oder Sanierung: Kein Haus ist wie das andere, keine Lage eines Gebäudes entspricht exakt der des Nachbarn. Vor allen weiteren Überlegungen zur Versorgung des Hauses oder der Wohnung mit Wärme und Warmwasser steht daher die Bestandsaufnahme. Bei einem Neubau orientiert man sich an der Lage des Grundstücks und dem Bauplan, bei einem Bestandsbau sind dessen Lage und der Istzustand des Gebäudes relevant. Während man sich bei einem Neubau auf die Planungsunterlagen und die darauf basierenden Berechnungen verlassen muss, kann man den energetischen Zustand eines existierenden Hauses exakt messen. Für Neu- wie Bestandsbau relevant sind die für die Zukunft geplante Raumnutzung. Wichtige Kriterien sind der Energiestandard des Gebäudes, ob es sinnvoll ist, Heizung und Warmwasser zusammen oder getrennt zu betreiben, welche anderen Haustechnikkomponenten vorhanden sind oder nachgerüstet werden könnten, individuelle Ansprüche und Wünsche sowie natürlich das verfügbare Budget.

Die folgenden Beispiele helfen Ihnen, überschlägig den Bedarf an Wärme und Warmwasser zu ermitteln. Um einerseits nicht überdimensionierte und damit unwirtschaftliche Anlagen zu installieren und andererseits nicht schon bei milden Temperaturen zu frieren, sollte eine Fachperson den exakten Bedarf bestimmen. Bei einen Neubau wird Ihre Architektin einen Fachplaner für Heizung und Lüftung sowie gegebenenfalls einen Energieberater hinzuziehen, bei einer Sanierung ist es sinnvoll, die Detailberechnungen von einem Energieberater ausführen zu lassen. Das Bafa steuert bis 1300 Euro zu dessen Honorar bei.

Bedarf ermitteln

Für alle Planungen rund um die Heizung gilt: Welchen Wärmebedarf haben die zu heizenden Räume? Grundlage für eine Auftragserteilung und verbindliches Regelwerk für Heizungsbauer und Energieberater ist die Din EN 12 831. Eine grobe Orientierung erhält man, indem man die Grundfläche der betreffenden Räume misst oder dem Bauplan entnimmt. Der Bedarf an Heizenergie ergibt sich dann aus der Bauweise des Hauses. Zur Illustration weichen wir etwas von unseren Beispielen aus dem Abschnitt „Typische Häuser – und wie sie sich optimieren lassen“ (siehe Seite 34) ab.

Ein maximal gedämmtes Passivhaus nach dem aktuellen Stand der Technik kommt pro Quadratmeter mit 10 Watt Heizenergie aus; ein Neubau, der aktuelle Anforderungen erfüllt, also ein Effizienzhaus 40, benötigt pro Quadratmeter zu heizender Fläche 20 bis 25 Watt Heizenergie. Das Bestandsgebäude, sofern es noch nicht energetisch saniert wurde, verlangt 80 bis 90 Watt je Quadratmeter, was nach einer Ertüchtigung auf Effizienzhaus-70-Niveau auf 30 bis 45 Watt pro Quadratmeter gesenkt werden kann. Unser denkmalgeschütztes Fachwerkhaus fordert im unsanierten Zustand 100 bis 120 Watt pro Quadratmeter, nach der ab Seite 41 skizzierten Sanierung nur noch 30 bis 45 Watt.

Multipliziert man die Grundfläche mit den genannten Zahlen, erhält man den Wärmebedarf für das jeweilige Haus. Sind die Räume im Haus über drei Meter hoch, sollte man zum errechneten Wert 10 Prozent addieren.

Damit ist die Berechnung leider noch nicht vollständig, denn die Räume müssen regelmäßig gelüftet werden. Maßgabe ist, dass pro

Je älter ein Gebäude ist, desto höher ist der Aufwand für eine energetische Sanierung. Fassaden mit reichlich Zierrat stellen bei der Wärmedämmung eine besondere Herausforderung dar: Oft lassen sich solche Häuser nur von innen dämmen.

Stunde die Hälfte der gesamten Raumluft ausgetauscht wird. Die entsprechende Norm lautet Din 1946/Teil 1. Wer durch die Fenster lüftet, muss bei einer Außentemperatur von minus 10 Grad Celsius 20 Watt/m² Heizleistung zusätzlich veranschlagen. Ein Lüftungssystem mit Wärmerückgewinnung erhält 90 Prozent der Wärme in den Räumen, spart also deutlich Heizenergie.

Praktisches Beispiel für ein nach dem Stand der Technik gedämmtes Effizienzhaus 40:

Zu heizende Fläche: 100 m²
Heizbedarf pro m²: 25 Watt
Zusatzbedarf mit regenerativer Lüftungsanlage: 2 Watt/m²
Es ergibt sich (100 × 25)+(100 × 2)
= 2 700 Watt oder 2,7 Kilowatt (kW)

Rechenbeispiel für ein saniertes Effizienzhaus 70:

Zu heizende Fläche: 100 m²
Heizbedarf pro m²: 40 Watt
Zusatzbedarf ohne regenerative Lüftungsanlage: 20 Watt/m²
Es ergibt sich (100 × 40)+(100 × 20)
= 6 000 Watt oder 6 Kilowatt (kW)

Ein Heizkessel oder eine andere Wärmequelle muss demzufolge die berechnete Leistung liefern können – die entsprechende Angabe findet sich in den technischen Daten des jeweiligen Geräts.

Diese Kalkulation bezieht sich auf die bei einer Außentemperatur von minus 10 bis 12 Grad Celsius nötige Nennleistung, die ein zu installierender Wärmeerzeuger liefern können muss, um das Gebäude vollständig mit einer mittleren Raumtemperatur von 20 Grad Celsius zu beheizen – geregelt im Beiblatt 1 der Din EN 12 831. Dieser Wert berücksichtigt, dass man es im Wohnbereich meist gern etwas wärmer hat, in Arbeits- oder Schlafbereichen eher etwas kühler. Der errechnete Wert bezieht sich auf die Leistung der Heizquelle – und berücksichtigt nicht, was über die Heizkörper tatsächlich in die Räume gelangt.

Wenn Sie den Wärmebedarf kennen, wissen Sie, welche Heizleistung Ihre Heizquelle liefern muss – genauso relevant: Wie viel Energie wird fürs Heizen im Jahr benötigt, damit Sie die Kosten abschätzen können, die beim Einsatz der verschiedenen Energieträger entstehen. Den Jahreswärmebedarf definiert die Din V 18599. Sie können ihn ermitteln, indem Sie Ihren zuvor berechneten Leistungsbedarf mit einer Vollbenutzungszeit von 1000 Stunden multiplizieren. Soll die Heizung auch das warme Wasser bereitstellen, sollte man mit 1600 Vollbenutzungsstunden kalkulieren.

Bislang drehten sich fast alle Berechnungen um den Energiebedarf von Heizungen. Zu einem komfortablen Heim zählt aber auch fließendes Warmwasser. Die Din 4708 ist das für Wohngebäude relevante Regelwerk, für eine erste Orientierung und Überschlagsrechnung reichen einige Zahlen. Leben die fürs neue Gebäude vorgesehenen Bewohner bereits zusammen, ist es selbstverständlich am einfachsten, die bisherigen Verbrauchswerte für Warmwasser als Berechnungsgrundlage zu verwenden. Für eine Überschlagsrechnung helfen aber auch unsere Erfahrungswerte.

Als Mindestmaß geht man pro Person im Haushalt und Tag von einem Warmwasserbedarf von 20 Litern (l) aus. Zur Klarstellung: Damit ist nicht der gesamte Wasserbedarf gemeint, sondern nur der des eigens auf 60 Grad Celsius erhitzten Wassers. In den meisten Fällen wird das entsprechend hochtemperierte Warmwasser ja mit Kaltwasser gemischt, um die letztlich gewünschte Temperatur zu erreichen. Differenzierter und angepasst an individuelle Gewohnheiten kann man den Bedarf mit den folgenden Zahlen überschlagen: Für eine Minute Duschen geht man von 8 bis 12 Litern Mischwasser aus, das entspricht 4 bis 6 Litern Warmwasser, für ein Wannenbad von 80 Litern Warmwasser, das Geschirrspülen von Hand erfordert 5 bis 7,5 Liter Warmwasser. Selbstverständlich hängt der tatsächliche Bedarf von vielen Faktoren ab: Besonders sportliche Menschen müssen öfter duschen, Kinder bringen meist mehr Schmutz ins Heim als Erwachsene und sowohl sie selbst als auch deren Kleidung sind öfter ein Fall für die Wäsche. Pflegebedürftige können ebenfalls nach häufigeren Bädern und so weiter verlangen.

Beispiele für einen Vierpersonenhaushalt:

Zahl der Bewohner: 4
Mittlerer Pro-Kopf-Verbrauch: 20 l
Monat mit 30 Tagen
Es ergibt sich:
4 × 20 l × 30 = 2 400 l Warmwasserbedarf pro Monat

Eine differenziertere Überschlagsrechnung könnte so aussehen:

Zahl der Bewohner: 4
Mittlerer Warmwasserbedarf pro Dusche
(1-mal am Tag à 10 min) 10*5 l = 50 l
Es ergibt sich 4 × 50 l × 30 = 6 000 l Warmwasserbedarf fürs Duschen

Pro Monat und Person veranschlagen wir 4 Wannenbäder:

4 × 4 × 80 l = 1 280 l pro Monat

Zweimal die Woche ist es nötig, Geschirr von Hand zu spülen:

2 × 6,25 l × 4 = 50 l pro Monat
Es ergibt sich mit 6 000 l + 1 280 l + 50 l = 7 330 l Warmwasserbedarf pro Monat.

Wie Sie sehen, kann der realistische Bedarf deutlich unter oder über den Mindestannahmen liegen und hängt stark von den persönlichen Gewohnheiten ab.

Warmes Wasser für Geschirrspüler und Waschmaschinen bleibt bei den Überlegungen unberücksichtigt, da diese Geräte ihr Warmwasser selbst erzeugen. Es ist möglich, mit Temperaturmischern oder entsprechend vorbereiteten Hausgeräten auch für diese Zwecke Warmwasser aus der Hausversorgung zu verwenden. Es hängt von den Kosten für die Warmwasserbereitung ab, ob dies wirtschaftlich ist. Wer mindestens über die Hälfte des Jahres Warmwasser per Solarthermie umsonst erzeugt, sollte darüber nachdenken; liefert eine Wärmepumpe das warme Wasser, dürfte dessen Nutzung für Waschmaschine und Geschirrspüler unwirtschaftlich sein.

Die Folgen für Heizung und Warmwasserbereitung

Aus den Überschlagsrechnungen für den Heizbedarf ergibt sich, ob man Heizen und Warmwasserbereitung koppelt oder trennt. Als Faustregel gilt: Liegt der errechnete Heizbedarf des Gebäudes bei 16 bis 20 Kilowatt oder mehr, ist die dafür nötige Heizquelle leistungsfähig genug, um auch ohne weitere

Technik das warme Wasser zu bereiten. Wie Sie aus unseren Berechnungen ersehen können (siehe Seite 54), müsste ein normales Einfamilienhaus schon sehr schlecht gedämmt sein oder eine sehr große zu beheizende Wohnfläche besitzen, um diesen Wert zu erreichen. Um auf unser Beispiel-Fachwerkhaus zurückzukommen: Es müsste ungedämmt bleiben und eine Wohnfläche von 120 Quadratmetern haben, um auf einen Heizbedarf von knapp über 16 Kilowatt zu gelangen. Diese Zahlen zeigen deutlich: Es wäre eine Milchmädchenrechnung, auf Wärmedämmung zu verzichten, nur um ein paar Euro an der Warmwasserbereitung zu sparen.

Denn selbst wenn die erforderliche Heizleistung wie in unseren Rechenbeispielen deutlich unter 10 Kilowatt liegt, ist es technisch kein Problem, Heizung und Warmwasser zu koppeln. Um aber auch mit dieser niedrigeren Heizleistung der Heizquelle ausreichend Warmwasser für den Haushalt zur Verfügung zu haben, ist ein Speicherbehältnis erforderlich, der Brauchwarmwasserspeicher (siehe ab Seite 67). Der kostet in der Anschaffung extra, macht sich aber schnell bezahlt. Aktuelle Brauchwarmwasserspeicher können bei Bedarf elektrisch erwärmt werden, wenn der primäre Wärmeerzeuger eine regenerative Quelle, üblicherweise also Solarthermie, ist und aktuell zu wenig Wärme liefert.

In modernsten Passivhäusern oder anderen Gebäuden mit niedrigem Heizbedarf kann es aber sinnvoll sein, die Warmwasserbereitung komplett von der Heizung zu trennen. Dazu existieren zwei Möglichkeiten: Sie können eine eigene Warmwasserbereitung mit Brennstoffen betreiben oder elektrisch gespeiste Durchlauferhitzer nutzen. Letztere erfordern an den Installationsorten einen leistungsfähigen Drehstromanschluss, der eine elektrische Leistung von 16 bis 27 Kilowatt bereitstellen kann. Was wirtschaftlicher ist, hängt von den Kosten Ihres Brennstoffs beziehungsweise Stroms ab. Für ein Wannenbad veranschlagt man einen Energiebedarf von rund 4,5 Kilowattstunden für die Wassererwärmung. Dieser Wert gilt für Strom und grob auch für den Brennstoffbedarf einer Heizungsanlage. Meist vergehen dann bis zum nächsten Wannenbad einige Stunden, entsprechend lang hat eine Heizungsanlage bei zentraler Warmwasserbereitung Zeit, den Speicher wieder zu erwärmen. Setzt man vier Stunden für die Wiederaufwärmung des Warmwasserspeichers an, wird die Heizungsanlage pro Stunde mit 4,5 kWh/4 h = ~ 1,1 kW belastet. Das heißt: Die zusätzliche Energie für die Warmwasserbereitung fällt bei der Berechnung der zu installierenden Heizleistung nicht ins Gewicht, beim Erwärmen mit Strom deutlich.

Die Ausrichtung des Gebäudes

Für den Heizbedarf spielt, wie zuvor erläutert, primär die zu beheizende Fläche eine Rolle. Irrelevant ist die Ausrichtung, also die Stellung des Hauses und eventueller Anbauten, dennoch nicht: Sie schlägt beim Jahresbedarf zu Buche und spielt eine wichtige Rolle, sobald Sie Photovoltaik und/oder Solarthermie nutzen möchten.

Die Ausrichtung wird durch den Bebauungsplan beziehungsweise den Ist-Zustand des Gebäudes vorgegeben und ist faktisch nicht zu ändern – man kann sie nur vor dem Kauf eruieren und abschätzen, ob sie für die eigenen Wünsche taugt. Mit Blick auf die nötige Heizenergie und die Nutzung von Solarthermie und Photovoltaik ist es prinzipiell ideal, wenn ein Großteil des Gebäudes beziehungsweise des Daches in südliche Richtung orientiert ist, denn dann bekommen Haus und Solarkollektoren über den Tag die meiste Sonneneinstrahlung ab. Absolut ist diese Regel aber nicht: Bei einem Gebäude mit Flachdach kann man die Solarkollektoren durch entsprechende Halterungen optimal ausgerichtet montieren. Und an manchen Standorten gibt es im Sommer zu viel der Sonne, und die Bewohner müssen sich Gedanken über die Kühlung des Gebäudes machen (mehr dazu im Abschnitt „Kühlen mit Wärmepumpen" (siehe ab Seite 108).

Selbst wenn das Haus nicht optimal für Solarkollektoren liegt: Gehört zum Gebäude eine Garage mit Flachdach, kann man die Solarkollektoren auch dort platzieren. Details zur Nutzung von Solarthermie finden Sie ab Seite 124.

Für den Heizbedarf spielt neben der grundsätzlichen Ausrichtung zur Sonne auch eine mögliche Verschattung durch Nachbargebäude, Berge oder Bäume eine Rolle. Hier kann man nur die konkreten Verhältnisse vor Ort feststellen – bei Bäumen ist zudem deren Wachstum über die Jahre zu berücksichtigen.

Andere wichtige Standortfaktoren

Der Abstand zum Nachbargrundstück beziehungsweise -gebäude kann darüber entscheiden, ob die Nutzung einer Wärmepumpe möglich ist. Diese Geräte erzeugen zwar keinen übermäßigen, aber doch hörbaren Lärm. Auch wenn dieser keine gesetzlichen Grenzwerte überschreitet, kann er zum Zankapfel unter Nachbarn werden. Man führe sich vor Augen beziehungsweise Ohren, als wie störend in einer ruhigen Wohngegend schon ein lebhaftes Gespräch zweier Personen auf der Straße vorm Haus empfunden werden kann.

Soll eine Grundwasserwärmepumpe Wärme fürs Haus liefern, muss am Standort des Hauses ausreichend Grundwasser verfügbar und dessen Nutzung genehmigungsfähig sein. In hochwassergefährdeten Gebieten verbietet sich der Einsatz von mit Heizöl betriebenen Brennern. Andere Heizquellen sind mit Blick auf die Hochwassergefahr unkritischer: Wärmepumpen stehen außerhalb des Hauses und können auf dem Garagendach oder einem Hügel platziert werden, moderne Gasheizkessel passen in einen Küchenschrank, müssen also im Gegensatz zum Heizöltank und -kessel nicht im Keller untergebracht werden.

Indirekt mit Heizung und Lüftung hat die am Bauplatz vorherrschende Belastung mit dem radioaktiven Gas Radon zu tun. Besonders in den Gebirgslandschaften Deutschlands und dort vor allem im Süden kann dessen Konzentration in Gebäuden als gesundheitsgefährdend geltende Mengen erreichen. Im Internet finden sich zwar Übersichtskarten, die eine grobe Abschätzung des Problems erlauben, eine für den eigenen Bauplatz verbindliche Aussage ist aber Sache der Gemeinden. Besteht die Gefahr einer zu hohen Radonbelastung im Haus, muss entweder das Fundament gasdicht ausgeführt oder mit Lüftungseinrichtungen dafür gesorgt werden, dass sich Radon nicht sammelt. Diese Lüftungseinrichtungen sind dann aber auch Bestandteil des Heiz- und Lüftungskonzepts.

Stichwort Lüftung: Im dicht besiedelten Deutschland ist Lärmbelastung am Standort eines Hauses leider ein häufiges Problem. Es kann dort also zu laut sein, um bei offenem Fenster zu arbeiten oder zu schlafen. In solchen Fällen ist eine Lüftungsanlage ebenfalls zwingend (siehe „Luftheizung" ab Seite 180).

Mit System zur richtigen Heizquelle

Die Entscheidung für einen Wärmeerzeuger und die Warmwasserbereitung kann gar nicht gründlich genug durchdacht und berechnet werden. Ohne eine gründliche Kalkulation des Energiebedarfs und der mit verschiedenen Energieträgern entstehenden Kosten geht es nicht. Zudem sind die am Standort beziehungsweise Gebäude konkret herrschenden Bedingungen extrem relevant. Wer eine möglichst umweltschonende und wirtschaftliche Heiztechnik installieren möchte, wird in den meisten Fällen mit einer Wärmepumpe in Kombination mit Photovoltaik und Solarthermie sicherlich die beste Lösung finden. Allerdings muss man dieses Trio auch bezahlen können – und es muss zum Lebensentwurf passen. Wer schon bei der Planung einer neuen Heizung weiß, dass er in zehn Jahren umziehen wird, dürfte sich kaum für die kostenträchtige Maximallösung entscheiden, sondern die nehmen, die für die geplante Nutzungsdauer effizient und günstig genug ist.

Auf den folgenden Seiten finden Sie eine Entscheidungshilfe. Folgen Sie einfach den Fragen von oben nach unten und von links nach rechts und Sie landen an der richtigen Stelle.

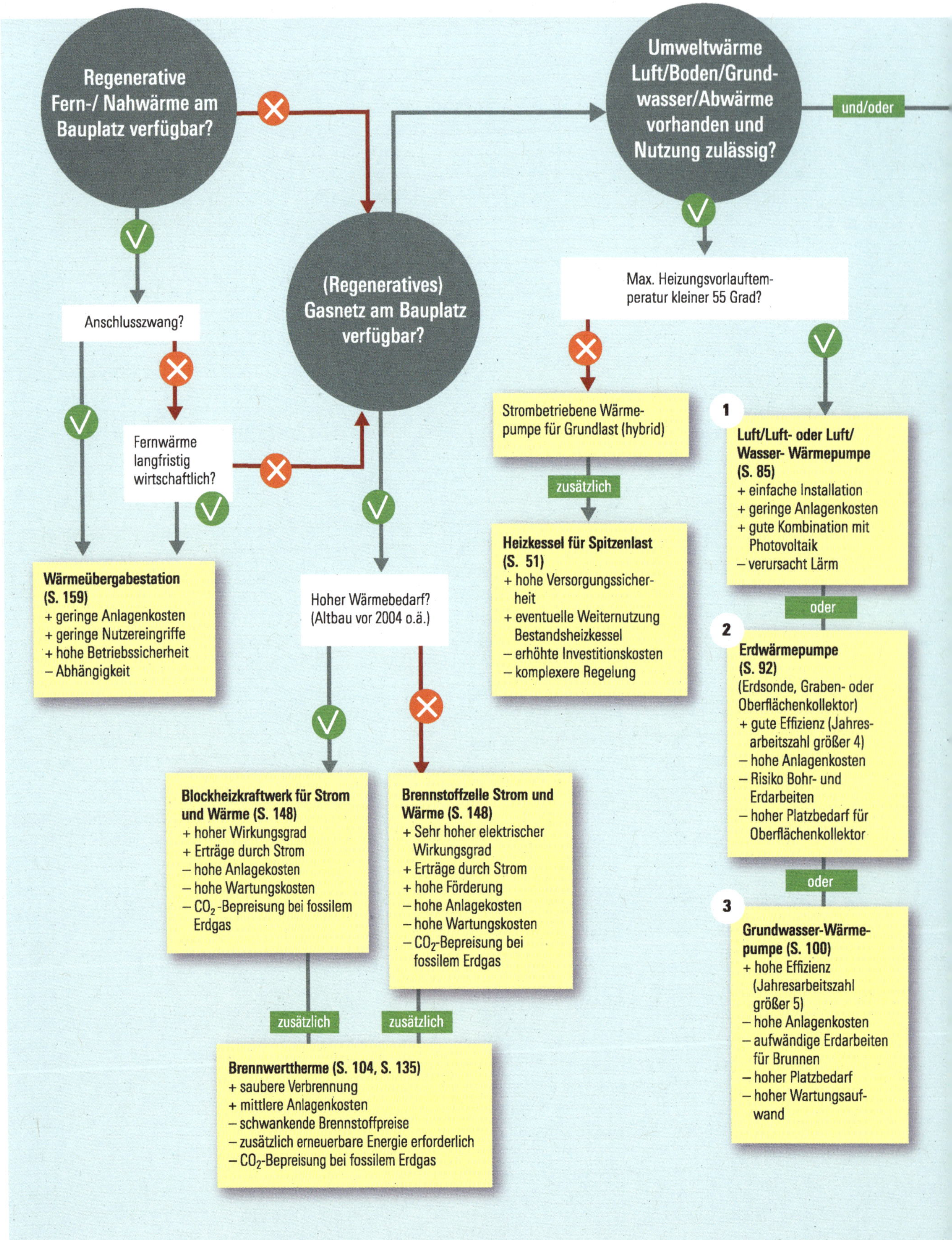

Regenerative Fern-/ Nahwärme am Bauplatz verfügbar?
Anschlusszwang?
Fernwärme langfristig wirtschaftlich?
Wärmeübergabestation (S. 159)
+ geringe Anlagenkosten
+ geringe Nutzereingriffe
+ hohe Betriebssicherheit
– Abhängigkeit
(Regeneratives) Gasnetz am Bauplatz verfügbar?
Hoher Wärmebedarf? (Altbau vor 2004 o.ä.)
Blockheizkraftwerk für Strom und Wärme (S. 148)
+ hoher Wirkungsgrad
+ Erträge durch Strom
– hohe Anlagekosten
– hohe Wartungskosten
– CO_2-Bepreisung bei fossilem Erdgas
Brennstoffzelle Strom und Wärme (S. 148)
+ Sehr hoher elektrischer Wirkungsgrad
+ Erträge durch Strom
+ hohe Förderung
– hohe Anlagekosten
– hohe Wartungskosten
– CO_2-Bepreisung bei fossilem Erdgas
zusätzlich
zusätzlich
Brennwerttherme (S. 104, S. 135)
+ saubere Verbrennung
+ mittlere Anlagenkosten
– schwankende Brennstoffpreise
– zusätzlich erneuerbare Energie erforderlich
– CO_2-Bepreisung bei fossilem Erdgas
Umweltwärme Luft/Boden/Grundwasser/Abwärme vorhanden und Nutzung zulässig?
und/oder
Max. Heizungsvorlauftemperatur kleiner 55 Grad?
Strombetriebene Wärmepumpe für Grundlast (hybrid)
zusätzlich
Heizkessel für Spitzenlast (S. 51)
+ hohe Versorgungssicherheit
+ eventuelle Weiternutzung Bestandsheizkessel
– erhöhte Investitionskosten
– komplexere Regelung
1
Luft/Luft- oder Luft/Wasser- Wärmepumpe (S. 85)
+ einfache Installation
+ geringe Anlagenkosten
+ gute Kombination mit Photovoltaik
– verursacht Lärm
oder
2
Erdwärmepumpe (S. 92)
(Erdsonde, Graben- oder Oberflächenkollektor)
+ gute Effizienz (Jahresarbeitszahl größer 4)
– hohe Anlagenkosten
– Risiko Bohr- und Erdarbeiten
– hoher Platzbedarf für Oberflächenkollektor
oder
3
Grundwasser-Wärmepumpe (S. 100)
+ hohe Effizienz (Jahresarbeitszahl größer 5)
– hohe Anlagenkosten
– aufwändige Erdarbeiten für Brunnen
– hoher Platzbedarf
– hoher Wartungsaufwand

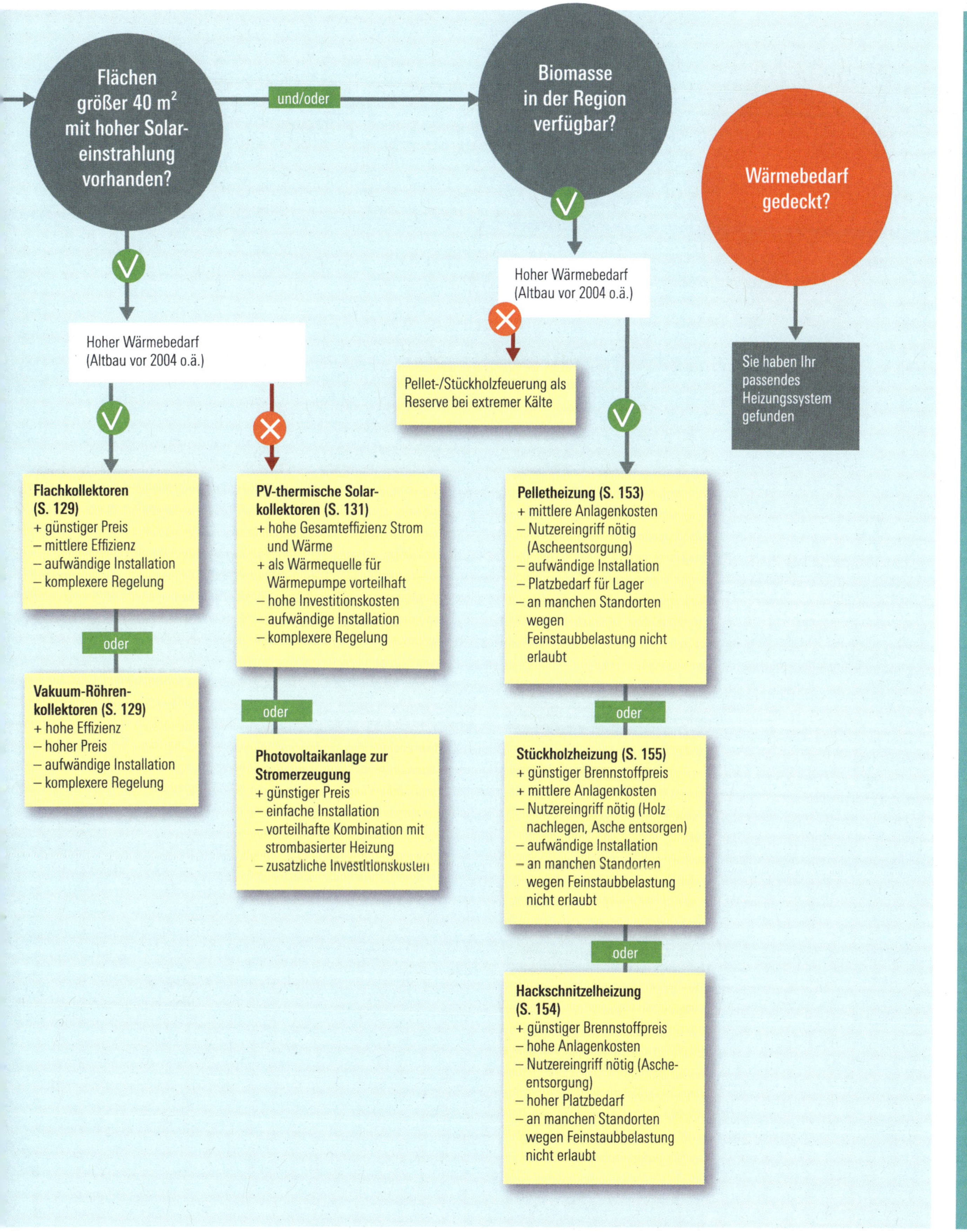
Flächen größer 40 m²
mit hoher Solareinstrahlung vorhanden?
und/oder
Biomasse in der Region verfügbar?
Wärmebedarf gedeckt?
Hoher Wärmebedarf (Altbau vor 2004 o.ä.)
Flachkollektoren (S. 129)
+ günstiger Preis
– mittlere Effizienz
– aufwändige Installation
– komplexere Regelung
oder
Vakuum-Röhrenkollektoren (S. 129)
+ hohe Effizienz
– hoher Preis
– aufwändige Installation
– komplexere Regelung
PV-thermische Solarkollektoren (S. 131)
+ hohe Gesamteffizienz Strom und Wärme
+ als Wärmequelle für Wärmepumpe vorteilhaft
– hohe Investitionskosten
– aufwändige Installation
– komplexere Regelung
oder
Photovoltaikanlage zur Stromerzeugung
+ günstiger Preis
– einfache Installation
– vorteilhafte Kombination mit strombasierter Heizung
– zusätzliche Investitionskosten
Hoher Wärmebedarf (Altbau vor 2004 o.ä.)
Pellet-/Stückholzfeuerung als Reserve bei extremer Kälte
Pelletheizung (S. 153)
+ mittlere Anlagenkosten
– Nutzereingriff nötig (Ascheentsorgung)
– aufwändige Installation
– Platzbedarf für Lager
– an manchen Standorten wegen Feinstaubbelastung nicht erlaubt
oder
Stückholzheizung (S. 155)
+ günstiger Brennstoffpreis
+ mittlere Anlagenkosten
– Nutzereingriff nötig (Holz nachlegen, Asche entsorgen)
– aufwändige Installation
– an manchen Standorten wegen Feinstaubbelastung nicht erlaubt
oder
Hackschnitzelheizung (S. 154)
+ günstiger Brennstoffpreis
– hohe Anlagenkosten
– Nutzereingriff nötig (Ascheentsorgung)
– hoher Platzbedarf
– an manchen Standorten wegen Feinstaubbelastung nicht erlaubt
Sie haben Ihr passendes Heizungssystem gefunden

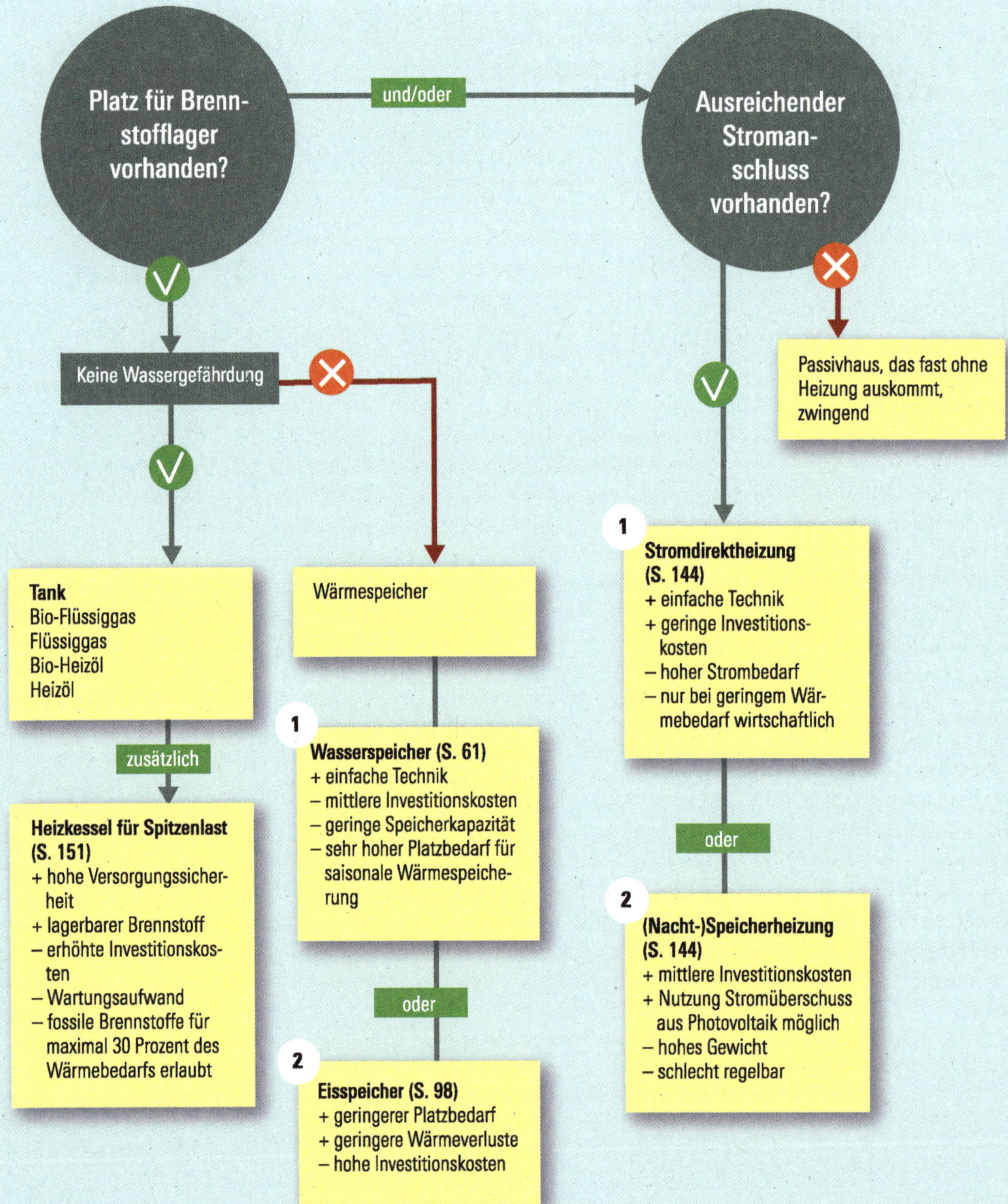
Platz für Brennstofflager vorhanden?
und/oder
Ausreichender Stromanschluss vorhanden?
Keine Wassergefährdung
Passivhaus, das fast ohne Heizung auskommt, zwingend
Tank
Bio-Flüssiggas
Flüssiggas
Bio-Heizöl
Heizöl
zusätzlich
Heizkessel für Spitzenlast (S. 151)
+ hohe Versorgungssicherheit
+ lagerbarer Brennstoff
– erhöhte Investitionskosten
– Wartungsaufwand
– fossile Brennstoffe für maximal 30 Prozent des Wärmebedarfs erlaubt
Wärmespeicher
1
Wasserspeicher (S. 61)
+ einfache Technik
– mittlere Investitionskosten
– geringe Speicherkapazität
– sehr hoher Platzbedarf für saisonale Wärmespeicherung
oder
2
Eisspeicher (S. 98)
+ geringerer Platzbedarf
+ geringere Wärmeverluste
– hohe Investitionskosten
1
Stromdirektheizung (S. 144)
+ einfache Technik
+ geringe Investitionskosten
– hoher Strombedarf
– nur bei geringem Wärmebedarf wirtschaftlich
oder
2
(Nacht-)Speicherheizung (S. 144)
+ mittlere Investitionskosten
+ Nutzung Stromüberschuss aus Photovoltaik möglich
– hohes Gewicht
– schlecht regelbar

Warmwasser zweckmäßig und effizient bereiten

Die früher übliche Kombination von Heizung und Warmwasser ist nicht mehr in jedem modernen Gebäude zwingend und wirtschaftlich.

Vor den Überlegungen, welche Technik für warmes Wasser sorgt, steht die Bedarfsermittlung (siehe Seite 53). Das Wichtigste: Pro Person im Haushalt veranschlagt man einen Warmwasserbedarf von mindestens 20 Litern pro Tag, für jede Dusche realistisch 50 Liter pro Person und Duschgang. Allein für die Körperpflege sind also in einem Vierpersonenhaushalt täglich 200 Liter warmes Wasser nötig. Dies auf eine Temperatur von 60 Grad Celsius zu erwärmen erfordert eine Energiemenge von 12 Kilowattstunden. Muss diese Energiemenge in einer Stunde bereitgestellt werden, resultiert daraus eine notwendige Aufheizleistung von 12 Kilowatt. Wenn Sie diese Zahl mit der im selben Abschnitt für den Wärmebedarf eines gut gedämmten Einfamilienhauses von rund 10 Kilowatt Heizenergie genannten vergleichen, sehen Sie, dass die fürs Erwärmen von Wasser nötige Leistung deutlich über der fürs Heizen liegt. Dies wirkt sich massiv aus auf die Frage, ob man Heizung und Warmwasserbereitung kombiniert oder getrennt betreibt.

Bei diesen Überlegungen sollten Sie allerdings berücksichtigen, dass Warmwasser im Gegensatz zur Heizung nur selten über den gesamten Tag in der maximal berechneten Menge gebraucht wird. In der Praxis arbeitet man oft mit Trinkwasserspeichern. Diese bevorraten bereits erwärmtes Trinkwasser, sodass auch ohne sofortige Nachheizung ein ausreichender Vorrat bereitsteht. Die Heizungsanlage hat dann anschließend im besten Fall bis zum nächsten Tag Zeit, den Warmwasserspeicher wieder aufzuwärmen. Auch wenn der Wärmeerzeuger für die Gebäudeheizung nicht über die erforderliche Leistung zur kurzfristigen Bereitstellung des benötigten Warmwassers verfügt, steht dank des Zwischenspeichers im Alltag ausreichend Warmwasser bereit. Sobald eine Art von Warmwasserspeicher Teil des Systems ist, muss die Wärmequelle fürs warme Wasser nicht auf die kurzfristige Maximalleistung ausgelegt werden – es reicht, wenn sie über den Tag hinweg ausreichend Warmwasser produzieren kann.

Energiebedarf überschlägig berechnen

Der zusätzliche Leistungsbedarf für die Trinkwassererwärmung kann bei ausreichender Dimensionierung des Warmwasserspeichers mit 0,2 Kilowatt pro Person angesetzt werden. Dabei wird davon ausgegangen, dass eine Person täglich maximal 80 bis 100 Liter Warmwasser mit einer Mischtemperatur von 45 Grad Celsius zapft. Zu berücksichtigen sind auch Zirkulationsleitungen (siehe nächster Abschnitt, Seite 63), weil sie die Heizlast für die Warmwasserbereitung je nach Leitungslänge und Isolierungsqualität erheblich erhöhen. Beträgt die Nutzfläche eines Gebäudes zwischen 100 und 150 Quadratmeter und findet die Verteilung innerhalb der thermischen Hülle statt, betragen die jährlichen flächenbezogenen Wärmeverluste gemäß Gebäudeenergiegesetz (GEG) wie folgt:

- mit Zirkulation: 9,8 kWh/($m^2 \cdot a$)
- ohne Zirkulation: 4,2 kWh/($m^2 \cdot a$)

Unser Rechenbeispiel ist aber noch nicht die ganze Wahrheit, denn gerade beim Warmwasser für die Dusche gibt es gleich zwei Sparmöglichkeiten. Altbekannt sind Sparduschköpfe, die den Wasserdurchfluss von 12 auf 8 Liter pro Minute mindern, also um 33 Prozent. Für unseren Beispielhaushalt würde dies bedeuten, dass am Tag statt 200 nur 134 Liter Warmwasser gebraucht würden.

Die Sparköpfe kosten kaum mehr als Standardduschköpfe und bringen recht viel. Allerdings mag sie nicht jeder, weil mit ihnen eben auch die Wassermenge sinkt – viele Nutzer empfinden den reduzierten Duschstrahl als Rinnsal.

Ohne Komforteinbuße arbeitet hingegen die Duschwasserwärmerückgewinnung. Lange konnte die nur bei Neubau oder Grundsanierung installiert werden – seit einiger Zeit gibt es auch Nachrüstsätze. Sie verbindet über einen Wärmetauscher den Abfluss („Ablaufkasten") der Dusche mit dem Kaltwasserzulauf der Mischbatterie der Dusche und wärmt dieses Wasser. Wenn das erste Wasser durch den Abfluss fließt, muss man eventuell noch einmal das Verhältnis zwischen Warmwasser und erwärmtem Kaltwasser justieren – am besten funktioniert das automatisch mit einer Thermostatarmatur. Mit einem Preis von rund 1500 Euro pro Ablaufkasten (statt 300 Euro für ein konventionelles Modell) und einem Warmwassereinsparpotenzial von 30 bis 40 Prozent empfiehlt sich ein solches System gerade, wenn man sich für eine dezentrale Warmwasserbereitung entscheidet – mehr dazu im nächsten Abschnitt. Es lässt sich aber auch mit jeder anderen Art der Warmwassererzeugung kombinieren – allerdings sollte man dann kalkulieren, ob die Mehrkosten den Aufpreis rechtfertigen.

Warmwasser zentral oder dezentral?

Wie auf den Seiten 23 und 56 bereits erwähnt, kann es in einem energetisch effizienten Gebäude durchaus sinnvoll sein, auf eine zentrale Warmwasserbereitung zu verzichten und mit elektrisch gespeisten Durchlauferhitzern an den Zapfstellen zu arbeiten. Dies kann trotz hoher Stromkosten und der Tatsache, dass keine PV-Anlage deren Leistungsbedarf von 27 Kilowatt decken kann, unterm Strich wirtschaftlich sein. In den folgenden Abschnitten erklären wir die kritischen Punkte einer zentralen Warmwasserbereitung. Faustregel: Ist der Heizenergiebedarf eines Gebäudes so gering, dass man nur fürs Warmwasser einen überdimensionierten Wärmeerzeuger anschaffen und betreiben müsste, fährt man mit dezentraler Warmwasserbereitung günstiger. Voraussetzung: Man denkt bei der Planung an Drehstromanschlüsse für die Durchlauferhitzer.

Die Wirtschaftlichkeit der Warmwasserbereitung wiederum hängt – neben dem Bedarf der Bewohner – von vielen Faktoren ab. Sorgt eine Solarthermieanlage die meiste Zeit des Jahres für fast kostenloses warmes Nass, ist eine davon gespeiste zentrale Warmwasserversorgung meist wirtschaftlich. Könnte man nur mit teuren und nicht nachhaltigen fossilen Brennstoffen für Heizung und Warmwasser sorgen, dürfte das warme Wasser recht teuer werden.

Als Erstes sollte man also wissen, wie viel es kostet, Wasser mit den verschiedenen Energieträgern und Heizungssystemen zu erwärmen. Mit diesen Zahlen und dem persönlichen Bedarf kann man einschätzen, welche Kosten fürs Warmwasser pro Jahr zu erwarten sind. Eine weitere Größe gilt es zu berücksichtigen: Wie viel Warmwasser wird am Tag annähernd gleichzeitig gebraucht? Beispiel: In der typischen Zweikindfamilie mit berufstätigen Eltern wollen morgens alle kurz nacheinander duschen. Die Warmwasseranlage muss also leistungsfähig genug sein, um die erwähnten 200 Liter heißes Wasser bereitzustellen. Ist ein Elternteil nicht berufstätig und sind die Kinder die meiste Zeit des Jahres in einem Internat, fällt die nötige Aufheizleistung deutlich geringer aus.

So wichtig diese Rahmenbedingung ist: Bei der Planung sollte man nicht mit dem ganz spitzen Bleistift rechnen, denn die Lebensumstände können sich im Lauf der Nutzungsdauer eines Gebäudes ändern. Umgekehrt wäre es Verschwendung, die Warmwasserbereitung auf Maximalleistungen auszulegen, von denen man im Voraus weiß, dass sie nur an wenigen Tagen im Jahr gebraucht werden.

Bisher haben wir nur die Kosten fürs Erwärmen des Wassers betrachtet. Bei einer zentralen Warmwasserversorgung kommt ein weiterer Faktor hinzu: das Warmhalten des Wassers.

Ohne zusätzliche Energie würde das einmal erwärmte Wasser im Lauf des Tages wieder kalt. Überschlägig kann man den fürs Warmhalten in einem zentralen System nötigen Aufwand mit der Drei-Liter-Regel berechnen. Sie besagt, dass ab dieser Füllmenge in den Rohren eines Gebäudes (das entspricht bei Standardrohren rund 15 Meter wärmeisolierter Wasserleitung) zwingend eine Zirkulationspumpe das warme Wasser zwischen Wärmeerzeuger und Zapfstellen bewegen muss. Die Zirkulationspumpe benötigt für ihre Arbeit pro Tag 0,5 Kilowattstunden in Form elektrischen Stroms. Hinzu kommt die Heizenergie, die der Wärmeerzeuger liefern muss.

Pro Meter Leitung bedarf es einer Warmhalteleistung von 7 bis 10 Watt. Im typischen Einfamilienhaus sind 30 bis 50 Meter Warmwasserleitung verlegt:

50 x 10 W = 500 W

Den Tag über bedeutet dies eine nötige Warmhalteleistung von

500 W x 24 h = 12 kWh

Als Alternative zum Halten der Temperatur bieten sich elektrische Begleitheizungen an. Hierbei handelt es sich um elektrisch beheizte Umhüllungen für die Warmwasserrohre. Da hier keine Zirkulationsleitung notwendig ist, sinkt die warm zu haltende Rohrlänge auf die Hälfte. Damit liegt der Warmhalteaufwand in oben genanntem Beispiel bei etwa 6 Kilowattstunden pro Tag – in diesem Fall Strom.

Ob Zirkulationspumpe oder elektrische Begleitheizung günstiger sind, hängt einmal mehr im Wesentlichen von den Kosten der Warmwasserbereitung ab. Hält kostenlose Sonne die meiste Zeit des Jahres das Wasser warm, ist also nur der Strom für die Zirkulationspumpe zu bezahlen, dann ist ein solches System sinnvoll. Spränge aber jedes Mal die Gasheizung an, um das Wasser in den Rohren auf der gewünschten Temperatur zu halten, wäre die Begleitheizung wirtschaftlicher. Zu berücksichtigen ist allerdings auch der mögliche Aufwand für die Wartung oder im Falle eines Falles auch für die Reparatur. Die Zirkulationspumpe sitzt gut zugänglich im Technikraum, die Begleitheizung umhüllt die Warmwasserrohre, ist also genauso gut oder schlecht zugänglich wie diese Leitungen. Schäden an den Heizfäden der Begleitheizung sind zwar selten, aber im Lauf der Jahre nie auszuschließen. Im Falle eines Rohrbruchs besteht zwischen Zirkulationspumpe und Begleitheizung bezogen auf das Warmwasserrohr kein Unterschied. Ein Schaden daran könnte aber auch die Begleitheizung in Mitleidenschaft ziehen – nicht aber eine Zirkulationspumpe.

Wenn Sie nach Abwägung der Kosten zu dem Ergebnis kommen, dass für Sie eine dezentrale Warmwasserbereitung wirtschaftlich ist, können Sie am Ende dieses Absatzes aufhören zu lesen. Planen Sie bei Bau oder Sanierung die Drehstromanschlüsse für die Durchlauferhitzer und die Kaltwasserleitungen zu den Zapfstellen ein – damit ist das Thema erledigt.

▶ **Beispielhafte Wirtschaftlichkeitsberechnungen für zentrale und dezentrale Warmwasserbereitung finden Sie auf Seite 211.**

Zentrales Warmwasser – mit Heizung oder unabhängig?

Wenn ohnehin ein zentraler Wärmeerzeuger im Haus installiert wird, liegt der Gedanke nahe, diesen auch die Warmwasserbereitung übernehmen zu lassen. Die Vorteile dieser Vorgehensweise sind ihr geringer Installationsaufwand und Platzbedarf sowie der niedrige Anschaffungspreis. Auf mittlere Sicht kann es dennoch wirtschaftlicher sein, Heizung und Warmwasser getrennt zu betreiben.

Wichtigste Voraussetzung für den gemeinsamen Betrieb von Heizung und Warmwasser ist eine Heizquelle, die eine Vorlauftemperatur von wenigstens 60 Grad Celsius liefern kann. Dazu zählt klassische Fernwärme, die ganzjährig Heizwasser mit einer Temperatur von 70 Grad Celsius liefert. (Neuere Fernwärmenetze arbeiten mit niedrigeren Temperaturen – auf diese gehen wir später ein, siehe Seite 67.) Auch klassische Heizkessel – in der Regel also Brennwertkessel – eignen sich als Kombi-Wärmeerzeuger für Heizung und Wasser. Ob diese mit Pellets, Öl oder Gas betrieben werden und ob Öl oder Gas aus regenerativen Stoffen oder fossilem Material bestehen, hat nur Auswirkung auf die Kosten, nicht auf die technische Machbarkeit.

Es ist auch kein Problem, Warmwasserbereitung und Heizung zu kombinieren, wenn Flächenstrahler, also Fußboden-, Wand- oder Deckenheizung, die Wärme verteilen. Und zwar obwohl diese im Gegensatz zu klassischen Heizkörpern nur eine Vorlauftemperatur von etwa 35 Grad Celsius benötigen. Der Heizkessel erwärmt einfach abwechselnd das Warmwasser, zunächst mit höherer Vorlauftemperatur, und in den Pausen die Flächenheizung mit Wasser niedrigerer Vorlauftemperatur. In gedämmten Gebäuden liegt, wie schon an anderer Stelle besprochen, die für die Heizung nötige Energie meist deutlich unter der für die Warmwasserbereitung. Mit maximaler Effizienz arbeitet ein einziger Kessel für Wärme und Wasser also nur, wenn der Energiebedarf beider Aufgaben auf ähnlicher Höhe liegt, was nur bei schlecht bis gar nicht gedämmten Häusern oder solchen mit außergewöhnlich großer Heizfläche der Fall ist.

Dennoch kann ein gemeinsamer Heizkessel für Wärme und Wasser sinnvoll sein. Der Preisunterschied zwischen einem Kessel mit einer gesamten Heizleistung von beispielswei-

Gut zu wissen

Warmwasser mit Strom – wann ist es sinnvoll?

Neben dem Stromverbrauch ist bei der Renovierung von Bestandsbauten der für Durchlauferhitzer nötige Drehstromanschluss ein Problem. An Zapfstellen mit geringem Wasserbedarf sind daher Elektroboiler eine mögliche Alternative, denn zu ihrem Betrieb reicht eine haushaltsübliche 230-Volt-Steckdose. Sie heizen den Inhalt eines Wasserbehälters – üblicherweise mit einem Volumen von fünf Litern – auf die vorgewählte Temperatur und halten ihn auf dieser. In der Praxis kann man damit an Spül- oder Waschbecken warmes Wasser bereitstellen – zur Versorgung von Duschen oder Badewannen eignen sie sich nicht. Wenn es eine dezentrale, elektrisch betriebene Warmwasserbereitung sein soll, ist es in einem Neubau oder bei der Grundsanierung eines Bestandsbaus fast immer sinnvoll, auf Durchlauferhitzer zu setzen und die für sie nötigen Anschlüsse einzuplanen. Keine Regel ohne Ausnahme: Liefert die auf dem Dach installierte Photovoltaikanlage vorhersehbar an vielen Tagen des Jahres mehr Strom, als der Haushalt verbraucht, und sind Akkuspeicher nicht vorgesehen oder realisierbar und der Verkauf an örtliche Stromanbieter unattraktiv, kann es sinnvoll sein, stattdessen einen zentralen Warmwasserbehälter mit dem überschüssigen Strom zu heizen. Mehr dazu lesen Sie in Abschnitt „Elektroheizung“, ab Seite 143.

Eine Brennwerttherme (rechts oben) versorgt das Haus nicht nur mit Wärme, sondern erhitzt auch das Wasser des tonnenförmigen Warmwasserspeichers. Die Heizung hat also eine Doppelfunktion.

se 5 Kilowatt (also gerade ausreichend für den Heizungsbetrieb) und einem mit 12 Kilowatt, der auch das Warmwasser fürs Haus bereitet, ist nicht gravierend. Man muss sich allerdings darüber im Klaren sein, dass der 12-Kilowatt-Kessel dann nicht mit bestem Wirkungsgrad arbeitet. Die meiste Zeit des Jahres benötigt die Heizung nicht die nur an sehr kalten Tagen erforderlichen 5 Kilowatt, sondern eher 2 Kilowatt. Das heißt: Der Kessel läuft nicht mehr im optimalen Bereich und schaltet häufiger ein und aus, was wiederum mehr Wartung und Verschleiß bedeutet, also höhere Folgekosten. Ein grundsätzliches technisches Problem stellt diese Art des Betriebs aber nicht dar, auch verbraucht ein solch „überdimensionierter" Brennwertkessel im reinen Heizbetrieb kaum mehr Brennstoff als einer mit maximal effizienter, also niedrigerer Heizleistung. Letztlich ist es auch hier eine Kostenfrage: Hätte ein Heizkessel im gut gedämmten Haus wenig zu tun und wäre er die meiste Zeit nur mit der Warmwasserbereitung beschäftigt, sollte man berechnen, ob es nicht sinnvoller ist, Heizung und Warmwasser zu trennen.

In verschärfter Form stellt sich diese Frage, wenn fürs Heizen eine Wärmepumpe arbeiten soll. Hier liegt die Sachlage allerdings etwas anders. Während es beim Brennwertkessel das leistungsfähigere, für Heizung und Warmwasserbereitung ausreichende Modell praktisch ohne Aufpreis gibt, ist eine Wärmepumpe, die nur ein gut gedämmtes Haus heizen soll, deutlich günstiger als das Modell mit der höheren, auch für Warmwasser ausreichenden Leistung. Zudem werden Wärmepumpen mit Strom betrieben, der nur günstig ist, wenn er aus der eigenen Photovoltaikanlage kommt. Auch beim Verbrauch schlägt also die größere, auch auf Warmwasser ausgelegte Wärmepumpe zu Buche.

In der Praxis kostet eine für Heizung und Warmwasser ausreichende Wärmepumpe so viel wie eine kleinere Wärmepumpe für die Heizung und eine weitere Wärmepumpe für Warmwasser („Brauchwasserwärmepumpe"). Der Stromverbrauch des Kombimodells ist höher – die getrennte Lösung spart also Betriebskosten. Andererseits bedeuten zwei getrennte Wärmepumpen auch Wartungs- und eventuell Instandhaltungskosten für zwei Geräte – auf lange Sicht ist die getrennte Lösung dennoch wirtschaftlicher. Einmal mehr empfiehlt es sich also in dieser Konstellation zu rechnen, ob nicht unterm Strich eine dezentrale Warmwasserversorgung günstiger ist als eine zentrale.

Gut zu wissen

Brauchwasserwärmepumpen

Warmwasser- oder Brauchwasserwärmepumpen beziehen ihre Energie aus der Luft im Haus. In jedem Haus entsteht Abwärme – etwa durch Lüftungsanlagen, eine Heizung im Keller, Waschmaschinen. Diese lässt sich zur Warmwasserbereitung nutzen. Selbst mit der 10 Grad Celsius kühlen Luft eines Kellerraums kann eine Brauchwasserwärmepumpe Wasser auf 60 Grad Celsius erwärmen. Technisch ist sie mit der Luft-Wasser-Wärmepumpe verwandt. Sie lässt sich nicht nur mit Wärmepumpen zur Heizung kombinieren, sondern auch mit jedem anderen Wärmeerzeuger im Haus. Ihr im Normalbetrieb geringer Strombedarf lässt sich durch eine PV-Anlage decken, der Eigenverbrauch des Dach-Kraftwerks also steigern. Zudem spielt der Dämmstandard des Gebäudes keine Rolle – auch in wenig gedämmten Häusern arbeitet sie wirtschaftlich. In moderneren Gebäuden mit Lüftungsanlagen oder Abluftschächten bringt man den Wärmetauscher der Brauchwasserwärmepumpe idealerweise am höchstmöglichen Punkt im Gebäude am Abluftsystem oder Abluftschacht an – von ihm führt eine Leitung zur eigentlichen Wärmepumpe im tiefer gelegenen Technikraum.

Zu bedenken ist: Um 300 Liter Wasservorrat zu erwärmen, benötigt eine Brauchwasserwärmepumpe rund zehn Stunden; sind sehr hohe Wassertemperaturen gefordert, muss ein elektrischer Heizstab unterstützen.

Bivalenter Betrieb – jetzt kommt Solarthermie ins Spiel

Bisher sind wir immer davon ausgegangen, dass bei zentraler Warmwasserbereitung nur ein Wärmeerzeuger zum Zuge kommt. Fast alle Wärmeerzeuger lassen sich aber mit Solarthermie kombinieren – vorausgesetzt, die Dachfläche ist dafür geeignet. Der Faktor Sonne wirkt sich massiv auf die Wirtschaftlichkeit aus.

Selbst an trüben Tagen reicht die per Solarthermie verfügbare Energie zur Warmwasserbereitung aus.

Es ist eine Binsenweisheit: Die Sonne scheint im Sommer am meisten, also dann, wenn man keine Heizung braucht. Warmes Wasser will man aber im ganzen Jahr zur Verfügung haben. In den meisten Lagen und an den meisten Tagen reicht die Sonnenleistung für warmes Wasser völlig aus. Ist das Haus gut gedämmt, kann es sich unterm Strich rechnen, etwa wegen der niedrigen Anschaffungskosten einen gas- oder ölbetriebenen Brennwertkessel fürs Heizen in der kalten Jahreszeit zu nutzen, die Hälfte des Jahres für Heizung und Warmwasser aber nichts zu bezahlen.

Auch die Anschaffungs- und Betriebskosten einer Wärmepumpe senkt die Solarthermie deutlich: Selbst an trüben Tagen reicht die per Solarthermie verfügbare Energie zur Warmwasserbereitung aus. Holzpellet-Wärmeerzeuger werden durch Solarthermie ebenfalls dramatisch wirtschaftlicher. Der Pelletheizkessel bleibt in der warmen Jahreszeit abgeschaltet und vermeidet damit eine hohe Anzahl an Brennerstarts. Das spart Energie und Wartungskosten. Die Kombination mit Solarthermie oder Wärmepumpe ist deshalb Bedingung für die staatliche Förderung eines Holzpelletkessels.

Sonderfall neue Fernwärmeversorgung

Neuere Fernwärmenetze liefern nicht mehr, wie weiter oben beschrieben, 70 Grad Celsius heißes Wasser, sondern nur noch solches mit 55 oder gar nur 10 Grad Celsius („kalte Fernwärme"). Fernwärme mit 55 Grad Celsius reicht für den Betrieb effizienter Flächenheizungen, aber nicht für ausreichend temperiertes Warmwasser. Das bedarf einer Zusatzheizung – in der Praxis empfehlen sich meist Durchlauferhitzer.

Andere, neue Fernwärmesysteme mit nur 10 Grad Celsius Temperatur sind schon für die Heizung des Gebäudes auf eine Wärmepumpe angewiesen. Dank des ganzjährig 10 Grad Celsius „warmen" Wassers benötigt diese aber deutlich weniger Energie. Auch in dieser Konstellation sind in der Praxis meist Durchlauferhitzer die effizienteste Art der Warmwasserbereitung.

Zentrale Warmwasserbereitung

Wesentliches Element einer zentralen Warmwasserbereitung ist ein entsprechender Vorratsbehälter, der ausreichend heißes Nass für den Spitzenbedarf der Hausbewohner bevorratet. Dazu gibt es verschiedene Möglichkeiten. Alle vorgestellten Systeme eignen sich für den Bi- oder Multivalenzbetrieb, nehmen also Wärme von mehreren Wärmeerzeugern entgegen. Gelegentlich taucht in der Werbung für diese – eigentlich banale – Fähigkeit der Begriff „Kombispeicher" auf. Alle im Folgenden geschilderten zentralen Warmwasserversorger erfordern wahlweise eine Zirkulationspumpe im Warmwasserkreislauf, um das Wasser im Leitungsnetz warm zu halten, oder eine elektrische Begleitheizung für die Wasserrohre im Haus.

Die einfachste („direkt beheizte") Form des Vorrats ist ein simpler Wassertank, in den Heizspiralen von dem oder den Wärmeerzeugern führen. Ist beispielsweise ein Brennwertkessel fürs Warmwasser zuständig, leiten Rohre von ihm ausgehend dessen heißes Kesselwasser zum Vorratsbehälter. Das vom Wärmeerzeuger erwärmte Wasser wird, um möglichst viel Wärme abzugeben, über Spiralrohre durch den Warmwasserspeicher geführt. Unterstützt etwa eine Solarthermieanlage die Warmwasserbereitung, führt ein zweites Spiralrohr von den Wärmeerzeugern auf dem Dach durch den Wasserbehälter. An sehr kalten oder trüben Tagen kann ein elektrisch betriebener Heizstab im Warmwasserspeicher die fehlende Energie bereitstellen. Bei dieser Art Wasserbehälter ist er noch aus einem anderen Grund zwingend nötig: Einmal pro Woche wird ein solcher Warmwasserspeicher automatisch auf über 60 Grad Celsius erwärmt, um die Bildung von Legionellen zu verhindern, also gesundheitsschädlichen Bakterien. Denn diese Art Warmwasserspeicher ist technisch simpel und damit preiswert zu fertigen – in ihnen steht das Warmwasser aber unter Umständen längere Zeit, was aus hygienischer Sicht nicht ideal ist.

Speicherladesystem und Pufferspeicher

Eine Variante des Warmwasserspeichers ist ein Wasserbehälter mit ausgelagertem Wärmeübertrager – meist in Form eines Plattenspeichers. Statt der internen Spiralrohre überträgt der außerhalb des Warmwasserbehälters platzierte Plattenspeicher die Wärme aufs Brauchwasser. Das klingt zunächst unnötig kompliziert, und in der Tat ist der technische Aufwand höher. Die Vorteile eines Speicherladesystems sind bessere Wartbarkeit und höhere Effizienz. Die Spiralrohre konventioneller Warmwasserspeicher besitzen nur eine relativ geringe wirksame Oberfläche – über die Plattenspeicher lässt sich die Wärme wahlweise schneller oder mit geringerem Energieaufwand übertragen. Die Legionellenproblematik

Beispiel für einen Schichten-Warmwasserspeicher (links) mit zusätzlicher Möglichkeit, Solarthermie zu nutzen (siehe auch Kasten rechts). Rechts im Bild ein „Hygiene-Solarschichtspeicher“, der Solarthermie sowohl zur Warmwasserbereitung als auch zur Heizungsunterstützung nutzt. Unten im Bild die zugehörige Frischwasserstation.

besteht aber auch bei dieser Variante des Warmwasserspeichers.

In dieser Hinsicht wesentlich unkritischer sind Heizungs-Pufferspeicher. Zwar steht auch in ihnen warmes Wasser, das aber nicht für den Kontakt mit Menschen vorgesehen ist. Stattdessen wird es direkt vom Wärmekreislauf eines Brennwertkessels oder einer Wärmepumpe gespeist. Technisch handelt es sich also nicht um einen Trinkwarmwasserspeicher, sondern um ein Wärme-Zwischenlager („Puffer“) – daher der Name. Optional führen auch in den Pufferspeicher Rohre für das von einer Solarthermieanlage erwärmte Wasser. Das für den Verbrauch bestimmte Warmwasser erzeugt hier aber eine durch den Wassertank führende spiralförmige Leitung, durch die frisches Kaltwasser geführt wird. Vom Prinzip her ähnelt der Pufferspeicher also einem Durchlauferhitzer – nur dass statt elektrischen Stroms Wasser aus den hauseigenen Wärmeerzeugern die zum Erwärmen nötige Energie liefert. Der Vorteil dieses Systems ist, dass in ihm nur sehr wenig warmes Trinkwasser steht und bei jeder Zapfung vollständig durch nachströmendes Trinkwasser ersetzt wird. Damit wird die Gefahr der Legionellenvermehrung deutlich reduziert. Außerdem eignet es sich auch für Heizungen mit niedrigerer Vorlauftemperatur als den sonst nötigen 60 Grad Celsius. Der Nachteil dieses Systems besteht darin, dass es keine größeren Mengen sehr heißen Wassers liefern kann.

Frischwasserstation

Eine Variante des Pufferspeichers ist die Frischwasserstation („FriWa“, „FWS“). Im Prinzip funktioniert sie ähnlich wie dieser. Nur führt die Brauchwasserleitung hier nicht durch den Behälter, sondern durch einen externen Wärmetauscher. Ähnlich wie beim Speicherladesystem überträgt dieser die Wärme effizienter als die Spiralrohre im Inneren eines Pufferspeichers. Wegen des effizienteren Wärmetauschers muss das Wasser im Pufferbehälter nur auf 45 bis 50 Grad Celsius erhitzt werden; wie beim Pufferspeicher sind Legionellen kein Thema. Frischwasserstationen sind nicht zwingend notwendig, mit einem Mehrpreis von rund 1500 Euro stellen sie zunächst einen Kostenfaktor dar. Dem stehen geringere Energiekosten über die Nutzungsdauer gegenüber. Im Einfamilienhaus arbeitet man üblicherweise mit einer zentralen Frischwasserstation, in Mehrfamilienhäusern nutzt man mehrere sogenannte Wohnungsstationen.

Gut zu wissen

Mehr Effizienz mit Schichtenspeicher

Sowohl Warmwasserspeicher mit Speicherladesystem als auch Pufferspeicher mit Frischwasserstation arbeiten besonders effizient mit Schichtenspeicher genannten Wasserbehältern zusammen. Dabei handelt es sich um Warmwassertanks, die in verschiedene Temperaturzonen gegliedert sind – meist drei. In der kühlsten herrscht mit 19 Grad Celsius Raumtemperatur, in der mittleren steht 45 Grad warmes Wasser, was die meisten Bedürfnisse abdeckt. Mit 70 Grad Celsius Wassertemperatur ist die heißeste Schicht auch für maximale Wärmeforderungen gerüstet.
Durch die Aufteilung in Schichten muss einerseits nicht der komplette Inhalt des Tanks auf Nenntemperatur gebracht werden, andererseits steht bei Bedarf heißes Wasser in ausreichender Menge bereit. Wird der Warmwasservorrat komplett aufgebraucht, wird das nachfließende Wasser energiesparend Schicht für Schicht erwärmt und nicht der Inhalt des kompletten Behälters.
Schichtenspeicher eignen sich besonders für den Betrieb mit regenerativen Wärmequellen, also Solarthermie, Wärmepumpen, Blockheizkraftwerken und allen Holzarten. Mit Preisen von 1 000 bis 3 000 Euro sind sie aber teurer als ein konventioneller Pufferspeicher. Wegen ihrer mindestens zehn Zentimeter dicken Isolierung nehmen sie zudem etwas mehr Platz in Anspruch.

Tank-in-Tank-Systeme („Blasenspeicher")

Pufferspeicher wie Frischwasserstationen entsprechen dem Prinzip des Durchlauferhitzers – die Warmwassermenge, die sie pro Minute liefern können, ist begrenzt. Klassische Warmwasserspeicher hingegen bevorraten genug Wasser, um problemlos auch zwei Badewannen nacheinander füllen zu können. Andererseits haben simple Warmwasserspeicher die erwähnten Probleme in Bezug auf Hygiene. Warmwasser-Tank-in-Tank-Systeme, auch „Blasenspeicher" genannt, versprechen das Beste aus beiden Welten. Sie bestehen aus einem großen Wärmespeichertank – in diesem sitzt ein kleinerer Tank fürs Brauchwasser. Mit einem Fassungsvermögen vo 150 bis 300 Litern (je nach Modell) hat dieser immer noch genügend Kapazität für den Warmwasserbedarf eines Vierpersonenhaushalts. Der größere, ihn umgebende Behälter mit einer Kapazität von 700 bis 1000 Litern speichert etwa die von einer Solarthermieanlage gelieferte Wärme über einen längeren Zeitraum – so steht auch Warmwasser zur Verfügung, wenn die Sonne nicht mehr scheint.

Durch die gleichmäßige Wärmeverteilung im inneren Tank sind Legionellen kein Problem.

Der schnelle Weg zum günstigen Warmwasser

Auf der folgenden Doppelseite hilft Ihnen unsere Entscheidungsmatrix bei der Wahl der für sie besten und günstigsten Warmwasserversorgung. Ausgehend von Ihrem Bedarf an Warmwasser und den angegebenen Optionen die für Ihre Wohn- beziehungsweise Bausituation zutreffen finden Sie geeignete technische Kombinationen zur Warmwasserbereitung. Je nach Ausstattung Ihrer Haustechnik – zum Beispiel mit Solarthermieanlage – bieten sich unterschiedliche Wege der Warmwasserbereitung an.

Effiziente Lösungen zur Warmwasserbereitung

Um das Brauchwasser zu erhitzen, welches über Wasserhähne, Duschen und Badewannen entnommen wird, gibt es verschiedene Möglichkeiten. Wir führen Sie in unserer Matrix zu zentralen oder dezentralen Lösungen der Warmwasserbereitung, die Ihrem persönlichen Bedarf entsprechen.

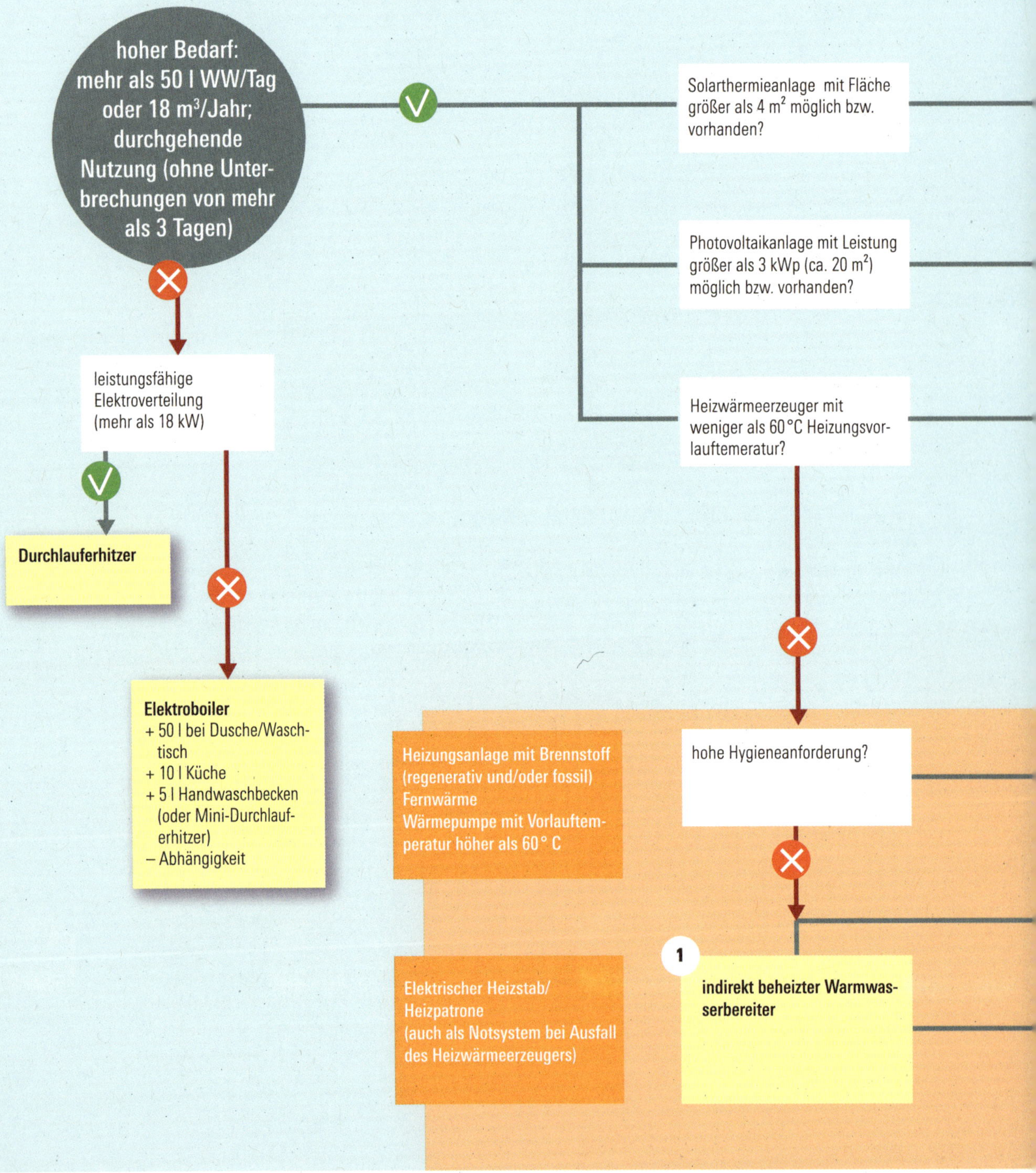

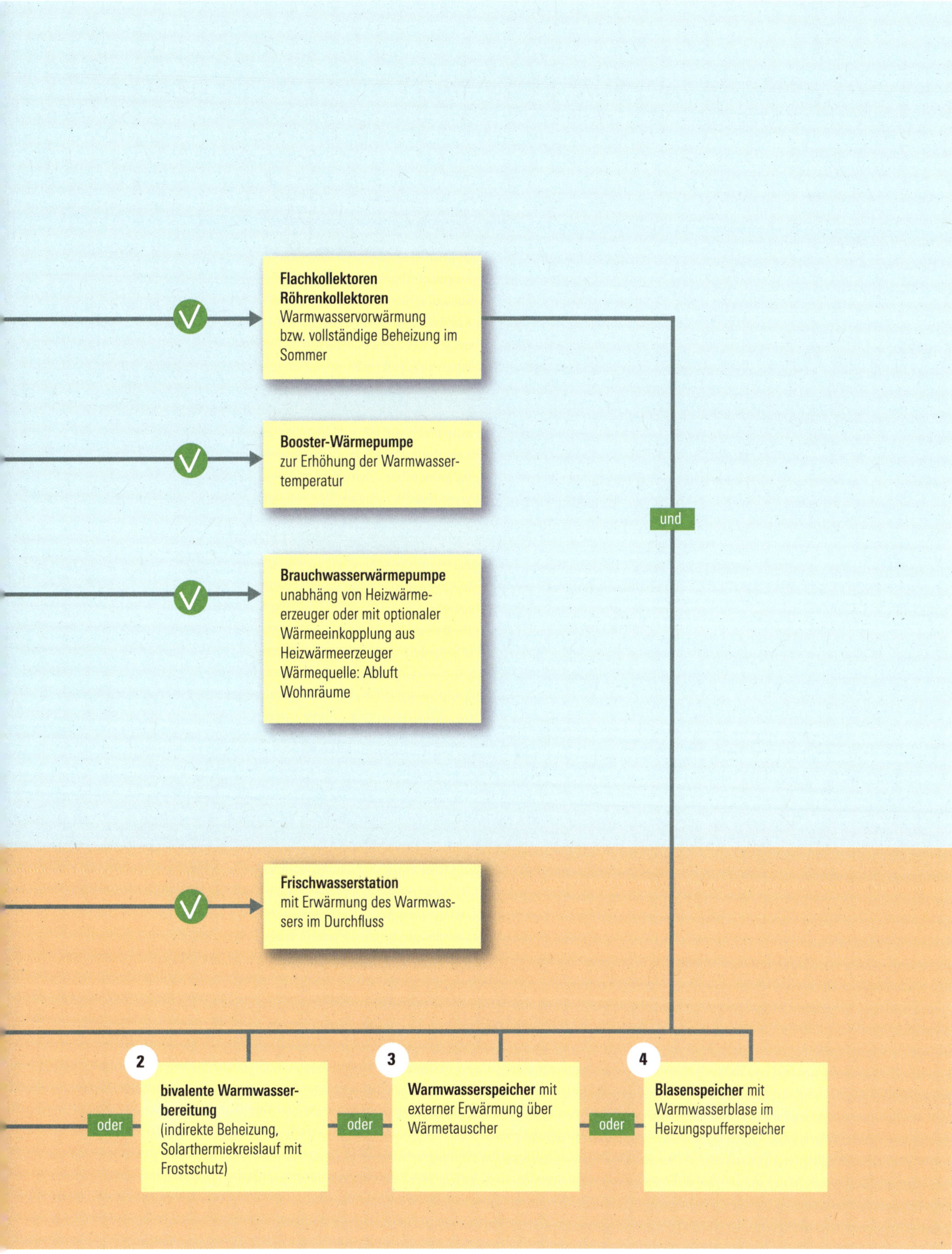
Flachkollektoren
Röhrenkollektoren
Warmwasservorwärmung bzw. vollständige Beheizung im Sommer
Booster-Wärmepumpe
zur Erhöhung der Warmwassertemperatur
Brauchwasserwärmepumpe
unabhäng von Heizwärmeerzeuger oder mit optionaler Wärmeeinkopplung aus Heizwärmeerzeuger
Wärmequelle: Abluft Wohnräume
und
Frischwasserstation
mit Erwärmung des Warmwassers im Durchfluss
2
bivalente Warmwasserbereitung (indirekte Beheizung, Solarthermiekreislauf mit Frostschutz)
oder
3
Warmwasserspeicher mit externer Erwärmung über Wärmetauscher
oder
4
Blasenspeicher mit Warmwasserblase im Heizungspufferspeicher
oder

Wärmepumpen

74 Wie funktionieren Wärmepumpen?
80 Wärmepumpenkennzahlen und ihre Bedeutung
85 Luftwärmepumpen
92 Erdwärmepumpen
98 Sole-Wasser-Wärmepumpen mit Eisspeicher
100 Grundwasserwärmepumpen
103 Allein oder im Verbund? Hybrid-Wärmepumpen
108 Kühlen mit Wärmepumpen
110 Wärmepumpe planen
116 Wärmepumpe wirtschaftlich betreiben und warten

Wie funktionieren Wärmepumpen?

Eine Wärmepumpe steht in praktisch jedem Haushalt – der Kühlschrank. Zum Heizen wird dessen Prinzip einfach umgedreht.

Wärmepumpen sind ein wesentlicher Baustein des energieeffizienten Heizens. Mit Hilfe einer Kilowattstunde (kWh) zugeführter elektrischer Energie produzieren sie im Mittel drei bis vier Kilowattstunden Heizwärme. Sie sind keine Erfindung der letzten Jahrzehnte, denn sie arbeiten nach demselben Prinzip wie Kühlschränke – nur mit umgekehrtem Zweck. Dem schottischen Mediziner William Cullen gelang die Herstellung geringer Mengen künstlichen Eises bereits 1777 – er verdampfte Diethylether durch Unterdruck, wodurch in einem Reaktionsgefäß Wasser die Wärme entzogen wurde. 1852 gilt als Geburtsjahr der Wärmepumpe: Damals wies der britisch-irische Physiker William Thompson (später zum Lord Kelvin ernannt) nach, dass man mit Kältemaschinen auch heizen kann. Zudem berechnete er, dass eine Wärmepumpe weniger Primärenergie fürs Heizen benötigt als die direkte Wärmeerzeugung – denn die Wärmepumpe fängt nicht bei null an, sondern arbeitet mit Quellen, die bereits Wärme mitbringen.

Bis zur ersten praktischen Anwendung von Kelvins Beobachtungen und Berechnungen wurde es 1932 – damals baute der durch seine Klimaanlagen bekannte US-Amerikaner Willis Haviland Carrier die erste Wärmepumpe. In Deutschland installierte 1968 Klemens Oskar Waterkotte in seinem Haus als Erster eine Wärmepumpe. Dem Haus musste er – wegen der damals geltenden Bauvorschriften – übrigens eine Schornsteinattrappe verpassen. Der Heizungsbauer Viessmann bot schon von 1979 bis 1987 Wärmepumpen an – weil fossile Energie seinerzeit aber vergleichsweise günstig war, rechnete sich deren Kauf für Bauherren nicht.

Wärmepumpen: das Prinzip

Kühlschränke entziehen den in ihnen gelagerten Lebensmitteln Wärme, die sie an die Raumluft abgeben. Während die Kühlschrank-Abwärme in der Küche weitgehend nutzlos verpufft, liegt der Zweck von Wärmepumpen darin, die derart geförderte Wärme zum Heizen zu verwenden. Als Energiequelle nutzen sie allerdings keine Lebensmittel, sondern die Außenluft, (Grund-)Wasser oder Erdwärme.

Wenn Wärmepumpen wie Kühlschränke funktionieren, ist es naheliegend, dass deren Prinzip auf ähnlich viele Arten praktisch umgesetzt werden kann. Die Techniker kennen Absorption, Adsorption, Kompression sowie den magnetokalorischen und Peltier-Effekt. Bei den fürs Heizen genutzten Wärmepumpen handelt es sich praktisch ausnahmslos um Kompressormodelle, weshalb wir uns auf diesen Typ beschränken.

Kreislauf mit Druck

Wärmepumpen beziehen Energie aus der Umgebung. Dabei kommt ihnen zupass, dass selbst minus 20 Grad Celsius kalte Außenluft Wärme enthält, wie alles über dem absoluten Nullpunkt der Temperatur bei -273 Grad Celsius – entsprechend gilt dies auch für die anderen möglichen Wärmequellen, also Wasser oder das Erdreich.

Im Rohrleitungssystem der Wärmepumpe wird die Außenluft oder das Grundwasser an den sogenannten Verdampfer geführt. Durch den zirkuliert ein flüssiges Kältemittel. Im Verdampfer herrschen Temperaturen von minus 5 bis minus 20 Grad Celsius. Das Kältemittel nimmt die Wärme der Außenluft oder des Wassers auf und verdampft dabei, geht also in den gasförmigen Aggregatzustand über. Die Verdampfungstemperatur hängt vom konkret eingesetzten Kältemittel und dem Druck im Kältesystem ab. Bei Wärmepumpen wird die Verdampfungstemperatur deutlich unter dem Gefrierpunkt von Wasser eingestellt – also weit niedriger als die Verdampfungstemperatur von Wasser bei Umgebungsdruck (100 Grad Celsius). Der Verdampfer entlässt das Kältemittelgas mit rund 2 Grad Celsius. Dabei steht es unter einem Druck von rund 2 Bar. Ein elektrisch angetriebener Verdichter komprimiert dieses Gas auf rund 16 Bar, wodurch es sich auf etwa 50 Grad Celsius aufheizt – den Effekt kann man ähnlich beobachten, wenn man das Ventil einer Luftpumpe fürs Fahrrad mit dem Daumen zuhält und dann pumpt. Die wenige Luft, die sich am Daumen vorbeipresst, ist sehr warm.

Das durch den Kompressor verdichtete und aufgeheizte Kältemittel wird in einen Kondensator geleitet, durch den auch die Heizwasserrohre des Heizungsvorlaufs (siehe Kapitel „Wärmeverteilung", Seite 162) führen. Das gasförmige Kältemittel kondensiert und gibt dabei Wärme an das Heizwasser ab. Wieder flüssig geworden, wird das Kältemittel zurück zum Verdampfer geführt. Ein Expansionsventil nimmt buchstäblich den Druck aus der Leitung, das Kühlmittel entspannt sich und kann mit niedrigem Druck wieder im Verdampfer verdampft werden. Damit beginnt der Kreislauf von vorn.

Der wesentliche Stromverbraucher bei Wärmepumpen dieser Bauart ist der Kompressor – es gibt im Normalbetrieb keine Heizstäbe oder anderen direkten Wärmeerzeuger, die versorgt werden müssten. Das Verhältnis zwischen eingesetzter elektrischer Energie und der daraus produzierten Wärme ist die Leistungszahl (COP, Coefficient of Performance). Bei unserem eingangs erwähnten Beispiel, in dem sich aus einer Kilowattstunde Strom vier Kilowattstunden Wärme erzeugen lassen, ergäbe sich eine Leistungszahl von 4.

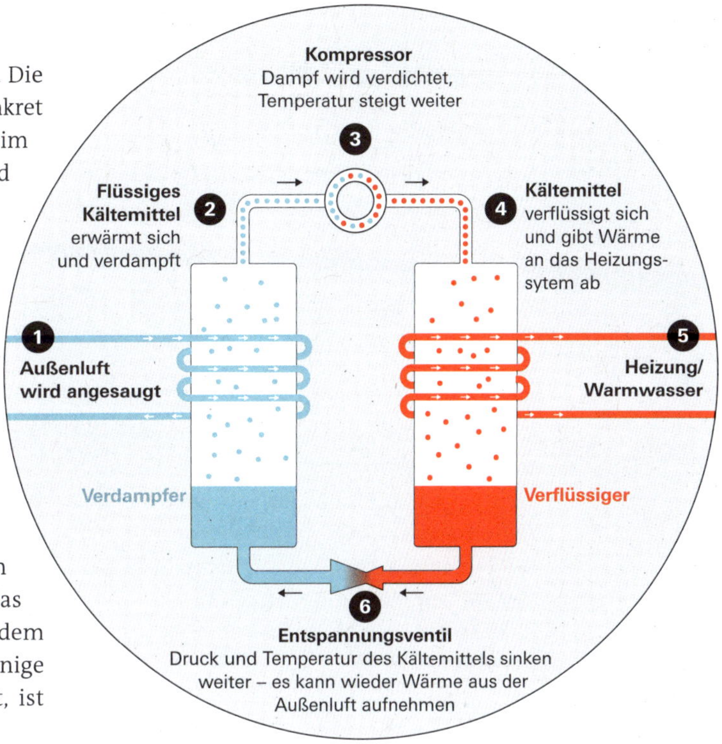

Kreislauf des Kältemittels in einer Luft-Wasser-Wärmepumpe: Im Verdampfer wird die Wärme aus der Umgebung aufgenommen, durch Verdichtung erhöht und im Verflüssiger an die Heizung abgegeben.

Eine Wärmepumpe funktioniert grundsätzlich zwar auch, wenn in ihrer Wärmequelle Minusgrade herrschen. Aber es liegt auf der Hand, dass der Kompressor mehr Arbeit verrichten muss, wenn die Ausgangstemperatur (und damit der Druck des Kältemittels) geringer ist – die Temperaturdifferenz zwischen Verdampfer und Kondensator bestimmt auch die Druckdifferenz zwischen Verdampfer und Kondensator. Diese Druckdifferenz bestimmt wiederum den notwendigen Energieaufwand zur Verdichtung des Kältemittels. Damit sinkt die Leistungszahl einer Wärmepumpe bei niedrigerer Temperatur der Wärmequelle. Die COP-Angabe ist also immer auf eine bestimmte Temperatur der Wärmequelle und der Wärmesenke, also den Heizungs-/Warmwasserkreislauf, bezogen – sie bildet keine absolute Größe. Luftwärmepumpen sind von diesem

Problem stärker betroffen als Luft-Wasser-, hier kurz Grundwasser- oder Erdwärmepumpen (Sole-Wasser-Wärmepumpen). Vor- und Nachteile der verschiedenen Wärmequellen und der dafür ausgelegten Wärmepumpen erläutern wir im Detail in den folgenden Abschnitten – wie auch die Bedeutung der Jahresarbeitszahl (JAZ), die aussagekräftiger als die Leistungszahl ist (zu näheren Informationen siehe Seite 81).

Vom Umfeld abhängige Effizienz

Ein wichtiger Punkt bei Wärmepumpen: Mit der Pumpe allein ist es nicht getan. Luftwärmepumpen verlangen nach einem stabilen Sockel, der üblicherweise aus Beton gegossen wird. In den meisten Fällen wird man sie außerhalb des Hauses aufstellen, braucht also den Platz dafür. In Luftwärmepumpen rotieren zudem Ventilatorblätter, was Geräusche verursacht. Erdwärmepumpen benötigenim Erdreich verlegte Flächenkollektoren oder Sonden, die genehmigt werden müssen, Grundwasserwärmepumpen verlangen nach – genehmigungspflichtigen – Bohrungen.

Wärmepumpen arbeiten am effizientesten bei einer Vorlauftemperatur von nicht mehr als 35 Grad Celsius. Müssen sie 55 Grad Celsius liefern, mindert das die Effizienz um 14 Prozent. Werden – was technisch problemlos möglich ist – noch höhere Vorlauftemperaturen verlangt, sinkt die Wirtschaftlichkeit einer Wärmepumpe oft rapide. Allgemein definiert man eine Vorlauftemperatur von 50 Grad Celsius als Grenze für einen wirtschaftlichen Einsatz von Wärmepumpen. Ist eine Wärmepumpe auf eine maximale Vorlauftemperatur von 55 Grad Celsius ausgelegt, überschreitet sie in mitteleuropäischen Gefilden die 50-Grad-Grenze im Durchschnitt an zwei Tagen pro Jahr. Eine für 65 Grad Celsius konzipierte Wärmepumpe gelangt im Mittel hingegen an 20 Tagen im Jahr über die 50-Grad-Grenze, was den Stromverbrauch entsprechend in die Höhe treibt.

Insgesamt hängt die Wirtschaftlichkeit von Wärmepumpen stark von einer genauen Berechnung des Heizbedarfs (siehe „Das Wichtigste für die Planung: den Bedarf klären", Seite 53) und den Gegebenheiten des Gebäudes ab. Bevor man sich für eine Wärmepumpe entscheidet, sollte man auf jeden Fall eine Energieberaterin hinzuziehen, die dann auch zu den Fördermöglichkeiten berät. Gute Voraussetzungen für einen möglichst wirtschaftlichen Betrieb sind gedämmte Gebäude und eine Flächenheizung („Fußboden-, Wand- und Deckenheizungen", siehe ab Seite 175) als Wärmeverteiler. Auch die Frage, ob man die Warmwasserbereitung von einer zentralen Wärmepumpe erledigen lässt, dafür eine separate Brauchwasserwärmepumpe installiert oder Durchlauferhitzer nutzt, beeinflusst die Wirtschaftlichkeit einer Wärmepumpe massiv. Ebenso wichtig wie eine genaue Berechnung im Vorfeld ist eine präzise Anpassung des Heizungssystems an die Wärmepumpe: Dessen hydraulischer Abgleich (siehe auch Seite 117) ist Pflicht.

Wärmepumpen brauchen Strom als Antrieb – auch dessen Preis unterliegt Schwankungen. Im Jahr 2022 vermeldeten reißerische Schlagzeilen, dass Hauseigner wegen der hohen Strompreise trotz Wärmepumpe nicht weniger fürs Heizen bezahlten als zuvor mit fossilen Brennstoffen.

Zum Redaktionsschluss dieses Buches waren die Strompreise zwar wieder gefallen – aber klar ist: Am günstigsten ist der Betrieb einer Wärmepumpe, wenn man den Strom für ihren Betrieb weitestgehend selbst erzeugt. Das kann am Haus eine Photovoltaikanlage (PV) übernehmen oder bei günstigen Windbedingungen auch Windkraft.

Für unsere Beispielhäuser haben wir errechnet, wie teuer die jeweiligen Wärmepumpentypen beziehungsweise die genutzten Wärmequellen werden. Die Wirtschaftlichkeitsberechnungen finden Sie auf den Seiten 214/215.

Geregelt ist besser

Simple Wärmepumpen verhalten sich ähnlich stoisch wie klassische Heizkessel: Herrscht

Wärmebedarf, gehen sie so lange in Betrieb, bis eine vorgewählte Temperatur erreicht ist – dann schalten sie wieder ab. In der Branche bezeichnet man diese Bauart als On/Off- oder Ein/Aus-Wärmepumpen, gelegentlich auch als „Fixed Speed". Der Kompressor dieser Wärmepumpen läuft mit konstanter Drehzahl, die Wärmepumpe also mit voller Heizleistung. Nutzt diese Art Wärmepumpe Luft als Energiequelle, dreht deren Lüfter folglich immer mit voller Drehzahl, was schon störend laut sein kann. Sind On/Off-Wärmepumpen zu groß dimensioniert, schalten sie in der Übergangsperiode häufig ein und aus, was Effizienz und Lebensdauer mindert.

Standard sind deshalb heutzutage invertergeregelte Wärmepumpen. Mit Inverter ist ein Frequenzumrichter gemeint, also ein Stromregler, durch den sich die Leistung des Wärmepumpenkompressors stufenlos dosieren lässt. In diesem Zusammenhang spricht man auch von modulierenden Wärmepumpen. Diese arbeiten immer am optimalen Betriebspunkt – auch bei niedrigen Außentemperaturen – und erzeugen jederzeit genau so viel Wärme, wie benötigt wird, wodurch sie gerade im Teillastbereich erheblich effizienter sind und weniger Strom verbrauchen. Sofern die Wärmepumpe dies übernehmen soll, orientieren sich Inverter-Wärmepumpen auch bei der Warmwasserbereitung am tatsächlichen Bedarf. Die Invertertechnik erhöht die Lebensdauer einer Wärmepumpe, erreicht schneller die Solltemperatur und lässt Luftwärmepumpen geräuschärmer laufen.

Modulierende Wärmepumpen eignen sich auch besser für das Zusammenspiel mit einer eigenen Stromversorgung durch Photovoltaik oder Windkraft, da ihr Strombedarf recht gleichmäßig ist – anders als der von On/Off-Anlagen, die kurzfristig ihre volle Leistung wollen und in den Ruhephasen gar keinen Strom benötigen.

Reserve für kalte Tage

Es kann durchaus sinnvoll sein, eine Wärmepumpe knapp zu kalkulieren, sprich: ihre Leistung so auszulegen, dass sie an den wenigen wirklich kalten Tagen des Jahres noch Unterstützung etwa durch einen Heizkessel erfährt. Dies ist in Bestandsbauten mit bereits installierter und noch einigermaßen aktueller Gas- oder Ölheizung und eventuell alten Heizkörpern eine Option. Detailliert gehen wir ab Seite 103 auf diese Hybridlösungen ein. In einem Neubau ist der zusätzliche Aufwand aber unwirtschaftlich. Hier arbeiten Wärmepumpen monovalent, sind also allein für Raumheizung und Warmwasserbereitung zuständig. Wirtschaftlich ist dies in nach dem Stand der Technik gedämmten Neubauten, die Leistung der Wärmepumpe muss folglich den Maximalbedarf des Hauses decken können. Dabei besteht die Gefahr, dass die Wärmepumpe für die meiste Zeit des Jahres überdimensioniert ist, also nicht effizient arbeitet. Ein Ausweg aus dem Dilemma ist ein elektrischer Heizstab: Der schaltet sich ab dem Punkt zu, an dem die Leistung des Wärmepumpenkompressors allein nicht mehr die gewünschte Wärme erzeugen kann. Technisch gesehen handelt es sich um die Kombination zweier Wärmeerzeuger – da Kompressor wie Heizstab mit Strom betrieben werden, bezeichnet man dies als monoenergetischen Betrieb. Mehr zu diesem Thema erfahren Sie im Abschnitt „Jahresarbeitszahl (JAZ)", ab Seite 81.

Nachhaltigkeit von Wärmepumpen

Die eigentliche Wärmeerzeugung in Wärmepumpen ist CO_2-neutral, sofern der für ihren Betrieb nötige Strom aus regenerativen Energien stammt. In diesem Fall heizt man mit ihnen nachhaltig und klimaneutral. Zum Zeitpunkt der Erstellung dieses Buches war der deutsche Strommix aber noch mit CO_2-Emissionen von rund 400 Gramm CO_2 pro Kilowattstunde belastet. Das bedeutet, dass eine Wärmepumpe im Betrieb bei einer Leistungszahl (COP) 4 noch 400 Gramm je 4 Kilowattstunden, also 100 Gramm CO_2 pro Kilowattstunde Heizwärme verursacht. Das ist sicher noch nicht klimaneutral, entspricht aber etwa der Hälfte der spezifischen CO_2-Emission eines

Erdgas-Brennwertgeräts. Mit dem Umbau der Stromerzeugung auf erneuerbare Energien wird die durch Wärmepumpen verursachte CO_2-Belastung zudem weiter sinken.

Kältemittel und Global Warming Potential

Die Nachhaltigkeit einer Wärmepumpe hängt auch vom jeweils verwendeten Kältemittel ab. Dieses bleibt zwar in der Regel in der Wärmepumpe, muss aber an Ende ihrer Lebensdauer fachgerecht aufgefangen oder entsorgt werden. Wie klimaschädlich Kältemittel sind, definiert das „Global Warming Potential" (GWP; Erderwärmungspotenzial) – je geringer der Wert, desto besser. Beispiel: Mit einem GWP von über 2000 sind die älteren Kältemittel R 410a und R 404a eher schädlich; R 32 hingegen mit einem GWP von nur 675 ist heute noch tolerierbar. Ab 2030 sollen die heute üblichen chemischen Kältemittel komplett vom Neugerätemarkt verschwinden und möglichst nur noch natürliche Kältemittel eingesetzt werden. Diese haben GWP-Werte von nur noch 1 (CO_2) bis 3 (Propan).

Neben dem Global Warming Potential spielen auch per- und polyfluorierte Alkylverbindungen (auf Englisch: per- and polyfluoroalkyl substances – PFAS) bei der Bewertung der Nachhaltigkeit von Kältemitteln eine Rolle. PFAS werden in der industriellen Produktion verwendet – einige von ihnen stehen im Verdacht, krebserregend zu sein. Sie reichern sich im menschlichen Körper und der Natur an, weshalb man ihre Entstehung und Verbreitung möglichst gering halten will. Bedauerlicherweise enthalten viele aktuelle Kältemittel mit niedrigem GWP vergleichsweise viele PFAS.

Ab 2025 will die Europäische Union zahlreiche PFAS-haltige Substanzen verbieten. Es soll aber eine Übergangsfrist von anderthalb Jahren geben; sofern bis dahin nicht bessere Alternativen zur Verfügung stehen, dürfte es für Kältemittel auch danach vermutlich noch Ausnahmen geben.

Besondere Wärmepumpen

Die vollständigen Bezeichnungen von Wärmepumpen nennen sowohl deren Wärmequelle als auch das Medium, mit dem die Heizung eines Hauses gespeist wird. Eine Luft-Wasser-Wärmepumpe bezieht folglich die Wärme aus der Luft und gibt sie über Wasser an die Heizflächen im Haus. Wasser-Wasser-Wärmepumpen nutzen Grundwasser oder Brunnenwasser als Wärmequelle und Wasser als Transportmedium, Sole-Wasser-Wärmepumpen naheliegenderweise frostsichere Sole als Quelle und Wasser als Medium. Sole, also mit Frostschutz versetztes Wasser, kann sehr variabel eingesetzt werden, weil der Solekreislauf durch Sonden im Erdreich, Leitungen in Abwasserkanälen und andere Wärmequellen geführt werden kann.

Luft-Luft-Wärmepumpen hingegen beziehen die Wärme aus der Umgebungsluft, geben sie aber in Form erwärmter Luft ins Haus. Sie stellen allerdings kein Warmwasser zur Verfügung. Brauchwasserwärmepumpen beziehen die Wärme aus der Raumluft, um damit Trinkwasser zu erwärmen (siehe Seite 66). Sie können Wärmepumpen zur Heizung ergänzen.

Doppelnutzen als Kühlung

Bei vielen modernen Wärmepumpen handelt es sich um reversible Modelle. Technisch sind sie ohnehin mit Kühlschrank und Klimaanlage eng verwandt – es ist möglich, sie im Sommer auch als kostengünstige Kühlung zu verwenden. Was dabei zu beachten ist, erklären wir im Abschnitt „Kühlen mit Wärmepumpen", siehe Seite 108.

▶ Im Ratgeber „Wärmepumpen für Heizung und Warmwasser" der Stiftung Warentest finden Sie weitere, detaillierte Informationen zu Auswahl, Betrieb und Wartung aller gängigen Wärmepumpensysteme.

So finden Sie die richtige Wärmepumpe

Die Auswahl der für Sie passenden Wärmepumpe hängt stark von den Voraussetzungen ab, die Ihr Haus und Ihr Grundstück mitbringen. Wenn Sie die Fragen zu den individuellen Rahmenbedingungen Ihres Gebäudes im linken Teil unserer Matrix beantworten, kommen Sie nach dem Ausschlussprinzip der für Sie passenden Wärmepumpen-Lösung Schritt für Schritt näher.

Wärmebedarf Gebäude geringer als 12 kWh/m^2a	keine WP zum Heizen! + Brauchwasser-WP	
Wärmebedarf Gebäude geringer als 20 kWh/m^2a	Luft-Luft-Wärmepumpe	Wärmequelle: Außenluft
Grundwasser nutzbar „Kalte Fernwärme" verfügbar?	Wasser-Wasser-Wärmepumpe	Wärmequelle: Wasser ca 5 - 10 Grad Celsius
Enges Wohngebiet? Wenig/kein Garten? Schall kritisch?	Sole-Wasser-Wärmepumpe	Wärmequelle: Absorber/PVT-Kollektoren (Dach)
Wohnort liegt weniger als 300m über Seehöhe	Luft-Wasser-Wärmepumpe	Wärmequelle: Außenluft, selten unter 0 Grad Celsius
Grundstück kleiner als 3x Wohnfläche Haus. Zufahrt für Bohrgerät möglich, Bohrung erlaubt.	Sole-Wasser-Wärmepumpe	Wärmequelle: Erdsonden
Grundstück größer 3x Wohnfläche. Zufahrt für Bagger möglich.	Sole-Wasser-Wärmepumpe	Wärmequelle: Grabenkollektor, Flächenkollektor
Bestandsgebäude/Denkmal wenig/keine Wärmedämmung	Sole-Wasser-Wärmepumpe	Hybridheizung: Luft-Wasser-Wärmepumpe + Wärmeerzeuger fossil/Holz

Wärmepumpenkennzahlen und ihre Bedeutung

Wärmepumpe ist nicht gleich Wärmepumpe – je nach Typ, Hersteller und Preis arbeiten sie unterschiedlich effektiv.

Manche Datenblätter von Wärmepumpen enthalten auf den ersten Blick kryptische Angaben. Wir erklären das Kauderwelsch.

Coefficient of Performance – COP

Eine Wärmepumpe produziert mehr Wärme, als Strom zu ihrem Betrieb nötig ist. Das Verhältnis zwischen eingesetzter elektrischer Energie und resultierender Heizleistung wird mit einer Kennzahl bewertet. Diese wird Leistungszahl oder Leistungskoeffizient genannt und als Coefficient of Performance (COP) angegeben.

Der COP wird ermittelt, indem man die resultierende Heizwärmeleistung durch die zum Betrieb aufgewendete Stromleistung teilt. Der COP ist keine Konstante, sondern hängt immer von den aktuellen Betriebs- und Umgebungsbedingungen ab. Deshalb wird für Wärmepumpen jeweils auf einem Prüfstand mit umfangreichen Testläufen ein Diagramm erstellt. Ein Beispiel für ein solches Diagramm finden Sie auf der nebenstehenden Seite. Daran lässt sich ablesen, dass die Effizienz und damit ein möglichst geringer Stromverbrauch von zwei Rahmenbedingungen abhängen: von der für die Wärmeverteiler nötigen Vorlauftemperatur und von der Außentemperatur. Je niedriger die Umgebungstemperatur ist und je höher die Vorlauftemperatur für gegebene Heizkörper sein muss, desto ineffizienter arbeitet eine Wärmepumpe – desto mehr Strom braucht sie also. Im Kapitel „Wärmeverteilung“ (siehe ab Seite 162) gehen wir ganz genau auf die verschiedenen Arten von Heizkörpern und die für sie benötigten Vorlauftemperaturen ein. Die an dieser Stelle wichtige Aussage lautet: An den Außentemperaturen kann der Mensch nichts ändern, durch die Wahl der Wärmeverteiler im Haus sehr wohl aber die Leistungseffizienz einer Wärmepumpe steigern.

Die Zusammenhänge lassen sich aus dem Diagramm klar ablesen. Bei einer Außentemperatur von 0 Grad Celsius erreicht diese Wärmepumpe bei einer Heizungsvorlauftemperatur von 55 Grad Celsius einen COP von 2,2, bei 35 Grad Celsius Vorlauftemperatur einen COP von 3,6. Das bedeutet in der Praxis, dass diese Wärmepumpe für die Lieferung der gleichen Heizwärmemenge 39 Prozent weniger Strom benötigt, wenn das Heizungssystem mit 35 Grad Celsius Vorlauftemperatur zurechtkommt, wie sie typisch für Fußbodenheizungen ist, statt mit 55 Grad Celsius bei konventionellen Heizkörpern.

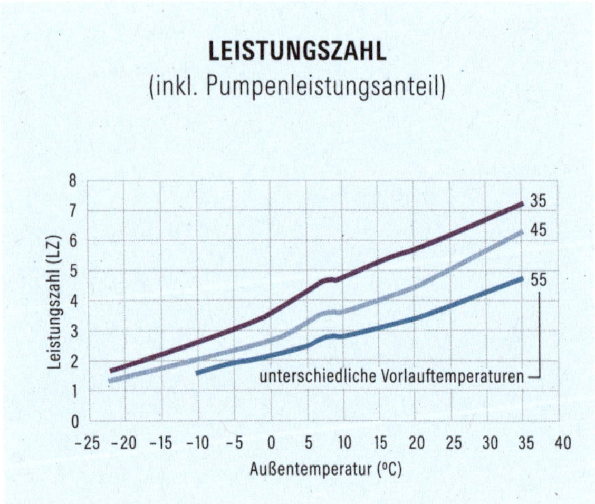

Die Leistungszahl (COP) einer Wärmepumpe hängt wesentlich von der für die Wärmeverteilung nötigen Vorlauftemperatur ab – je niedriger diese sein kann, desto effizienter arbeitet die Wärmepumpe.

In Prospekten oder technischen Daten zu Wärmepumpen benötigen Diagramme zu viel Platz – deshalb hat man sich auf die Angabe nur weniger Messpunkte geeinigt. Dabei wird auch angegeben, welche Wärmequelle die Wärmepumpe nutzt. Dabei gilt:

A = Außenluft
B = Boden/Erdreich
W = Wasser (Grund-/Brunnenwasser)

Bei Wärmepumpen, die Heizwasser erwärmen, wird das mit einem „W" und der betrachteten Vorlauftemperatur angegeben. Welche Angaben gebräuchlich: sind, zeigt die Tabelle auf Seite 82.

So liest man die Angaben

Das Datenblatt einer Wärmepumpe könnte zum Beispiel folgende Angabe enthalten:

Heizleistung/elektrische Leistung/ COP bei A-7/W35: 3,6 kW/1,55 kW/2,3

Dabei steht A für die Temperatur der Außenluft, im Beispiel also minus 7 Grad Celsius, und W für die geforderte Vorlauftemperatur des Heizwassers, also 35 Grad Celsius. Bei diesen Temperaturen produziert die Beispiel-Wärmepumpe aus 1,55 Kilowatt elektrischer Energie 3,6 Kilowatt Wärme, was einem Effizienzkoeffizienten (COP) von 2,3 entspricht.

Für dieselbe Wärmepumpe lauten die Werte bei einer Außentemperatur von 2 Grad Celsius:

Heizleistung/elektrische Leistung/ COP bei A 2/W35: 2,0 kW/0,51 kW/3,9

Mit einem halben Kilowatt Strom (0,51 kW) produziert diese Wärmepumpe also bei etwas milderen Temperaturen 2 Kilowatt Wärme, sie vervierfacht also fast die aus dem nötigen Strom produzierte Wärme (COP: 3,9).

Der COP gibt sehr exakt den für einen momentanen Betriebspunkt notwendigen Strombedarf einer Wärmepumpe an. Wie die letztlich für Betreiber relevante Zahl, der Strombedarf übers Jahr, aussieht, kann man daraus nicht so leicht ableiten. Dazu wird eine weitere Größe definiert, die Jahresarbeitszahl (JAZ) einer Wärmepumpe.

JAZ: Effizienz der Wärmepumpenheizung in der Praxis

Auch die Jahresarbeitszahl bewertet das Verhältnis vom Stromverbrauch einer Wärmepumpe zur von ihr gelieferten Wärme – allerdings nicht für punktuelle Außen- und Vorlauftemperaturen, sondern als Mittelwert der Effizienz einer Wärmepumpe über ein ganzes Betriebsjahr. Dadurch finden die sich ständig ändernden Betriebsbedingungen Eingang in die Jahresarbeitszahl. Hierfür werden im Labor fortlaufend die tatsächlichen Werte für Stromverbrauch und Wärmemenge gemessen. Mit der Jahresarbeitszahl lässt sich also bestimmen, welche Wärmepumpe mit der jeweils im eigenen Haus vorhandenen oder installierbaren Heizungsanlage am effizientesten arbeitet. Da diese Zahl für die Auswahl der passenden Wärmepumpe entscheidend ist, hat der VDI mit der Richtlinie 4650 ein Verfahren zur Bestimmung der Jahresarbeitszahl genormt. In vielen Fällen lässt sie sich per JAZ-Rechner des Bundesverbands Wärmepumpe ermitteln: waermepumpe.de/jazrechner.

Die verschiedenen Wärmepumpenarten sind unterschiedlich teuer und effizient. Ein Gefühl für die Ertrags- und Preisdifferenzen bekommen Sie mit der Tabelle auf der folgenden Seite, die die ungefähren Investitionskosten (Gerät plus Peripherie/Installation) sowie typische Jahresarbeitszahlen vergleicht.

In die Gesamtkosten fließt der Aufwand für die Erschließung der jeweils genutzten Wärmequelle ein. Es zeigt sich hierbei, dass die Nutzung der Umgebungsluft mit dem geringsten Aufwand verbunden ist. Die dafür notwendigen Luftwärmetauscher werden meist direkt im Wärmepumpengehäuse mit

Verschiedene Wärmepumpenarten im Vergleich

Typ	Luft-Wasser-Wärmepumpe	Sole-Wasser-Wärmepumpe	Wasser-Wasser-Wärmepumpe
Wärmequelle	Außenluft	Erdboden	Grundwasser
Gewinnung	Lüfter/Absorber (Teil der Wärmepumpe)	Tiefenbohrung oder Flächenkollektoren	zwei Brunnen
Typische JAZ[1)]	2,9 (max. 4,7)	3,5 (max. 5,2)	3,8 (max. 6,4)
Gesamtkosten	etwa 20 000 Euro	etwa 50 000 Euro[2]	etwa 50 000 Euro[2]

1 Quelle: Verbraucherzentrale NRW
2 Der Aufwand für Brunnenbau, Grabungen, Bohrungen und andere Teile der Wärmegewinnung unterscheidet sich von Fall zu Fall massiv. Die Angaben dienen daher nur der groben Orientierung.

eingebaut und das ganze Gerät draußen oder im Keller mit Luftverbindung nach draußen aufgestellt. Bei der Sole-Wasser- und Wasser-Wasser-Wärmepumpe gibt es jeweils eine mehr oder weniger aufwendige Anlage, mit der Wärme aus der Umwelt auf ein Medium übertragen und dann zur Wärmepumpe transportiert wird.

„In die Gesamtkosten fließt der Aufwand für die Erschließung der jeweils genutzten Wärmequelle ein.

Neben den einmaligen Kosten zur Erschließung einer Wärmequelle müssen auch die Betriebskosten von Sole-Wasser- und Wasser-Wasser-Wärmepumpen berücksichtigt werden. Ein wesentlicher Faktor dabei ist das Pumpen des Wärmetransportmediums. Die dafür nötige elektrische Leistung wird als zusätzlicher Aufwand bei der Berechnung der Leistungszahl (COP) und bei der Jahresarbeitszahl berücksichtigt. Bei Wasser-Wasser-Wärmepumpen mit Brunnen schlägt außerdem deren Wartung zu Buche.

Daher fällt der Betriebskostenvorteil von Sole- oder Wasser-Wärmepumpensystemen im Flachland bis 300 Metern Seehöhe sehr gering aus. In dieser Klimazone wird es nur selten unter 0 Grad Celsius kalt – deshalb kann ganzjährig Wärme energieeffizient aus der Außenluft bereitgestellt werden.

JAZ ist nicht gleich JAZ

Will man Jahresarbeitszahlen vergleichen, muss man sehr genau auf die Berechnungsgrundlagen schauen. In die Leistungsaufnahme können unterschiedlich viele Faktoren eingehen. Standard für die Ermittlung der Jahresarbeitszahl einer Wärmepumpe ist die Norm VDI 4650. Sie berücksichtigt den Stromverbrauch von Steuerung, Verdichtung und Erschließung der Wärmequelle (Ventilatoren, Solepumpen, Wasserpumpen).

Alternativ gehen in die Jahresarbeitszahl der Gesamtstromverbrauch der Wärmepumpe einschließlich der Verluste über Speicher und Verteilung durch die Heizungsanlage ein.

Für eine umfassende Berechnung zieht man den Wärmepumpenstromverbrauch, die Wärmeverluste, den Bedarf für einen Elektroheizstab sowie den Strombedarf der Umwälzpumpe der Heizungsanlage heran.

Als Faustregel kann gelten: Bei der Wahl einer geeigneten Wärmepumpe ist die Jahresarbeitszahl nach VDI 4650 die relevante Größe. Wer aber als Benutzer kontrollieren will, wie effizient die Heizung insgesamt arbeitet, überprüft die zusätzlichen Werte. Im Detail gehen wir in den Abschnitten „Wärmepumpe wirtschaftlich betreiben und warten“ (ab Seite 116) und „Regelung des Wärmeerzeugers" (ab Seite 192) darauf ein.

Luft-Wasser-Wärmepumpen richtig dimensionieren

Das Laienmotto „Viel hilft viel" ist bei der Berechnung der nötigen Wärmepumpenleistung ein schlechter Ratgeber. Auch maximal effiziente Modelle verbrauchen mehr Strom, wenn sie mehr Wärme produzieren können, als das Haus die meiste Zeit des Jahres braucht. Deshalb sollte die Wärmepumpe möglichst knapp dimensioniert werden. An den wenigen Tagen, an denen die Wärmepumpe allein nicht die nötige Wärme produzieren kann, kann man mit einem elektrischen Heizstab nachhelfen. Dies ist Standard, wenn die Wärmepumpe den Heizwärmebedarf eines Hauses allein deckt.

„Viel hilft viel" ist bei der Berechnung der nötigen Wärmepumpenleistung ein schlechter Ratgeber.

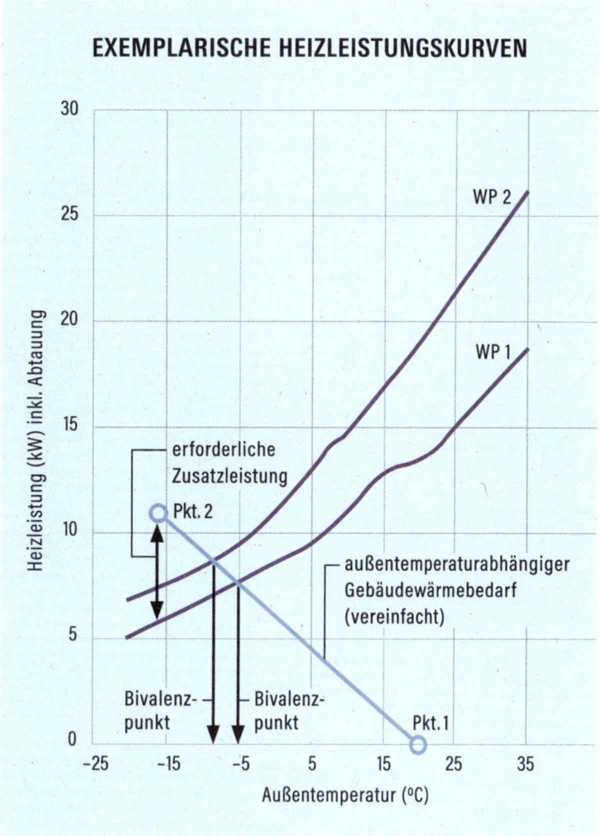

Vergleich des Energiebedarfs zweier unterschiedlich dimensionierter Luft-Wasser-Wärmepumpen: Bei niedrigen Außentemperaturen erreicht WP 1 früher den Bivalenzpunkt, an dem ihr elektrischer Heizstab übernimmt. Dessen „erforderliche Zusatzleistung" ist höher. Übers Jahr ist WP 1 wegen niedrigerer Anschaffungs- und Betriebskosten dennoch in der Regel wirtschaftlicher als WP 2.

Luft-Wasser-Wärmepumpen werden mit fallenden Außentemperatur ineffizienter – ihr COP sinkt. Gleichzeitig steigt der Heizbedarf des zu beheizenden Gebäudes. Dies ist im Diagramm rechts beispielhaft dargestellt.

In diesem Beispiel ist für die schwächere Wärmepumpe 1 eine elektrische Zusatzheizung mit sechs Kilowatt (kW) Leistung notwendig, um den Leistungsabfall der Wärmepumpe bei der Auslegungstemperatur von minus 16 Grad Celsius (Distanz von „Pkt. 2" zur Heizleistungskurve von WP 1) auszugleichen. Die deutlich leistungsstärkere Wärmepumpe 2, die bei minus 16 Grad Celsius wesentlich mehr Wärme erzeugen kann, gibt sich an diesem Punkt zwar mit einer zusätzlichen Heizleistung von nur vier kW (Distanz von „Pkt. 2" zur Heizleistungskurve von WP 2) zufrieden. Am „Pkt. 1", bei 20 Grad Celsius, also der Temperatur, bei der die Heizung nicht mehr arbeiten muss, könnte die Wärmepumpe 1 rund 13 kW liefern, die Wärmepumpe 2 hingegen 19 kW. Letztere wäre übers Jahr gesehen völlig überdimensioniert und würde schon in der Anschaffung deutlich mehr kosten. Der zusätzliche Stromverbrauch der Wärmepumpe 1 für die elektrische Spitzenlastheizung, also den Heizstab, fällt übers Jahr kaum ins Gewicht – er liegt im Durchschnitt bei 1 bis 3 Prozent.

Auf Seite 77 erklärten wir bereits, dass moderne Wärmepumpen regelbar („modulierend") sind. Auch die überdimensionierte

Wärmepumpe 2 unseres Beispiels würde also bei niedrigem Bedarf nicht die vollen 19 kW produzieren. Aber Wärmepumpen lassen sich nicht unbegrenzt herunterregeln – sie bliebe immer noch überdimensioniert und für unser Beispiel zu teuer.

Theoretisch sind Wärmepumpen mit interner Leistungsanpassung des Verdichters sowie Kältemittelunterkühlung eine Alternative. Diese erreichen nahezu gleichbleibende Heizleistungen bis minus 15 Grad Celsius. Dennoch steigt ihr Strombedarf bei niedrigen Außentemperaturen, bei A-15/W50 liegt deren COP bei rund 2,3 – also einem nur noch mittelprächtigen Wert. Zudem wird für den Notfall auch zu diesem Wärmepumpentyp ein Heizstab empfohlen, um beim Versagen der Wärmepumpe das Gebäude zumindest frostfrei zu halten. Es gilt also genau zu prüfen, ob sich Mehraufwand und -kosten für diese Wärmepumpenvariante rechnen.

Fallbeispiele

Für die im Abschnitt „Typische Häuser – und wie sie sich optimieren lassen" definierten Mustergebäude (siehe Seite 34) ergeben sich beim Einbau einer Luft-Wasser-Wärmepumpe überschlägig folgende Stromverbräuche:

Modernisiertes Bestandshaus

Fußbodenheizung
Max. 35 Grad Celsius Vorlauftemperatur
150 m² beheizte Fläche
45 W/m² Heizleistungsbedarf
Heizgrenztemperatur 10 Grad Celsius
Leistung Wärmepumpe 6,7 kW
JAZ Luft-Wasser-Wärmepumpe: 3,2
Zentrale Warmwasserbereitung
Jährlicher Strombedarf Wärmebereitstellung (Heizung und Warmwasser): 3 900 kWh/a

Wärmegedämmtes Reihenhaus

Für Wärmepumpen geeignete Heizkörper (siehe Abschnitt „Heizkörper", Seite 170)
Max. 45 Grad Celsius Vorlauftemperatur
60 W/m² Heizleistungsbedarf
150 m² beheizte Fläche
Heizgrenztemperatur 12 Grad Celsius
Leistung: 9 kW
JAZ Luft-Wasser-Wärmepumpe: 3,1
Zentrale Warmwasserbereitung
Jährlicher Strombedarf Wärmebereitstellung (Heizung und Warmwasser): 3 600 kWh/a

Denkmalgeschütztes Haus

Fußleistenheizung + Heizkörper
Max. 55 Grad Celsius Vorlauftemperatur
100 W/m² Heizleistungsbedarf
150 m² beheizte Fläche
Heizgrenztemperatur 15 Grad Celsius
Leistung: 15 kW
JAZ Luft-Wasser-Wärmepumpe: 2,9
Zentrale Warmwasserbereitung
Jährlicher Strombedarf Wärmebereitstellung (Heizung und Warmwasser): 10 000 kWh/a

Falls Sie sich jetzt fragen, wo die Zahlen für den sehr gut wärmegedämmten Neubau nach Effizienzhaus-40-Standard sind: Unter identischen Voraussetzungen, also mit zentraler Warmwasserbereitung durch die Wärmepumpe, steigt auch dort der COP nicht über 4,0, weil in diesen Gebäuden der Anteil des Wärmebedarfs für Warmwasserbereitung auf über 50 Prozent des Gesamtwärmebedarfs ansteigt. Diese erfordert hohe Vorlauftemperaturen von über 60 Grad Celsius, was den COP der Wärmepumpe deutlich drückt. Wie bereits in Kapitel 3 „Wärmepumpen" beschrieben, ist in solchen Gebäuden zu überlegen, ob nicht dezentrale Durchlauferhitzer und dezentrale Elektroheizungen (siehe Seite 143) einer zentralen Lösung mit Wärmepumpe vorzuziehen sind.

Luftwärmepumpen

Es klingt wie ein Märchen: Luftwärmepumpen heizen scheinbar aus dem Nichts. Sechs Luft-Wasser-Wärmepumpen haben wir getestet.

Luft-Wasser-Wärmepumpen sind die verbreitetste Wärmepumpenvariante. Das hat mehrere Gründe: Sie sind (abgesehen von Luft-Luft-Wärmepumpen, also Klimageräten) die kostengünstigsten Wärmepumpen und am einfachsten zu installieren – im simpelsten Fall brauchen sie außer einem stabilen Sockel und einem Drehstromanschluss fast nichts. Sie sind ideale Wärmelieferanten von Flächenheizungen (siehe Seite 175), spielen aber auch mit klassischen Heizkörpern zusammen. Luft-Luft-Wärmepumpen empfehlen sich unter anderem als Wärmeerzeuger für Luftheizungen (siehe Seite 180).

Die Technik

Luft-Wasser-Wärmepumpen saugen über einen Lüfter Außenluft an. Sie leiten die Außenluft mit einem Ventilator über einen Lamellen-Wärmeübertrager – ähnlich dem Kühler eines Pkw. Die in der Außenluft enthaltene Wärmeenergie lässt das im Kältekreislauf enthaltene Kältemittel verdampfen. Dieser Teil einer Wärmepumpe wird deshalb auch als Verdampfer bezeichnet. Durch diesen Vorgang werden der Außenluft 3 bis 5 Kelvin (identisch mit Grad Celsius) Wärme entzogen, was man auch sofort spürt, wenn man eine Hand vor die Zuluftöffnung und die andere vor die Abluftöffnung hält.

Erster Wärmepumpen-Test

Im Sommer 2023 hat die Stiftung Warentest erstmalig sechs Modelle von Luft-Wasser-Wärmepumpen mit geschlossenem Kältemittelkreislauf im Außengerät getestet. Die Ergebnisse und nähere Erläuterungen zum Testverfahren finden Sie auf den Seiten 216/217. Wir kauften die Geräte von Dezember 2022 bis März 2023 ein. Alle Pumpen wurden in Anbieter-Warenlagern aus jeweils mehreren Geräten nach dem Zufallsprinzip gewählt. Wir prüften die Energieeffizienz und Umwelteigenschaften im Heizbetrieb, die Handhabung bei Montage, Inbetriebnahme und während der Bedienung sowie den Basisschutz persönlicher Daten.

Das Ergebnis des Tests: Vier Modelle wurden mit Gut bewertet, Testsiegerin war die Wärmepumpe von Viessmann, gefolgt von den Geräten von Wolf, Stiebel Eltron und Vaillant. Die Pumpen von Daikin und Mitsubishi schnitten befriedigend ab.

Die gute Nachricht für alle, die die alte Öl- und Gasheizung ihres älteren Eigenheims durch eine Wärmepumpe ersetzen wollen: Alle sechs Modelle können ein Einfamilienhaus beheizen – und mit Einschränkungen auch ein schlecht gedämmtes mit Radiatoren. Der Unterschied liegt in der Effizienz – also wie viel Wärme eine Pumpe mit einer Kilowattstunde Strom produzieren kann. Am effizientesten heizten im Test die Siegerpumpe von Viessmann und die Geräte von Wolf und Stiebel Eltron. Für ein mittelmäßig gedämmtes Haus mit 140 Quadratmetern Wohnfläche braucht die Viessmann-Pumpe weniger als 5 000 Kilowattstunden pro Jahr, Schlusslicht Mitsubishi mehr als 6 500. Legt man einen Strompreis von 40 Cent je Kilowattstunde zugrunde, macht das einen Unterschied von gut 600 Euro im Jahr. Eine Anfrage beim Stromversorger kann sich lohnen: Oft ist Wärmepumpenstrom günstiger als Haushaltsstrom. Meist ist dafür ein zweiter Zähler nötig, die Tarife sind je nach Wohnort verschieden. Unsere Finanzexperten haben Tarife verglichen – zu finden unter test.de/waermepumpentarife.

Viessmann, Stiebel Eltron, Vaillant und Mitsubishi schneiden in der Geräuschprüfung

Testsiegerin Viessmann Vitocal: Links die Außeneinheit mit Ventilatoren und Verdampfer. Die restliche Technik (rechts) kann im Haus untergebracht werden und benötigt dort kaum Platz.

gut ab: Sie vermeiden Lärm, so gut es technisch geht. Dennoch können die Geräusche der Außengeräte Anwohnende stören – vor allem nachts.

Aufstellort wählen

Viele aktuelle Luft-Wasser-Wärmepumpen bestehen aus nur einem Bauteil, weshalb sie als Kompakt- oder Monoblock-Wärmepumpen bezeichnet werden. Man kann sie im Freien aufstellen oder im Haus unterbringen. Im Freien eignet sich ein Platz im Garten, der Rand des Pkw-Stellplatzes, aber auch das Garagen- oder Hausdach dafür. In schneereichen Gebieten braucht das Gerät ausreichend Abstand zum Boden. Wärmepumpen müssen nicht störend vibrieren, brummen oder surren, können es aber. Und: Störende Geräusche können sich auch über die Jahre entwickeln, wenn das Gerät nicht ordnungsgemäß gewartet wird. Grundsätzlich ist daher eine Aufstellung außerhalb des Hauses angeraten. Aus demselben Grund sollten sie aber auch nicht unmittelbar an der Grenze zum Nachbarhaus stehen. Zwar gibt es ein Urteil des Oberlandesgerichts München aus dem Jahr 2020 (Aktenzeichen 3 U 3538/17), das dem Wärmepumpeninhaber den Betrieb des Geräts erlaubte. Dies war allerdings keine Grundsatzentscheidung – und unabhängig von rechtlichen Aspekten ist Streit mit Nachbarn selten erfreulich. Die Abstandsregeln unterscheiden sich je nach Bundesland, teils je nach Kommune.

Beim Außenbetrieb darf die Abluft des Verdampfers nicht auf einen Gehweg oder einen Gebäudeteil gerichtet sein, da sich dort im Winter Eis bilden könnte. Auch mögliche Folgen fürs Erscheinungsbild des Gebäudes sollten im Vorfeld bedacht werden.

Zur Wärmepumpe muss eine Drehstromleitung führen, dazu die Rohre von und zur Heizung des Hauses – wann immer möglich, sollte man diese ausreichend tief im Erdboden verlegen, ansonsten angemessen isoliert oberirdisch oder in einem auf Bodenhöhe installierten Kanal. Die Pumpe braucht, wenn sie im Freien aufgestellt wird, einen Sockel, der ihr Gewicht trägt. Zu ihm muss auch ein frostsicherer Kondensatabfluss führen – in der Pumpe bildet sich Wasser.

Neben der Vermeidung möglicher Lärm- oder Vibrationsprobleme im Haus liegt der Vorteil der Außenaufstellung natürlich darin, dass der Platz im Haus für andere Dinge genutzt werden kann. Andererseits: Wenn das Grundstück prinzipiell auch für Unbefugte zugänglich ist, sind Vandalismus und Diebstahl nicht ganz auszuschließen. Klären Sie, ob Schäden und Diebstahl durch die Hausrat- oder Gebäudeversicherung gedeckt sind. Um es möglichst gar nicht erst so weit kommen zu lassen, empfiehlt es sich, den Standort der Wärmepumpe etwa mit einem Scheinwerfer zu beleuchten, der an einen Bewegungsmelder gekoppelt ist. Gegebenenfalls ist auch eine Alarmsicherung des Geräts sinnvoll.

Leider feiern auch bei Luft-Wasser-Wärmepumpen die deutsche Kleinstaaterei und Regulierungswut fröhliche Urständ. Bundesweit verbindliche Regeln sucht man vergebens, höchstrichterliche Urteile stehen nach wie vor aus. Sehr lange wurden Wärmepumpen als Bauwerke – vergleichbar mit Gartenschuppen – betrachtet. Solche müssen unabhängig von irgendwelchen Emissionen Mindestabstände zum Nachbarn einhalten. Zum „Gebäude“ zählt übrigens auch eine eventuelle Ein-

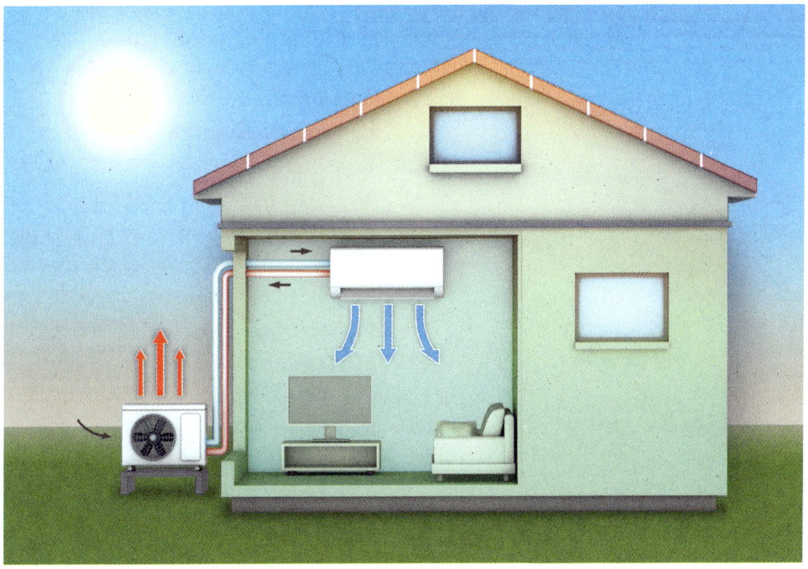

Kompakt-Luft/Luft-Wärmepumpe, Außenaufstellung

hausung der Wärmepumpen. Schon um die Wärmeverluste nach Möglichkeit gering zu halten, wird jeder Eigentümer versuchen, die Wärmepumpe möglichst nah am eigenen Gebäude aufzustellen. Auf schmalen Grundstücken kann der Abstand zum Nachbarn dennoch nach den alten Regelungen zu gering sein.

In einigen Bundesländern wurden die Bestimmungen in jüngster Zeit geändert. Der Geräuschpegel aktueller Wärmepumpen liegt in der Regel mit rund 40 Dezibel (dB; hierbei wird das menschliche Hörempfinden mit der sogenannten A-Kurve berücksichtigt) unter den zulässigen Grenzwerten. Dies entspricht der Geräuschemission eines Kühlschranks oder eines leisen Gesprächs. Vor dem Kauf sollte man aber einen Blick in die technischen Daten werfen, denn selbstverständlich ist auch die Geräuschbelästigung in Deutschland geregelt in der Technischen Anleitung (TA) Lärm. Der erlaubte Schall ist nicht nur tageszeitabhängig, sondern auch vom Aufstellungsort – unterschieden wird zwischen Kurorten, reinen oder allgemeinen Wohngebieten sowie Dorfgebieten. In der Nacht (22 bis 6 Uhr) dürfen Wärmepumpen nicht lauter als 35 bis 45 dB(A) sein, tagsüber 45 bis 60 dB(A). Gemessen wird die Lautstärke an der für den Nachbarn kritischsten Stelle, beispielsweise dem Schlafzimmerfenster.

Es ist zu erwarten, dass mit der Neufassung des GEG auch diejenigen Bundesländer, die bislang eher restriktive Vorschriften für die Platzierung von Luft-Wasser-Wärmepumpen haben, diese lockern. Ansprechpartner für die aktuellen Bestimmungen ist das örtliche Bauordnungsamt. Bei Erdwärme- und Grundwasser-Wärmepumpen (Seiten 92 und 100) ist deren Lärmemission unkritisch, Tiefen- und Grundwasserbohrungen hingegen sind unabhängig von Aufstellungsort und Lärmpegel genehmigungspflichtig.

Vereisung vermeiden

Ein weiterer bei der Aufstellung im Freien zu beachtender Aspekt: Fällt im Winter der Strom aus, kann in Kompakt-Wärmepumpen das im Kondensator befindliche Heizungswasser einfrieren und ihn beschädigen. Gelangt Eiswasser in den Kältekreis, ist ein Totalschaden der Wärmepumpe die Folge.

Dies liest sich allerdings dramatischer, als es ist. Je besser die Rohre des Wasserkreislaufs von und zur Wärmepumpe kälteisoliert sind, desto geringer ist die Gefahr – in der Praxis muss der Strom schon für länger als einen halben Tag nicht fließen. Wer ganz sichergehen will, kann Schäden durch einen lang anhaltenden winterlichen Stromausfall durch die Installation automatischer Entleerungsventile im Heizwasserkreislauf weitestgehend ausschließen. Das kostet aber auch mehrere Hundert Euro und bringt neue Fehlerquellen ins System, denn wenn die Ventile glauben, eine Störung erkannt zu haben, entleeren sie den Heizkreislauf. Selbst wenn sie korrekt funktionieren, verhindern sie zwar Schäden an den kompakten Luft-Wasser-Wärmepumpen, aber nicht, dass man nach dem Stromausfall im Kalten sitzt, denn um danach wieder heizen zu können, muss der Heizkreislauf wieder mit Wasser gefüllt werden. Es empfiehlt sich, die dazu nötigen Schritte beizeiten zu notieren und regelmäßig zu rekapitulieren.

Es gab zwar auch in Deutschland schon bei Extremwetter tagelange Stromausfälle, und niemand wird garantieren, dass so etwas nie passieren könnte. Die Statistik spricht aber dafür, dass dies unwahrscheinlich ist. Sofern man nicht in einer Gegend wohnt, in der der Strom noch über Freileitungsmasten und oberirdische Leitungen zu den Häusern transportiert wird und winterliche Minusgrade Dauerzustand sind, scheint es ausreichend, die Wärmepumpe gegen Frostschäden zu versichern.

Was ist bei der Aufstellung im Haus zu beachten?

Es gibt durchaus Gründe, Kompakt-Wärmepumpen im Haus unterzubringen. Prinzipiell geht dies mit jeder Kompakt-Wärmepumpe, spezielle Einbaumodelle sind aber besser lärmgedämmt und optisch ein wenig gefälliger. Entscheidet man sich dafür, müssen Zu- und Abluftkanäle mit Kantenlängen von mindestens 40 mal 40 Zentimeter installiert werden – die tatsächliche Größe ist von der Leistung der Wärmepumpe abhängig. Im Neubau kann man sie mit dem Bau planen, in Bestandsgebäuden könnte die nachträgliche Installation aber manchmal knifflig oder sogar unmöglich sein. Falls vorhanden, empfehlen sich Lichtschächte für den nachträglichen Einbau. Wichtig: Die Schächte für Zu- und Abluft müssen ausreichenden Abstand haben, damit der Abluftkanal die Zuluft nicht zusätzlich kühlt („thermischer Kurzschluss"). Ideale Aufstellorte im Haus sind deshalb Eckräume.

Luftschächte für Wärmepumpen sollten nicht direkt neben Fenstern enden, da sie Strömungsgeräusche produzieren, die im Sommer über offene Fenster ins Haus dringen. Die in den Wärmepumpen verwendeten Kältemittel sind in der Regel schwerer als Luft. Bei einer Leckage des Kältemittels darf dieses nicht über Lichtschächte ins Gebäude fließen. Deshalb ist ein Mindestabstand von einem Meter seitlich zu Lichtschächten und (Keller-)Fenstern auf Höhe der Wärmepumpe einzuhalten.

Damit sich möglichst wenige Vibrationen und Geräusche im Haus ausbreiten, helfen entweder spezielle, schwingungs- und schalldämpfende Füße oder ein Betonsockel mit unterlegter Gummimatte. Sofern dies nicht reicht, kann man auch eine Schallschutztür einbauen. Auch im Haus benötigen Kompakt-Wärmepumpen einen Kondensatabfluss – sofern im Kellerraum ein Gully vorhanden ist, reicht es, einen Schlauch dorthin zu führen.

Voraussetzung für eine Aufstellung im Haus ist, dass die Wärmepumpe sich überhaupt ins Gebäude bringen lässt, also nicht nur durch Türen oder Fenster passt, sondern auch eventuelle Treppen breit und stabil genug für den Transport sind. Eine Monoblockwärmepumpe kann bis zu 300 Kilogramm auf die Waage bringen und hat die Maße einer wuchtigen Kühl-/Gefrierschrankkombination.

In einem unterkellerten Haus ist der Keller der naheliegende Platz für eine Luft-Wasser-Wärmepumpe. Lassen sich Zu- und Abluftkanäle aber beispielsweise zu einem nicht ausgebauten Dachboden führen, wäre die Wärmepumpe auch dort gut aufgehoben – sofern das

Klimaschützer mit Klima-Risiko

Anders als Gas- oder Ölheizungen verursachen Wärmepumpen nur so viele Emissionen wie die Energiequellen, die ihren Strom liefern. Solange ihre Kältemittel nicht entweichen, sind sie vor Ort emissionsfrei. Die Geräte in unserem Test aus dem Herbst 2023 (siehe Seite 216/217) verwenden unterschiedliche Mittel: Propan alias R290 gilt als „natürliches“ Kältemittel und hat nur die dreifache Treibhauswirkung von CO_2 – R454C hat die 148-fache Wirkung, R32 sogar die 675-fache. Wird die Pumpe sachgemäß hergestellt und entsorgt, bleibt das Kältemittel drin (siehe auch Seite 78).

Gerät entsprechend ruhig arbeitet und sich dorthin transportieren lässt. Spezielle Wärmepumpen für Dachgeschosse mit Ansaug- und Ausblasöffnungen auf je einer Dachseite (des Giebeldachs) werden angeboten.

Brauchwasserwärmepumpen können die Wärme eines Kellerraums nutzen, um damit warmes Wasser für die Bewohner des Hauses zu bereiten (siehe Seite 66). Der Gedanke liegt nahe, dass auch die Luft-Wasser-Wärmepumpe dort die Luft ansaugen könnte. Schließlich ist es auch in einem schlecht gedämmten Keller im Winter wärmer als draußen, die Luft-Wasser-Wärmepumpe würde also mit der vorgewärmten Kellerluft sparsamer arbeiten als mit Außenluft.

Leider vereitelt die Physik dieses Vorhaben: Der Wärmebedarf fürs Heizen übersteigt den fürs Warmwasser deutlich. Eine Luft-Wasser-Wärmepumpe, die ihre Energie aus dem Gebäude zieht, entspräche einem Perpetuum Mobile – und die existieren bedauerlicherweise nicht. Im besten Fall würde sie die unteren Geschosse des Hauses auskühlen und, um dem entgegenzuwirken, mehr heizen. Kurz: Heizen mit Luft-Wasser-Wärmepumpe ohne Außenluftzufuhr funktioniert nicht.

Was bringt ein Luftbrunnen?

Vereinfacht handelt es sich bei einem Luftbrunnen um einen mit einem Röhrensystem ausgestatteten unterirdischen Hohlraum, den man etwa unterm Garten anlegen kann – nicht aber unterm Haus oder anderen bebauten Flächen. Der dahinterliegende Gedanke: Erdreich hält die Wärme – wenn die Wärmepumpe ihre Luft aus einem solchen Brunnen statt direkt aus der Umgebung bezieht, benötigt sie weniger Energie, um die Luft auf Heiztemperatur zu bringen. Im Sommer kühlt ein solcher Luftbrunnen zudem die Außenluft, bei entsprechender Konstruktion und Auslegung taugt er auch als Luftfilter. Er wird deshalb auch als Erdwärmeübertrager bezeichnet. Die möglichen Temperaturgewinne (und damit Stromersparnisse) sind bemerkenswert. In der Praxis erreicht man im Winter mit einem Luftbrunnen bei einer Außentemperatur von minus 3 Grad Celsius eine Lufttemperatur von 9 Grad Celsius, im Sommer bei 30 Grad Celsius Außentemperatur eine Lufttemperatur von 16 Grad Celsius.

Wird der Luftbrunnen schon beim Hausbau eingeplant, kann er mit der Baugrube ausgehoben werden. Er muss mindestens drei Meter tief gründen, es darf also kein Oberflächenwasser am geplanten Standort stehen. Bei sehr lehmigen und damit wasserundurchlässigen Böden funktioniert das Prinzip nicht, sind die Böden am Standort mit Radon belastet, muss die Brunnengrube nach unten dicht sein, was man etwa durchs Verlegen von Teichfolie erreichen kann. Für einen Luftbrunnen veranschlagt man eine Grundfläche von rund zehn Quadratmetern und eine Schachttiefe von zwei bis vier Metern.

In der Praxis sind Luftbrunnen nur dann empfehlenswert, wenn sich der Bauaufwand in Grenzen hält. In den meisten Fällen dürfte es sinnvoller sein, das Geld in eine Photovoltaikanlage oder – bei Bestandsbauten – in bessere Dämmung zu investieren. Soll der Untergrund als Wärmequelle dienen, lohnt sich der Aufwand eher für eine Sole-Wasser-Wärmepumpe mit Erdwärmetauscher (Seite 92).

Am Stück oder in Teilen?

Neben Kompakt-Wärmepumpen existieren auch zweiteilige Modelle, die neudeutsch „Split" (englisch: teilen) heißen. Hier muss nur der Verdampfer im Außenbereich untergebracht werden, der Kondensator und große Teile der übrigen Technik finden etwa im Keller Platz. In den meisten Fällen sitzen in der Außeneinheit Ventilator, Verdampfer und Kompressor, in der Inneneinheit Kondensator, Umwälzpumpe sowie Regelungs- und Sicherheitstechnik. Vorteil des getrennten Marschierens: Der lärmträchtigste Teil der Wärmepumpe befindet sich in jedem Fall außer Haus, zudem fließt in den Leitungen zur Außeneinheit kein Wasser, sondern nur Kühlmittel. Ganz ohne Isolation sollte man sie dennoch nicht installieren, diese muss aber nicht frostsicher sein. Zudem sind bei identischer Leistung die fürs Haus bestimmten Komponenten einer Split-Wärmepumpe kleiner als eine Monoblock-Wärmepumpe, sie lassen sich also besser ins Haus transportieren und dort platzieren.

Die Außeneinheit einer Split-Luft-Wasser-Wärmepumpe kann wie ein Tisch aufgestellt werden, es gibt auch Modelle, die an der Wand oder auf einem Fundament mit Gestell angebracht werden. In schneereichen Gebieten braucht der Verdampfer ausreichend Abstand vom Boden. Neben den Rohren fürs Kühlmittel verbinden Elektro- und Steuerleitungen die Innen- mit der Außeneinheit. Letztere benötigt zudem wie ihre kompakten Gegenstücke einen frostfreien Kondensatablauf.

Kein Vorteil ohne Nachteil: Die Installation der zweigeteilten Wärmepumpen ist aufwendiger. Wer sie aufstellen will, braucht einen Kälteschein genannten Befähigungsnachweis – vielen Heizungsbauern fehlt ein solcher, es muss also ein weiterer Fachmann hinzugezogen werden. Für Kompaktgeräte ist dies nicht nötig. Eine größere Entfernung der Außeneinheit zum Gebäude bedingt lange Leitungen, was in ihnen schnell zu mehr als drei Kilogramm Kühlmittelinhalt führt. Dann muss der Kühlmittelkreislauf regelmäßig überprüft werden. Auch in der Anschaffung sind geteilte Wärmepumpen etwas teurer.

Die Größe macht's

Wer sich für eine Luft-Wasser-Wärmepumpe entscheidet – gleich, ob für ein Monoblock- oder Splitmodell –, steht vor einem Dilemma: Verfügbarer Platz und Optik sprechen für ein möglichst kleines Gerät, die Technik sagt: Größer ist besser. Je kleiner die Wärmepumpe beziehungsweise ihre Außeneinheit, desto kleiner ihr Ventilator und ihre Verdampferfläche.

„ Effizienter und leiser sind auf jeden Fall Luftwärmepumpen mit möglichst großer Verdampferfläche.

Auf kleinen Verdampferflächen sind die Abstände zwischen den Lamellen gering, wodurch sich auf ihnen schneller Eis bildet. Zudem muss der Ventilator die Außenluft mit hoher Geschwindigkeit durch die Lamellen drücken – mit der Kompaktheit einer Luftwärmepumpe steigt die Gefahr störenden Lärms und einer geringeren Lebensdauer des Ventilatormotors. Effizienter und leiser sind auf jeden Fall Luftwärmepumpen mit möglichst großer Verdampferfläche.

Eisbildung kostet Energie

Man kennt es vom Kühlschrank: In dessen Innenraum herrschen 7 Grad Celsius – dennoch bildet sich an dessen Rückwand Eis. Die Verdampfer von Luft-Wasser-Wärmepumpen bestehen – ähnlich wie die Kühler eines Autos – aus feinen Lamellen. Ab einer Außentemperatur von etwa 7 Grad Celsius vereisen diese. Damit der Verdampfer nicht zufriert, entzieht eine Luftwärmepumpe dem Heizkreislauf etwas Wärme, um die Verdampferlamellen zu enteisen. Auch dieser an anderen Wärmepumpen nicht nötige Vorgang kostet Energie.

Luft-Wasser-Wärmepumpen: Effizienz

Luft-Wasser-Wärmepumpen sind diejenigen Wärmepumpen mit der geringsten Jahresarbeitszahl (JAZ, siehe Seite 81), also mit dem höchsten Stromverbrauch. Das liegt an ihrer Wärmequelle: Außenluft kann deutliche Minusgrade erreichen. Damit kommen Luft-Wasser-Wärmepumpen zwar problemlos zurecht – aber um derart kalter Luft noch Wärme abzupressen, ist viel Strom nötig. Wie bereits erwähnt, ist es in der Praxis sinnvoller, an solchen Tagen einen zusätzlichen Elektroheizstab zu nutzen. In der Praxis benötigen sie bei gleicher Wärmeleistung etwa 30 Prozent mehr Strom als etwa Erdwärmepumpen. Die Luft-Wasser-Wärmepumpe selbst ist mit einem Anschaffungspreis von 13 000 bis 24 000 Euro (Stand September 2023) zwar kaum billiger als Modelle für andere Wärmequellen – aber außer ein paar eventuellen Luftschächten, einem Sockel, Stromanschluss und Kondensatabfluss fällt keinerlei Installationsaufwand an. Sofern das Haus geeignete Heizflächen mit niedriger Vorlauftemperatur hat und so gedämmt ist, dass bei normalem Herbst- oder Winterwetter wenig geheizt werden muss, sind sie attraktiv – besonders, wenn sich auf dem oder am Haus noch eine PV-Anlage installieren lässt, die einen Teil des für die Wärmepumpe nötigen Stroms frei Haus liefert.

Luft-Luft-Wärmepumpen

Ein modernes Passivhaus hat einen Heizleistungsbedarf von weniger als 10 Watt pro Quadratmeter. Konventionelle, mit Wasser versorgte Heizflächen sind dort überflüssig. Der geringe Wärmebedarf eines Passivhauses lässt sich problemlos von einer Luft-Luft-Wärmepumpe decken – nicht zuletzt, weil diese Häuser ohnehin ein Lüftungssystem benötigen. Über dieses kann man erwärmte Luft verteilen und zusätzlich die Abwärme der verbrauchten Luft nutzen. Details zu Luftheizungen erfahren Sie im Abschnitt „Luftheizung“, ab Seite 180.

Technisch handelt es sich um Lüftungsanlagen mit Wärmerückgewinnung, die eine Kleinwärmepumpe enthalten, deren Leistungsfähigkeit deutlich unter der von Wasser-Wärmepumpen liegt, was für den geforderten Zweck aber mehr als ausreicht. Folglich ist auch ihr Strombedarf gering – an sehr kalten Tagen benötigen sie allerdings Unterstützung durch ein Heizregister, also eine im Luftstrom angebrachte Elektroheizung. Dennoch sind sie in einem Passivhaus wirtschaftlich; wer besonders wenig für ihren Betrieb zahlen will, bezieht den Strom aus einer eigenen Photovoltaikanlage. Der typische Stromverbrauch einer Luft-Luft-Wärmepumpe für ein passives Einfamilienhaus beträgt zwischen 12 und 15 Kilowattstunden pro Tag. Diese Art Luft-Luft-Wärmepumpe lässt sich, sofern er sich am Bauplatz unterbringen lässt, durch einen Luftbrunnen (Seite 89) optimieren – idealerweise verbessert dieser die Luft und senkt den Energiebedarf des Geräts.

Alternative Ausführungen von Luft-Luft-Wärmepumpen entsprechen im Prinzip zweiteiligen, zentralen Klimageräten. Solche neudeutsch Multi-Split genannten Systeme bestehen aus einer zentralen, außen am Gebäude angebrachten Wärmepumpe und in den zu heizenden Räumen installierten Kondensatoren. Verbunden sind sie durch eine Rohrleitung für das Kältemittel. Technisch besteht nur ein Unterschied zwischen althergebrachten Geräten zur Kühlung und Klimageräten, die auch als Heizung taugen: Fürs Heizen konzipierte Luft-Luft-Wärmepumpen sind mechanisch so ausgelegt, dass sie nicht nur an wenigen heißen Sommertagen zum Kühlen laufen, sondern auch dem Dauerbetrieb während der Heizperiode standhalten.

Als Primärheizung sind diese umfunktionierten Klimaanlagen nur in gut gedämmten Bauten wirtschaftlich, da sie ausschließlich mit Strom betrieben werden.

Erdwärmepumpen

Das Erdreich ist eine besonders ergiebige Quelle für Heizenergie – aber mühsam zu erschließen.

Das Funktionsprinzip von Erdwärmepumpen entspricht dem von Luft-Wasser-Wärmepumpen. Der Unterschied: Die Wärmepumpe entzieht nicht der Außenluft Wärme, sondern dem Erdreich. Dies kann auf verschiedene Arten geschehen. Immer dient dabei aber ein Sole genanntes Wasser-Frostschutzgemisch als Transportmedium, weshalb diese Art Wärmepumpen auch als Sole-Wasser-Wärmepumpe bezeichnet wird.

Die Nutzung von Erdwärme hat mehrere Vorteile: Selbst bei klirrendem Frost liegt die Temperatur von Erdreich ab einer Tiefe von rund einem Meter über dem Gefrierpunkt – im Winter benötigt eine Erdwärmepumpe also deutlich weniger Strom, denn statt frostiger Außenluft muss sie nur lauer Sole die Wärme entziehen. Die sperrigsten und potenziell lärmträchtigsten Teile einer Luft-Wasser-Wärmepumpe, der Lüfter und der Verdampfer, fallen weg. Es gibt nur die eigentliche Wärmepumpe, die wie ein Heizkessel im Keller aufgestellt werden kann und nicht mehr Geräusche von sich gibt als ein Kühlschrank.

Die Anschaffungskosten einer Erdwärmepumpe sind mit der einer Luft-Wasser-Wärmepumpe vergleichbar. Warum sieht man in vielen Neubaugebieten dennoch häufiger Luft-Wasser-Wärmepumpen?

Es liegt an der Wärmequelle, dem Erdreich. Will man ihm Wärme entziehen, muss man es auf irgendeine Art anzapfen. Das erfordert Erdarbeiten, die aufwendig sein können und zudem nicht an jedem Standort möglich sind. Zu den Kosten für die Wärmepumpe addieren sich die für die Erdarbeiten. Diese können genauso teuer werden wie die Erdwärmepumpe selbst. Dadurch relativiert sich der Wirtschaftlichkeitsvorteil – für 10 000 Euro und mehr kann man einige kalte Winter mit einer Luft-Wasser-Wärmepumpe heizen. Erdwärmepumpen sind also in erster Linie dort sinnvoll, wo man mit langen, strengen Wintern rechnen muss, Luft-Wasser-Wärmepumpen nicht aufgestellt werden können sowie an Standorten, an denen sich die Bodenwärme mit wenig Aufwand erschließen lässt.

Erdwärme per Sonde

Eine Möglichkeit, Erdwärme zu nutzen, ist durch Sonden. Diese gibt es in verschiedenen Ausführungen. Wichtig ist: Für ihre Installation muss vertikal oder schräg ins Erdreich gebohrt werden, in der Regel 50 bis 100 Meter tief. Diese sogenannten Sonderbohrungen sind in jedem Fall genehmigungspflichtig. Üblicherweise fällt dies in die Zuständigkeit der jeweiligen Wasserschutzbehörde, ab einer geplanten Bohrtiefe von mehr als 200 Metern ist zusätzlich eine bergbaurechtliche Genehmigung erforderlich. Das für die Bohrung erforderliche Bohrgerät benötigt eine entsprechend dimensionierte Zufahrt zum und während der Bohrung Platz auf dem Grundstück.

Abhängig von der Bodenbeschaffenheit, ehemaligem oder aktivem Bergbau und der grundsätzlichen Eignung für Geothermie kann es weitere Einschränkungen geben. So lässt sich feuchten, lehmigen oder sandigen Böden deutlich mehr Wärme entziehen, als das bei trockenem, porösem Gestein möglich ist. In Wasserschutzgebieten ist die Verwendung von Glykol als Frostschutzmittel verboten, stattdessen kommt dort ein ungiftiger Alkohol wie Ethanol zum Einsatz. Sonderformen mit Kohlendioxid wurden erprobt, als technisch hervorragend, aber viel zu teuer bewertet. Die verschiedenen Frostschutze unterscheiden sich in ihrer Viskosität, was den Druckverlust und die Durchflussgeschwindig-

Um Sonden für Erdwärmepumpen zu verlegen, braucht es schweres Gerät und ausreichend Platz auf dem Grundstück.

keit in der Wärmepumpe beeinflusst. Die Wärmepumpe muss also für den eingesetzten Frostschutz geeignet sein – auch deshalb, weil sich nicht alle Materialien mit allen Frostschutzmitteln vertragen. Achten Sie also darauf, dass Wärmepumpe und Frostschutzmittel kompatibel sind – üblicherweise reicht ein Blick in die technischen Daten.

Eine Übersicht zur Möglichkeit von Tiefenbohrungen findet sich unter geotis.de/home page/maps, viele Bundesländer offerieren detaillierte Übersichten für das jeweils eigene Gebiet. Da es bei Geothermiebohrungen schon zu Pannen kam – in Staufen im Breisgau hob sich nach einer auf 140 Meter Tiefe durchgeführten Erdwärmebohrung 2007 der Boden, was immer noch anhält und zu zahlreichen Gebäudeschäden führte –, gehört zu einer Tiefenbohrung in jedem Fall eine korrekte rechtliche Absicherung. Achten Sie darauf, dass das ausführende Bohrunternehmen nach DVGW (Deutscher Verein des Gas- und Wasserfaches e. V.) W-120–2 zertifiziert ist und eine schadensunabhängige Versicherung abgeschlossen hat. Ferner sollen die Bohrarbeiten nach der VDI-Richtlinie 4 640 ausgeführt werden. Legen Sie die Bohrpunkte gemeinsam mit dem Unternehmen fest und kennzeichnen Sie sie deutlich. Schließlich wird die wasserrechtliche Genehmigung auf den Bauherrn ausgestellt, der auch Ansprechpartner der Behörde ist, wenn etwas schiefläuft.

Mit einer Tiefenbohrung lassen sich verschiedene Sondentypen installieren. Alle Sonden bestehen aus Schläuchen aus Polyethylen-Kunststoff (PE). Am verbreitetsten sind U-Sonden, deren Sole-Schlauch an seinem Ende eine U-förmige Schleife hat. Die Schleife ermöglicht den Sole-Kreislauf und hat den praktischen Nebeneffekt, dass man mit einer 50 Meter tiefen Sonde eine effektive Leitungslänge von 100 Metern erreicht. In der Praxis werden oft Doppel-U-Sonden installiert. Das doppelte U mindert gegenüber nur einer Leitung den auftretenden Druckverlust und sichert die Wirkung des Systems, sollte eine Leitung vorübergehend verstopfen, was durchaus passieren kann. Der nötige Bohrungsdurchmesser für U-Sonden beträgt in der Regel 20 bis 30 Zentimeter (abhängig vom durch das jeweilige Unternehmen festgelegten Bohrverfahren).

Eine Variante der U-Sonde sind Wellenrohrsonden. Das Prinzip ist bei beiden Sondentypen gleich, allerdings sind die Schläuche

Hier wurde ein Loch für Soleleitungen gebohrt, um die Erdwärme zur Versorgung einer Wärmepumpe zu nutzen.

hier nicht glatt, sondern haben eine wellenförmige und folglich größere Oberfläche. Beim Transport der Sole durch den Schlauch wird diese zusätzlich verwirbelt, wodurch sie mehr Wärme aufnimmt.

Die Anbieter dieses Sondentyps werben mit dem möglichen höheren Wirkungsgrad der Erdwärmepumpe beziehungsweise dem geringeren Bohrungsaufwand, denn für denselben Wärmegewinn muss weniger tief gebohrt werden. Allerdings haben die Wellenrohre einen größeren Durchmesser als U-Sonden, demzufolge müssen die Bohrlöcher einen größeren Durchmesser aufweisen, was sich finanziell als nachteilig erweisen kann. Die Bohrlöcher für U- und Wellenrohrsonden werden anschließend mit Zement verfüllt.

Eine weitere Sondenart findet sich mit koaxialen Typen. Dabei handelt es sich um einen doppelwandigen Schlauch, in dessen Äußerem die Sole Richtung Erdinneres fließt. In seinem thermisch isolierten Inneren wird die erwärmte Sole zurück Richtung Haus und Wärmepumpe befördert. Die Außenhaut koaxialer Sonden kann flexibel ausgeführt werden, sodass sie sich ohne Verfüllung optimal mit dem Erdreich verbindet. Die Anbieter reklamieren für diesen Sondentyp eine höhere Effizienz, da in ihm Zu- und Abflussleitungen besser gegeneinander wärmeisoliert seien, es zu weniger thermischen Kurzschlüssen, also Wärmeaustausch unter den Sondenleitungen, komme. Allerdings sind koaxiale Sonden komplexer und damit teurer. Manche Fachleute halten diesen Sondentyp auch für anfälliger.

Der Bundesverband Geothermie nennt als praktikable Bohrtiefen für U-Sonden bis 250 Meter, für Wellenrohrsonden bis 150 Meter und für Koaxialsonden bis 50 Meter. Überschlägig rechnet man mit einem Energieertrag von 20 bis 50 Watt pro Meter Bohrung, mit nur einer Sonde muss man für eine Heizleistung von 5 Kilowatt also 100 Meter tief bohren. Oft ist die maximale Tiefe aber auf 50 Meter begrenzt – dann müssen mehrere Sonden auf dem Grundstück arbeiten, die zueinander nach fünf bis zehn Metern Distanz verlangen.

Beim Einsatz mehrerer Sonden ist es vorteilhaft, einen Verteilerschacht mit einem Soleverteiler einbauen zu lassen. Dadurch lässt sich die Sondenanlage leichter befüllen und entlüften, und es kann kontrolliert werden, ob alle Kreise gleichmäßig zirkulieren. Bei allen Sondenarten ist die Förderleistung („Restförderhöhe") der Solepumpe innerhalb der Wärmepumpe relevant – sie muss zur geplanten Sondenlänge passen.

Die geschilderten Bohrtiefen von wenigstens 50, eher 100 Metern, werden nicht an jedem Standort möglich sein. Eine interessante Mischform aus Sonde und den im nächsten Absatz beschriebenen Wärmesammlern („Kollektoren") stellen Spiralsonden dar. Auch für sie muss gebohrt werden (mit der entspre-

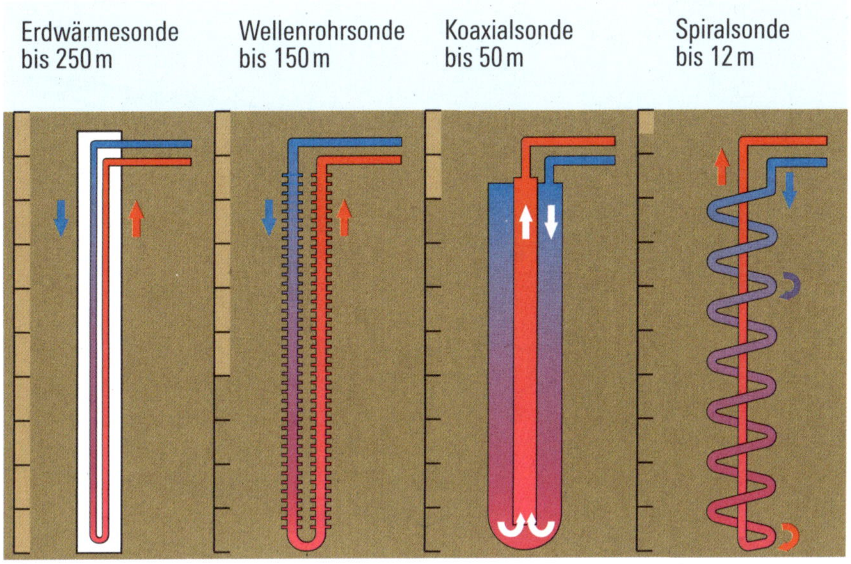

Für welchen Typ Erdwärmesonde man sich entscheidet, ist vom Standort und dessen Untergrund abhängig. Lässt sich mit wenig Aufwand tief bohren, sind konventionelle Erdwärmesonden (links) am einfachsten zu installieren. Für die effizienteren Varianten muss man weniger tief bohren, aber Bohrlöcher mit größerem Durchmesser anlegen.

chenden Genehmigung), allerdings maximal 12 Meter tief. Dann wird ein jeweils rund 30 Meter langer PE-Schlauch in Spiralen gewickelt, bis eine etwa zwei Meter hohe Tonnenform mit 40 Zentimetern Durchmesser entsteht. Für diese Tonnen gräbt man 1,5 Meter tief und bohrt dann mindestens 3,5 Meter tiefe Löcher im horizontalen Abstand von je etwa zwei Metern. In die Bohrlöcher lässt man die Spiralkollektoren ab und schlämmt sie mit Sand ein. Für eine typische Heizleistung von 7 Kilowatt benötigt man 15 Spiralsonden, die über eine Fläche von rund 30 Quadratmetern verteilt werden.

Wie für die meisten unterirdisch installierten Dinge gilt auch für Spiralsonden, dass sie nicht überbaut werden und Abstand zu tief wurzelnden Bäumen haben sollten. Zu Haus und Grundstücksgrenze sollten sie einen Abstand von einem Meter einhalten.

Erdwärme mit Flächenkollektoren

Der Aufwand für Tiefenbohrungen ist beträchtlich und mit Risiken verbunden. Eine Alternative ist das Verlegen von Flächenkollektoren.

Die technisch simpelste, gleichzeitig aber für die deutschen Wohnverhältnisse unpraktischste Art der Erdwärmesammlung per Flächenkollektor ist es, einfach eine rund einen Meter tiefe Grube auszuheben, darin in Schlangenlinien Soleleitungen zu verlegen und diese wieder mit Erdreich zu bedecken. Das Problem dabei ist: Für jeden Quadratmeter Wohnfläche benötigt man etwa das Dreifache an Kollektorenfläche. Ein Einfamilienhaus mit etwa 150 Quadratmetern Nutzfläche verlangte also nach einer Kollektorenfläche von wenigstens 450 Quadratmetern. Das übersteigt die Grundstücksgröße vieler Privathäuser. Praktische Probleme kommen hinzu: Der wohl in den meisten Fällen vorhandene Garten würde vorübergehend zerstört, der entstehende Aushub müsste zwischengelagert werden. Schließlich wären bei der Neubepflanzung tief wurzelnde Arten tabu, was die Gestaltungsmöglichkeiten einschränkt. Außerdem führt die Nutzung des Gartens als Wärmequelle zu einer Reduktion der Bodentemperatur und damit zu einer verkürzten Wachstumsphase der Pflanzen.

Glücklicherweise gibt es platzsparendere und praktikablere Alternativen. Am verbreitetsten und effizientesten sind dabei die diversen Grabenkollektoren. Klassischerweise legt man dafür mit einem Schlitzbagger einen

Grabenkollektoren finden auch auf schmalen Parzellen Platz und versorgen Erdwärmepumpen mit kostenloser Energie.

oder mehrere vier Meter tiefe und 30 Zentimeter breite Gräben an. In ihnen werden über eine Höhe von drei Metern senkrecht stehende Halterungen, die die Soleleitungen tragen, installiert. Man rechnet mit einem Leistungsertrag von 0,3 bis 0,5 Kilowatt pro Meter, für den typischen Bedarf eines gut gedämmten Einfamilienhauses von 5 Kilowatt wäre also rechnerisch ein 10 bis 17 Meter langer Kollektor ausreichend. In der Praxis ist es – ähnlich wie bei den U-Sonden – jedoch sinnvoller, zwei je 5 bis 9 Meter lange Kollektoren zu installieren statt einem von 10 bis 17 Metern Länge. Auf der kürzeren Strecke geht nämlich weniger Druck verloren, weshalb es bei gleichem Pumpenergieaufwand möglich ist, insgesamt mehr Wärme auf die Grabenkollektorteilstücke übertragen zu können.

Eine Kreuzung aus Flächen- und Grabenkollektor ist der Ringgrabenkollektor. Statt einen Großteil der Garten- oder Innenhoffläche mit Leitungen in Schlaufenform auszulegen, hebt man einen etwa 2 Meter breiten und 1,5 Meter tiefen Graben aus, in dem die Soleleitungen in Ringen verlegt werden. Die nötige Grabenlänge hängt von der Zusammensetzung des Erdreichs, der Heizlast des Hauses und der vor Ort realisierbaren Grabenbreite und -tiefe ab. Mit kostenlosen Online-Rechnern lassen sich die Parameter eines solchen Ringgrabenkollektors kalkulieren, etwa unter grabenkollektor.waermepumpen-verbrauchs datenbank.de/trenchplanner.html. Für die gängige Heizlast von rund 5 Kilowatt muss man einen Graben von etwa 70 Metern Länge veranschlagen, er wird also in den meisten Fällen einmal um die gesamte Grundstücks- beziehungsweise Gartenfläche führen. Die Installation eines Ringgrabenkollektors ist wegen des geringeren Erdarbeitenaufwands deutlich günstiger als die eines Flächenkollektors – aber auf einigen Grundstücken beziehungsweise Bauplätzen ist ein 70 Meter langer Graben nicht zu verwirklichen.

Auf ein ähnliches Prinzip wie die Spiralsonde setzt der Erdwärmekorb. Die meist kegelförmigen, 2 bis 3 Meter hohen und 1 bis 3 Meter in der Diagonale messenden Kollektoren werden in 1,5 bis 4,5 Metern Tiefe gesetzt und mit Aushub sowie Wasser verfüllt. Viele Böden sorgen in Erdwärmekörben ganzjährig für eine Temperatur von mehr als 5 Grad Celsius, wodurch die Wärmepumpe sehr effizient arbeitet. Die Zahl der nötigen Körbe bemisst sich – neben der Heizlast – nach deren Größe und damit Aufnahmefähigkeit. Ein Korb mit einem oberen Durchmesser von zwei Metern, der eineinhalb bis drei Meter tief gesetzt wird, liefert etwa 0,5 Kilowatt, ein größerer Korb von drei Metern Durchmesser, der in drei bis viereinhalb Metern Tiefe installiert werden kann, ist mit 2 Kilowatt deutlich potenter. Mit zwei großen Körben und einer passend dimensionierten Wärmepumpe kann man ein Standardhaus heizen.

Absorberwand

Nicht in, sondern auf der Erde gewinnen Massiv-Absorber die Energie für die Wärmepumpe. Es handelt sich um Betonwände, in denen die Soleleitungen installiert sind. Die gesamte Wand dient dabei als Kollektor und Wärmespeicher, wenn die Verbindung zum Erdreich entsprechend ausgelegt wurde, gibt eine solche Wand eingefangene Wärme zusätzlich ans Erdreich ab, wo sie gespeichert wird. Eine Absorberwand kann einerseits ein Problemlöser sein, da man mit ihr ohne Bohr- oder Erdarbeiten eine Sole-Wasser-Wärmepumpe nutzen kann. Andererseits sind Betonwände oder -zäune nicht billig, manch ein Bauherr wird sich durch die massiven Bauwerke auch eingeengt fühlen. In manchen Baugebieten verbieten zudem schon die Bauvorschriften massive Wände an den Grundstücksgrenzen.

Erdwärmepumpen als Kühlung

In Verbindung mit einer Flächenheizung taugen Wärmepumpen im Sommer zudem zur Kühlung des Hauses. Sole-Wärmepumpen sind in dieser Hinsicht besonders wirtschaftlich, denn im Sommer ist das Erdreich kühler als die Außenluft. Anders als eine Luft-Wasser-Wärmepumpe, die, wenn sie im Sommer kühlen soll, wie eine Klimaanlage die Außenluft temperieren muss, benötigen Sole-Wasser-Wärmepumpen ausschließlich Strom für die Zirkulation von Sole und Heizkreislaufwasser – der im Sommer natürlich zum Kühlkreislauf wird. Die Sole-Wärmepumpe hat im Sommer einen weiteren positiven Effekt: Sie transportiert die Wärme aus dem Haus und führt sie zurück ins Erdreich, wo sie sich für den nächsten Winter hält – man spricht vom Regenerationseffekt.

Erdwärmepumpen: das Fazit

Gegenüber einer Luft-Wasser-Wärmepumpe ist die Installation einer Erdwärmepumpe deutlich teurer. Vorteile der Geothermie sind in der kleineren und leiseren Wärmepumpe ohne Ventilator und Verdampfer und der deutlich höheren Effizienz zu sehen. Dem

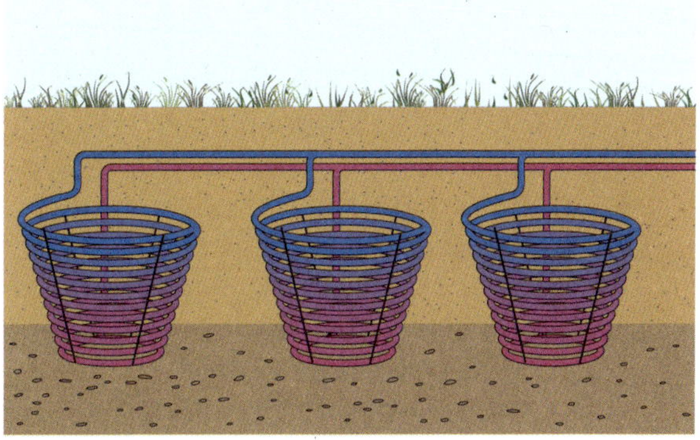

Ringgrabenkollektoren sind eine Möglichkeit, auch auf beengten Grundstücken ohne metertiefe Bohrungen ausreichend Erdwärme zu gewinnen.

steht der Aufwand für Sonden oder Kollektoren gegenüber. Sonden haben den Vorteil, die Grundstücksnutzung kaum einzuschränken; auch während der Installation ist wenig Zerstörung im Garten zu erwarten. Allerdings ist die Bohrung ein Fall für den Fachmann, nicht ohne Risiko und teuer. Zudem sind die Sonden praktisch nicht zu warten. Sollten sie verstopfen oder beschädigt werden, kann man sie nur abklemmen und eine neue bohren. Flachkollektoren bedingen zwar aufwendigere Erdarbeiten, sind aber deutlich risikoärmer, im Schadensfall sind die Kollektoren zugänglich. Dem stehen die Einschränkungen bei der Bepflanzung gegenüber, die sich aber insbesondere mit Grabenkollektoren nur auf einen schmalen Bereich auswirken.

Ob man sich für eine Luft-Wasser- oder eine Sole-Wärmepumpe entscheidet, ist letztlich immer ein Rechenexempel. Hat das Haus ohnehin nur einen geringen Wärmebedarf, ist der Abstand einer Luft-Wasser-Wärmepumpe zum eigenen wie zum Nachbarhaus groß genug, um nicht durch Lärm zu stören, dürfte sie mehr als ausreichend und trotz höheren Strombedarfs im Winter wirtschaftlich sein. Lassen sich Sonden oder Kollektoren mit bezahlbarem Aufwand verlegen und hat das Haus einen höheren Wärmebedarf, dürften sich die Mehrkosten einer Geothermieinstallation langfristig bezahlt machen. Auch die klimatischen Bedingungen spielen eine Rolle. Für Wärmepumpenanlagen im Flachland, wo selten Temperaturen unter dem Gefrierpunkt auftreten, reicht die Außenluft für eine effiziente Beheizung der Gebäude. Wird es dagegen regelmäßig kalt und es treten wiederholt Temperaturen bis minus 20 Grad Celsius auf, wird die Erschließung des Erdreichs als Wärmequelle wirtschaftlich interessant oder sogar technisch erforderlich.

Sole-Wasser-Wärmepumpen mit Eisspeicher

Wärme aus Eis? Die Physik macht's möglich und unterstützt so Wärmepumpen.

Ein Eisspeicher kann eine interessante Alternative zu Sonden und Kollektoren als Wärmequelle einer Sole-Wasser-Wärmepumpe sein. Der Ansatz macht sich die beim Vereisen von Wasser entstehende latente Wärme zunutze. Diese entspricht der Wärmemenge, die notwendig ist, um Wasser von 0 auf 80 Grad Celsius zu erhitzen. Diese Wärmemenge steht der Wärmepumpe als Wärmequelle bei etwa minus 1 bis minus 3 Grad Celsius zur Verfügung, selbst wenn die Außentemperatur minus 20 Grad Celsius beträgt. So kann eine Wärmepumpe ohne zusätzlichen (fossilen) Wärmeerzeuger ein Gebäude auch bei extrem niedrigen Außentemperaturen beheizen.

Als Eisspeicher dient ein ungedämmter, ins Erdreich eingelassener Betonbehälter von etwa 2,4 mal 2,4 mal 2,4 Metern mit einem Fassungsvermögen von rund 13 Kubikmetern. Netto werden davon nur 10 Kubikmeter genutzt, weil das Wasser sich beim Frieren ausdehnt. Er wird in einer rund vier Meter tiefen Grube möglichst dicht am Standort der Wärmepumpe installiert. Auf dem Grubenboden sorgen eine 20 Zentimeter starke, verdichtete Kiesschicht sowie ein 10 Zentimeter starkes Sandbett für den sicheren Stand der Zisterne. Ein Eisspeicher dieser Größe ist der ideale Partner einer Sole-Wasser-Wärmepumpe, aber zu klein, um im Sommer bereitstehende Wärme für die Wintermonate zu speichern. Immerhin: In den zehn Kubikmetern steckt so viel Energie wie in circa 100 Litern Heizöl.

Durch die Zisterne werden zwei Soleleitungen geführt: eine möglichst lange (typischerweise rund 100 Meter), in Spiralen gewundene, die von und zur Wärmepumpe im Haus führt – der Entzugswärmetauscher. Eine zweite Leitung führt Sole von und zu Solar-Luft-Absorbern, die auf dem Hausdach, aber auch an den Außenwänden oder als Zaun montiert werden können. Dieser zweite Wärmetauscher wird auch Regenerationswärmetauscher genannt. Alle Soleleitungen sollten ansteigend zu den Wärmepumpen- und Absorberstandorten verlegt werden. Für den Fall der Fälle benötigen Eisspeicher einen Notüberlauf.

Im Sommer nimmt das Wasser in der Zisterne die Kühle des umgebenden Erdreichs auf, bleibt aber flüssig. Wärme wird ihm allenfalls für die Warmwasserbereitung entzogen. Ähnlich wie mit anderen reversiblen Wärmepumpen und Flächenheizungen kann man mit Eisspeichern im Sommer das Gebäude um einige Grad kühlen, erzielt damit aber nicht die Wirkung einer Klimaanlage.

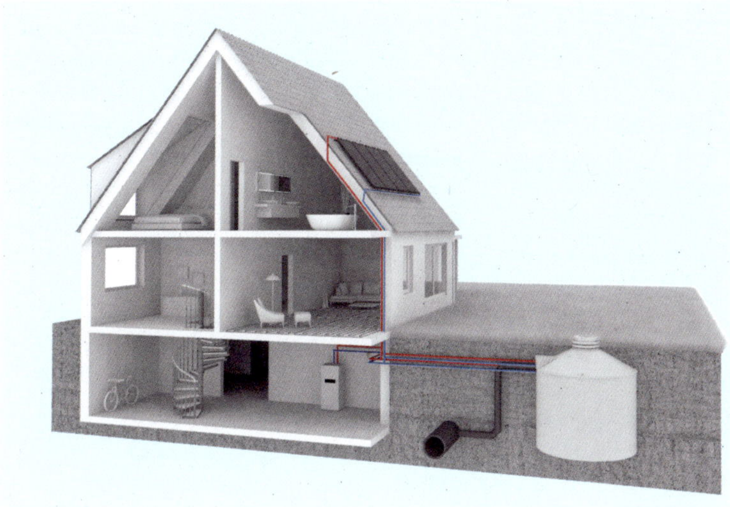

Schematische Darstellung eines Eisspeichersystems aus Sole/Wasser-Wärmepumpe (Mitte unten) und dem im Erdreich angelegten Eisspeicher (rechts).

Eine Doppelnutzung als Speicher für aufgefangenes Regenwasser schließen die Anbieter entsprechender Heizsysteme kategorisch aus. Neben der Angst vor Schäden durch Verunreinigungen im Regenwasser stiege auch der Regelungsaufwand, denn der Pegel in der Zisterne würde dann stark schwanken.

Im Winter fängt das Wasser in der Zisterne Erd- und Umgebungswärme ein, die Soleleitung der Wärmepumpe entzieht dem Wasser die Wärme: Es gefriert. Auf den Leitungsschlangen bildet sich dabei eine bis zu fünf Zentimeter dicke Eisschicht. Damit die Zisterne durch die Vereisung nicht gesprengt wird, arbeitet der Entzugswärmetauscher von innen nach außen. Die dabei frei werdende latente Energie reicht problemlos, um mit der Wärmepumpe ein bis zwei Nächte durchzuheizen. Ohne Energiezufuhr in den Eisspeicher käme der Prozess aber im Winter zum Stillstand, nachdem das Wasser einmal durchgefroren ist. Es wieder aufzutauen übernehmen beispielsweise die Solar-Luft-Absorber. Sie entziehen der Außenluft Wärme und werden bei Sonnenschein zusätzlich aufgeheizt. Die derart eingefangene Wärme wird über die Sole des Regenerationswärmetauschers in das Eis geleitet, das daraufhin wieder schmilzt, wodurch der Kreislauf erneut beginnen kann. Ein typischer Tau- und Gefrierzyklus erstreckt sich über zwei bis drei Tage. Nach spätestens rund einer Woche ohne Wärmezufuhr bliebe das Wasser im Eisspeicher durchgefroren, womit der Prozess zum Stillstand käme.

Für die Praxis bedeutet dies: Das eigentlich simple System aus Wasserbecken, Luftröhren und Wärmepumpe funktioniert zuverlässig nur mit einer ausgefeilten und penibel an den Heizbedarf angepassten Regelung. Die muss erkennen, ob gerade im Luftabsorber oder im Eisspeicher mehr Energie zur Verfügung steht, die dann über ein Dreiwegeventil zur Wärmepumpe transportiert wird. Es empfiehlt sich, von Herstellern angebotene Pakete zu erwerben, da alle enthaltenen Komponenten einschließlich der Regeltechnik aufeinander abgestimmt sind. Ist die Regelung aber einmal programmiert, ist die Technik wartungsarm.

Es geht auch ohne Eis

Auch wenn die Zisterne eines Eisspeichers faktisch ein einfacher Betonbehälter ist: Mit der für ihn nötigen Grube kostet er zwischen 15 000 und 20 000 Euro. Wie alle anderen im Erdreich vergrabenen Kollektoren oder sonstigen Gerätschaften schränkt er die Gartennutzung ein, denn tief wurzelnde Bäume und Sträucher kann man nicht über ihm pflanzen, zudem sollte ein Wartungsdeckel frei zugänglich bleiben.

Wenn zum System ohnehin Solar-Luft-Absorber gehören: Warum installiert man von diesen nicht eine größere Anzahl und verzichtet auf den teuren Eisspeicher? Entsprechende Systeme werden tatsächlich seit einiger Zeit propagiert. Als Wärmepumpe kommt zwar auch hier ein Sole-Wasser-Modell zum Einsatz. Technisch entspricht die Kombination von Solar-Luft-Absorbern und Sole-Wasser-Wärmepumpe aber einer Luft-Wasser-Wärmepumpe mit massiv vergrößerten Absorbern, die zusätzlich die direkte Sonneneinstrahlung nutzen können. Ein solches System ist nicht so effizient wie ein Eisspeicher, aber deutlich effizienter als eine Luft-Wasser-Wärmepumpe und deutlich günstiger als der Eisspeicher. Weil aktuelle Sole-Wasser-Wärmepumpen auch bei minus 15 Grad Celsius noch ausreichend Heizwärme liefern können, ist ein Eisspeicher zumindest im Flachland nicht mehr nötig, um eine ganzjährige Heizwärmeversorgung über die Wärmepumpe zu ermöglichen.

Solar-Luft-Absorber – solo oder mit Photovoltaik?

Um die für den Eisspeicher eines Einfamilienhauses benötigte Wärme zu produzieren, bedarf es einer Wärmeleistung von etwa 5 Kilowatt. Die üblicherweise zwei Quadratmeter großen Solar-Luft-Absorberelemente gewinnen jeweils rund 0,5 Kilowatt Umweltwärme. Sollen die Solar-Luft-Absorber die Wärmepumpe allein unterstützen, wäre eine Leistung von rund 3 Kilowatt Umweltwärme erforderlich, also sechs Elemente, die zwölf Quadratmeter des Dachs bedeckten. 3 Kilowatt Umweltwärme und 2 Kilowatt elektrische Leistung für den Betrieb der Wärmepumpe ergeben dann 5 Kilowatt Heizleistung.

Solar-Luft-Absorber werden in verschiedenen Flächen- und Röhrenformen und mit unterschiedlicher Wärmeleistung angeboten. Elemente mit integrierter Photovoltaik liefern gleichzeitig Wärme und Strom, was die Betriebskosten der Wärmepumpe weiter senkt. Alternativ installiert man konventionelle Solar-Luft-Absorber und bringt darüber zusätzlich PV-Paneele an, die von den Absorbern gekühlet werden – diese Kombination wird auch als „Kraftdach“ vermarktet. Es hängt von den Gegebenheiten des Bauwerks, dessen Energiebedarf und den Kosten für kombinierte oder getrennte Paneele ab, ob die Kombination beider Funktionen wirtschaftlich ist.

Grundwasserwärmepumpen

Sehr ergiebig, aber nicht überall machbar: Grundwasser als Energiequelle für Wärmepumpen

Wenn die Voraussetzungen auf dem Grundstück stimmen, kann man statt Erdwärme auch Grundwasser als Wärmequelle nutzen. Umsonst ist auch das nicht, aber je nach den örtlichen Gegebenheiten günstiger als Sonden, Absorber oder Eisspeicher.

Grundwasser ist mit einer üblichen Temperatur von 8 bis 10 Grad Celsius (in der Rheinebene sogar 12 bis 13 Grad Celsius) eine ergiebige Wärmequelle, die einen effizienten Betrieb von Wärmepumpen ermöglicht. Die eigentliche Wärmepumpe funktioniert mit Grundwasser exakt so wie Luft-Wasser- oder Sole-Wasser-Wärmepumpen. Statt Luft oder Sole ist hier aber Grundwasser der Energielieferant. Um ihn zu nutzen, muss man zwei Brunnen bohren: einen Saugbrunnen, auch Förderbrunnen genannt, der das Grundwasser aus dem Erdreich fördert, und einen Schluckbrunnen, durch den das ausgekühlte Grundwasser wieder abfließt. Zwischen beiden Brunnen sollten 15 Meter Abstand liegen. An fast allen Orten Deutschlands darf man nur mit behördlicher Genehmigung Brunnen anlegen – dies ist vor Beginn entsprechender Arbeiten unbedingt sicherzustellen. Klären Sie dabei auch, ob die wasserrechtliche Bewilligung zeitlich unbegrenzt erteilt wird, denn nur dann lohnt sich die Investition. In Wasserschutzgebieten werden keine Genehmigungen erteilt.

Vor dem Bohren sollte eine Analyse der genauen Verhältnisse vor Ort stehen. Das ist eine Aufgabe für Fachleute – Brunnenbauer, Bohrunternehmer oder auch den Installateur der Grundwasserwärmepumpe, sofern er über die entsprechende Zusatzqualifikation verfügt. Nur diese können beurteilen, ob das Grundwasser konstante Qualität hat, ob es Stoffe enthält, die die Wärmepumpe angreifen, und natürlich auch, wie tief man bohren müsste, um überhaupt Grundwasser als Wärmequelle nutzen zu können. Bevor Sie eine teure Expertise beauftragen, ist es sinnvoll zu klären, ob jemand in der Nachbarschaft eine Grundwasserwärmepumpe nutzt – oder Nachbarn deren Einbau schon verwehrt wurde.

Fachleute können auch beurteilen, ob sich der Aufwand für eine Grundwasserwärmepumpe überhaupt rentiert. Muss man den Brunnen mehr als zehn Meter tief bohren, wird das Unterfangen für private Betreiber unwirtschaftlich – praktikable Brunnentiefen liegen bei vier bis fünf Metern. Generell gilt: Grundstücke in gebirgigem Gelände sind meist nicht geeignet, ebensowenig trockene, flache Landstriche. Ideal für die Nutzung von Grundwasser sind Gebiete in der Nähe von Seen oder Flüssen. Beim Anlegen der Brunnen ist die Kenntnis der Fließrichtung des Grundwasserleiters wichtig – sonst kühlt man mit dem eigenen Abwasser den Zulauf des Saugbrunnens und gewinnt kaum Wärme. Auch die Wasserqualität ist relevant: Enthält es zu viel Eisen oder Mangan, besteht die Gefahr von Ablagerungen im Wärmetauscher. Anders als Brunnen für die Bewässerung von Privatgärten sind Brunnen für Wärmepumpen in den trockenen Gegenden Deutschlands nicht von sommerlichen Bewässerungsverboten bedroht, denn das Wasser fließt ja wieder ins Erdreich zurück. Dabei darf es sich um höchstens 3 Grad Celsius abkühlen.

Der Wartungsaufwand einer Grundwasserpumpe ist deutlich höher ist als etwa der eines Eisspeichers. Im System können sich Sedimente und Sand ablagern, der Wärmetauscher muss regelmäßig gereinigt werden.

Theoretisch kann eine Wärmepumpe direkt mit dem geförderten Grundwasser betrieben werden. Dies setzt aber eine erstklassige und idealerweise über Jahrzehnte gleichbleibende Wasserqualität voraus, da andernfalls die Wärmepumpe Schaden nimmt. In der Praxis arbeiten die meisten Grundwasserwärmepumpen deshalb mit einem Sicherheitswärmetauscher, der durch einen mit reinem Wasser gefüllten Zwischenkreis jeden direkten Kontakt zwischen Grundwasser und dem Kältemittel der Wärmepumpe verhindert. Das schützt nicht nur die Wärmepumpe, sondern auch das Grundwasser, denn so kann kein Kältemittel ins kostbare Nass gelangen.

Dem höheren Aufwand steht die höchste Effizienz aller Wärmepumpen gegenüber. Zudem liegen die Kosten für die Brunnenbohrungen mit 4000 bis 7000 Euro deutlich unter denen der anderen Wärmequellen. Auch mit Grundwasser lässt sich im Sommer das Gebäude kühlen, sofern Flächenheizungen vorhanden sind. Dazu muss nur die Umwälzpumpe des Systems arbeiten, die eigentliche Wärmepumpe hat nichts zu tun, verbraucht also auch keine Energie. Allerdings ist es nicht überall gestattet, erwärmtes Wasser zurück in die Erde zu leiten – auch das ist also bei der Genehmigung zu klären.

In vielen Gegenden Deutschlands sind in den letzten Jahren die Grundwasserspiegel gesunken. Klären Sie also auch, wie verlässlich an Ihrem Wohnort der Grundwasserpegel ist.

Wann eignet sich die Wärmepumpe für Altbauten?

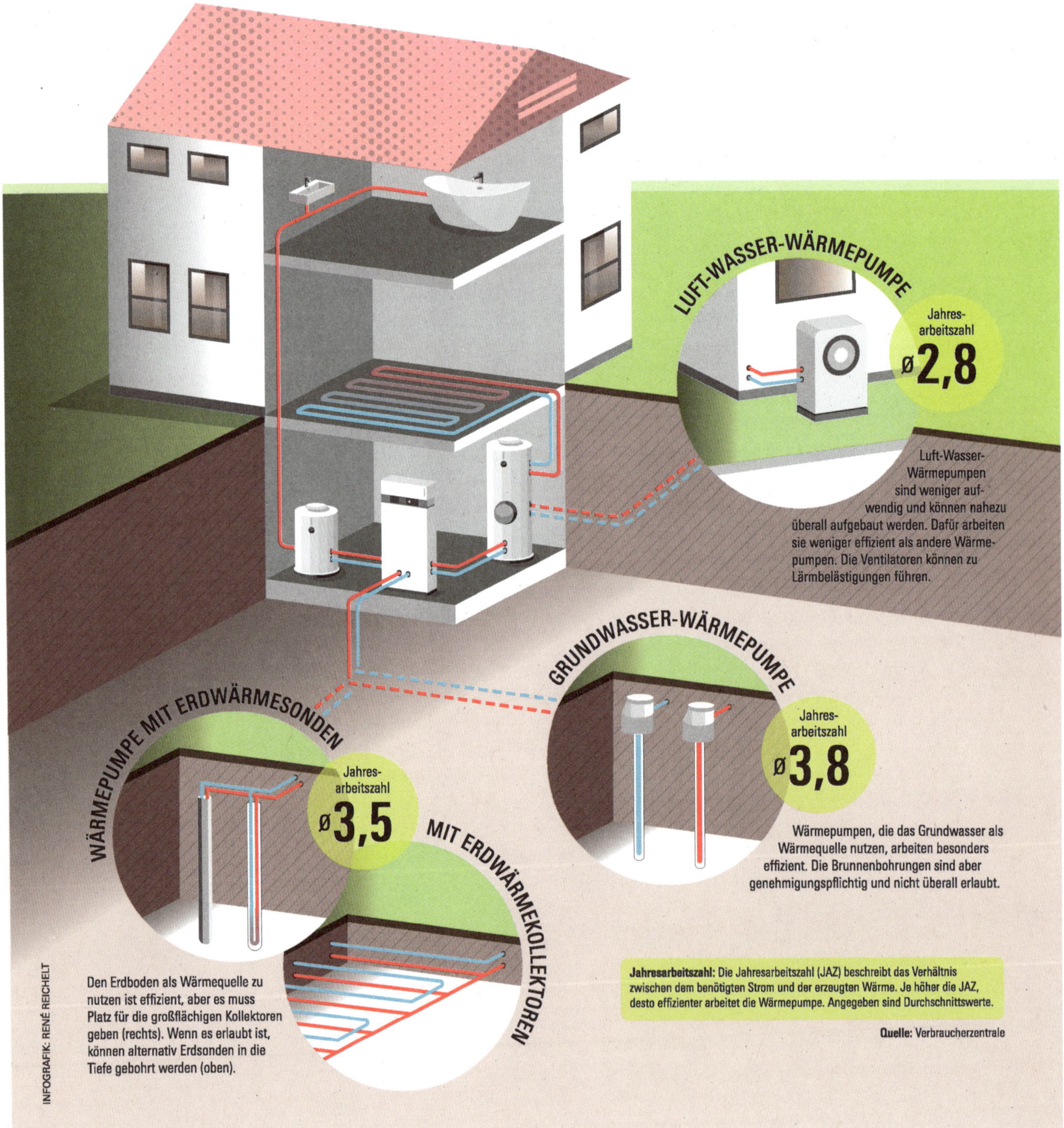

Jahresarbeitszahl: Die Jahresarbeitszahl (JAZ) beschreibt das Verhältnis zwischen dem benötigten Strom und der erzeugten Wärme. Je höher die JAZ, desto effizienter arbeitet die Wärmepumpe. Angegeben sind Durchschnittswerte.

Quelle: Verbraucherzentrale

Allein oder im Verbund? Hybrid-Wärmepumpen

Manchmal schafft es die Wärmepumpe nicht allein – dann springt ein zweiter Wärmeerzeuger ein.

Die Medien sind voller Berichte über frustrierte Käufer von Wärmepumpen, denen die für teures Geld installierte neue Heizung horrende Stromrechnungen bescherte. Manches davon ist übertrieben, gelegentlich sind auch beratungsresistente Hauseigentümer das eigentliche Problem. Aber in der Tat ist eine wesentliche Voraussetzung für den wirtschaftlichen Betrieb gerade einer Luft-Wasser-Wärmepumpe, dass ihre Leistung und damit ihr Stromverbrauch präzise für den Wärmebedarf eines Hauses berechnet werden. Der Grat zwischen „nicht optimal wirtschaftlich" und „sehr ineffizient" ist bei Wärmepumpen wesentlich schmaler als beim mit fossiler Energie betriebenen Heizkessel.

Aber selbst wer die Heizlast korrekt kalkuliert, kann am Ende der Rechnerei zum Schluss kommen: Will man ausschließlich mit einer Wärmepumpe heizen, muss man, wenn es auch an kalten Tagen ausreichend warm im Haus sein soll, zu einer Wärmepumpe greifen, die die meiste Zeit der Heizperiode unwirtschaftlich arbeitet, weil sie überdimensioniert ist. Oder man wählt ein Gerät, das im Winter meist ausreichend heizt, klirrenden Minustemperaturen aber nicht mehr gerecht wird.

Dieses Problem tritt im besonderen Maße in wenig oder nicht energetisch sanierten Bestandsbauten auf, da deren Heizlast bei Minustemperaturen besonders groß ist. Natürlich gilt, wie bereits mehrfach erwähnt: Die billigste Energie ist die, die man nicht braucht. Sprich: Wann und wo immer möglich, sollte man sein Haus energetisch sanieren. Das ist aber manchmal aufgrund der Gegebenheiten nicht machbar – insbesondere in denkmalgeschützten Gebäuden. Mitunter ist es auch einfach nicht bezahlbar – oder nur in mehreren, sich über Jahre ziehenden Etappen.

Bis es so weit ist, will man jedoch keinesfalls im Kalten sitzen. Die Alternative zu einer falsch dimensionierten Wärmepumpe sind daher Hybridlösungen: Man kombiniert mehrere Wärmelieferanten. Dann kann man die Wärmepumpe so auslegen, dass sie die meiste Zeit des Winters allein heizt, an kalten Tagen aber etwa durch eine Gasheizung Verstärkung erfährt. Diese und ähnliche Konstellationen sind insbesondere sinnvoll, wenn im Bestandsbau ohnehin noch eine halbwegs zeitgemäße und effiziente Gasheizung existiert.

Das Wort „hybrid" definiert keinen Wärmeerzeuger, es besagt lediglich, dass neben der Wärmepumpe eine weitere Quelle heizt. Technisch zählt auch der elektrische Heizstab, mit dem viele Luft-Wasser-Wärmepumpen ausgestattet sind, zu den Hybridlösungen – statt der Wärmepumpe produziert an kalten Tagen schließlich der Heizstab die Wärme. Für die Nutzer und Nutzerinnen stellt sich eine solche Lösung aber als Einheit dar, da als Energieträger in jedem Fall Strom verwendet wird. Man spricht von monoenergetischem Betrieb. In der Praxis meint „Hybrid-" folglich einen zweiten Energieträger, also eine bivalente Heizung – im einfachsten und pragmatischsten Fall kann dies schon ein zusätzlicher Kaminofen (siehe Seite 157) sein, den man an kalten Tagen befeuert. Diese Art der Zusatzheizung ist romantisch und hat den zusätzlichen Vorteil, auch bei Stromausfall zu funktionieren – komfortabel ist sie aber nicht. Bequemer ist es, wenn sich Wärmepumpe und Zweitwärmequelle bedarfsgerecht selbsttätig ein- und ausschalten.

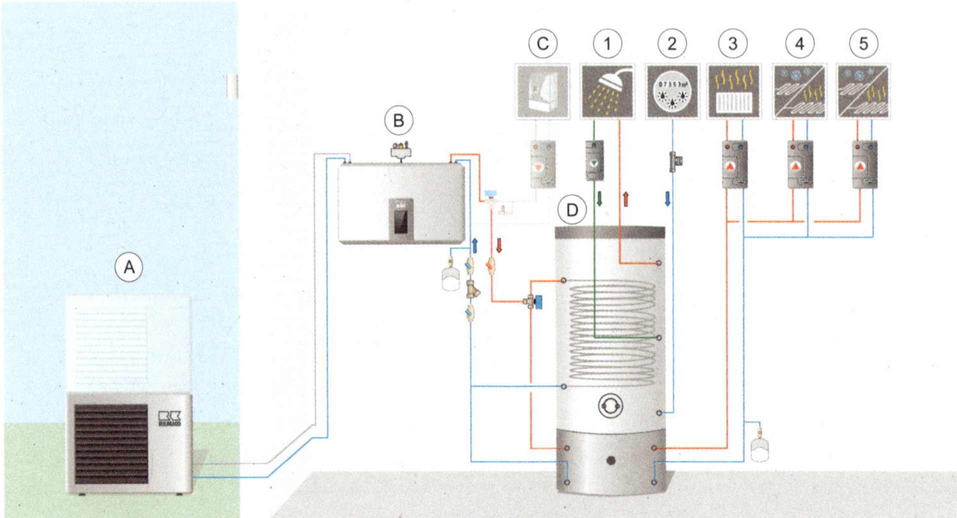

A: Außenmodul
B: Innenmodul
C: Kessel/Wandheizgerät (max. 22 kW)
D: KWS Speicher
1: Warmwasser
2: Kaltwasser
3: Ungemischter Heizkreis
4: Gemischter Heizkreis 1
5: Gemischter Heizkreis 2

Kompakte Hybridwärmepumpen

Das Problem mit der korrekten Dimensionierung einer Wärmepumpe stellt sich besonders in Bestandsbauten. Wenn eine vorhandene Heizung in jedem Fall erneuert werden müsste und nach Möglichkeit eine Wärmepumpe die meiste Zeit des Jahres heizen soll, empfiehlt sich eine Kombination aus Luft-Wasser-Wärmepumpe und Gas-Brennwertkessel. Diese kompakten Einheiten sind kaum größer als reine Wärmepumpen und schalten ohne externe Regeltechnik selbsttätig zwischen beiden Wärmequellen um.

Getrennte Wärmeerzeuger

In Bestandsgebäuden ist fast immer irgendeine Form von Heizung installiert. Ist diese technisch und in puncto Effizienz auf einem halbwegs aktuellen Stand, spricht nichts dagegen, sie eingebaut zu lassen und um eine Wärmepumpe zu ergänzen. Beide Wärmeerzeuger kombiniert man mit einem – ebenfalls oft bereits vorhandenen – Pufferspeicher. Es ist dann Sache des Heizungsbauers, beide Wärmequellen und vor allem deren Regelung miteinander zu verbinden und aufeinander abzustimmen. Man sollte vorab klären, wo idealerweise die Bivalenztemperatur liegt, also der Punkt, an dem sich die zweite Heizung einschaltet. In Mitteleuropa liegt er meist bei einer Außentemperatur von minus 5 Grad Celsius; dabei deckt etwa eine Luft-Wasser-Wärmepumpe bis zu 95 Prozent des Jahresenergiebedarfs. In diesem Zusammenhang ebenfalls zu klären ist, ob die zweite Wärmequelle ab dem Bivalenzpunkt statt der Wärmepumpe oder mit ihr arbeitet. Das hängt vor allem von den im Haus installierten Heizflächen, den baulichen und meteorologischen Gegebenheiten sowie den Regelungsmöglichkeiten des Bestandskessels ab. Ältere Brenner haben eine feste Betriebstemperatur, die geforderte Temperatur erreichen sie, indem sie sich unterschiedlich lange ein- oder ausschalten. Moderne Brenner hingegen arbeiten „modulierend", haben also feinere Regelmöglichkeiten.

Der Bivalenz-Alternativbetrieb ist sinnvoll für Heizflächen, die höhere Vorlauftemperaturen benötigen, also beispielsweise klassische Heizkörper (siehe ab Seite 170). Dabei arbeiten

Wärmepumpe oder zweiter Wärmeerzeuger bis zum beziehungsweise ab dem Bivalenzpunkt. In der Praxis heizt an nur mäßig kalten Tagen die Wärmepumpe, bei frostigen Außentemperaturen übernimmt etwa die Gasheizung komplett. Der Wirkungsgrad des Alternativbetriebs ist allerdings nicht der beste: Der Jahresdeckungsanteil der Wärmepumpe beträgt zum Beispiel bei einem eingestellten Bivalenzpunkt von 1 Grad Celsius 55 Prozent.

Auch beim Bivalenz-Parallelbetrieb liefert die meiste wärmere Zeit des Jahres ausschließlich die Wärmepumpe die Heizenergie. Wird es für die Wärmepumpe zu kalt, schaltet sich der zweite Wärmeerzeuger hinzu – er unterstützt die Wärmepumpe also. Sofern sich der Bivalenz-Parallelbetrieb mit den vorhandenen Wärmeerzeugern technisch realisieren lässt, ist er dem Alternativbetrieb auf jeden Fall vorzuziehen, da er deutlich wirtschaftlicher ist.

Die maximal effiziente Variante des Bivalenz-Parallelbetriebs ist der Teilparallelbetrieb. Hierbei wird der zweite Wärmeerzeuger lastabhängig zugeschaltet: Bei extremen Außentemperaturen produziert der zweite Wärmeerzeuger – wie im Alternativbetrieb – allein die Heizenergie. Das liest sich im ersten Augenblick weniger effizient als der Bivalenz-Parallelbetrieb. Fakt ist aber: In Gebäuden mit hoher Heizlast und Heizkörpern, die hohe Vorlauftemperaturen benötigen, arbeitet bei extremen Wintertemperaturen auch eine durch einen Heizkessel unterstützte Wärmepumpe nicht mehr effizient. In solchen Situationen ist es wirtschaftlicher, wenn etwa eine Gasheizung alleine arbeitet. Gegenüber dem Bivalenz-Alternativbetrieb ergibt sich dennoch ein Vorteil, schließlich wird die Wärmepumpe in jedem Fall optimal durch den Heizkessel unterstützt. Voraussetzung für einen Bivalenz-Teilparallelbetrieb sind aber ausreichende Regelmöglichkeiten aller beteiligten Wärmeerzeuger.

Regelmöglichkeiten

Gerade in einem Einfamilienhaus wird man die Wärmeerzeuger so knapp wie möglich auslegen. Hier ist eine wichtige Voraussetzung für ihren effizienten Betrieb eine möglichst intelligente Regelung. Diese kann der Heizungsbauer auf unterschiedliche Kriterien hin optimieren. Im ökonomischen Betrieb werden die Kosten der Energieträger berücksichtigt, die Steuerung wählt zu jedem Zeitpunkt den günstigsten. Gibt es eine Möglichkeit, dass die Steuerung tagesaktuelle Preise entweder manuell entgegennimmt oder automatisch aus dem Internet bezieht, arbeitet die Hybridheizung maximal wirtschaftlich.

Bei einer auf möglichst ökologischen Betrieb optimierten Regelung steht die Umweltverträglichkeit der Heizung im Vordergrund – hier wird in Abhängigkeit vom Wetter entschieden, welcher Energieträger am wenigsten CO_2 ausstößt, und dieser verwendet.

Technisch handelt es sich bei derart ausgefeilten Regelungen um solche mit Trivalenzpunkt. Der Begriff ist verwirrend, denn es geht nicht darum, einen weiteren Wärmeerzeuger einzubinden, sondern auf der Grundlage möglichst vieler Informationen zu entscheiden, welche Wärmeerzeuger aktuell am günstigsten arbeiten. Ein witterungsabhängiger Hybridheizungsregler berücksichtigt die Energiepreise, den COP der Wärmepumpe für die geforderten Vorlauf- und Quellentemperaturen, den Wirkungsgrad des zweiten Wärmeerzeugers sowie spezielle Stromtarife für Wärmepumpen – denn je nach aktuellen Energiepreisen und geforderter Vorlauftemperatur ist mal die Wärmepumpe, mal beispielsweise der Gas-Brennwertkessel und mal der Verbund beider Wärmeerzeuger günstiger.

Wärmeerzeuger für Hybrid-Wärmepumpen

Prinzipiell lassen sich alle Wärmeerzeuger mit einer Wärmepumpe kombinieren. Nicht alle Kombinationen sind aber wirtschaftlich und/oder ökologisch sinnvoll. In der Praxis hängt die Sinnhaftigkeit von Hybridlösungen wesentlich davon ab, ob bereits ein effizient arbeitender zweiter Wärmeerzeuger vorhanden ist oder erst neu angeschafft werden müsste.

Zweite Wärmequelle: Gas

In modernen Brennwertkesseln verbrennt Gas maximal effizient und sauber – außer CO_2 entstehen praktisch keine schädlichen Abgase. Wenn es sinnvoll ist, eine Wärmepumpe durch einen zweiten Wärmeerzeuger zu unterstützen, ist Gas die erste Wahl.

Allerdings: Sofern es nicht aus einer Biogasanlage stammt, ist Gas ein fossiler Brennstoff, dessen Preis in der Vergangenheit stark schwankte und durch die CO_2-Bepreisung steigen wird. Bei einer Hybridheizung wird zudem nur noch die Wärmepumpe bezuschusst, nicht der Gasbrenner. Mit anderen Worten: Einen bestehenden, ausreichend effizienten Gasbrenner mit einer Wärmepumpe zu kombinieren kann eine gute Lösung sein. Bei einer Neuinstallation sollte man aber auf Gas als Energieträger nur zurückgreifen, wenn es nicht anders geht, etwa im denkmalgeschützten Altbau. Dann sind Kompaktgeräte (siehe ab Seite 85) die ideale Wahl.

Zweite Wärmequelle: Öl

Die Verhältnisse von Ölheizungen sind denen von Gas überaus ähnlich: Beides sind fossile Brennstoffe (Ausnahme: Bio-Heizöl), für beide gibt es hocheffiziente Brennwertkessel – aber beide produzieren CO_2, und der Brennstoffpreis ist unberechenbar. Folglich fällt auch das Fazit ähnlich aus: Sofern ein Bestandsbrenner noch ausreichend wirtschaftlich arbeitet und sich mit einer Wärmepumpe koppeln lässt, kommt man günstig zu einer Hybridlösung. Zusätzlich zur Wärmepumpe einen neuen Ölheizkessel anschaffen sollte man nur, wenn alle anderen Wärmeerzeuger noch weniger praktikabel wären. Überdies wird von Öl-Hybridheizungen nur der Wärmepumpenteil gefördert.

Zweite Wärmequelle: nachwachsende Rohstoffe

Holz ist prinzipiell klimaneutral – zu seinen Vor- und Nachteilen siehe ab Seite 150. Kurz das Wichtigste: An manchen Standorten darf man wegen der Feinstaubbelastung nicht mit Holz heizen, die Preisentwicklung lässt sich nicht seriös einschätzen, und für einen flächendeckenden Einsatz wächst in Deutschland zu wenig Holz. Wer aber eigenen Wald besitzt oder günstig Holz beziehen kann, für den kann Holz als Zweitbrennstoff sehr wohl interessant sein. In Verbund mit einer Pelletheizung arbeitet eine Wärmepumpe weitgehend automatisch, bei Stückholzbrennern kommt es aufs einzelne Gerät an, wie oft und wann am Tag man nachlegen muss. Als klimaneutrale Wärmeerzeuger werden sie als Teil einer Hybridlösung staatlich gefördert.

Die einfachste Möglichkeit, mit Holz unterstützend zu heizen, haben wir schon eingangs angesprochen: mit einem Kaminofen. Den muss man zwar von Hand beschicken und die Asche täglich entsorgen. Aber die meisten Menschen empfinden diese Öfen als gemütlich – und mit ihnen kann man selbst dann noch heizen, wenn der Strom ausfällt.

Zweite Wärmequelle: Solarthermie

Alle durch Sonnenlicht produzierte Energie hat mit Blick aufs typische Einfamilienhaus denselben Nachteil: Die meiste Energie wird erzeugt, wenn sie am wenigsten gebraucht wird – im Sommer. Dennoch kann auch die Kombination einer Wärmepumpe mit Solarthermie beziehungsweise Solar-Luft-Absorbern (siehe Seite 98) sinnvoll sein. Wenn es im Haus eine zentrale Warmwasserbereitung gibt, würde diese ohne Solarthermie von der Wärmepumpe übernommen werden müssen, wofür sie Strom braucht. Mit Solarthermie hingegen wäre im Sommer fast ausschließlich diese für das Warmwasser zuständig – und selbst im Winter sind mit Solarthermie oder Solar-Luft-Absorbern noch Energieerträge möglich, die die Wärmepumpe entlasten. Üblicherweise wandert die am Tag anfallende Energie in einen Pufferspeicher, steht also in der sonnenlosen Nacht zur Verfügung. Allerdings kann mit Solarthermie der Betrieb der Wärmepumpe bei sehr tiefen Außentemperaturen nicht garantiert werden. Deshalb kann Solarthermie die Effizienz des Wärmepum-

Gut zu wissen

Photovoltaik als Alternative?

Im Zusammenhang mit Wärmepumpen wird oft empfohlen, möglichst viel des Stroms, den sie benötigen, mit einer eigenen Photovoltaikanlage (PV) zu produzieren. Sofern man nicht kombinierte Solarthermie-/PV-Elemente installieren will und kann, fehlt die von Photovoltaikelementen belegte Dachfläche natürlich für Solarthermie – Solar-Luft-Absorber könnte man allerdings auch an Hauswänden anbringen oder in Zaunform aufstellen. Sofern aber nur auf dem Hausdach Platz für Solartechnik ist, ist es ein Rechenexempel, ob man sich günstiger stellt, möglichst viel Strom per PV zu erzeugen oder die Wärmepumpe mit Solarthermie zu unterstützen. Im gut gedämmten Neubau wird man wohl mit PV günstiger fahren, in Bestandsbauten dürfte ein Solarthermie-Wärmepumpen-Hybrid sinnvoller sein. Wenn Sie selbst unschlüssig sind, bitten Sie einen Energieberater, die Varianten durchzurechnen. Auch mit Photovoltaik kann der Betrieb der Wärmepumpe bei extremer Kälte in der Nacht nicht garantiert werden. Wenn tagsüber genügend Solarstrom erzeugt wurde, kann in der kalten Nacht ein elektrischer Heizstab den gespeicherten Solarstrom in Heizwärme umwandeln.

penbetriebs steigern, eignet sich aber nicht als allwettertaugliche Hybridheizung.

Hybrid-Wärmepumpensysteme: das Fazit

Für einen Neubau wird man faktisch nur bei einem Mehrfamilienhaus zu Hybridlösungen greifen, da sich dort die Umstände auch bei zeitgemäßer Dämmung so gestalten können, dass eine Wärmepumpe allein nicht wirtschaftlich heizen kann. Ein nach dem Stand der Technik gedämmtes Einfamilienhaus hingegen kann eine Wärmepumpe effizient und wirtschaftlich beheizen. Eine Hybridlösung wäre hier nur in Form eines zusätzlichen Kaminofens sinnvoll – und auch das nur, wenn man ihn hauptsächlich der Gemütlichkeit wegen installiert.

In Bestandsbauten hingegen kann eine Hybridlösung sinnvoll sein, um einerseits nicht größere Summen in eine energetische Sanierung eines Hauses stecken zu müssen und andererseits dennoch die meiste Zeit des Jahres mit der günstigen Wärmepumpe heizen zu können. Wirtschaftlichkeitsberechnungen dazu finden Sie auf Seite 212/213.

Sofern man keine kompakte Hybrid-Wärmepumpe anschafft, beanspruchen zwei Wärmeerzeuger mehr Platz als einer, beim Heizen mit Öl oder Pellets benötigt man zudem einen Vorratsraum für den Brennstoff. Wenn der alte Brenner noch taugt und Platz für eine Wärmepumpe vorhanden ist, wird man keine Hybrid-Wärmepumpe kaufen, denn die käme in jedem Fall teurer als eine alleinige Wärmepumpe in Kombination mit dem Altbrenner.

Mit jedem zusätzlichen Bestandteil einer Heizung steigt zudem deren Komplexität. Während man eine reine Wärmepumpenheizung ohne Pufferspeicher betreiben kann, ist Letzterer in Hybridsystemen unverzichtbar, da er als Wärmeweiche fungiert. Heizkessel aller Art und Kamine sind regelmäßig zu warten und zu reinigen. Zudem müssen für einen wirklich effizienten Betrieb die beteiligten Wärmeerzeuger entweder über eine möglichst intelligente Regelung verfügen oder sich von einer solchen steuern lassen.

Kühlen mit Wärmepumpen

Doppelnutzen im Sommer: Mit vielen Wärmepumpen lassen sich die Räume auch kühlen.

Wärmepumpen können nicht nur heizen, sondern ein Gebäude auch kühlen. Sie sind kein vollwertiger Ersatz für eine Klimaanlage, können die Raumtemperaturen aber spürbar senken, sofern dafür die technischen Randbedingungen passen. Allerdings gilt es, sowohl bei den verbauten Heizflächen wie auch bei den Wärmepumpen selbst einige Dinge zu beachten, wenn sie im Sommer für ein angenehmes Raumklima sorgen sollen.

Grenzen der Technik

Unterhalb von 18 bis 19 Grad Celsius bildet sich in heißfeuchter Sommerluft an Kühlflächen Kondenswasser – hier liegt also, unabhängig von der technischen Kühlfähigkeit eines Systems, eine Grenze. Nun dürfte eine Raumtemperatur von 18 bis 19 Grad Celsius im Sommer von den meisten Menschen als mehr als angenehm kühl empfunden werden – aber eine zweite, nicht nur theoretische Einschränkung kommt hinzu: Eine stärkere Temperaturminderung als etwa zwei bis drei Grad Celsius lässt sich mit als Kühlern verwendeten Wärmepumpen nicht erzielen. Zur Kühlung geeignete Wärmepumpen sind also dort, wo wirklich eine nötig ist, kein Ersatz für eine Kühlanlage. Letztere sind so ausgelegt, dass die Raumluft auch entfeuchtet und das entstehende Kondensat sicher abgepumpt wird. Eine Luftentfeuchtung lässt sich mit Wärmepumpen und Heizkörpern überhaupt nicht bewerkstelligen. In Gegenden, in denen die Sommerluft typischerweise aber auch schwül wird, kann es also sein, dass die Wärmepumpe allein kein angenehmes Raumklima schafft.

Geeignete Wärmeverteiler

Konventionelle Heizkörper eignen sich nicht zum Kühlen mit Wärmepumpen; Konvektionsheizkörper (siehe Seite 171) taugen zwar in der Theorie als Kühlelement – aber nur eingeschränkt in der Praxis. Denn an ihnen bildet sich bei Oberflächentemperaturen unter 19 Grad Celsius Kondenswasser, welches sich ohne passenden Ablauf auf dem Boden unterhalb des Heizkörpers zu Pfützen sammelt.

An Bestandsmodellen fehlen solche Abläufe. Kommt man – im gut wärmegedämmten und stark verschatteten Gebäude – mit wenig Kühlung klar, taugen alte Konvektionsheizkörper immerhin als Überhitzungsschutz. Zwischenzeitlich haben Hersteller diese Lücke aber erkannt und bieten auch Konvektionsheizkörper mit Ablauf an – die sich im Verbund mit geeigneten Wärmepumpen hervorragend als Kühlelemente eignen.

Die besten Partner sind hier aber klar Flächenheizungen (siehe ab Seite 175). Prinzipiell eigenen sich Fußboden-, Wand- und Deckenheizungen gleichermaßen. Im Alltag hat die Deckenheizung Vorteile: Kühle Luft sinkt zu Boden, die Kälte durchdringt die Raumluft also vollständig.

Luft-Wasser-Wärmepumpen

Soll eine Luft-Wasser-Wärmepumpe auch kühlen, muss sie explizit dafür geeignet sein. Gemeinhin werden entsprechende Modelle als reversibel bezeichnet, da sie ihren Kältemittelkreislauf umkehren und statt Wärme Kälte produzieren können. Im Kühlmodus wälzt die Wärmepumpe das im Heizkreislauf befindliche Wasser um. Dieses nimmt die Wärme aus den Räumen auf und gibt sie über die Verdampfer und Ventilatoren an die Außenluft. Die Wärmepumpe befindet sich also auch beim Kühlen in Betrieb, verbraucht demnach Strom.

Legionellenbildung

In Lüftungssystemen, Klimaanlagen und Luft-Luft-Wärmepumpen kann Feuchtigkeit kondensieren; bleibt diese stehen, können sich darin Legionellen bilden, die anschließend über den Luftstrom in die Raumluft gelangen. Klimaanlagen und Luft-Luft-Wärmepumpen verfügen, damit dies nicht passiert, ab Werk über einen Kondensatablauf – den führt man wahlweise ins Freie oder zu einem Abfluss. Soll ein Lüftungssystem auch kühlen, müssen die Kühlflächen ebenfalls einen entsprechenden Ablauf aufweisen, da die dort anfallende Flüssigkeit ungehindert abfließen können muss.

Sole-Wasser- und Grundwasser-Wasser-Wärmepumpen

Diese Wärmepumpentypen können als Kühlung in zwei Modi arbeiten: dem passiven Modus 1 oder dem aktiven Modus 2. Für den Modus 1 tragen Sole-Wasser- und Grundwasser-Wasser-Wärmepumpen nur indirekt zur Gebäudekühlung bei – sie müssen also nicht explizit reversibel sein, ihre Umwälzpumpe muss sich aber für den Kühlbetrieb eignen. Faktisch arbeitet im Modus 1 nur die zum System gehörende Sole- beziehungsweise Brunnenwasser-Umwälzpumpe – in dieser Betriebsart sind Sole-Wasser- und Grundwasser-Wasser-Wärmepumpen also besonders sparsam. Allerdings hängt die erzielbare Kühlwirkung dann von der aktuellen Temperatur der Kältequelle ab, also der, die Brunnen oder Wärmekörbe beziehungsweise -sonden liefern. Kühler wird es im Modus 2. Dazu müssen dann aber auch Sole-Wasser- und Grundwasser-Wasser-Wärmepumpen reversibel sein, also dem Wasser aus dem Heizkreislauf aktiv Wärme entziehen können. In dieser Betriebsart verbrauchen sie logischerweise mehr Strom, sind insgesamt im Kühlbetrieb dennoch sparsamer als Luft-Wasser-Wärmepumpen, da an vielen Tagen die passive Kühlung (Modus 1) reicht.

Bei Grundwasser-Wasser-Wärmepumpen gibt es allerdings einen Haken: Nur wenn die jeweilige Gemeinde es erlaubt, darf man erwärmtes Grundwasser in den Schluckbrunnen leiten – an vielen Orten ist dies explizit verboten. In den meisten Fällen wird man also nur mit Sole-Wasser-Wärmepumpen tatsächlich kühlen können.

Luft-Luft-Wärmepumpen

Sie sind prinzipiell technisch nichts anderes als die sogenannten Split-Klima-Geräte, die schon seit Jahrzehnten zur Raumkühlung eingesetzt werden. Aus historischen Gründen gibt es dennoch feine Unterschiede zwischen Klimaanlagen und Luft-Luft-Wärmepumpen. Typische Klimaanlagen weisen einen Kondensatablauf auf, da dieser beim Kühlen zwingend ist (siehe oben). Nur fürs Heizen ausgelegten Luft-Luft-Wärmepumpen fehlt er, wodurch sie sich nicht zum Kühlen verwenden lassen. Weiterer Unterschied: Anlagen, die ursprünglich zur Raumkühlung konzipiert wurden, sind für den Betrieb an wenigen heißen Sommertagen dimensioniert, eine Luft-Luft-Wärmepumpe hingegen soll klaglos Jahr für Jahr die gesamte Heizperiode durchhalten – die umfasst üblicherweise sechs Monate.

Bei aktuellen Luft-Luft-Wärmepumpen verschwinden diese Unterschiede aber: Wenn sie explizit als kombinierte Heizung und Kühlung geplant wurden, halten sie den Heizbetrieb im Winter und die zusätzlichen Kühlungstage im Sommer aus und haben einen Ablauf für den Kühlbetrieb.

Wärmepumpe planen

Wer sich mit Wärmepumpen befasst, wird mit einer Vielzahl technischer Daten und Kennzahlen konfrontiert. Hier erklären wir, welche Bedeutung Jahresarbeitszahlen, Heizlast und Bivalenzpunkte haben.

Die bekannte Faustregel lautet: Eine falsch dimensionierte Wärmepumpe ist nicht effizient. Ziel aller Überlegungen und Berechnungen sollte eine möglichst hohe Jahresarbeitszahl (JAZ) sein. Dies gelingt nur mit einer exakten Bedarfsermittlung.

Wärmepumpen für den Neubau

Beim Neubau oder einer Grundsanierung hat man – innerhalb des gesetzten Rahmens durch Gebäude und Budget – alle planerischen Freiheiten. Sofern das Haus von einer zentralen Wärmepumpe beheizt werden soll, kann man von der Wärmequelle aus über den Standort der Wärmepumpe im oder am Haus bis zur Wärmeverteilung alles ideal planen. Was es dabei zu beachten gilt, erklären wir im Folgenden.

Umrüstung auf Wärmepumpen bei Sanierung

Anders sieht es aus, wenn ein Bestandsgebäude auf den Betrieb mit einer Wärmepumpe umgestellt oder darum ergänzt werden soll. Auch hier müssen wir wiederholen: Die günstigste Energie ist die, die man nicht verbraucht. Bevor man sich an Berechnungen der Wärmepumpenleistung macht, sollte man gründlich prüfen, ob und an welchen Stellen des Gebäudes es Verbesserungsmöglichkeiten gibt. Das betrifft im Wesentlichen die Wärmedämmung von Dach und Außenhaut eines Hauses. Wichtig ist bei Bestandsbauten außerdem, dass die vorhandene Wärmeverteilung sich überhaupt für den Betrieb mit Wärmepumpe eignet. Im Normalfall bedeutet dies: Die Vorlauftemperatur der Wärmeverteilung darf nicht über 55 Grad Celsius liegen – sofern diese Bedingung erfüllt ist, kann man auch alte Einrohrheizungen mit einer Wärmepumpe versorgen. Allerdings ist die 55-Grad-Grenze für den Wärmepumpeneinsatz nicht in Stein gemeißelt: Sofern man durch energetische Sanierung den Gesamtwärmebedarf eines Gebäudes deutlich senken kann, ist es auch wirtschaftlich, Wärmeverteiler mit eigentlich höherer Vorlauftemperatur per Wärmepumpe zu bedienen. Das Prinzip ist simpel: Wenn die Heizung dank guter Wärmedämmung des Gebäudes weniger Wärme in die Räume transportieren muss, ist es kein Problem, wenn die Wärmepumpe die alten Heizkörper nur mit niedrigerer Vorlauftemperatur versorgt.

Sofern man keinen Hybridbetrieb (siehe Seite 103) einer Wärmepumpe mit der vorhandenen Heizung plant, muss man sich zudem Gedanken über die Weiterverwertung oder Entsorgung alter Heizungskomponenten machen. Kann man in Zukunft etwa auf Pellet- oder Heizölvorrat verzichten, sollte man überlegen, wie man den frei werdenden Raum in Zukunft nutzt.

Bedarfsermittlung

Den eigentlichen Heizleistungsbedarf kann man überschlägig mit der Faustformel

$$m^2 \times W/m^2$$

ermitteln. Diese kann allerdings nur als grober Anhaltspunkt dienen. Eine genaue, verbindliche Berechnung sollte auf Grundlage der DIN EN 12 831 erfolgen. Dies ist Aufgabe einer Energieberaterin oder eines entsprechend qualifizierten Heizungsbauers. Im Internet finden sich zwar zahlreiche Onlinerechner oder Vorlagen für Tabellenkalkulationsprogramme, die versprechen, diese Berechnung zu erledigen, und wer mag, soll diese benutzen. Man sollte die Ergebnisse aber auf jeden Fall mit einer

Heizungsinstallateure und Energieberater unterstützen Sie bei der Planung Ihrer Wärmepumpe bezüglich Wärmequelle, Dimensionierung und technischen Einstellungen.

fachkundigen Person überprüfen. Denn zur eigentlichen Berechnung genügen zwar die Grundrechenarten – aber wenn bei der Bestandsaufnahme, also dem Sammeln der Gebäudedaten, Fehler passieren, kommen unterm Strich falsche Zahlen heraus. Alternativ hilft die VDI-Richtlinie 4645 – diese wendet sich allerdings an Fachleute und ist nur gegen Entgelt erhältlich.

Eine falsch dimensionierte Wärmepumpe ist nicht effizicnt.

Bei Neubauten und Grundsanierungen ist es Sache von Heizungsplanerin und Energieberater, den Heizbedarf zu kalkulieren. Wenn man ihn für Bestandsbauten nicht kennt, helfen alte Gas- oder Ölrechnungen, den Bedarf abzuschätzen. Idealerweise mittelt man ihn über mehrere Jahre – sofern sich in der Zeit nicht Rahmenbedingungen geändert haben, also beispielsweise ein Kinderzimmer nicht mehr genutzt wird.

Ebenso wichtig ist die Frage, ob die Wärmepumpe einer zentralen Warmwasserbereitung zuarbeitet, und falls ja, ob diese von Solarthermie oder Photovoltaik (PV) unterstützt wird. Die wichtigen Überlegungen zu diesem Thema finden sich ab Seite 118. Wenn die Wärmepumpe einen vorhandenen Heizkessel ablösen soll, der bislang auch für Warmwasser gesorgt hat, ist es grundsätzlich sinnvoll, den Aufbau der kombinierten Heizungs- und Warmwasseranlage beizubehalten. Es gibt auch Wärmepumpen mit integriertem Warmwasserspeicher – besprechen Sie mit Ihrem Heizungsbauer oder Energieplaner, ob solche Modelle Ihrem Bedarf entsprechen. Falls ja, ließe sich mit ihnen Platz sparen, die Heiz-/Warmwassertechnik würde kompakter.

Den zusätzlichen Heizleistungsbedarf für Warmwasser kann man überschlägig so berechnen:

Anzahl der Personen im Haus × 0,2 kW

Das Ergebnis addiert man zur Gebäudeheizlast.

Dazu ein Beispiel: Ein typisches Einfamilienhaus aus den 1990er-Jahren – wie etwa unser Beispiel-Reihenhaus – erreicht modernisiert Effienzhaus-70-Niveau. Es benötigt 30 bis 45 Watt pro Quadratmeter. Bei einer Wohnfläche von 120 Quadratmetern ergibt sich ein Heizbedarf von 3600 bis 5400 Watt.

Die meisten Hersteller haben in ihren Produktlinien keine festen, jeweils in ganzen Kilowatt (kW) abgestuften Leistungsunterschiede – es hängt vom konkreten Modell ab, ob es punktgenau zur nötigen Leistung passt oder ob man in unserem Fall beispielsweise Wärmepumpen mit einer Leistung von 4 bis 6 Kilowatt benötigt.

Soll die Wärmepumpe auch das Warmwasser bereiten, kämen in einem Vierpersonenhaushalt noch

4 x 0,2 kW = 0,8 kW

hinzu; entsprechend müsste eine passend dimensionierte Wärmepumpe also mindestens 4,4 bis 6,2 Kilowatt leisten. Diese Rechnung setzt allerdings den Einsatz eines Warmwasserbereiters (Speicher) voraus – ohne Warmwasservorrat wäre eine deutlich höhere Heizleistung erforderlich, um kurzfristig ausreichend warmes Wasser etwa für eine Badewannenfüllung bereitzustellen.

Außerdem ist die Warmwasserverteilung im Haus zu berücksichtigen. Wie bereits erklärt, geht auf dem Weg zu den einzelnen Zapfstellen Wärme verloren. Der wesentliche Punkt ist, ob das warme Wasser mit einer Zirkulationsleitung durchs Haus befördert wird. Ist dies der Fall, rechnet man für typische Einfamilienhäuser bei einer Wohnfläche von 100 bis 150 Quadratmetern mit einem zusätzlichen Wärmebedarf von 9,8 kWh/(m^2 x a) (Kilowattstunden durch das Produkt von Fläche mal Jahr).

9,8 x 150 = 1 470 kWh/a

Zusatzbedarf bei Sperrzeiten

Summe der Sperrzeiten pro Tag	Zusätzliche Wärmeleistung der Heizlast in Prozent
2 Stunden	5 Prozent
4 Stunden	10 Prozent
6 Stunden	15 Prozent

Quelle: Buderus

Damit hat man den jährlichen Mehrbedarf ermittelt. Pro Stunde ergibt sich also eine zusätzliche Heizlast von

1470 : 8 760 = 0,167808219 oder rund 0,2 kW.

Der Betrieb einer Warmwasserzirkulation erfordert also etwa so viel zusätzliche Energie, wie eine Person mehr im Haushalt benötigte.

Ohne Zirkulationsleitung ist der zusätzliche Energiebedarf geringer – er liegt bei 4,2 kWh/(m^2 x a). Es ergibt sich demnach ein Zusatzbedarf für Warmwasser von

4,2 x 150 = 630 kWh/a.

Der dann erforderliche Mehrbedarf liegt pro Stunde bei

630 : 8 760 = 0,071917808 oder rund 0,1 kW.

Das entspricht einer halben Person mehr im Haus.

Insgesamt wäre für unser Beispielhaus also inklusive Warmwasserbereitung eine Wärmepumpe mit einer Heizleistung von 4,6 bis 6,4 Kilowatt zu installieren, sofern das Warmwasser in seiner Leitung zirkuliert; für ein System ohne Warmwasserzirkulation wären es 4,5 bis 6,3 Kilowatt.

Sperrzeiten berücksichtigen

Viele Stromversorger bieten günstigere Tarife speziell für den Betrieb von Wärmepumpen an. Der Haken daran: Die Anbieter behalten sich vor, den Strom bei hohem Bedarf vorübergehend zu kappen. Sofern eine Wärmepumpe nicht von einem weiteren Wärmeerzeuger unterstützt wird, muss man diese Sperrzeiten bei der Auslegung der Wärmepumpe berücksichtigen. Üblicherweise kalkuliert man mit einer Reserve von 5 bis 15 Prozent.

Für unser Beispielhaus stiege also die benötigte Leistung von 4,6 auf 4,8 beziehungsweise 5 oder 5,3 Kilowatt bei zwei, vier oder sechs Sperrstunden pro Tag; im höchsten Fall von 6,4 auf 6,7 beziehungsweise 7 oder 7,4 Kilowatt.

Heizstab oder nicht?

Viele Luft-Wasser-Wärmepumpen sind ab Werk mit einem elektrischen Heizstab ausge-

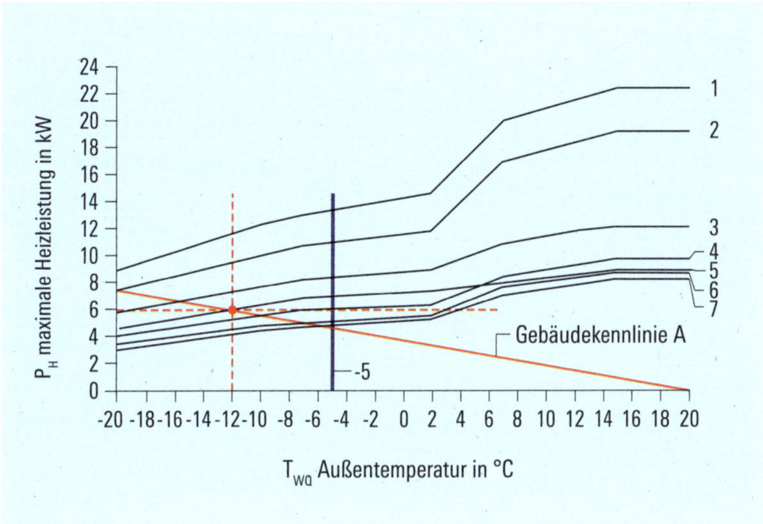

Beispielhaft ist hier gezeigt, wie man die Heizleistungskurven verschiedener Wärmepumpen der engeren Wahl vergleicht und die beste für den eigenen Bedarf findet. Wie's genau geht, erklären wir im Text unten.

rüstet oder optional damit erhältlich. Der soll immer dann einspringen, wenn niedrige Außentemperaturen die Wärmepumpe an die Grenzen ihrer Leistungsfähigkeit bringen. Statt im Verhältnis 1:3 oder besser aus Strom Wärme zu produzieren, wird dann etwa für ein Kilowatt Heizleistung ein Kilowatt elektrische Energie benötigt. Wirtschaftlich arbeitet die Wärmepumpe in diesem Modus nicht mehr. Die Frage, ob überhaupt mit einer Luft-Wasser-Wärmepumpe gearbeitet werden soll, ob diese einen Heizstab hat und ab welcher Temperatur („Bivalenzpunkt", siehe Seiten 83 und 104) er einspringen soll, ist im Wesentlichen standortabhängig.

Sofern man mit Heizstab arbeitet, sollte die Wärmepumpe in durchschnittlich kalten Gegenden Deutschlands so dimensioniert werden, dass der Bivalenzpunkt bei minus 5 Grad Celsius liegt. Dabei ergibt sich gemäß Din 4701/Teil 10 ein Deckungsanteil der Wärmepumpe an der Heizleistung von etwa 98 Prozent. Für Ihren Wohnort können Sie sich grob an der Tabelle rechts orientieren.

Die für Ihren Standort angenommene Normaußentemperatur können Sie unter anderem der Internetseite waermepumpe.de/normen-technik/klimakarte/ entnehmen.

Heizleistungskurven vergleichen

Die obenstehende Abbildung zeigt, wie sich mit den Heizleistungskurven infrage kommender Wärmepumpen sowohl für Bivalenzbetrieb mit Heizstab als auch mit einer zweiten Energiequelle (siehe Seite 103) ein ideales Modell finden lässt. Dazu zeichnet man die Heizleistungskurven in einem Diagramm nach, indem man deren maximale Heizleistung P_H senkrecht einträgt (Y-Achse) und den Außentemperaturbereich (T_{WQ}), in dem die Wärmepumpe heizen soll, waagerecht (X-Achse). Dann trägt man die Gebäudekennlinie A ein. Dazu ermittelt man zunächst den Schnittpunkt von Normaußentemperatur (im Beispiel minus 12 Grad Celsius, gestrichelte rote

Abhängigkeit Außentemperatur/ Bivalenzpunkt

Normaußentemperatur	Bivalenzpunkte
–16 Grad Celsius	–4 Grad Celsius … –7 Grad Celsius
–14 Grad Celsius	–3 Grad Celsius … –6 Grad Celsius
–12 Grad Celsius	–3 Grad Celsius … –6 Grad Celsius
–10 Grad Celsius	–2 Grad Celsius … –5 Grad Celsius

Linie) und berechneter Heizlast (6 Kilowatt, gestrichelte rote Linie). Dann zieht man einen Strich vom rechten unteren Ende des Diagramms, also dem Punkt, an dem die Wärmepumpe bei 20 Grad Celsius 0 Watt liefern muss, durch den Kreuzungspunkt. Zuletzt trägt man den gewünschten Bivalenzpunkt als senkrechte Linie (blau) ein. Wärmepumpen, die am Kreuzungspunkt von Gebäudekennlinie und Bivalenzpunkt liegen, taugen für den projektierten Einsatz – im Beispiel wäre das das Modell 7.

Ist der Kühlenergiebedarf relevant?

Manche Ratgeber empfehlen, bei der Dimensionierung der Wärmepumpe auch die erforderliche Kühlleistung zu berechnen. Für ein normales Wohngebäude kann man sich diese Mühe allerdings sparen, da der Energiebedarf für die Kühlung eines Hauses in der Regel deutlich unter dem Heizwärmebedarf liegt – vorausgesetzt, man nutzt Sonnenschutzvorrichtungen und hält während des Kühlbetriebs Fenster und Türen geschlossen. Nicht jede Wärmepumpe kann auch kühlen – das gilt es bei der Auswahl zu berücksichtigen.

Mindestanlagenvolumen

In einer Zentralheizung transportiert Wasser die Wärme vom Wärmeerzeuger zu den einzelnen Heizflächen beziehungsweise in die zu heizenden Räume. Das im Wärmeerzeuger und Verteilsystem befindliche Wasser ist bei der Dimensionierung der Wärmepumpe eine wichtige Größe. Leider ist es nicht sinnvoll, eine fixe Wassermenge anzugeben, denn daneben entscheiden noch andere Details der Wärmeverteilung über die Effizienz einer Wärmepumpe und deren Kompatibilität mit der vorhandenen oder geplanten Wärmeverteilung. In der Praxis nennen die Hersteller Anlagendetails, die zur Wärmepumpe passen müssen.

So findet sich statt einer konkreten Literangabe für das Mindestvolumen oft eine Zahl zur Mindestheizfläche einer installierten Fußbodenheizung. Eine Alternative sind Angaben zum minimalen und maximalen Volumenstrom. Diese Zahlen stehen bei manchen Anbietern aber nicht in den technischen Daten, sondern nur im entsprechenden Abschnitt der Bedienungsanleitung. Bei einem typischen Modell für ein Einfamilienhaus gibt der Hersteller beispielsweise 400 bis 860 Liter pro Stunde an. Prinzipiell ist diese Angabe des Volumenstroms hilfreicher, denn mit Wärmepumpen kann man ja nicht nur Fußbodenheizungen betreiben.

Sofern ein Anbieter Mindestfußbodenflächen nennt, ist ein typischer Wert bei einer Wärmepumpenheizleistung von 4 bis 8 Kilowatt für einen Fußbodenheizkreis ohne Pufferspeicher eine Mindestfußbodenfläche von 6 Quadratmetern, für Wärmepumpen mit 11 bis 14 Kilowatt sind es rund 22 Quadratmeter. Mit maximaler Effizienz läuft die 4-bis-8-Kilowatt-Pumpe aber erst ab einer Heizfläche von mindestens 30 Quadratmetern, das größere Modell mit 11 bis 14 Kilowatt erst ab 100 Quadratmetern. Umgerechnet auf die Angaben zum Volumenstrom entsprechen die 100 Quadratmeter einem Volumenstrom von rund 580 Litern pro Stunde, eine Heizfläche von rund 65 Quadratmetern einem Volumenstrom von rund 400 Litern pro Stunde. Die niedrigeren, ineffizienten Bezugsgrößen kann man daher getrost unter dem Stichwort „Schönrechnerei" verbuchen. Klare Sache also: Bei Volumenstrom oder Mindestfußbodenheizfläche orientiert man sich an den größten Zahlen.

Alternativ findet sich eine Angabe zur Mindestzahl der Heizkörper – auch hier immer unter der Voraussetzung, dass die Heizung weder Mischer noch Pufferspeicher hat. Einen kostenlosen Onlinerechner, mit dem sich die Zahl benötigter Heizkörper und deren Wärmepumpentauglichkeit überprüfen lassen, stellt der Bundesverband Wärmepumpe unter waermepumpe.de/normen-technik/heizkoerperrechner/ zur Verfügung.

Wichtig – gleich, ob mit Fußbodenheizung oder Heizkörpern – ist, dass die Heizkörper ständig von Wasser durchströmt werden. Im Neubau und bei einer Grundsanierung sollten keine Ventile den Heizwasserkreislauf drosseln oder sperren. Für die Regelung der Wärmepumpe sind hier ein oder mehrere Raumthermostate zuständig, die die Heizkennlinie kontinuierlich anpassen. Im Bestand wird man unter Umständen Regelventile für die Einzelraumregelung finden – für den Betrieb mit einer Wärmepumpe muss dann eine Überströmeinrichtung eingebaut werden.

Wärmepumpe per Software berechnen?

Die geschilderten Berechnungen beschränken sich zwar auf die Grundrechenarten – dennoch wird sie mancher als lästig empfinden. Im Zeitalter leistungsfähiger Computer und Smartphones sollte das doch auch einfacher gehen – oder?

Geht es. Für ihre eigenen Wärmepumpen bieten viele Hersteller wahlweise Onlinetools oder PC-Programme an. Zur groben Orientierung und um einen Eindruck zu bekommen, ob Modelle der jeweiligen Anbieter überhaupt zu den eigenen Bedürfnissen passen, taugen sie – einen umfassenden Marktüberblick bieten sie verständlicherweise nicht. In diese Lücke springen unabhängige Anbieter wie Delzer Kybernetik, Hottgenroth, Valentine Software oder WP-Soft mit ihren Simulationsprogrammen. Diese berücksichtigen in den meisten Fällen nicht nur Wärmepumpe und Heizkörper, sondern auch Dinge wie Solarthermie oder Photovoltaik bei der Berechnung. Die meisten Programme richten sich mit Preisen von 400 bis 1 000 EUR leider ausschließlich an gewerbliche Nutzer. Manche Hersteller bieten vergünstigt Bauherrenversionen ihrer Programme an, die ab Lizenzerwerb für einen Monat lauffähig sind – zum Planen der eigenen Wärmepumpe sollte das reichen. Wichtig, wenn man sich für eines der Produkte interessiert, sind die Aktualität und Aktualisierung der Wärmepumpendaten. Zudem sollte es immer die Möglichkeit geben, die Daten von Modellen einzugeben, die die Software nicht kennt.

Aufstellort

Beim geeigneten Platz für eine Wärmepumpe spielen die Grundrechenarten nur eine untergeordnete Rolle. Die gewählte Wärmequelle bestimmt die wesentlichen Parameter – eine Grundwasser-Wasser-Wärmepumpe muss in der Nähe der Brunnen aufgestellt werden, eine Luft-Wasser-Wärmepumpe (bei Split-Anlagen: deren Außeneinheit) im Freien. Gibt es im Haus einen Keller, hat man mehr Freiheiten bei der Standortwahl, als wenn nur ein Technikraum existiert. Wird die Wärmepumpe von Solarthermie oder einem Eisspeicher unterstützt, sind die Distanzen zu diesen Komponenten relevant.

Für alle Wärmepumpenarten ist ein ausreichend fester Aufstellplatz wichtig, im Freien wird man in der Regel einen Betonsockel für sie gießen. Außerdem muss zum Standort ein leistungsfähiger Drehstromanschluss führen – oder dort installiert werden. Was es beim Aufstellen der verschiedenen Wärmepumpentypen zu beachten gibt, haben wir bereits in den betreffenden Abschnitten dieses Kapitels geklärt.

Die Anlagenhydraulik

Dieses Stichwort meint den Wasserfluss innerhalb von Heizung, Warmwasser-/Pufferspeicher sowie eventueller weiterer Komponenten wie Eisspeicher oder Solarthermie. Dieses Thema muss bei der Planung jeder Art von Zentralheizung berücksichtigt werden – folglich auch bei Wärmepumpen. Wichtig sind Differenzen zwischen Vorlauf- und Rücklauftemperatur und die Volumenströme auf beiden Seiten der Wärmepumpe. Diese zu konzipieren ist aber eine Aufgabe für den Fachmann, weshalb wir uns an dieser Stelle auf den Hinweis beschränken, dass die Hersteller auf ihren Internetseiten für ihre Wärmepumpen und die jeweils gewünschten Bestandteile der Heizungsanlage Hydraulikpläne bereitstellen.

Wärmepumpe wirtschaftlich betreiben und warten

Die Betriebsparameter von Wärmepumpen wollen fein austariert werden – dies sollte der Heizungsbauer erledigen.

Auch, wenn man ein grundsätzlich wirtschaftliches Wärmepumpenmodell gewählt hat, gibt es im laufenden Betrieb Optimierungsmöglichkeiten und Wartungsbedarf. Damit keine Missverständnisse aufkommen: Eine reine Wärmepumpenheizung fordert wesentlich weniger Aufmerksamkeit als jede Heizung mit fossilen Brennstoffen. Sofern ausschließlich mit einer Wärmepumpe geheizt wird, muss kein Schornsteinfeger regelmäßig den Kamin kehren oder Abgaswerte prüfen. Dennoch: Ein wenig Aufmerksamkeit verlangen auch Wärmepumpen.

Heizkurve optimieren

Für alle Arten von Heizungen definiert der Hersteller Heizkurven, also Parameter, die festlegen, welche Vorlauftemperatur die Heizung bei welcher Außentemperatur bereitstellt (siehe ab Seite 192). Diese werden vom Heizungsinstallateur in der Anlage hinterlegt. Sie stellen aber nur eine grobe Annäherung an die tatsächlichen Verhältnisse dar und sollten vom Heizungsbauer nach der ersten Heizperiode auf Optimierungsmöglichkeiten kontrolliert werden. Dabei helfen ihm natürlich die Erfahrungen der Bewohner und Bewohnerinnen. Ideal ist, wenn Stromverbrauch sowie Außen- und Raumtemperaturen im Winter und den Übergangsmonaten protokolliert wurden – sofern die Heizungssteuerung diese Daten nicht ohnehin erfasst. Klären Sie also mit dem Heizungsinstallateur, ob Sie selbst Buch führen müssen oder er am Ende der Heizperiode die Daten einfach per Computer auslesen kann. Da es von vielen Wärmepumpenherstellern mittlerweile auch – meist kostenlose – Apps für Smartphone und Tablet gibt, klären Sie, ob auch diese die nötigen Daten für Sie sammeln können (siehe auch Kapitel „Heizungssteuerung und Smart Home", ab Seite 190).

Viele aktuelle Wärmepumpen können vom Hersteller online kontrolliert und bei Bedarf optimiert werden; teils verlängert sich auch die Garantie, wenn der Kunde den Fernzugriff zulässt. Dazu muss im Technikraum oder in der Nähe der Wärmepumpe ein Anschluss zum hauseigenen Computernetzwerk existieren oder das Gerät per Funk („WLan") eingebunden werden.

Falls die Steuerung der Heizung die Daten nicht ohnehin liefert, muss für die Wärmepumpe gegebenenfalls ein eigener Stromzähler installiert werden. Mit dem Einbau der Wärmepumpe ist es also zumindest im ersten Jahr nach der Installation nicht getan – die Kontrolle und Optimierung der Verbrauchsdaten sowie deren Dokumentation sollten Teil des Kaufvertrags oder durch einen separaten Wartungsvertrag gedeckt sein.

Gleich, wer die Daten wie erfasst: Bei der Auswertung ergibt sich mit hoher Wahrscheinlichkeit eine dieser drei Varianten – beziehungsweise deren Gegenteil:

1. Wenn es grundsätzlich im Haus zu kühl ist, verschiebt man die Heizkurve in ihrer Gesamtheit nach oben.
2. Ist es nur im Winter im Haus zu kalt, erhöht man die Steilheit der Heizkurve im Bereich der niedrigen Temperaturen.
3. Sollte es nur in den Übergangsmonaten zu kühl in den Zimmern sein, verschiebt man die Heizkurve nach oben und senkt deren Steilheit bei niedrigen Temperaturen.

Ist es immer, nur im Winter oder nur in den Übergangsmonaten zu warm, wendet man die beschriebenen Änderungen mit umgekehrten Vorzeichen an.

In der Praxis nähert der Installateur oder ein Mitarbeiter des Herstellers sich der optimalen Heizkurve durch Versuch und Irrtum, sprich: Er muss ausprobieren, wann es passt. Dies ist insbesondere in gut gedämmten Gebäuden ein längerer Prozess, denn hier machen sich Änderungen in der Wärmepumpenregelung nur zögerlich in der tatsächlichen Raumtemperatur bemerkbar. Es kann Tage dauern, bis neue Parameter spürbar werden. Dabei kann folgendes Problem auftreten: Eine Wärmepumpe arbeitet maximal effizient, wenn die Zimmertemperatur bei komplett geöffneten Heizkörperventilen den Wünschen der Bewohner entspricht. Wenn aber die Wärmepumpe anfangs zu stark heizt, wird man die Temperatur an den Heizkörperventilen reduzieren – der Aufenthalt in einem überhitzten Raum ist schließlich ähnlich unangenehm wie der in einem zu kalten. Damit vereitelt man aber die Messung der Ist-Werte. Wenn irgend möglich, sollte man also zum Ermitteln der Werte einen Raum wählen, in dem die Heizkörperventile ständig völlig geöffnet bleiben können. Um die Dinge noch ein wenig zu verkomplizieren: Sind nur einzelne Zimmer zu kühl, ist höchstwahrscheinlich nicht die Heizkurve der Wärmepumpe das Problem, sondern **der hydraulische Abgleich** des Heizungssystems.

Die Differenz zwischen Wärmequelle und Wärmesenke, also die Unterschiede zwischen Vorlauf- und Rücklauftemperatur, kann man als Eigentümer an den entsprechenden Stellen der Wärmepumpe selbst ermitteln, indem man die jeweiligen Temperaturen abliest oder den Protokollen entnimmt. Im effizienten Bereich bewegen sie sich nur, wenn die vom Hersteller vorgegebenen Volumenströme eingehalten werden. Dafür sind Umwälzpumpen, Regulierventile oder Durchflussmesser und Regulierer verantwortlich. Die Angaben dazu findet man üblicherweise auf dem Typenschild sowie in den technischen Unterlagen. Ermitteln kann der Fachmann diese Werte entweder direkt im Wärmepumpenregler, an den Umwälzpumpen, Wärmemengenzählern oder über Ultraschall-Durchflussmessgeräte.

Umwälzpumpe ersetzen

Sofern ein Fachmann nicht ausdrücklich anderes empfiehlt (und verantwortet), sollten existierende Umwälzpumpen einer alten Heizung durch Hocheffizienzmodelle ersetzt werden – diese müssen natürlich immer noch die für die Wärmepumpe nötigen Mindestvolumenströme transportieren.

Im Idealfall ist die Optimierung von Heizkurven und Volumenströmen nach der ersten Heizperiode abgeschlossen. Dennoch sollte man im eigenen Interesse regelmäßig Jahresarbeitszahl, Stromverbrauch, Betriebszeiten von Wärme- und Umwälzpumpen sowie eventueller zusätzlicher Wärmeerzeuger, die Zahl der Ein- und Ausschaltvorgänge und die Quellentemperaturen kontrollieren und mit den Zahlen des Vorjahrs vergleichen, um mögliche Probleme frühzeitig zu erkennen. Die meisten Wärmepumpen erfassen diese Daten eigenständig und stellen sie in computerlesbarer Form bereit. Modelle, die das nicht können, sollte man nur im Ausnahmefall erwerben.

Für das Zusammenspiel von Wärmepumpe und Wärmeverteilung kann man die folgenden Eckwerte verwenden: Die Heizkurve sollte möglichst niedrig gewählt werden und die Raumsolltemperatur möglichst nicht über 20 Grad Celsius liegen. In nicht oder wenig genutzten Räumen stellt man die Heizkörper auf Frostschutz. Lassen Sie sich vom Installateur oder den Mitarbeitern des Wärmepumpenherstellers erklären, wann es jeweils sinnvoll ist, von Winter- auf Sommerbetrieb umzuschalten oder das Ferienprogramm zu aktivieren. Sofern die Wärmepumpe auch das Warmwasser bereitet, sollte dessen Temperatur nur bei längerer Abwesenheit über 50 Grad Celsius liegen, um Legionellenbildung zu verhindern. Auch die Warmwassermenge ist eine wichtige Stellgröße.

Neben der Verbrauchsoptimierung fallen an Wärmepumpen wie an den meisten technischen Geräten allgemeine Wartungsarbeiten an. Schmutzfänger und Wärmeübertrager etwa müssen regelmäßig gesäubert, der Kältekreis auf Dichtheit kontrolliert, Ventile, Pumpen, Armaturen und die Isolation überprüft werden.

Kombination von Wärmepumpe und Photovoltaik

Wärmepumpen werden mit Strom betrieben. Es liegt nahe, dass man diesen Strom am günstigsten selbst erzeugt. In den meisten Fällen liefern ihn Photovoltaikmodule (PV). Dies setzt natürlich voraus, dass das Hausdach oder das eines Nebengebäudes physisch ausreichend stabil ist, um PV-Module zu tragen, und das Dach oder die Dächer so ausgerichtet sind, dass sie möglichst viel Sonne einfangen. Wie bei jeder Art Nutzung von Sonnenenergie besteht dabei immer das Dilemma, dass in mitteleuropäischen Breiten die Sonne am meisten scheint, wenn man sie zur Heizungsunterstützung am wenigsten braucht, nämlich im Sommer. Hinzu kommt: Die derzeit per Photovoltaik auf dem typischen Einfamilienhaus generierbaren Leistungen können in der Heizperiode nicht den gesamten Energiebedarf einer Wärmepumpe decken.

Dennoch ist die Kombination von Wärmepumpe und Photovoltaik dort, wo sie machbar ist, in jedem Fall sinnvoll, denn der Verkauf von Solarstrom ist kaum noch attraktiv. Wie wirtschaftlich die Nutzung von PV-Strom für die Wärmepumpe ist, hängt von vielen Faktoren ab. An oberster Stelle steht hier die Leistung der PV-Anlage, die ihrerseits von der verfügbaren Dachfläche abhängt. Ein weiterer wichtiger Faktor ist der Stromertrag der PV-Anlage, der maßgeblich auf der Technik der Solarzellen fußt, in der Praxis zusätzlich auf dem Standort, dem Wetter und der Dach- beziehungsweise Solarzellenneigung. Weiterhin sind die gemeinsame Regelung für PV-Anlage und Wärmepumpe zu nennen, das Vorhandensein eines Stromspeichers (Akku) und dessen Fassungsvermögen, ebenso ob es einen Pufferspeicher gibt und welches Volumen dieser besitzt. Schließlich spielen auch der Wärmebedarf von Heizung und Warmwasser und die Art und der Umfang der Gebäudedämmung eine Rolle.

Laut den Berechnungen des baden-württembergischen Zentrums für Sonnenenergie- und Wasserstoff-Forschung (ZSW) kann man schon mit der Kombination aus einer kleineren Solarstromanlage und einer Wärmepumpe statt 30 bis zu 45 Prozent Photovoltaikstrom selbst verbrauchen, muss ihn also nicht ins Netz einspeisen. Ergänzt man die PV-Anlage um Akkus, sind bis zu 70 Prozent möglich.

Wenn Sie von vornherein planen, eine Wärmepumpe mit möglichst viel eigenem PV-Strom zu betreiben, dimensionieren Sie die PV-Anlage nach Möglichkeit so, dass sie auch im Winter einen möglichst großen Anteil an der Stromversorgung der Wärmepumpe hat. Mit den erwähnten Akkus lässt sich die Nutzung eigenen PV-Stroms problemlos in die Abend- oder gar Nachtstunden strecken.

Ohne Akku deckt Solarstrom im Winter etwa 15 bis maximal 20 Prozent des gesamten Wärmebedarfs eines Hauses ab. Das senkt auf jeden Fall die Stromrechnung; wenn die Wärmepumpe auch das warme Wasser bereitet, übernimmt PV-Strom im Sommer und in einem Großteil der Übergangszeit den Bedarf der Wärmepumpe komplett – mehr dazu weiter unten in den Rechenbeispielen (siehe ab Seite 119). Also: Sofern die Standortbedingungen passen, lohnt sich die Kombination von Photovoltaik und Wärmepumpe immer.

Anbringung von Solarmodulen

Liegt der Schwerpunkt der Photovoltaikanlage auf einem möglichst hohen Beitrag zur Heizung, sollte man seine Aufmerksamkeit auf die Ausrichtung der Solarpaneele lenken. In der kalten Jahreszeit steht die Sonne tiefer, die auf dem typischen Satteldach eines Einfamilienhauses angebrachten PV-Module liegen dann nicht im idealen Winkel zur Wintersonne. Maximalen Stromertrag garantieren im Winter Solarzäune, also senkrecht aufgestellte Solarmodule oder ebenfalls senkrecht montierte Fassaden-PV-Elemente. Eine Alternative für maximale PV-Stromproduktion im Winter: Die PV-Module auf zwei Dachhälften nach Osten und Westen anbringen – so hat man morgens früher und abends länger günstigen Solarstrom.

PV-Unterstützung für Wärmepumpen – die Zahlen

Für unser Rechenbeispiel gehen wir von einem typischen Einfamilienhaus mit 150 Quadratmetern Wohnfläche gemäß dem Beispielgebäude 3 (siehe Seite 39) aus:

Gebäude: 150 m², 45 kWh/m² Heizwärmebedarf =

150 x 45,4 = 6812 kWh Heizwärmebedarf

Im Haus leben vier Personen, die mit Warmwasser versorgt werden wollen. Pro Kopf rechnet man bei sparsamem Verbrauch mit 25 Litern Warmwasser pro Tag an 365 Tagen im Jahr. Das Warmwasser wird durch eine Zirkulationspumpe im Leitungsnetz schnell bereitgestellt.

4 Personen x 25l/d x 365 d/a x 48K Erwärmung (von 12 auf 60 °C) + 4,19 kJ/kgK (spezifische Wärmekapazität Wasser) : 3600 kJ/kWh
= 2039 kWh/a

Wärmebedarf Zirkulation:

150 m² x 9,8 kWh/m²a = 1470 kWh/a

Wärmebedarf gesamt:

6812 + 2039 + 1470 = 10321 kWh

Die Betriebsbedingungen für die Heizwärme, Warmwasserbereitung und den Zirkulationsbetrieb unterscheiden sich bezüglich der geforderten Temperaturen deutlich. Deshalb resultiert je Wärmebereich ein anderer COP-Wert.

- **COP Heizwärme** (Fußbodenheizung maximal 38 Grad Celsius): 3,6. Hier ändert sich der Bedarf laufend mit der Außentemperatur.
- **COP Warmwasserbereitung** (Erwärmung 12 auf 60 Grad Celsius): 2,5. Dieser Bedarf ist über den Monat weitgehend konstant.
- **COP Zirkulation** (Erwärmung von 55 auf 60 Grad Celsius): 2,2. Dieser Heizbedarf ist fast übers gesamte Jahr konstant.

Damit ergibt sich folgender Gesamtstrombedarf für die Wärmeversorgung:

(6812 : 3,6) + (2039 : 2,5) + (1470 : 2,0) kWh/a
= 3376 kWh/a

Eine Luft-Wasser-Wärmepumpe, die die genannten Werte einhält, also 10321 Kilowattstunden pro Jahr Heizwärme mit 3376 Kilowattstunden pro Jahr Strom produziert, erreicht eine Jahresarbeitszahl (JAZ) von 3,1.

Eine Photovoltaikanlage kann dazu über das Jahr Folgendes beitragen:

Bei einer nach Süden ausgerichteten Dachfläche mit 45 Grad Neigung kann eine PV-Anlage mit 27 Quadratmetern Fläche (= 15 Modulen à 400 Wp) 6 Kilowatt Peak produzieren. kWp (Kilowatt Peak) steht dabei für die von einem Panel lieferbare Spitzen- oder Maximalleistung.

Der am Wohnort im Jahresdurchschnitt erzielbare Stromertrag netzgekoppelter PV-Anlagen kann mit dem Rechner der Europäischen Union für jeden Standort in Deutschland ermittelt werden:

re.jrc.ec.europa.eu/pvg_tools/de/#PVP

Überschlägig ergibt sich dabei im Mittel für Standorte in Norddeutschland ein PV-Jahresertrag von rund 5000 kWh/a und rund 6000 kWh/a an Standorten in Süddeutschland.

Die Spitze der Stromproduktion über eine Photovoltaikanlage liegt in den Monaten April bis September. Man kann dies ebenfalls in der Grafik auf Seite 121 sehen: PV-Stromproduktion und Heizbedarf sind diametral entgegengesetzt.

Es wird deutlich, dass in den Monaten November bis Februar die von der Photovoltaikanlage gelieferte Strommenge nicht ausreicht, um den Strombedarf der Wärmepumpe komplett zu decken. Die lila Kurve (Strombedarf für Heizung) liegt in diesem Zeitraum über der blauen Kurve (Stromerzeugung der PV-Anlage selbst).

In der Realität sieht es noch schlechter aus. Eine Photovoltaikanlage ohne Speicher (Akku) kann nur tagsüber zur Wärmeversorgung beitragen – und das Zeitfenster für Tageslicht ist im tiefsten Winter sehr klein. Mit einem Batteriespeicher kann tagsüber nicht benötigter PV-Strom für das abendliche oder nächtliche Heizen zwischengespeichert werden. Das ist in jedem Fall sinnvoll, aber Akkus arbeiten nicht verlustfrei: Rund 10 Prozent des Photovoltaikstroms gehen dabei verloren. Mit den zurzeit am Markt verfügbaren Batteriespeichern wird die Speicherkapazität aus wirtschaftlichen Gründen bei 6 bis 10 Kilowattstunden liegen. Damit kann keine längere Schlechtwetterperiode überbrückt werden. Deshalb wird in der Realität der insgesamt für die Gebäudeheizung und Warmwasserbereitung nutzbare PV-Stromanteil zwischen der orangen und der roten Kurve liegen, also zwischen 30 und maximal 70 bis 80 Prozent (siehe Grafik rechts). Damit stellt sich die Wirtschaftlichkeit einer PV-unterstützten Wärmepumpe wie folgt dar:

Als Randbedingungen setzen wir einen Strompreis von 0,32 Euro und Erzeugerkosten der PV-Anlage von 0,15 Euro pro Kilowattstunde an. Bei einer PV-Anlage mit Batteriespeicher müssen wir zusätzlich von 0,28 Euro pro Kilowattstunde ausgehen.

Mit Strom vom Versorger kostet das Heizen mit Wärmepumpe:

3376 kWh/a x 0,32 Euro/kWh = 1080 Euro

Stammen 30 Prozent des nötigen Stroms aus der eigenen PV-Anlage, ergeben sich Energiekosten von:

3376 kWh/a x (0,3 x 0,15 + 0,7 x 0,32) Euro/kWh = 908 Euro

Somit ergibt sich eine Einsparung von 172 Euro pro Jahr oder von 16 Prozent.

Wenn 30 Prozent des für die Wärmepumpe nötigen Stroms direkt aus der eigenen PV-Anlage kommen und 30 Prozent aus zwischengespeichertem Strom aus der Batterie, ergeben sich Energiekosten von:

3376 kWh/a x (0,3 x 0,15 + 0,3 x 0,28 + 0,4 x 0,32) Euro/kWh = 868 Euro

Hier ergäbe sich eine Einsparung von 212 Euro oder von rund 20 Prozent.

Unterm Strich zeigen die Zahlen ganz klar: Eine Photovoltaikanlage kann die Energiekosten für den Wärmepumpenbetrieb bei den betrachteten Randbedingungen um 10 bis 20 Prozent reduzieren. Je höher die Bezugskosten für Strom aus dem öffentlichen Netz sind, desto wirtschaftlicher werden der Aufbau einer Photovoltaikanlage und die Nutzung des erzeugten Stroms für die Wärmeversorgung.

Alternative zu Akkus: Pufferspeicher

Sofern PV-Strom hauptsächlich von der Wärmepumpe verwendet werden soll, sollte man rechnen, ob nicht ein passend dimensionierter Pufferspeicher (also ein Wassertank; fürs Einfamilienhaus wäre ein 1000-Liter-Tank für rund 2000 Euro passend) im Heizsystem die sinnvollere Alternative zu Akkus ist. Wenn man die Regelung der Wärmepumpe so einstellt, dass sie den Pufferspeicher erwärmt, wann immer kostengünstiger PV-Strom vom Dach fließt, kann dies in einem gut gedämmten Haus genug Wärme produzieren, um die Nacht zu überbrücken. Bei einer entsprechend leistungsfähigen Wärmepumpe spart man so ein bis zwei Kilowattstunden Strom vom Versorger und kann im Mittel ebenfalls mit um ein Drittel niedrigeren Stromkosten rechnen.

PVT-Kollektoren

Wenn die Wärmepumpe in einem energetisch brauchbaren Neubau oder grundsanierten Bestandsbau als Wärmeerzeuger reicht und zudem die Warmwasserbereitung übernimmt, dürften reine Photovoltaikmodule als günstige Energiequelle ideal sein. Im Sommer reicht der PV-Strom allemal fürs warme Wasser, im Winter bezieht die Wärmepumpe immer noch einen Teil des Stroms günstig per PV. An kalten Standorten oder in Häusern, die sich nicht auf zeitgemäßen Stand dämmen lassen, könnten kombinierte Photovoltaik-/Solarthermiemodule, also Panels, die sowohl elektrischen Strom als auch warmes Wasser aus Sonnenlicht produzieren (PVT-Kollektoren), aber den Energiebedarf einer Zentralheizung optimieren. Natürlich sind PVT-Kollektoren teurer als PV- oder Solarthermiemodule. Sofern der Platz zur Verfügung steht, ließen sich auch konventionelle PV-Module mit Solarthermie kombinieren. Mit einer Energieberaterin sollten Sie über diese Option auf jeden Fall sprechen und sie gegebenenfalls durchrechnen.

Wärmepumpentarife

Nach der Verfügbarkeit spezieller, besonders günstiger Stromtarife der Energieversorger für Wärmepumpen sollte man sich an seinem Wohnort unbedingt erkundigen. Finanztest hat im Mai 2023 Preise und Konditionen für 73 Tarife von 41 Versorgern untersucht. Dabei fanden sich zum Stichtag elf bundesweite Tarife, die bis zu 15 Prozent weniger im Jahr kosteten als das günstigste Haushaltsstromangebot des Tarifrechners Check24. Besonders preiswerte Tarife boten die örtlichen Stadtwerke.

Voraussetzung: getrennte Zähler

Wie viel Sparpotential beim Heizstrom im Einzelfall im Vergleich zum Haushaltsstrom möglich ist, hängt auch von der Art des Zählersystems ab. Wer Haushalts- und Heizstrom getrennt misst, hat zwei Zähler und kann auch zwei Tarife abschließen, einen für seinen Haushaltsstrom und einen weiteren für seinen Wärmepumpenstrom, der oft deutlich günstiger ist. Allerdings zahlt man bei der getrennten Messung auch zwei Mal eine Grundgebühr. Sie lag im Test für Wärmepumpentarife zwischen 37 und 171 Euro pro Jahr. Je höher der Verbrauch des Heizstroms ist desto eher lohnt sich ein zweiter Zähler.

Ab dem Jahr 2025 fordert die EU, dass die Energieversorger mindestens einen Stromtarif anbieten, der sich am aktuellen Preis an der

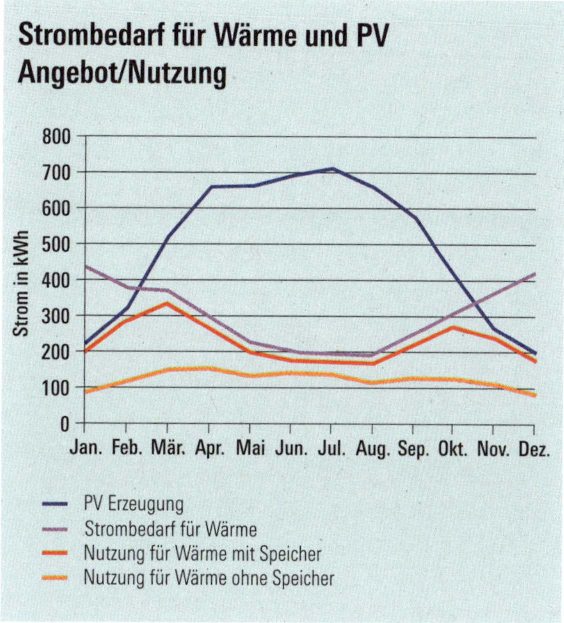

Strombörse orientiert. Sobald diese Möglichkeit besteht, kann der Betrieb der Wärmepumpe an jedem Tag auf die Stunden mit dem geringsten Strompreis gelegt werden. Bis auf wenige, sehr kalte Tage, an denen praktisch durchgehend die volle Leistung der Wärmepumpe benötigt wird, kann der Netzstrom im Mittel um etwa 0,04 Euro/kWh günstiger bezogen werden. Daraus ergäben sich folgende Einsparungen:

3 376 kWh/a x (0,32 – 0,04) Euro/kWh
= 945 Euro

Das entspräche einer Einsparung von rund 135 Euro oder 12,5 Prozent.

Bei den von uns zugrunde gelegten Preisen würde also ab dem Jahr 2025 die Einsparung durch Strom zum Börsenpreis der einer Photovoltaikanlage ohne Stromspeicher entsprechen. Allerdings kann niemand vorhersagen, wie sich die Strompreise insgesamt entwickeln und wie stark der wohl für erneuerbare Energien nötige Netzausbau auf den Strompreis durchschlägt.

Mit Blick auf eine möglichst hohe Unabhängigkeit von Marktkapriolen ist eine eigene Photovoltaikanlage in jedem Fall sinnvoll.

Alternativen und Ergänzungen zur Wärmepumpe

124 Warmwasser und Heizung mit Solarthermie
134 Gas- und Ölheizung
138 Wärmeerzeugung mit Biogas
143 Elektroheizung
148 Blockheizkraftwerke
150 Heizen mit Holz
158 Fernwärme – die effiziente Alternative?
160 Wichtige Auswahlfaktoren

Warmwasser und Heizung mit Solarthermie

Sonnenenergie kostet nichts. Naheliegend also, ihre Kraft für uns arbeiten statt sie ungenutzt verpuffen zu lassen. Im Privathaus bietet sich dazu als günstigste Möglichkeit die Solarthermie an.

Auf eine Fläche von einem Quadratmeter trifft pro Jahr eine Sonnenenergie von 1000 Kilowattstunden. Das entspricht dem Energiegehalt von 100 Litern Heizöl. Bei der typischen Kollektorfläche von sechs bis acht Quadratmetern ergibt sich folglich ein Energiepotenzial von 6000 bis 8000 Kilowattstunden oder 600 bis 800 Litern Heizöl. Fragt sich nur, wie man dieses am besten nutzt.

Denn auch wenn die Sonne streng genommen ständig scheint: Unsere Erde dreht sich sowohl um die eigene Achse als auch übers Jahr auf ihrer mal sonnennäheren, mal sonnenferneren Umlaufbahn. Folglich steht nachts nie Sonnenlicht zur Verfügung, aufs Jahr betrachtet liefert die Sonne hierzulande 75 Prozent der Energie zwischen April und Oktober – just in den Monaten, in denen man in unseren Breiten wenig bis keine Energie fürs Heizen benötigt. Ist es also vergebliche Liebesmühe, die Sonne einfangen zu wollen?

Keineswegs. In einem gut gedämmten Gebäude wird wesentlich mehr Energie für die Warmwasserbereitung als fürs Heizen benötigt (siehe auch Seite 211). Sofern Sie sich für eine zentrale Warmwasserbereitung entschieden haben, hilft Solarthermie in jedem Fall, die Kosten dafür so niedrig wie möglich zu halten. Das Einsparpotenzial liegt bei rund 60, in den Sommermonaten sogar bei 100 Prozent. Dies zeigt ein Vergleich des Wärmebedarfs eines Wohngebäudes für Heizung und Warmwasserbedarf mit dem solaren Energieangebot (siehe Grafik unten).

Auch die Neigung der Sonnenkollektoren entscheidet über den Energieertrag. Bei einem Winkel von 70 Grad fällt im Sommer etwas weniger Energie an; dafür sind die Kollektoren im Winter effizienter.

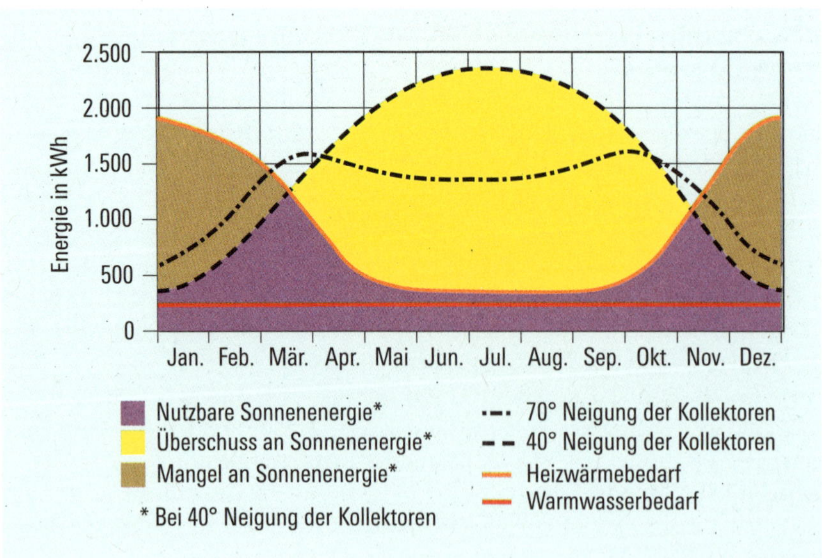

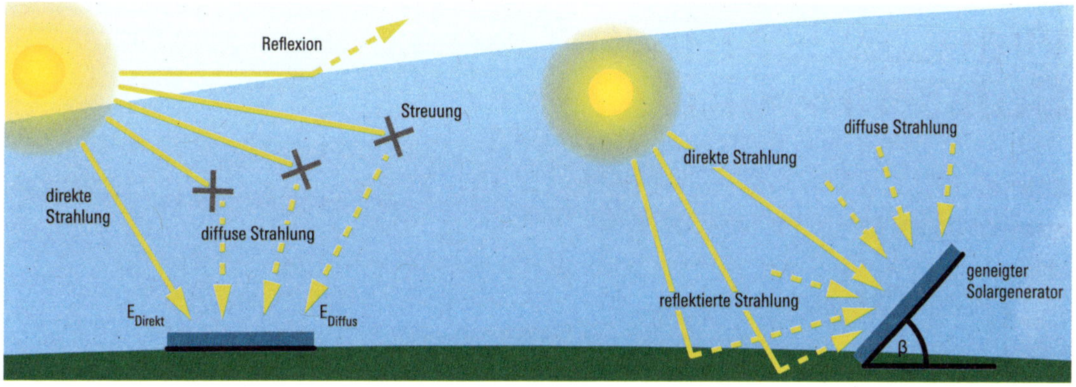

Verschiedene Strahlungsanteile aus direkter und indirekter Strahlung auf ebener sowie geneigter Fläche

Die monatliche Energierechnung für warmes Wasser wird also mindestens mehr als halbiert. Und dieses Potenzial lässt sich über das gesamte Jahr nutzen, denn selbst an trüben Tagen reicht die von Solarkollektoren lieferbare Energie zumindest für eine Vorerwärmung des Warmwassers. Das Diagramm zeigt zudem deutlich, dass Solarkollektoren zur Heizungsunterstützung optimalerweise steiler (hier mit 70 Grad) aufgestellt werden sollten, um gerade im Winter bei tief stehender Sonne mehr nutzbare Energie zu liefern. Mehr dazu in Abschnitt „Anbringung von Solarmodulen", siehe Seite 118.

Wie gelangt die Sonnenenergie ins Heizungssystem?

Dazu zunächst etwas Theorie: Die Sonne sendet ein Spektrum an elektromagnetischer Strahlung in den Weltraum, diese kommt auf der Erde zu einem großen Teil als für uns sichtbares Licht an. Wenn die Sonne in unseren Breiten im Juni fast senkrecht am Himmel steht und keine Wolken den Blick zur Sonne versperren, erreicht die Strahlungsenergie die eingangs erwähnten 1000 Watt pro Quadratmeter. Ist die Sonne dagegen im Winter nur als weiße Scheibe hinter Nebeldunst zu sehen, gelangen nur rund 100 Watt pro Quadratmeter zu uns auf die Erde.

Sobald die Sonnenstrahlen ein Objekt auf der Erde treffen, beginnt folgender Prozess: Die Strahlungsenergie trifft auf Materie (genauer: die Moleküle, aus denen die Materie besteht) und wird dann

- reflektiert (also in der Richtung umgelenkt) – Reflexion,
- weitergeleitet (Materie ist durchsichtig) – Transmission, oder
- aufgenommen (Materie wird dadurch warm) – Absorption.

Es treten immer alle drei Effekte gleichzeitig auf, aber in sehr unterschiedlicher Gewichtung.

So reflektiert zum Beispiel ein Spiegel das Licht zu über 97 Prozent, der Rest wird fast vollkommen absorbiert, Transmission spielt keine Rolle. Entspiegeltes Glas reflektiert lediglich wenige Prozent des Lichts, kann über 90 Prozent der Strahlungsenergie durchleiten und absorbiert dabei nur eine geringen Prozentsatz der Strahlungsenergie – je dünner dabei die Stärke des Glases ist, desto weniger Energie nimmt es auf. Schwarze Farbe reflektiert bei rauer Oberfläche kaum, sondern wandelt fast die gesamte Strahlungsenergie in Wärme um.

Mit diesen Grundlagen können Apparate gebaut werden, die Sonnenlicht in Wärme umwandeln.

Erwärmt sich ein Körper, setzen unmittelbar physikalische Effekte ein, die darauf abzielen, den Körper wieder auf die Umgebungs-

Verschiedene Solarthermiekollektoren sind unterschiedlich effizient, liegen aber auch preislich mitunter weit auseinander. Zum Heizen und fürs Warmwasser braucht es Flachkollektoren.

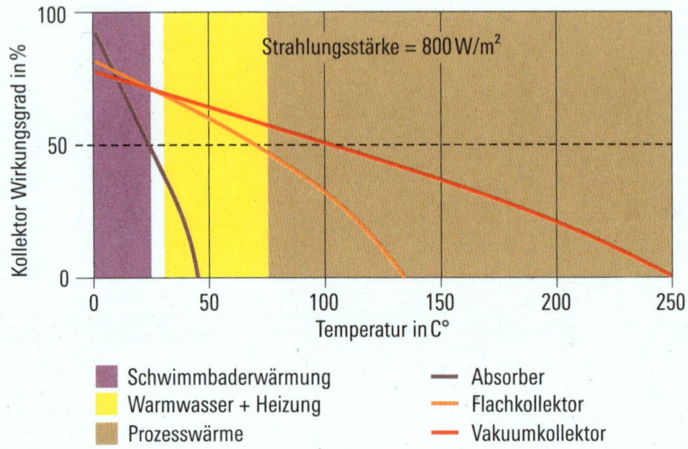

temperatur abzukühlen. Leicht nachvollziehbar ist, dass die Umgebungsluft, insbesondere wenn sie in Bewegung ist, einen warmen Körper kühlt. Weniger leicht nachvollziehbar hingegen ist, dass ein warmer Körper selbst Strahlungsenergie an die kältere Umgebung abgibt und dadurch abkühlt, selbst wenn der warme Körper im Vakuum steht, also keinen Luftkontakt hat. Diese Wärmeverlustmechanismen – Konvektion und Strahlung – sollen beim Bau von Solarkollektoren möglichst vermieden werden.

Um den Energieertrag und damit die Eignung eines Solarkollektors/Kollektortyps zu bewerten, werden die Kollektoren vom jeweiligen Hersteller auf dem Prüfstand gemessen und entsprechende Diagramme bei den technischen Daten hinterlegt. Ein Beispiel dazu: Bei einer Außentemperatur von 0 Grad Celsius soll Heizwärme mit 40 Grad Celsius vom Solarkollektor geliefert werden. An einem freundlichen Wintertag stehen zwischen 10 und 14 Uhr rund 400 Watt pro Quadratmeter Strahlungsenergie auf einer nach Süden ausgerichteten Dachfläche mit 45 Grad Dachneigung zur Verfügung. Diese Strahlungsenergie kann der hier betrachtete Solarkollektor zu (abgelesen) circa 25 Prozent in Wärmeenergie umwandeln. Pro Quadratmeter Solarkollektor werden also

$400\ W/m^2 \times 25\ \% = 100\ W$ Leistung

an das Heizungssystem abgegeben.

Abhängig vom Kollektortyp ergeben sich charakteristische Wirkungsgradprofile, die im oben abgebildeten Diagramm dargestellt sind. Mit diesem technischen Hintergrund wird die Nutzung der Solarenergie für thermische Anwendungen (Solarthermie) weiterführend betrachtet.

Voraussetzungen für Solarthermie

Für die Nutzung von Solarthermie und auch Photovoltaik ist es ideal, wenn ein Großteil des Gebäudedachs in Richtung Süden zeigt, denn dann fangen Solarkollektoren über den Tag die maximal mögliche Sonnenenergie ein. Auf einem Haus mit Flachdach kann man durch entsprechende Halterungen die Solarkollektoren auch optimal ausgerichtet anbringen, wenn das Gebäude selbst nicht in Ideallinie zur Sonne steht. Fast noch wichtiger: Die Montagefläche für die Kollektoren darf nicht durch Bäume, Berge oder Nachbarhäuser verschattet werden – bei Bäumen muss man zudem deren zukünftiges Wachstum berücksichtigen.

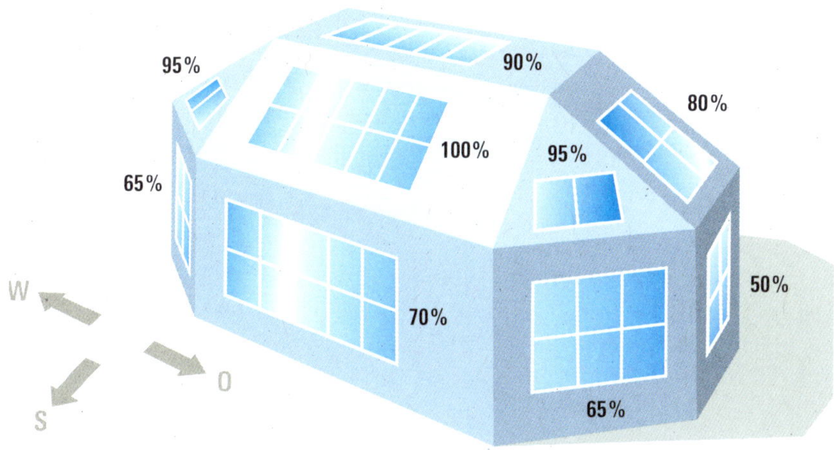

Ertragsquoten bei Nutzung unterschiedlich ausgerichteter Dach- und Fassadenflächen

Am besten geeignet sind nach Süden ausgerichtete (Schräg-)Dachflächen. Wenn man den an diesem Ort erzielbaren Solarenergiegewinn mit 100 Prozent bewertet, ergeben sich für andere Orientierungen überschlägig die in der oben abgebildeten Grafik ersichtlichen Ertragsanteile.

Dabei wird davon ausgegangen, dass es keine oder nur sehr geringe Verschattung gibt. Bei zeitweiser Verschattung reduziert sich der Solarertrag. Für eine technische Auslegung werden deshalb Simulationen des Sonnengangs durchgeführt, auf diese Art können die Techniker den tatsächlichen Solarertrag auf plus/minus 5 Prozent bestimmen.

Wo hilft Solarthermie?

Die verbreitetste und in vielen Fällen wirtschaftlich sinnvollste Anwendung von Solarthermie ist die Warmwasserbereitung. Ebenso naheliegend ist die Heizungsunterstützung – denn auch wenn die Sonne am wenigsten scheint und man die Heizung am nötigsten braucht: An den meisten Tagen liefert sie auch in der dunklen, kalten Jahreszeit ausreichend Energie, um zumindest den Energiebedarf der Heizung zu reduzieren. Dazu sind allerdings größere Kollektorflächen nötig, die Anlage wird also teurer. Zudem ist die Heizungsunterstützung durch die Sonne nicht immer sinnvoll: Arbeitet man noch mit konventionellen Heizkörpern, die eine hohe Vorlauftemperatur von 60 Grad Celsius benötigen, kann die Solarthermie kaum zur Heizung beitragen. Anders sieht es aus, wenn im Haus Flächenheizungen (siehe ab Seite 175) installiert sind, die mit deutlich niedrigerer Vorlauftemperatur arbeiten. Generell gilt: Solarthermie spielt zur Heizungsunterstützung sinnvoll nur mit Niedertemperaturheizsystemen zusammen, also solchen mit einer Vorlauftemperatur bis maximal 45 Grad Celsius. Prinzipiell spielt der für die Primärheizung eingesetzte Brennstoff bei dieser Betrachtung keine Rolle – klar ist aber auch: Insgesamt wird das Heizen günstiger, wenn dafür regenerative Brennstoffe eingesetzt werden. Die Solarthermieunterstützung für die Heizung spart in einem mäßig gedämmten Haus etwa 20 Prozent der nötigen Energie, in besser gedämmten Neubauten sind 40 bis 60 Prozent möglich.

Arbeitet die Heizung mit höherer Vorlauftemperatur, sollte man sich auf die Warmwasserbereitung mit Solarthermie beschränken. War der Heizkessel bislang auch fürs Warmwasser zuständig, spart man mit dieser Konstellation Geld – nicht nur unmittelbar für den Brennstoff, sondern auch mittelbar: Bei Solarthermieunterstützung kann der Heizkessel in der warmen Jahreszeit ausgeschaltet bleiben, verschleißt also weniger und muss auch seltener gewartet werden.

Eine Variante der Heizungsunterstützung ist per Solarthermie ebenfalls möglich: Wärmepumpen tun sich leichter (und verbrauchen deutlich weniger Strom), wenn ihnen vorgewärmtes Wasser als Wärmequelle geliefert wird. Diesen Zweck erfüllt Solarthermie auch mit dem im Winter möglichen Ertrag. Wer eines hat, kann mit Solarthermie auch das Wasser in seinem Schwimmbecken erwärmen. Das mit Solarthermie realisierbare Einsparpotenzial staffelt sich wie folgt: Am meisten spart die Sonnenunterstützung, wenn man mit Holz heizt, dann folgen Heizöl und die Wärmepumpe. Beim Heizen mit Gas ist der Brennstoffspareffekt am niedrigsten – je nach Herkunft (fossil oder regenerativ) und Preis des Gases kann die finanzielle Ersparnis dennoch beträchtlich sein.

Ein weiterer Aspekt, der bei der Berechnung der Wirtschaftlichkeit eine Rolle spielt: Ab 2024 ist der Einbau neuer, konventioneller Brennwertkessel nur noch zulässig, falls sie zu 65 Prozent durch regenerative Energie, also etwa durch eine Solarthermieanlage, unterstützt werden. Schließlich – auch wenn dies nur ein kleiner Posten ist – sollte man bei der Berechnung der Wirtschaftlichkeit einer solchen Anlage die Kosten für deren Versicherung berücksichtigen, die etwa 50 Euro im Jahr kostet. Hagel und Sturm können die Kollektoren beschädigen – eine Reparatur kann mehrere Tausend Euro kosten.

Aufbau einer Solarthermieanlage

Auf dem Gebäudedach montierte Kollektoren, durch die mit Frostschutz (Glykol) versetztes Wasser fließt, fangen das Licht der Sonne ein. Die Kollektoren sind Teil eines Kreislaufs, der mit einem zentralen Warmwasserspeicher oder -bereiter und optional mit dem zentralen Heizungssystem verbunden ist. Das System besteht also aus den Kollektoren sowie Röhren, die zu diesen Kollektoren auf dem Dach und von ihnen in den Heizungskeller oder Technikraum führen, und der Flüssigkeit, die durch die Rohre zirkuliert und von den Kollektoren erwärmt wird. Eine eigene, vom Hauswarmwasser unabhängige Zirkulationspumpe hält den Flüssigkeitskreislauf der Solarthermie in Bewegung. Deren Frostschutz ist zwingend, denn bei Außentemperaturen im Minusbereich darf das Wasser in den Rohren schließlich nicht gefrieren. Das brächte nicht nur den Wärmekreislauf zum Erliegen, sondern könnte die gesamte Anlage zerstören. Das heißt aber auch: In Warmwasserspeichern oder anderen Systemen, die unmittelbar Brauchwasser für die Bewohner eines Hauses zur Verfügung stellen (siehe Seite 67), müssen die Leitungen, die Wärme von der Solarthermie ins warme Brauchwasser abgeben, so ausgeführt sein, dass sich das mit Frostschutz versetzte und das Brauchwasser unter keinen Umständen vermischen.

Die Installation einer Solarthermieanlage ist vergleichsweise simpel und auch ohne Grundsanierung möglich. Zu den Kollektoren auf dem Dach führen eine Hin- und eine Rückleitung. Für Anlagen mit einer Fläche bis zu 10 Quadratmetern führt man meist beide in einer gemeinsamen Ummantelung von etwa 15 Zentimetern Durchmesser. Für größere Kollektorflächen mit entsprechend mehr Flüssigkeitsdurchsatz werden meist getrennte Rohre für Zu- und Ableitung von je 10 Zentimetern Durchmesser installiert. Die Rohre kann man beim nachträglichen Einbau etwa durch einen alten Kamin oder eine Regenrohrattrappe führen. Für den nötigen Pufferspeicher ist pro Quadratmeter Kollektorfläche ein Wasserfassungsvermögen von 30 Litern angemessen. Dieser Pufferspeicher ist mit der Warmwasserversorgung und optional mit der Heizung des Hauses verbunden. Falls bisher schon ein Pufferspeicher einer konventionellen Heizung und Warmwasserbereitung vorhanden war, muss der gegebenenfalls durch ein größeres Modell ersetzt werden.

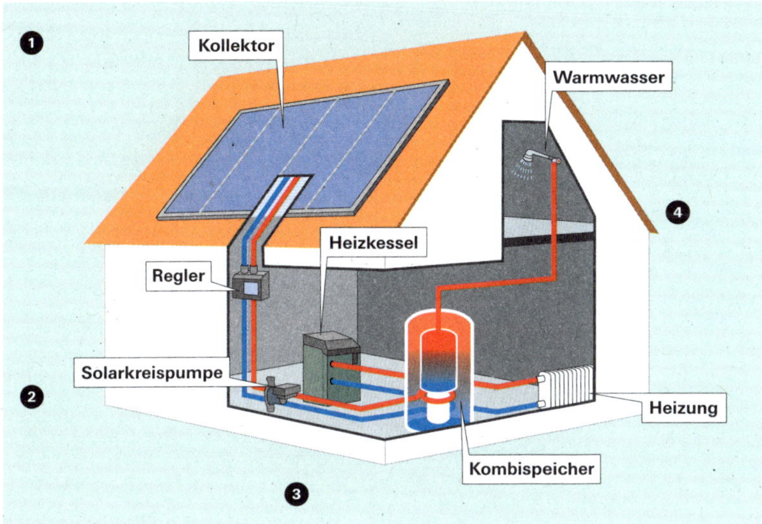

Schematische Darstellung der für Solarthermie nötigen Komponenten und ihrer Verbindung. Das mit Frostschutz versetzte Wasser (blau) wird durch die auf die Kollektoren wirkende Sonne erwärmt (rot) und dann in den Heiz- und/ oder Warmwasserkreislauf eingeleitet.

Legende:
1 – Sobald die Sonne den Kollektor erwärmt, startet ein Regler die Solarkreispumpe.
2 – Die Pumpe transportiert die aufgeheizte Flüssigkeit vom Kollektor in den Speicher. Darin erwärmt sich das Trinkwasser, bei Kombi-Anlagen auch Heizwasser.
3 – Die Pumpe leitet die abgekühlte Flüssigkeit zurück zum Kollektor.
4 – Reicht die Solarwärme nicht, springt der Heizkessel an.

Die Kollektoren

Betrachten wir als Erstes die wesentlichen Komponenten eines Solarthermiesystems, denn deren Bauart entscheidet darüber, wie viel Energie sich auf welcher Fläche zu welchem Preis einfangen lässt.

Die günstigste Art des Solarthermiekollektors mit dem niedrigsten Wirkungsgrad ist der Flachkollektor (siehe Grafik Seite 126).

Etwas teurer, aber bezogen auf die Fläche effizienter, sind Vakuumröhrenkollektoren, meist nur Röhrenkollektoren genannt. Von diesen gibt es zwei verschiedene Systeme:

1. Flüssigkeit im evakuierten Glasrohr
2. Wärmerohr („Heatpipe") zur Wärmeübertragung vom Solarkollektor auf den Flüssigkeitskreislauf. Wärmerohre sind nicht frostgefährdet und sehr effizient in der Wärmeübertragung, aber deutlich teurer.

PVT-Kollektoren (Photovoltaik/Thermie), auch als Absorber bezeichnet, können gleichzeitig Strom und warmes Wasser durch Sonneneinstrahlung produzieren. Es liegt nahe: Diese Kombielemente sind die teuersten (zum Redaktionsschluss doppelt so teuer wie reine PV-Module derselben Größe), erlauben es aber, auch begrenzte Dachflächen maximal zu nutzen.

Für klassische Solarthermie sind sie allerdings nicht ideal, weshalb wir sie getrennt betrachten (siehe Seite 131). Auch sogenannte Luftkollektoren eignen sich nur für bestimmte Anwendungen (siehe Seite 133).

Wie fast immer hängt es vom Dämmungsgrad des Gebäudes, der Zahl seiner Bewohner und deren Gewohnheiten und Lebensumständen ab, wie eine Solarthermieanlage dimensioniert werden und was sie leisten muss. Zu den wesentlichen Entscheidungskriterien gehören der energetische Zustand des Gebäudes und somit der Heizenergiebedarf. Des Weiteren sollten Sie sich fragen, ob die Heizungsunterstützung im Hinblick auf Heizkörper und Gebäudezustand wirtschaftlich ist. Freilich

Wann rechnet sich Solarthermie?

Wir haben kalkuliert, welche Heizkostenersparnis sich durch Solarthermieunterstützung ergibt. Wenn bislang mit Strom geheizt wird, amortisiert sie sich in nicht einmal sechs Jahren, bei anderen Zentralheizungen in 14 bis 19.

Kollektorart	**Flachkollektoren**
Ausrichtung	Süd – 45°
Nutzung	Heizung + Warmwasserbereitung
Fläche (Apertur)	24 m^2
Wärmeertrag nutzbar	7200 kWh/Jahr
Investition	18000 Euro
Förderung 30%	– 5400 Euro
Kosten nach Förderung	12600 Euro
Heizungstechnik	**Energiekosteneinsparung**
Stromheizung	2304 Euro/Jahr Amortisation 5,5 Jahre
Wärmepumpe COP 2,9	794 Euro/Jahr Amortisation 15,9 Jahre
Erdgasheizung	960 Euro/Jahr Amortisation 13,1 Jahre
Pelletheizung	678 Euro/Jahr Amortisation 18,6 Jahre

Der Berechnung der Amortisationszeit liegen diese Annahmen zugrunde:

Heizungstechnik	**Wärmepreis***
Stromheizung	0,32 Euro/kWh
Wärmepumpe COP 2,9	0,11 Euro/kWh
Erdgasheizung	0,133 Euro/kWh
Pelletheizung	0,094 Euro/kWh

*Ohne Kapital- und Wartungskosten
Quelle: Eigene Berechnungen Stand: 27. September 2023

spielen auch die Zahl der Bewohner und folglich der Warmwasserbedarf eine Rolle. Außerdem sollten Sie sich im Klaren darüber sein, wie groß der wirtschaftlich sinnvolle und gewünschte Anteil an der Energieversorgung ausfallen soll. Rein praktischer und ganz wesentlicher Natur ist die verfügbare Dachfläche, die mitunter Einfluss auf die Art der Kollektoren nimmt. Schließlich sind auch die Förderbedingungen von gesteigertem Interesse, um Ihre Investitionskosten so gering wie möglich zu halten.

In den vorangegangenen Kapiteln haben wir bereits überschlägig den Heizenergie- und Warmwasserbedarf eines Hauses kalkuliert (siehe Seiten 54 und 55). Für die nötige Kollektorenfläche lässt sich mit folgenden Faustregeln arbeiten:

- Beschränkt man sich auf Warmwasserbereitung per Solarthermie, sind mit Flachkollektoren 1,5 bis 2 Quadratmeter Kollektorfläche pro Person nötig, mit Röhrenkollektoren 1 bis 1,25 Quadratmeter. Bei einem Vierpersonenhaushalt wären dies also 6 bis 8 beziehungsweise 4 bis 5 Quadratmeter.
- Ist Heizungsunterstützung gewünscht und wirtschaftlich sinnvoll, muss man mit Flachkollektoren zusätzlich mindestens etwa 4 Quadratmeter Fläche pro Bewohner veranschlagen (mit Röhrenkollektoren reichen 3,5 Quadratmeter). Für den Vierpersonenhaushalt wären dies also 16 beziehungsweise 14 Quadratmeter.

Für Warmwasser und Heizungsunterstützung ergäbe sich mit Flachkollektoren für einen Vierpersonenhaushalt eine Gesamtfläche von 22 bis 24 Quadratmetern und mit Röhrenkollektoren von 18 bis 19 Quadratmetern.

Eine Anlage mit Flachkollektoren trägt auf dem Dach nur wenig auf – sie lässt sich niedrig und flächenbündig ins Dach bauen. Für die Warmwasserbereitung liegt ihr spezifischer Ertrag bei etwa 525 Kilowattstunden pro Quadratmeter und Jahr, die Heizungsunterstützung bei rund 350 Kilowattstunden pro Quadratmeter und Jahr. Der niedrigere Wert für die Heizung ist nicht technisch bedingt, sondern den Umständen geschuldet. Wie geschildert steht im Winter am wenigsten Sonnenenergie zur Verfügung. Flachkollektoren kos-

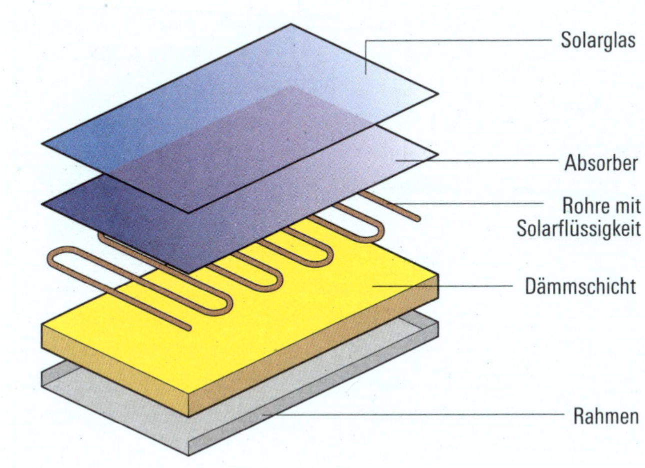

Aus diesen Funktionsgruppen besteht ein Flachkollektor für Solarthermie. Solarglas und Absorber bündeln die Sonnenenergie auf die unter ihnen verlaufenden Rohre, durch die kalte Heizflüssigkeit geführt wird. Diese erwärmt sich und wird dann in den Heizkreislauf geführt.

ten pro Quadratmeter Fläche rund 800 Euro und amortisieren sich nach 10 bis 12 Jahren.

Röhrenkollektoren arbeiten ebenfalls mit einem Wasser-Glykol-Gemisch als Medium – in ihnen stecken aber evakuierte Metallrohre. Die Röhren sind als Bestandteil der Kollektoren deutlich sichtbar, die Bauteile deshalb insgesamt wuchtiger. Ihr Jahresertrag liegt bei 635 Kilowattstunden pro Quadratmeter für die Warmwasserunterstützung und 430 Kilowattstunden pro Quadratmeter und Jahr für die Heizungsunterstützung. Einmal mehr ist der niedrigere Beitrag zur Heizung nicht technisch, sondern saisonbedingt. Mit einem Preis von 1100 Euro pro Quadratmeter sind sie teurer als Flachkollektoren. Da sie aber nicht nur im Allgemeinen effizienter arbeiten, sondern auch bei niedrigeren Temperaturen Wärme produzieren, amortisieren sie sich ebenfalls nach 10bis 12 Jahren. In puncto Installation und sonstiger Technik unterscheiden sich Flach- und Röhrenkollektoren nicht.

Diese Zahlen zeigen klar: Die Heizungsunterstützung ist mit beiden Kollektorentypen das, was am teuersten kommt und prozentual den Verbrauch am wenigsten reduziert. Eine detaillierte Berechnung für Ihr Gebäude unter Berücksichtigung der am Standort im Mittel verfügbaren Sonnentage klärt, ob sich der Zusatzaufwand für die Heizungsunterstützung lohnt.

Die Stiftung Warentest hat im Juni 2023 sieben Solarkollektoren getestet – fünf Flach- und zwei Röhrenkollektoren von Bosch, Buderus, Vaillant, Viessmann, Wagner, Weishaupt und Wolf. Sechs wurden mit „gut“, der Röhrenkollektor von Bosch dank etwas höherer Effizienz mit „sehr gut“ bewertet. Allerdings ist Letzterer auch fast fünfmal teurer als die günstigsten Kollektoren im Test von Wolf.

Den Beschuss mit Hagelkörnern überstanden die Flachkollektoren im Gegensatz zu den Röhrenkollektoren schadlos – überall, wo man mit Hagel rechnen muss, sind sie die sicherere Wahl. Details zur Untersuchung finden Sie im Heft 7/2023 der Zeitschrift „test“ und online unter test.de

PVT-Kollektoren

Diese auch als Hybrid- oder Absorber bezeichneten Module vereinen in sich Fotozellen zur direkten Stromerzeugung und Kollektoren, die Wärme produzieren. Dies nutzt nicht nur die von der Sonne gelieferte Energie maximal aus, die Technik hat einen weiteren positiven Effekt. Denn mit steigender Außentemperatur, also wenn die Sonne am intensivsten scheint, sinkt der Wirkungsgrad konventioneller PV-Module. Die Wärmekollektoren fangen nicht nur einfach Sonnenwärme ein, sondern kühlen überdies den PV-Teil der Kollektoren, wodurch diese noch einmal um 5 bis 10 Pro-

Gut zu wissen

Sehr einfach aufgebaute Solarkollektoren sind die sogenannten Absorber. Sie kommen ganz ohne Wärmeisolierung und Glasabdeckung aus, denn sie sollen Wärme aus der Umgebung einsammeln – also auch über Luftkontakt. Da auch eine Glasabdeckung einen Teil der Strahlungsenergie reflektiert und absorbiert, wird bei dieser Kollektorart darauf verzichtet. Die Kehrseite der Medaille ist, dass die mit diesem Kollektortyp produzierbare Wärme nur wenige Grad über der Umgebungstemperatur liegen kann. Das ist ideal für die Beheizung eines Pools im Sommer – dafür nutzt man schon lange Absorber-Solarthermie. Neuer ist dagegen der Ansatz, mit diesen einfachen und preisgünstigen Solarkollektoren Strahlungs- und Umweltwärme einzusammeln, die einer Wärmepumpe als Wärmequelle zur Verfügung gestellt wird.

zent effizienter arbeiten. Wesentlicher Unterschied zu reinen Solarthermieflächen- oder Röhrenkollektoren: Als Wärmeabsorber kann nicht nur Wasser dienen, sondern auch Luft. In der Praxis sitzen unter den Fotozellen zusätzliche Absorberbleche. Hinter diesen zirkuliert ein Luftstrom oder ein Wasser- beziehungsweise Flüssigkeitsgemisch.

Auf den ersten Blick liest sich diese Hybridtechnik wie das Ei des Kolumbus, erzeugt sie übers Jahr doch etwa viermal mehr Gesamtenergie (Wärme und Strom) als eine Photovoltaikanlage derselben Fläche. Wer ohnehin sowohl über Solarthermie als auch Photovoltaik nachdenkt, wird das einheitliche optische Erscheinungsbild der Hybridkollektoren schätzen – getrennte Paneele für Solarthermie und PV haben jeweils andere Oberflächen, was nicht jeder als schön empfindet.

Bislang ist die Technik in erster Linie für gewerbliche Gebäude und Mehrfamilienhäuser wirtschaftlich interessant. Denn wenn die Sonne kräftig scheint, produzieren diese Kollektoren mehr Wärme, als in einem gewöhnlichen Einfamilienhaus im Sommer sinnvoll verbraucht werden kann. Ein Pufferspeicher etwa könnte die Wärme nach längerem Sonnenschein gar nicht mehr aufnehmen und folglich die Fotozellen auch nicht mehr kühlen.

Dennoch gibt es auch im Privathaus sinnvolle Einsatzmöglichkeiten, insbesondere für unabgedeckte PVT-Kollektoren – zumal auch diese immer günstiger werden und mehr und mehr Hersteller diese Technologie für sich entdecken. Zum einen lassen sich mit ihnen sowohl Außenschwimmbecken wie auch Pools im Haus günstig und umweltfreundlich mit Energie versorgen – sowohl Wärme fürs Wasser als auch Strom für Umwälzpumpen, Beleuchtung oder Ähnliches. Für ein Außenbecken genügt es, einige wenige PVT-Module beispielsweise auf einem Garten- oder Geräteschuppen zu platzieren.

Zweite Anwendungsmöglichkeit: PVT-Kollektoren spielen ideal mit Sole-Wasser-Wärmepumpen zusammen. Anders als bei Erdwärme kommt die Kombination mit PVT-Kollektoren ohne Bohrung aus. An sonnenreichen Tagen reicht das von den Absorbern erzeugte Warmwasser in vielen Fällen aus, um ohne Wärmepumpe ausreichend Heiz- und Warmwasser bereitzustellen. Muss die Wärmepumpe nachhelfen, bezieht sie einen Großteil ihrer Elektroenergie von den PV-Zellen der Hybridkollektoren. Im Verbund mit Sole-Wasser-Wärmepumpen trumpfen PVT-Kollektoren im Winter auf: Die Absorber wärmen die Sole (mit Glykol versetztes Wasser mit niedrigem Gefrierpunkt) der Wärmepumpe, sodass diese nur wenig Strom zur Wärmeerzeugung benötigt. Diesen produziert der Photovoltaikteil des Kollektors. Bonus dieser Kombi: Sie arbeitet fast lautlos. Zudem kann sie auch auf Dach oder Fassade angebracht werden. Mehr zu Wärmepumpen lesen Sie ab Seite 72.

Ein Beispiel verdeutlicht das Potenzial der PVT-Kollektoren: Laut dem Portal energiefachberater.de heizt und kühlt eine fünfköpfige Familie im niedersächsischen Harsefeld ihr neues Einfamilienhaus mit einer Wärmepumpe, die von einem 15,8 Quadratmeter messenden PVT-Kollektorfeld versorgt wird. Dank der „modulierenden", also sich selbst dem Bedarf anpassenden Wärmepumpe benötigt die Komplettanlage weder Wärme- noch Kälte-Puffer-, sondern nur einen Warmwasserspeicher. Da sich die PVT-Kollektoren aus Umgebungswärme speisen und die Wärmepumpe massiv entlasten, muss nur an sehr kalten Wintertagen ein in die Wärmepumpe integrierter E-Heizstab einspringen. Die Anlage soll ein Drittel weniger Strom als eine ausschließlich mit Strom betriebene Luft-Wasser-Wärmepumpe verbrauchen, was rund 360 Euro im Jahr spart.

Allerdings: Die PVT-Technik steckt noch in den Anfängen, die Kollektoren werden noch nicht in Großserie gefertigt. Vielversprechend ist die Technik aber allemal.

Luftkollektoren – die Exoten der Solarthermie

Wasser und verwandte Flüssigkeiten sind die idealen Medien, um Wärme zu transportieren, weswegen es in den gängigen Solarkollektoren zum Zuge kommt. Neben seinen thermisch-physikalischen Eigenschaften ist sein Vorteil, dass sich die so gewonnene Solarwärme mit vielen anderen Heizungs- und Warmwasserquellen kombinieren lässt.

Dennoch gibt es Situationen, in denen der Wärmetransport per Luft günstiger ist – und damit auch eine luftbasierte Solarthermie. Die ist das Einsatzfeld von Luftkollektoren. Sie helfen nicht bei der Warmwasserbereitung, sondern produzieren buchstäblich nur heiße Luft – diese aber konkurrenzlos günstig. Bei darauf basierenden Solarthermieanlagen ähnelt der eigentliche Kollektor einem Flachkollektor, statt Wasserröhren führen Luftschächte durch die Module. Diese sind zwangsläufig etwas höher als die Wasserrohre von Flachkollektoren. Trotzdem sind Luftkollektoren nach außen hin geschlossen und weisen eine plane Oberfläche auf.

Im Neubau ist Solarthermie via Luftkollektor interessant, wenn das Haus per Luft geheizt wird – dies kann insbesondere in Passivhäusern und ähnlich energiegenügsamen Gebäuden sinnvoll sein. Auch für Garten- oder Ferienhäuser empfiehlt sich der Luftkollektor als günstige und technisch simple Raumheizung. Zum System gehören neben den Kollektoren – auf einem Einfamilienhaus rechnet man für sie mit einer Fläche von 13 bis 26 Quadratmetern – nur die Luftkanäle im Gebäude, die mit Abmessungen von etwa 50 mal 50 Zentimetern recht groß ausfallen. Die von den Kollektoren erwärmte Luft wird direkt in die Luftschächte im Haus geführt, wo eventuell noch ein Lüfter sitzt, der den Wärmetransport beschleunigt. Anders als die Pufferspeicher konventioneller Heizungen und Solarthermiesysteme kann ein luftgestütztes System keine Wärme speichern – für den dunklen Teil des Tages benötigt man also eine andere Wärmequelle. Tagsüber lassen sich mit Luftkollektoren aber die letzten 5 Prozent Wärme konkurrenzlos günstig produzieren.

Auch Luftkollektoren können als Turbo für Wärmepumpen fungieren – in diesem Fall Luftwärmepumpen. Luftkollektoren produzieren durchschnittlich 300 Kilowattstunden Heizenergie pro Quadratmeter und Jahr und amortisieren sich nach sechs bis acht Jahren. Sie liefern etwa 80 Prozent der Energie, die nötig ist, um ein Haus frostfrei zu halten. Insgesamt können sie bei passenden Standortvoraussetzungen die Gebäudeheizung in einem Neubau um 10 bis 20 Prozent Energiebedarf entlasten.

Die Sparpotenzial-Rangfolge von Luftkollektor-Solarthermie ist mit der von Flach- und Röhrenkollektoren versorgten identisch: Ideal arbeitet sie im Verbund mit Heizungen, die bedient werden müssen, also in erster Linie Holzheizungen – mit einer Luftheizung kann man auf diese im Sommer weitgehend verzichten. Dann folgen der mit Heizöl betriebene Brennwertkessel, die Wärmepumpe und zuletzt Gasheizungen. Dies betrifft aber nur die Wärmeerzeugung – die Warmwasserbereitung ist getrennt zu betrachten.

Fazit: Wann ist Solarthermie sinnvoll?
Geeignete Rahmenbedingungen vorausgesetzt, lohnt sich Solarthermie für die Warmwasserbereitung in den meisten Fällen – praktisch immer im schlecht gedämmten Bestandsbau; wenn es einen konventionellen Heizkessel gibt, oft auch im gut gedämmten Neu- beziehungsweise sanierten Bestandsbau. Voraussetzung: Sie haben sich für eine zentrale Warmwasserbereitung entschieden. Ist Ihr Haus so gut gedämmt, dass eine dezentrale Warmwasserversorgung (siehe Seite 62) wirtschaftlicher ist, erübrigen sich Überlegungen zur Solarthermie. Selbst wenn die technischen Rahmenbedingungen passen, ist eine Heizungsunterstützung durch Solarthermie nur selten wirtschaftlich, da diese ungleich mehr Fläche benötigt und ungleich weniger zur Wärmeerzeugung beiträgt. Sofern die dafür nötige Fläche vorhanden ist, wird man diese in den meisten Fällen sinnvoller für Photovoltaik nutzen.

Gas- und Ölheizung

Jahrzehntelang waren mit fossilen Energien befeuerte Heizkessel die gängige und günstige Art zu heizen. Das wird in Zukunft nur noch in Ausnahmefällen so bleiben.

Noch immer sind Erd- oder Flüssiggas und Heizöl in Deutschland häufig für die Gebäudebeheizung verwendete Brennstoffe. Seit Jahrzehnten verfeuert man sie in den meisten Fällen in Niedertemperatur-, Brennwert- oder idealerweise Vollbrennwertkesseln, in Bestandsbauten gelegentlich noch in Zimmer- beziehungsweise Einzelöfen. Letztere wird man aber spätestens nach einer Grundsanierung nicht mehr verwenden wollen – diese Feuerstellen nehmen viel nutzbare Raumfläche weg, verlangen in jedem Zimmer nach einem Kamin, sind nicht zentral zu bedienen und zu steuern sowie eher ineffizient. Wenn im Folgenden Gas- oder Ölheizungen diskutiert werden, gehen wir von einem gemeinsamen Heizkessel aus, der sämtliche Heizkörper eines Hauses oder einer Wohnung mit Wärme versorgt.

Die genannten Energieträger sind aus verschiedenen Gründen in Verruf geraten. Sie unterlagen in den letzten Jahren starken, politisch und spekulationsbedingten Preisschwankungen. Üblicherweise entspringen sie fossilen Quellen, sind also nicht nachhaltig. Ihr ausschließlicher Einsatz als Heizenergie ist in Deutschland ab dem Jahr 2024 nicht mehr erlaubt; existierende und neu eingebaute Wärmeerzeuger genießen aber voraussichtlich bis zum Jahr 2035 Bestandsschutz beziehungsweise dürfen bis dahin betrieben werden. Unabhängig vom Brennmaterial haben einige Bundesländer, unter anderem Baden-Württemberg, für Heizkessel und vergleichbare Anlagen eine maximale Betriebsdauer von 30 Jahren festgelegt – nach dieser Frist muss der Wärmeerzeuger erneuert werden; danach wird kein Kaminfeger mehr den Wärmeerzeuger abnehmen. Dennoch kann es gute Gründe geben, auch in einem Neubau oder bei einer Grundsanierung auf Öl oder Gas als Energieträger und passende Wärmeerzeuger zu setzen – dann allerdings nicht mehr als alleiniger Wärmelieferant.

Heizkessel konkurrenzlos günstig

Die üblicherweise für die Gas- und Ölheizung eingesetzten Heizkessel sind, bezogen auf die mit ihnen realisierbare Heizleistung, sehr günstig anzuschaffen. Eine Brennwerttherme schlägt mit etwa 4000 Euro Anschaffungspreis zu Buche, ein Standkessel mit 6500 Euro bis 7000 Euro, eine Wärmepumpe vergleichbarer Leistung kostet rund 14000 Euro. Hat ein Gebäude nur einen sehr geringen Heizenergiebedarf oder soll nur an extrem kalten Tagen beispielsweise eine Wärmepumpe unterstützt werden, benötigt ein solcher Kessel also unterm Strich wenig Brennstoff, können sich Erwerb und Betrieb sehr wohl auch im Jahr 2024 noch rechnen.

Das Damoklesschwert: Erneuerbare-Energien-Anteil

Mit Erscheinen dieses Ratgebers dürfen in neuen Heizanlagen nur noch 35 Prozent der nötigen Heizenergie aus fossilen Quellen stammen; mit 65 Prozent müssen fast zwei Drittel von erneuerbaren Energien produziert werden. Bedeutet dies für klassische Öl- und Gasheizungen das Aus? Keineswegs. Sobald der Brennstoff seinerseits aus regenerativen Quellen stammt, müssen Hausbauer sich um zusätzliche Wärmequellen keine Gedanken machen. Insbesondere aus Pflanzen- oder anderen Abfällen erzeugtes Biogas, wie es viele Gemeinden und Landwirte seit Jahren produzieren, ist in dieser Hinsicht ideal. Steht am Ort Biogas zu einem konkurrenzfähigen Preis zur Verfügung (örtlicher Versorger, Nachbarschaft oder andere Quellen), dürfte ein gasbetriebener Heizkessel unschlagbar günstig in Erwerb und Betrieb sein. Aktuelle Gas-Heizkessel können in der Regel auch Wasserstoff verheizen – auch dieser lässt sich regenerativ produzieren. Nachhaltiger Ersatz für fossiles Heizöl ist zwar im Labor schon machbar, aber noch nicht in großen Mengen und zu konkurrenzfähigen Preisen lieferbar. Hier sind aber ebenfalls Fortschritte zu erwarten.

Wer sich aktuell für eine Heizung und einen Brennstoff entscheiden muss, tut gut daran, zukünftige Entwicklungen und Chancen in seine Rechnung einzubeziehen. Den aktuellen Bedarf werden regenerative Brennstoffe weder heute noch in 30 Jahren wirtschaftlich und umweltfreundlich decken können. Dafür fehlen weltweit die Fläche und voraussichtlich auch die Bereitschaft, um der Energie willen riesige Monokulturen oder technische Anlagen mit massivem Umwelteingriff aufzubauen. Sofern konventionelle Heiztechnik aber nur noch zum Einsatz kommt, um etwa bei sehr tiefen Außentemperaturen oder während Dunkelflauten zeitweise die Beheizung älterer, nicht maximal wärmegedämmter Gebäude zu unterstützen, werden vielleicht noch 10 bis 15 Prozent des heutigen Brennstoffbedarfs benötigt. Diese Mengen können voraussichtlich einigermaßen umweltfreundlich bereitgestellt werden – daran arbeitet jetzt schon eine ganze Industrie, die ihre aufgebaute fossile Infrastruktur wie Erdgasnetze oder Tanklager weiter nutzen und damit Geld verdienen will.

Deshalb können mit zunächst konventionellem Erd- und Flüssiggas oder Heizöl betriebene Heizkessel in Zukunft nicht nur erlaubt, sondern auch wirtschaftlich bleiben, wenn man sie mit regenerativen Wärmeerzeugern wie Wärmepumpen oder Solarthermie kombiniert. Das wird vor allem bei der Modernisierung von Bestandsgebäuden interessant.

Der Aufstellort entscheidet

Im Idealfall steht ein zentraler Heizkessel („Standkessel") in einem eigenen Keller- oder Technikraum. Eine Alternative sind deutlich kompaktere, für den Wandanbau geeignete Kessel, die als Therme oder eben Wandkessel bezeichnet werden. Sowohl die klassischen Heizkessel für den Keller wie auch Wandthermen akzeptieren entweder Gas- oder Heizölvarianten als Brennstoff. Technisch handelt es sich bei Kessel wie Therme meist um (Voll-)Brennwertkessel.

In zwei wesentlichen Punkten unterscheidet sich der Standkessel von der Therme: Platzbedarf und Wasserinhalt des Kessels. Ein Standkessel hat einen Heizwasserinhalt von 100 bis 150 Litern Heizungswasser, eine Wandtherme fasst dagegen nur 3 bis 10 Liter. Der größere Tank verlangt nach mehr Platz: Für den Standkessel ist eine Grundfläche von rund 6 Quadratmetern nötig, die Wandtherme gibt sich mit circa 1,5 Quadratmetern zufrieden.

Mit dem größeren Wasserinhalt des Standkessels geht ein ruhigeres Betriebsverhalten einher. Der größere Heizwasservorrat kann mehr Wärme speichern, die Heizung springt also nicht so häufig an, was den Geräuschpegel mindert und der Haltbarkeit des Geräts zugutekommt. Die typische Wandtherme hingegen wird nicht nur durch ihr häufigeres Anspringen fürs Heizen strapaziert – in den meisten Fällen ist sie auch fürs Warmwasser in Haus oder Wohnung zuständig. Dafür wechseln diese Geräte in den Durchlauferhitzermodus, was ebenfalls das Material beansprucht.

Der geringere Wasservorrat von Thermen hat weitere Konsequenzen. Heizkörper wie Heizwasserrohre geben im Lauf der Jahre Teile ihres Materials ans Heizwasser ab – insbesondere ältere Kunststoffrohre und -heizschleifen von Flächenheizungen sind bezüglich der Diffusion von Sauerstoff in das Heizungsnetz kritisch, also korrosionsanfällig. Bezogen auf die gesamte Wassermenge eines Kessels erreichen diese Einträge in der kleinen Therme schneller einen kritischen, das Kesselmaterial angreifenden Wert als bei einem Standkessel. Gegen dieses Problem helfen nur zwei Maßnahmen: Man kann sämtliche Rohre und Heizkörper erneuern. Dies ist aber unwirtschaftlich und sollte nur in Angriff genommen werden, wenn man dann auch auf einen Standkessel im Technikraum oder Keller umstellt. Lässt sich im Haus oder in der Wohnung nur eine Therme installieren, muss man den Eintrag der unerwünschten Teilchen im Heizwasserkreislauf minimieren. Eine Standard-Gegenmaßnahme ist die sogenannte Systemtrennung. Dabei isoliert ein Wärmetauscher den Heizwasserkreislauf innerhalb der Wandtherme vom Heizungskreislauf im Gebäude. Das führt zu Zusatzkosten von circa 800 Euro und erfordert mehr Strombedarf für Pumpen, weil zur Durchströmung des Wärmetauschers zusätzlich Druck aufgebaut werden muss. Man wird darauf also nur zurückgreifen, wenn andere Alternativen nicht realisierbar sind oder noch teurer würden.

Der geringe Heizwasserinhalt von Wandthermen erfordert eine unbedingt einzuhaltende Mindestdurchströmung der Heizeinheit. Wäre der Wasserdurchfluss unterbrochen, käme es innerhalb von Sekunden zu Dampfbildung und Überhitzung von Bauteilen mit dem Risiko eines Totalschadens. Deshalb werden bei modernen Wandthermen in der Regel sogenannte hydraulische Weichen eingesetzt. Technisch handelt es sich dabei um ein etwa 30 Zentimeter langes Standrohr, das nicht zur Therme gehört, aber mit ihr und in ihrer unmittelbaren Nähe installiert wird. Das Rohr sitzt im Heizkreislauf parallel zum Vor- und Rücklauf der Heizkörper. Im Rohr sammelt sich das warme Wasser oben, kälteres Wasser am unteren Ende. Benötigen die Heizkörper im Haus Heizwasser, fließt es allein aufgrund der Physik an der Weiche vorbei. Sind die Heizkörper ausreichend erwärmt oder deren Ventile geschlossen, nimmt das warme Wasser den Weg durch die Weiche, kühlt dabei ab und setzt einen Großteil der unerwünschten Schwebstoffe ab.

Bauliche Voraussetzungen

Beim Verbrennen von Öl und Gas entstehen Abgase und – bei einwandfreier Kesselfunktion – geringe Mengen Rauch. Am Standort des Heizkessels muss daher ein Rauchabzug (Schornstein) vorhanden sein oder installiert werden können. Da Brennwertkessel nicht nur die Energie des Brennstoffs nutzen, sondern auch die der Abgase (siehe Seite 47), stellen sie höhere Anforderungen an einen Schornstein

Wandthermen werden meist in Etagenwohnungen verbaut, finden sich aber auch in Einfamilienhäusern im Bestand. Sie sind kompakt – erneuern und weiterbetreiben sollte man sie aber nur, wenn es keine andere Möglichkeit gibt, die Räume zu heizen.

als simplere Heizkessel oder primitive Feuerstellen. Bei einem Neubau wird der Architekt dies schon in der Planungsphase berücksichtigen; wird nach einer Grundsanierung ein vorhandener Rauchabzug weitergenutzt, muss er an die neue Kesseltechnik angepasst werden.

Ein für Brennwertkessel tauglicher Schornstein muss ausreichend rußbrandbeständig und feuchteunempfindlich sein, zudem druck- und korrosionsfest. Denn durch die Brennwerttechnik bildet sich im Schornstein deutlich mehr Kondenswasser als mit althergebrachten Feuerungen. Ein für Brennwertkessel geeigneter Schornstein darf davon keinen Schaden nehmen. In der Praxis kommen deshalb oft Edelstahl-, Keramik- oder Kunststoffrohre zum Einsatz.

Da die Brennwerttechnik den Abgasen Wärme entzieht, sinkt deren Temperatur, wodurch sie langsamer nach oben steigen. Ohne Gegenmaßnahmen würde sich das Abgas im Bestandsschornstein stauen. Um dies zu verhindern, ist ein Gebläse nötig. Falls möglich, kann man alternativ den Schornstein per Rohreinsatz verlängern. In der Praxis schlägt man bei einer Sanierung zwei Fliegen mit einer Klappe: Der Heizungsbauer setzt in den Alt-Schornstein ein Kunststoff-Doppelrohr („Luft-Abgas-Schornstein", LAS), was den nutzbaren Schornsteinquerschnitt verkleinert und so den Zug steigert, mit dem das Rauchgas aus dem Schornstein gesogen wird. Gleichzeitig saugt der Brennwertkessel über das zweite Rohr Außenluft für die Verbrennung an. Auf dem Weg zum Kessel wärmen die Abgase des anderes Rohres noch die Verbrennungsluft, was den Energiebedarf des Brennwertkessels weiter reduziert.

Für die korrekte Berechnung des Schornsteindurchmessers sind folgende Punkte ausschlaggebend

- die Art der jeweiligen Brennwertheizung
- die Höhe des bisherigen Schornsteins
- die Leistung der Heizung in Kilowatt (kW)
- die Zahl der an einem Schornstein betriebenen Heizungen
- das Abgassystem und die darin herrschenden Druckverhältnisse

Wird an dem geplanten Schornstein nur eine Feuerstätte betrieben, ist die EU-Norm Din EN 13384–1 maßgeblich. Sollen mehrere Brennwerttechnik-Feuerstätten gemeinsam einen Schornstein nutzen, gilt die Din EN 13384–2.

Es reicht nicht, dass das Material des Schornsteins gegen das sich bildende Kondenswasser resistent ist – die Flüssigkeit muss auch weg. Im einfachsten Fall reicht ein Ablaufschlauch oder -rohr zu einem Abwasserrohr des Hauses beziehungsweise der Kanalisation. In den meisten Fällen ist das auch bei einer Grundsanierung, also der nachträglichen Umrüstung auf Brennwerttechnik, problemlos möglich. Falls nicht, befördert eine Pumpe („Kondensathebeanlage") das Kondensat in den nächsten Ablauf.

Zu den Eigenheiten der Brennwerttechnik gehört, dass das von ihr produzierte Kondensat Schwefelsäure enthält. Mit den meisten Gas-Brennwertkesseln ist dies in der Praxis selten ein Problem – mit Heizkesseln einer Leistung unter 25 kW muss man nichts tun. Diesen Wert dürfte man im Einfamilienhaus nicht überschreiten. Das Kondensat ölbetriebener Brennwertkessel muss hingegen in jedem Fall auf einen verträglichen pH-Wert gebracht werden. Planung und Einbau einer passenden Neutralisationsanlage sind Sache des Fachmanns.

Fazit

Die Grundfrage, ob es noch ein konventioneller Heizkessel sein soll, lässt sich am einfachsten mit Blick auf den Heiz- und Warmwasserenergiebedarf eines Gebäudes sowie die konkret vor Ort verfügbaren Brennstoffe und deren Nachhaltigkeit beantworten. Erweist sich dabei ein Heizkessel als wirtschaftlich, ist in einem Bestandsgebäude ein klassischer Standkessel im Keller oder in einem eigenen Technikraum die sinnvollste Variante. Auch bei Grundsanierungen ist es geboten, das Haus mit einem Standkessel auszurüsten. Nur dort, wo sich kein Platz für Standkessel schaffen lässt oder nur eine vorhandene Therme ersetzt werden soll, wird man weiter damit arbeiten. Dieselben Wirtschaftlichkeits- und Bedarfsanalysen gilt es auch für einen Neubau anzustellen. Bei entsprechender Dämmung fallen die Kosten für Erdgasanschluss oder Heizöltank, Kamin und Heizkessel sowie deren Platzbedarf in die Waagschale.

Wärmeerzeugung mit Biogas

Biogas klingt nach der Lösung vieler Energieprobleme der Welt. In der Praxis kommt es auf die Umstände an, ob die Nutzung von Biogas wirtschaftlich und umweltverträglich ist.

Biogas bedeutet: Abfälle aus Landwirtschaft, Viehzucht, Kläranlagen oder eigens dafür angebaute Pflanzen („Biomasse") werden von Bakterien unter Sauerstoffabschluss („anaerob") vergärt. Der Sauerstoffabschluss verhindert, dass die Bakterien die von ihnen produzierte Energie gleich selbst wieder aufzehren. Es entsteht Gas, das zu 40 bis 75 Prozent aus Methan besteht, zu 25 bis 60 Prozent aus Kohlendioxid (CO_2), kleinen Anteilen Wasser sowie Spurengasen wie Schwefelwasserstoff, Sauerstoff, Stickstoff, Ammoniak und Wasserstoff. Die genaue Zusammensetzung hängt von den zur Gasproduktion verwendeten Materialien („Substraten") ab. Das Gas wird in vier Stufen erzeugt: Zunächst bereitet man die verwendete Biomasse in einer Vorgrube entsprechend auf. Dann wird sie durch Mikroorganismen in einem Faulbehälter bei Temperaturen von 37 Grad bis 55 Grad Celsius zersetzt und

Biogasanlagen baut man üblicherweise im ländlichen Raum, also dort, wo die Wege zu den für die Gasproduktion eingesetzten Substraten kurz sind und ohnehin anderweitig nicht verwertbare Stoffe anfallen.

vergoren. Dabei entstehen Biogas sowie Gärreste. Das Biogas landet in einem Gastank, die Reste in einem Gasrückstandslager.

Man sieht schon an der Vielzahl der Schritte: Die für diesen Prozess notwendigen Anlagen sind nichts, was sich in bezahlbarer und handhabbarer Größe an Ein- oder Zweifamilienhäusern installieren ließe. Typischerweise betreiben Landwirte, Genossenschaften, Gemeinden oder Energieversorger entsprechende Anlagen. Das „Bio" im Biogas bezieht sich auf die Gasproduktion – die zu seiner Erzeugung nötigen Substrate können aus biologischer Landwirtschaft (beziehungsweise deren Abfällen) stammen, müssen es aber nicht.

Wie umweltfreundlich ist Biogas?

Das hängt von zwei Faktoren ab: Wie weit haben es die Substrate zur Biogasanlage? Und welche Substrate verwendet man? Die Transportwege wird jeder Betreiber schon im eigenen Interesse so kurz wie möglich halten. Zum Zeitpunkt der Erstellung dieses Buches hatten viele niederländische Landwirte Gülle im Überfluss. Diese zu einer Biogasanlage ins angrenzende Niedersachsen oder Nordrhein-Westfalen zu transportieren dürfte noch wirtschaftlich sein, was sich für Mecklenburg-Vorpommern oder Niederbayern anders verhält. Auch ökologisch dürfte ein so weiter Transport eher schädlich sein. Ansonsten gilt aber: Wann immer Abfälle zu Gas gemacht werden, ist das der Umwelt zuträglich.

Anders sieht es aus, wenn Pflanzen für die Gasproduktion eigens angebaut werden. Hier muss gedüngt, unter Umständen sogar noch bewässert werden, die Biomasse (meist Mais) belegt wertvolle Ackerfläche, steht also in Konkurrenz zur Nahrungsmittelproduktion und treibt so Lebensmittelpreise in die Höhe. Für die für die Gasproduktion nötigen Mengen werden Monokulturen angelegt, in denen sich Schädlinge besonders schnell ausbreiten können, was oft den Einsatz von Pestiziden nach sich zieht. Die eigentliche thermische Verwertung der Biomasse ist zwar CO_2-neutral – ihre Aufzucht hingegen nicht.

Aus den genannten Gründen ist der Einsatz von Biomasse schon wieder rückläufig. Man konzentriert sich auf Biogas aus Abfällen – womit Biogas dann auch umweltverträglich ist.

Biogas für Erdgasheizkessel?

Das funktioniert nicht. Erdgas hat einen Methananteil von 98 Prozent – der von Biogas liegt bei 50 bis 75 Prozent. Gasbrenner müssen sehr genau auf das verfügbare Gas abgestimmt sein – sonst funktionieren sie nicht oder nehmen gar Schaden. Die übliche Toleranz eines Brenners beim Methananteil be-

Sie sind nicht nur Milchproduzenten: Kühe sowie andere Nutztiere liefern mit Gülle und Mist wertvolles Material zur Herstellung von Strom und Wärme in Biogasanlagen. Die landwirtschaftlichen Reststoffe werden zerkleinert und verstoffwechselt. So entsteht das Biogas. Das verbleibende Material aus dem Fermenter wird wiederum als Dünger verwertet.

trägt plus/minus 3 Prozent. Will ein Erzeuger Biogas direkt verwenden, muss er einen anderen Weg gehen: In einem Blockheizkraftwerk (siehe auch Seite 148), dessen Motor für Biogas angepasst ist, wird das Biogas verbrannt und erzeugt dabei Strom und Wärme. Die Wärme lässt sich am sinnvollsten als Nahwärme (technisch ist jede Wärmeenergieproduktion außerhalb des eigenen Hauses Fernwärme, von Nahwärme spricht man, wenn der Wärmeerzeuger nur einige Dutzend Abnehmer hat und sich in räumlicher Nähe zu ihnen befindet) etwa an die Bewohner eines Neubaugebietes oder eines ganzen Dorfes liefern, ebenso der Strom – den kann der Produzent aber auch ins Netz des örtlichen Anbieters speisen. Wer was zu welchem Preis erhält, hängt hier nicht von den technischen Gegebenheiten ab, sondern nur von wirtschaftlichen Interessen der Betreiber. Ist die Gemeinde oder eine Genossenschaft Eigentümer der Biogasanlage, wird sie so viel Energie wie möglich bei den Bürgern beziehungsweise Mitgliedern lassen wollen. Ein Landwirt oder Energieversorger wird danach entscheiden, wer ihm den besten Preis für seine Ware bietet. Für den Biogasbetrieb geeignete Blockheizkraftwerke erzeugen in der Regel mindestens 500 Kilowatt Strom und ein Megawatt an Wärme. Damit ließe sich der Strom- und Wärmebedarf von 50 Bestandshäusern decken. In einem Neubaugebiet mit nach dem Stand der Technik gedämmten Häusern reichte die anfallende Wärme für mindestens 100 Einfamilienhäuser.

Biogas als Alternative zu Erdgas?

Biogas ist wie jedes andere Gas prinzipiell ständig verfügbar – im Gegensatz zu den wetterabhängigen erneuerbaren Energien, also Sonnen- oder Windkraft. Durch Filter lässt sich Biogas so aufbereiten, dass sein Methangehalt dem von Erdgas entspricht. Dieses Bioerdgas kann dann an Haushalte oder andere Verbraucher geliefert werden, die es problemlos statt Erdgas verfeuern können. Auch für den Betrieb von Kraftfahrzeugen lässt es sich verwenden. Der Filterprozess ist aufwendig: Die entsprechenden Anlagen verlangen nach einer Stellfläche von mindestens 300 Quadratmetern. Biogas erdgaskompatibel aufzubereiten, lohnt sich am ehesten, wenn in einem Dorf oder Wohngebiet überwiegend Bestandsbauten stehen, die bislang schon mit Gas beheizt wurden und entsprechend durch ein

Gasleitungsnetz erschlossen sind. In einem solchen Falle beschränkten sich die Investitionen auf die Biogasgewinnung und -aufbereitung. Aktuell ein Neubaugebiet auf diese Art mit Wärmeenergie zu versorgen, ist hingegen fast immer unwirtschaftlich. Das wäre zwar CO_2-neutral, der typische Gasheizkessel für ein nach dem Stand der Technik gedämmtes Haus aber überdimensioniert, die Kosten für die Gasleitungen zu den Häusern erheblich.

Biogas günstiger als Erdgas?

Seriöse Vorhersagen zur Preisentwicklung sind kaum möglich. Vor dem 2022 durch Russland verursachten massiven Anstieg der Erd- und Flüssiggaspreise war Biogas etwa doppelt so teuer wie Erdgas. Durch die Spekulationen am Markt glichen sich die Preise an. Es kommt aber tatsächlich auf die Umstände jeder einzelnen Biogasanlage an und die Verträge, die die Endkunden mit deren Betreibern haben, ob und wie stark sich Schwankungen auf den Weltgasmärkten auf den persönlichen Gaspreis auswirken. Handelt es sich bei den Rohstoffen um Abfälle, kann man davon ausgehen, dass die günstig bleiben. Sicher ist allerdings auch das nicht: Wenn Landwirte beispielsweise ihre Viehhaltung umstellen und deshalb weniger Gülle anfällt, ein Biogaserzeuger deshalb etwa Biomasse anpflanzen muss, wird es für ihn und die Kunden teurer. Müssen die Biogassubstrate über längere Strecken zur Anlage transportiert werden, schlagen sich Transportkosten in den Gaspreisen nieder. Dennoch dürfte die Biogasproduktion deutlich weniger Markt- und damit Preisschwankungen unterliegen als Erdgas oder -öl. Daher ist es als Energieträger grundsätzlich attraktiv.

Wer nicht direkt an eine Biogasanlage angeschlossen ist, aber Gas zum Heizen und Kochen verwendet, kann sich für einen Bioerdgasversorger entscheiden. Je nach Anbieter und Tarif wird das gelieferte Gas ganz oder anteilig biologisch erzeugt. Die Möglichkeiten und Gegebenheiten müssen lokal auf Verfügbarkeit und Preis geprüft werden. Wird ein Produkt als Klima- oder Ökogas beworben, handelt es sich um konventionelles Gas, dessen Anbieter verspricht, dass die Menge des verbrauchten Erdgases bilanziell durch die produzierte Menge von Bioerdgas ausgeglichen ist.

Vor- und Nachteile von Biogas

Bei der Verwendung von lokal entstandenen Abfällen kann Biogas nahezu klimaneutral werden und helfen, anderweitig nicht verwertbare Reste zu nutzen. Handelt es sich beim Ausgangsmaterial um Gülle, kommt hinzu, dass die bei der Gaserzeugung entstehenden Reste, also die fermentierte Gülle, deutlich weniger streng riechen als Gülle selbst. Zudem wird das Ferment von Pflanzen wesentlich effektiver verwertet als das Ausgangsprodukt – das spart Dünger und belastet das Grundwasser weniger mit Nitraten. Rund um die Anlage können Gülle wie auch Gärgase allerdings sehr wohl zu riechen sein.

Wasserstoff: Alternative zu Biogas?

Wasserstoff wird als die saubere Energie der Zukunft gehandelt – bei seiner Verbrennung bleibt nur Wasser(dampf) zurück. Seine positiven Eigenschaften sind schon seit Jahrzehnten bekannt – und ebenso lange sind Erzeugung und Lagerung im industriellen Maßstab die Achillesfersen dieses Brennstoffs.

Zurzeit existieren im Wesentlichen zwei Möglichkeiten der industriellen Erzeugung. Bei der Elektrolyse wird Wasser in einer Redoxreaktion durch Zuführung elektrischer Energie in seine Bestandteile getrennt, also Wasserstoff und Sauerstoff. Der Prozess selbst ist völlig umweltneutral; solange der dafür benötigte Strom aber aus fossilen Brennstoffen gewonnen wird, ist er unterm Strich nur sinnvoll, wenn sich Anlagen oder chemische Verfahren ausschließlich mit Wasserstoff betreiben lassen. Ansonsten kann man die den fossilen Brennstoffen innewohnende Energie nur zu etwa 50 Prozent in Strom umsetzen, die Elektrolyse selbst ist ebenfalls mit Verlusten behaftet. Der so produziere Wasserstoff wird deshalb auch als „grau" bezeichnet.

Im großtechnischen Maßstab umweltfreundlich („grün") produzieren kann man Wasserstoff per Elektrolyse nur, wenn der dafür nötige Strom aus erneuerbaren Quellen stammt, also etwa Wind- oder Sonnenenergie. Um andere Primärenergieträger durch Wasserstoff abzulösen, ist Deutschland zu dicht besiedelt, und die verfügbaren Flächen werden sinnvoller zur Produktion von Strom verwendet, der direkt benötigt beziehungsweise verbraucht wird. Es gibt aber Pläne, Teile unbewohnter Flächen der iberischen Halbinsel oder Afrikas für die elektrolytische Wasserstofferzeugung zu nutzen.

Hat man den Wasserstoff erzeugt, muss man ihn transportieren oder lagern. Hier besteht das Problem, dass Wasserstoff extrem flüchtig ist. Sowohl Leitungen wie Tanks müssen also explizit in der Lage sein, Wasserstoff zu halten beziehungsweise zu transportieren. Beides ist machbar, aber nicht trivial.

Um diese Probleme zu umschiffen, gibt es zwei Möglichkeiten: Der Gasversorger kann dem Erdgas Wasserstoff beimischen. Bis zu zehn Prozent sind aktuell gängig, die Beimischung von bis zu 20 Prozent Wasserstoff wird erprobt. Bei einer Beimischung von 10 Prozent Wasserstoff gibt es auch mit alten Gasbrennern keine Probleme, bei 20 Prozent und mehr müssen die Brenner als „H2 Ready" gekennzeichnet sein.

Die zweite Möglichkeit: Wasserstoff lässt sich durch Beigabe von CO_2 zu Methan aufbereiten – CO_2, das etwa bei der Biogasproduktion anfällt. Durch die Kombination aus mit regenerativen Energien erzeugtem Wasserstoff und dem CO_2-„Abfall" einer Biogasanlage lässt sich die Ausbeute an Bioerdgas also deutlich steigern und klimaschädliches CO_2 vermeiden. Das so produzierte Gas verhält sich wie Erdgas, an Leitungsnetzen und Brennern muss nichts geändert werden. Ein weiterer Vorteil der Umwandlung von Wasserstoff in Methan: Dessen Energiedichte ist deutlich höher.

Dennoch ist die direkte und ausschließliche Verwendung von Wasserstoff weder unmöglich noch unsinnig: Die Industrie arbeitet an Gasbrennern, die zu 100 Prozent Wasserstoff verfeuern können; in Brennstoffzellen kehrt man die Elektrolyse um und produziert aus Wasserstoff und Luftsauerstoff elektrischen Strom. Detailliert gehen wir darauf ab Seite 148 ein.

Biogas und Wasserstoff: Alternativen zu Erd- oder Flüssiggas?

Selbst bei günstigem Biogas ist für Bestandsgebäude, die nur eingeschränkt energetisch optimiert werden können, gründlich nachzurechnen, ob sich etwa eine Wärmepumpe als Hauptwärmeerzeuger rechnet und man auf aufbereitetes Biogas (bei vorhandenem Kessel und Leitungsnetz) nur als Reserve für wirklich kalte Tage zurückgreift.

Bei der Verwendung von lokal entstandenen Abfällen kann Biogas nahezu klimaneutral werden und helfen, anderweitig nicht verwertbare Reste zu nutzen.

Mit Blick auf die deutsche Versorgungssicherheit könnte man die Biogasproduktion sicher erhöhen. Im Jahr 2022 schätzte der bayerische Fachverband Biogas in Freising, man könne die deutsche Biogasproduktion innerhalb von fünf bis zehn Jahren verdoppeln, womit sich die Hälfte der Gasimporte aus Russland ersetzen ließe.

Den gesamten bisherigen Erd- und Flüssiggasbedarf Deutschlands wird man nicht durch Biogas oder Wasserstoff ersetzen können – auf absehbare Zeit schon gar nicht günstiger. Zum Energiesparen besteht also keine Alternative.

Elektroheizung

Strom lässt sich am einfachsten aus erneuerbaren Energien erzeugen. Wenn die Rahmenbedingungen stimmen, ist er als direkter Wärmelieferant wirtschaftlich.

Wer die Entwicklung der Strompreise in Deutschland über die letzten Jahrzehnte verfolgt hat, wird beim Stichwort „Elektroheizung" im ersten Moment nur die Hände überm Kopf zusammenschlagen. Aber auch schon vor den jüngsten Preisschwankungen war Heizen mit Strom nur selten günstig. Was die Effizienz des Verfahrens angeht, kommt es auf die Betrachtungsweise an. Für Stromheizungen nutzt man eine eigentlich nachteilige Eigenschaft vieler Materialien: Selbst sogenannte Leiter wie Kupfer transportieren bei Raumtemperatur Strom nicht ungehindert. Sie setzen der Elektrizität Widerstand entgegen, das Material bremst die Elektronen und damit den Stromfluss. Wie an einem Fahrzeug entstehen auch beim Bremsen von Elektronen Reibung und damit Wärme – mit der lässt sich heizen. Dieser Prozess hat einen sehr hohen Wirkungsgrad.

Kritisch ist hingegen die Stromerzeugung: Dort, wo nicht natürliche Ressourcen wie Wasser, Wind oder Sonne Strom produzieren, wird zur Stromerzeugung in konventionellen Kraftwerken Gas oder Kohle, gelegentlich auch Öl, umweltschädlich verbrannt. Dabei gewinnt man nur aus einem Teil der in den Brennstoffen enthaltenen Energie Elektrizität – der Wirkungsgrad des deutschen Kraftwerksparks liegt bei höchstens 45 Prozent. Die Verluste addieren sich beim Heizen mit Strom: Zunächst erzeugt man mit mäßiger Effizienz aus fossilen Brennstoffen Strom, der dann mit Leitungsverlusten bis zum Gebäude transportiert wird. Die fossilen Brennstoffe unmittelbar dort zu verbrennen, wo die Wärme gebraucht wird, wäre in diesem Szenario wesentlich umweltfreundlicher und wirtschaftlicher – bisher.

Denn durch die Energiewende ändert sich das grundlegend. Fossile Brennstoffe sollen wegen der bei der Verbrennung freigesetzten, klimabeeinflussenden Kohlendioxidemission möglichst nicht mehr verwendet werden, also auch nicht in Kraftwerken. Dafür produzieren überwiegend Photovoltaik- und Windstromanlagen so viel Elektrizität, dass es auch zum Heizen wärmegedämmter Gebäude und Fahren sparsamer Elektrofahrzeuge reicht. Damit wird Strom zur Primärenergie und sollte erst einmal so verwendet werden, wie er ist – als Strom. Wird im Raum ein Elektroheizkörper direkt mit der regenerativen Stromversorgung verbunden, kommen noch rund 90 Prozent der regenerativen Energie im Gebäude an. Die fehlenden 10 Prozent sind Leitungsverlusten geschuldet. Wird regenerativer Strom direkt am Gebäude erzeugt, steht die regenerative Energie praktisch verlustfrei zum Heizen zur Verfügung. In der neuen Energiewelt hat das Heizen mit Strom also durchaus eine Berechtigung – wenn er aus regenerativen Quellen stammt.

Warum mit Strom heizen?

Der mäßige Wirkungsgrad von aus fossiler Energie produziertem Strom war zumindest in den Grundzügen schon zu Beginn der Elektrifizierung der Industrieländer bekannt. Dennoch tauchten mit dem flächendeckenden Ausbau der Stromnetze schon bald Elektroherde, elektrische Bügeleisen, Heizdecken und eben auch Elektroheizungen auf.

Das hatte und hat zwei Gründe. Viele konventionelle Kraftwerke sind Grundlastkraftwerke. Sie werden auf eine bestimmte Kapazität ausgelegt und liefern diese Tag und Nacht – unabhängig vom tatsächlichen Bedarf, der be-

kanntlich tages- und jahreszeitenabhängig schwankt. Insbesondere nachts wissen die Kraftwerkbetreiber oft nicht, wohin mit dem Strom (siehe „Nachtspeicher und -strom“, Abschnitt rechte Seite).

Der andere Grund: Strom ist überaus komfortabel, schnell verfügbar und sicher. Wer schon einmal mit einem Holz- oder Kohleofen oder -kamin geheizt hat, weiß es: In der Regel erlischt über Nacht das Feuer, man wacht also morgens in einem kalten Raum auf. Als Erstes will die Asche des letzten Tages aus dem Ofen beseitigt und entsorgt werden, die Flammen wollen zudem entzündet werden. Es dauert, bis Holz und/oder Brikett durchgeglüht sind und der Raum sich wieder erwärmt. Bei den meisten Ofenarten muss mehrfach am Tag Brennstoff nachgelegt und der Ofenrost von Asche freigerüttelt werden. Die offenen Flammen stellen zudem ein Sicherheitsrisiko dar.

Eine elektrische Heizung hingegen schaltet man einfach ein – je nach Typ liefert sie sofort oder binnen wenigen Minuten Wärme. Thermostate halten die Raumtemperatur auf dem gewünschten Niveau, mit Zeitschaltuhren oder intelligenter Gebäudetechnik lassen sich Ein- und Ausschaltzeiten der Elektroheizung programmieren. Eine geringe Gefahr geht auch von Elektroheizungen aus – aber die Wahrscheinlichkeit eines Brandes ist mit Holz- oder Kohleheizungen wesentlich höher. Komfort und Sicherheit sind also die wesentlichen Merkmale, die den Einsatz einer Elektroheizung derzeit rechtfertigen.

Direkt oder indirekt?

Es gibt zwei Arten von Elektroheizungen: direkte und indirekte. Direkte Modelle heizen nach dem Einschalten – je nach Typ – innerhalb von Sekunden oder wenigen Minuten auf, sind also dann ideal, wenn kurzfristig der Wunsch nach Wärme aufkommt. Indirekte Heizungen hingegen wärmen auf Vorrat. Klassischerweise kommen sie in Nachtspeicherheizungen zum Einsatz. Diese erhitzen in der Nacht (im Idealfall mit günstigerem Nachtstrom) Wärmespeicher – in den meisten Fällen Keramikelemente. Tagsüber geben diese die Wärme ab, ohne dabei weiteren Strom zu verbrauchen.

Nachtspeicher und -strom

Wie erwähnt lassen viele der konventionellen Kraftwerke sich in bedarfsarmen Zeiten kaum drosseln, erzeugen dann also Elektrizität, die niemand braucht. Mit fossilen Brennstoffen betriebene Kraftwerke können immerhin in Grenzen geregelt werden – da die Brennstoffe kosten, besteht schon für die Kraftwerksbetreiber selbst ein Anreiz, möglichst bedarfsgerecht zu produzieren. Anders sieht dies bei Atomkraftwerken aus, die kaum kurzfristig zu drosseln sind. Zu der Zeit, als Nuklearenergie in Deutschland als billige, praktisch unbegrenzt verfügbare Kraftquelle galt, waren die Kosten kein Thema. Um den im Dauerbetrieb erzeugten, nachts aber nicht anderweitig benötigten Strom loszuwerden, führten die Kraftwerksbetreiber Nachtstromtarife ein, die vom Staat steuerlich begünstigt wurden. Parallel dazu legten Gemeinden für viele damalige Neubaugebiete fest, dass dort nicht mit fossilen, also Abgase ausstoßenden Brennstoffen geheizt werden durfte, was einem Nachtspeicherheizungszwang gleichkam.

Die Nachtspeicherheizungen reagieren noch träger als Flächenheizungen (siehe Seite 175) auf Temperaturänderungswünsche – hat man die Heizkörper am Vorabend in Erwar-

Gut zu wissen

Wie effizient und umweltfreundlich ist es, Strom zu speichern?

Wind- und Solarkraftwerke haben Schwächen: Nachts scheint die Sonne nicht, und statt Wind herrscht auch mal Flaute. Für ein bis zwei Tage speichern Akkus problemlos Strom – aber die Sommersonne einzufangen, um für den Winter Energie zu haben, ist mit einem solchen System unwirtschaftlich bis unmöglich. Soll regenerativer Strom über mehrere Monate gespeichert werden, geht dies nur mittelbar – beispielsweise indem man mit seiner Energie Wasserstoff produziert. Dabei geht unweigerlich Energie verloren. Im hergestellten Wasserstoff steckt also schon weniger Energie als im regenerativen Strom, der für die Herstellung des Wasserstoffs verwendet wurde. Anschließend muss der Wasserstoff noch zu einem Gebäude transportiert und dort wieder mit einer Heizungsanlage in Wärme umgewandelt werden. Daher kommen über diesen Weg nur circa 50 Prozent der Energie des eingesetzten regenerativen Stroms im zu beheizenden Raum an.

tung eines kalten Tages tüchtig erwärmt und sind die Außentemperaturen dann unerwartet milde, kann man nur die Fenster öffnen, um die überschüssige Wärme loszuwerden, und hat unnütz Strom verbraucht. Wird es am Tage kälter als am Vorabend erwartet, kann man immerhin tagsüber heizen – dann aber mit Strom zum teuren Tagtarif.

Auch wegen dieser Schwächen werden Nachtspeicherheizungen als Alleinheizung für Neubauten und bei Grundsanierungen nicht mehr eingesetzt. Bei Neubauten und grundlegenden Modernisierungen müssen die Anforderungen des Gebäudeenergiegesetzes (GEG) eingehalten werden. Dabei macht den reinen Elektroheizungen der nachzuweisende maximale Primärenergiebedarf zu schaffen. Strom wird bisher noch mit einem Primärenergiefaktor von 1,8 bewertet, was deutlich höher ist als der Primärenergiefaktor für Brennstoffe von 1,1. Damit ist der Einsatz einer Direktstromheizung genehmigungsrechtlich unmittelbar an einen geringen Heizenergiebedarf (also sehr gute Wärmedämmung) gekoppelt. Im Bestand dürfen Nachtspeicheröfen aber weiterhin betrieben werden.

Für einige Jahre gab es zudem so gut wie keine Nachtstromtarife auf dem Markt – seit 2016 bieten einige Versorger sie aber wieder an. Wer für die mit Nachtstrom betriebene Heizung einen eigenen Zähler und Stromkreislauf installiert, kann sich sogar für Tag- wie Nachttarif unterschiedliche Anbieter aussuchen – für jede Zeit den jeweils günstigsten. Finanztest hat in Ausgabe 7/2023 Nachtstromtarife verglichen. Ein zweiter Zähler und eigener Nachtstromtarif zahlen sich immer aus.

Eine Tarifübersicht (Stand: 15. März 2023) finden Sie auf test.de/pdf-nachtspeicherheizung. Hier können Sie mit Ihrer Postleitzahl auch prüfen, ob Anbieter aus dem Test in Ihrer Region Tarife anbieten. Weil sich die Konditionen schnell ändern und abhängig von den Postleitzahlen sind, sollten Sie die Preise für die Tarife aus dem Test selbst noch einmal daraufhin prüfen. Gehen Sie dazu nach der Tarifsuche auf die Internetseiten der Anbieter. Beziehen Sie auch Ihr örtliches Stadtwerk in den Vergleich ein. Der Test hat gezeigt, dass regionale Angebote oft besonders günstig sind.

Die Anschaffung von Elektroheizungen kostet wenig; elektrisch heizen lässt sich über-

In einem nach dem Stand der Technik gedämmten Haus kann der Heizbedarf so niedrig sein, dass sich die Installation einer Zentralheizung nicht lohnt. In einer solchen Konstellation sind mit Strom betriebene Heizkörper eine wirtschaftliche Alternative.

all, wo ein Stromanschluss liegt. In vielen Fällen reicht ein Standard-230-Volt-Anschluss beziehungsweise die Netzsteckdose. Für Nachtspeicheröfen und einige andere Elektroheizungen muss es, ähnlich wie für Durchlauferhitzer, aber ein 400-Volt-Drehstromanschluss sein. Dafür braucht es keinen Schornstein, keinen Wasseranschluss und keinerlei Rohre. Aktuell kommen Elektroheizungen folglich überall dort zum Zuge, wo entweder nur tage- oder stundenweise Wärme gewünscht wird oder sich Heizkörper und Heizungsrohre nicht oder nur mit unverhältnismäßigem Aufwand installieren ließen. Typische Einsatzgebiete sind Gartenlauben, Ferienhäuser, Badezimmer oder Kellerräume. Auch in einem mit zeitgemäßer Heizung ausgestatteten Wohnhaus kann es in den Übergangsjahreszeiten, also Frühling und Herbst, sinnvoller sein, an wenigen kalten Tagen oder Nächten punktuell elektrisch zu heizen, statt die Zentralheizung anzuwerfen.

Wenn die oben genannten Voraussetzungen – nur gelegentlicher Bedarf, keine andere Heizmöglichkeit, Nachtstromtarif verfügbar – zutreffen, kann sich ein Nachtspeicherofen sehr wohl für einen einzelnen Raum anbieten. Dort sollte kein kurzfristiger Heizbedarf herrschen, ein typischer Nutzungsort wäre das nicht ans Heizleitungsnetz angebundene und nur gelegentlich genutzte Gästezimmer. Von diesem Fall abgesehen wird man sich, wenn mit Strom geheizt werden soll, immer für Direktheizungen entscheiden. Bei Nachtspeicheröfen sollte man berücksichtigen, dass die meisten Modelle Luft und damit Staub aufwirbeln – für Allergiker vielleicht ein Ausschlusskriterium; zudem wird die Raumluft trocken.

Direkt-Elektroheizung – wenn es schnell gehen soll

Die durch Strom erzeugte Wärme kann unterschiedlich in den Raum abgegeben werden: direkt oder indirekt per Luft, als Strahlungswärme oder über eine Flächenheizung.

Überall dort, wo man nicht bei Neubau oder Renovierung eine Fußbodenheizung installieren kann, sind Böden in der kalten Jahreszeit klamm. In den Wohnräumen stört dies meist nicht übermäßig, sofern dort Holz- oder Teppichböden verlegt wurden. Die Kacheln eines Badezimmers hingegen bleiben kalt – auch, wenn der Raum beheizt ist. Hier verschaffen mit Heizdrähten durchzogene Bodenfolien mehr Komfort und warme Füße. Diese Folien empfehlen sich in erster Linie zur Nachrüstung. Eine Alternative sind unter den Kacheln installierte elektrische Heizelemente. Diese müssen aber bei Bau oder Grundsanierung verlegt werden, nachträglich lassen sie sich nicht einbauen. Dies ist immer dann sinnvoll, wenn man sich aus baulichen Gründen gegen eine Fußbodenheizung entscheidet oder der Heizenergiebedarf des Hauses insgesamt so gering ist, dass sich eine konventionelle Heizung nicht rentiert.

Idealerweise kombiniert man diese Bodenheizungen mit einer Zeitschaltuhr oder einer passenden Smart-Home-Steuerung (siehe Seite 190), denn üblicherweise reicht es, wenn der Badezimmerboden morgens beheizt ist.

Infrarotheizung

Nachtspeicheröfen geben eher trockene Luft ab. Eine Alternative sind Infrarotelektroheizungen, die wie ein Kachelofen mit Strahlungswärme arbeiten. Es gibt sie sowohl als Wand- oder Fußleisten- wie als Deckenheizelement. Die von ihnen produzierte Wärme ist wesentlich angenehmer, als alleinige Heizung sind aber auch sie im Normalfall zu teuer.

Elektroheizungen – auch im Neubau

Nicht nur bei Nachtspeichern gilt: keine Regel ohne Ausnahme. Auch Direktheizungen mit Strom können unter Umständen wirtschaftlich und sogar ökologisch vorteilhaft sein. In einem maximal gedämmten Passivhaus ist der Heizenergiebedarf sehr gering – eine Zentralheizung kostete unnötig Geld und hätte die meiste Zeit des Jahres nichts zu tun. Auf den Dächern dieser Häuser erzeugt oft eine Photovoltaikanlage Strom zum Selbstkostenpreis. In dieser Konstellation ist es sinnvoll, für die wenigen wirklich kalten Tage des Jahres mit Strom zu heizen. Die erwähnten Infrarotstrahler empfehlen sich hier als strombetriebene Deckenheizung. Alternativen sind über die gesamte Raumdecke verlegte Heizfolien. Voraussetzung ist natürlich, dass die Photovoltaikanlage die Heizung versorgen kann.

Nur für gelegentliches Heizen in anderweitig nicht versorgten Teilen des Gebäudes taugen Heizlüfter, Decken- oder Wandheizstrahler oder Radiatoren. Für den dauerhaften Einsatz ist die durch sie gelieferte Wärme allerdings zu teuer.

Kostenbeispiele

Den niedrigen Anschaffungskosten einer Elektroheizung stehen die hohen Betriebskosten gegenüber. Pro Kilowattstunde Energie kostet Strom zwischen 30 und 40 Cent, mit Pelletheizungen etwa 8 bis 12 Cent, mit Gas- oder Ölheizungen 15 bis 20 Cent pro Kilowattstunde. Beispielrechnung für einen Raum mit 25 Quadratmeter Fläche: Eine dafür dimensionierte Infrarotheizung benötigt pro Stunde 1000 Watt oder eine Kilowattstunde Strom. Läuft sie acht Stunden am Tag, wären dies 8 Kilowattstunden, bei einem Strompreis von 40 Cent also 3,20 Euro pro Tag. Die Heizperiode dauert von Oktober bis April und hat 182 Tage, diesen einen Raum zu beheizen würde also 582,40 Euro kosten; für eine Wohnung mit drei Zimmern ähnlicher Größe also 1747,20 Euro. Diese Kosten liegen so mindestens doppelt so hoch wie die einer Beheizung mit den oben genannten Brennstoffen.

> **„Die elektrische Beheizung in einem optimal gedämmten Gebäude steht wirtschaftlich nicht mehr so schlecht da.**

In der Praxis muss man in die Rechnung die Auslagen für einen zentralen Wärmeerzeuger, das Heizungsnetz, die Heizkörper sowie die regelmäßige Wartung dieser Systeme berücksichtigen und auf die jährlichen Kosten umlegen. Wie erwähnt: Die elektrische Beheizung in einem optimal gedämmten Gebäude steht wirtschaftlich nicht mehr so schlecht da. Einer Entscheidung für oder gegen das Heizen mit Strom sollte deshalb der fürs Gebäude ermittelte Heizwärmebedarf zugrunde liegen.

Fazit

Meist ist das Heizen mit Strom nur bei eigener Stromversorgung und in maximal gedämmten Häusern wirtschaftlich. Dennoch kann es sinnvoll und günstig sein, einzelne Räume zu bestimmten Zeiten mit Strom zu erwärmen.

Blockheizkraftwerke

Diese Art Heizung produziert Wärme und Strom gleichzeitig. Ihre Wirtschaftlichkeit sinkt in Zukunft, wenn sie mit fossiler Energie betrieben wird.

Bei Fernwärme wird beispielsweise die Abwärme eines mit fossilen Brennstoffen betriebenen Kraftwerks zum Heizen genutzt. Im kleineren oder häuslichen Maßstab nennt sich diese Kraft-Wärme-Kopplung Blockheizkraftwerk (BHKW). Sprich: Ein BHKW produziert Strom und Wärme. Sehr kompakte Anlagen versorgen Einfamilienhäuser, größere Systeme können ganze Straßenzüge beliefern.

Arten von Blockheizkraftwerken

Man unterscheidet Blockheizkraftwerke zum einen nach der von ihnen lieferbaren Energiemenge, zum anderen danach, ob die Wärme oder Stromerzeugung ihre Leistung regelt sowie ihrem Antrieb. Für private Bauherren sind Mikro-BHKW und Nano-BHKW relevant. Ein Mikro-BHKW liefert typischerweise 3 bis 20 Kilowatt elektrischen Strom und 8 bis 40 Kilowatt Heizleistung. Verfügbar sind fast ausschließlich Modelle mit einem Verbrennungsmotor, der mehrheitlich von Gas angetrieben wird. Es gibt aber auch Modelle mit Heizöl als Brennstoff. Mikro-BHKW haben einen elektrischen Wirkungsgrad von 25 bis 30 Prozent und einen thermischen Wirkungsgrad von 55 bis 60 Prozent. Mikro-BHKW mit Brennstoffzelle sind zwar angekündigt, waren zum Redaktionsschluss aber noch nicht verfügbar. Bei Verbrennungsmotor-BHKW muss man deren Geräusch- und Vibrationsentwicklung berücksichtigen – in Häusern ohne Keller dürfte beides die Wohnqualität zu sehr beeinträchtigen.

Nano-BHKW produzieren circa 0,5 bis 2,5 Kilowatt elektrische Leistung und 0,5 bis 2,5 Kilowatt Wärme. Sie werden üblicherweise von einer Brennstoffzelle betrieben. Diese wandelt Wasserstoff durch Reaktion mit Sauerstoff in elektrischen Strom, doch ist Wasserstoff schwer zu lagern und zu transportieren. In der Praxis machen es die für BHKW verwendeten Brennstoffzellen ähnlich wie großtechnische Wasserstofffabriken: Sie wandeln („reformieren“) Erdgas in Wasserstoff, der dann wie gewünscht mit Sauerstoff reagiert und Strom produziert. Auch wenn es sich technisch um einen Wasserstoffantrieb handelt, ist man also von Erdgas als Ausgangsstoff abhängig. Kommt dieses aus fossilen Quellen, dürfte der Betrieb eines BHKW damit auf lange Sicht eher unwirtschaftlich sein. Steht vor Ort passend aufbereitetes Biogas bereit, kann sich die Installation eines solchen BHKW auch in Zukunft rechnen.

Brennstoffzellen gibt es als Nieder- oder Hochtemperaturvariante. Die Niedertemperaturvariante arbeitet mit Polymer-Elektrolyt-Membran (PEM) zur Stromerzeugung. Dabei steht Abwärme bei bis zu 60 Grad Celsius zur Verfügung – ausreichend also, um damit eine Gebäudeheizung zu betreiben.

Bei der Hochtemperaturvariante handelt es sich um Festoxidbrennstoffzellen (Solid Oxide Fuel Cell – SOFC). In ihnen arbeiten Keramikzellen als Elektrolyt. Diese leiten Sauerstoffionen, isolieren aber Elektronen. Die Keramikelemente werden bei diesem Prozess 650 bis 1000 Grad Celsius heiß. Sie werden von Wasser durchspült, welches die Hitze abtransportiert und mit einer Temperatur von rund 60 Grad Celsius zum Heizen verwendet. SOFC-Brennstoffzellen erzeugen 35 bis 55 Prozent Strom und setzen rund 30 bis 55 Prozent der zugeführten Energie in Wärme um.

Wärme- oder stromgeführt?

Neben den bereits erwähnten technischen Unterschieden teilt man BHKW in solche auf, die

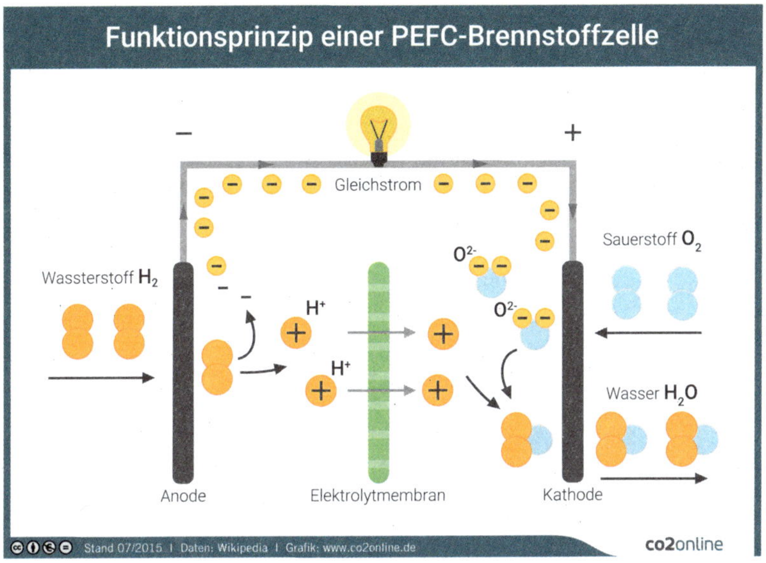

Eine Polymerelektrolytbrennstoffzelle (englisch: Polymer Electrolyte Fuel Cell, PEFC) erzeugt aus Wasserstoff (und Sauerstoff) elektrischen Strom. Die Membran setzt auf der Anodenseite eine chemische Reaktion (Katalyse) in Gang, bei der sich die negativ geladenen Elektronen von den positiv geladenen Protonen trennen. Diese diffundieren durch die Membran und verbinden sich auf der Kathodenseite mit Sauerstoff zu Wasser.

primär Wärme produzieren – der entstehende Strom also nur Beifang ist („wärmegeführt") –, und solche, die primär als Stromlieferant fungieren und deren Wärmeproduktion nicht im Mittelpunkt steht („stromgeführt"). Es hängt von den persönlichen Umständen und den bauphysikalischen Eigenschaften eines Gebäudes ab, welche Eigenschaft man priorisiert. In einem wenig gedämmten Haus wird die Wärmeerzeugung im Vordergrund stehen, in einem zeitgemäß gedämmten eher die Stromproduktion. Nach Berechnung der Ausgangslage wird man dann ein BHKW wählen, dessen Leistungsdaten und -gewichtung zur eigenen Situation am besten passen.

BHKW im Einfamilienhaus?

Die wirtschaftlichen Rahmenbedingungen von BHKW für Eigentümer von Privathäusern haben sich massiv geändert, zumindest ein Betrieb mit fossilen Brennstoffen dürfte sich im Einfamilienhaus kaum noch rechnen. In jüngster Zeit drehten sich die Verhältnisse komplett: Das Erdgas für 3 Kilowattstunden Strom kostete zum Redaktionsschluss 1,80 Euro, 3 Kilowatt Strom beim Versorger 1,50 Euro. Sprich: Der Strom ist beim Versorger 30 Cent günstiger – und die insgesamt für Strom und Heizen aufzubringende Gasmenge würde ein Brennwertkessel (siehe Seite 47) viel effizienter in Wärme umsetzen.

Auch die zunächst günstig erscheinende Tatsache, dass BHKW Strom und Wärme erzeugen, ist auf den zweiten Blick ein Nachteil. Denn BHKW lassen sich kaum regeln, produzieren also immer ihre Nennleistung. Wählt man das BHKW so, dass es auch an den erwartbar kältesten Tagen des Jahres ausreichend heizt, produziert es den Rest des Jahres zu viel Wärme. Für ein paar Tage können Pufferspeicher die überschüssige Wärme lagern, nicht aber für einen ganzen Winter. Zudem produziert ein solches BHKW meist zwangsläufig mehr Strom, als ein Privathaushalt braucht. Auch hier kann man mit Batterien und/oder Elektroautos einiges an Energie speichern. Letztlich wird man aber Strom ins örtliche Netz einspeisen. Zum Redaktionsschluss waren die dafür gebotenen Preise wenig attraktiv. Dies kann sich wieder ändern – trotzdem bleibt die Frage, ob sich die Investition für das typische Einfamilienhaus rechnet.

Die Folge dieser Überlegungen: Wenn man sich für ein wirtschaftliches, für den Durchschnitts- statt den Spitzenbedarf dimensioniertes BHKW entscheidet, benötigt man für die Spitzen einen weiteren Wärmeerzeuger – etwa einen Brennwertkessel oder eine Wärmepumpe. Dieser Preis kommt zu den Anschaffungskosten für das BHKW (die für Privathaushalte sinnvollen Modelle kosten 25 000 bis 30 000 Euro) hinzu. Zwar werden Brennstoffzellen immer noch subventioniert (mit mindestens 6 800 Euro). Dazu kommen 550 Euro pro 100 Watt elektrische Leistung, bei einer Brennstoffzelle mit 1,5 Kilowatt elektrischer Leistung ergibt sich also eine Gesamtfördersumme von rund 15 000 Euro. Allerdings sollte man auch die jährlichen Wartungskosten eines BHKW berücksichtigen – hier muss man mit etwa 5 Cent pro Kilowattstunde erzeugter elektrischer Energie kalkulieren, was mindestens 250 Euro pro Jahr entspricht. Brennstoffzellen werden nur bei Abschluss eines Wartungsvertrags gefördert, was Kosten von gut 500 Euro pro Jahr verursacht.

Für das durchschnittliche Einfamilienhaus dürften die in den vorangegangenen Abschnitten geschilderten Alternativen – Photovoltaik, Solarthermie, Wärmepumpen oder Brennwertkessel sowie eine effektive Dämmung – unterm Strich wirtschaftlicher sein. Ausnahme von dieser Regel: ein Haus mit eigenem Schwimmbad. Dessen Bedarf an Strom wie Wärme ist ganzjährig so hoch, dass man den Einsatz eines BHKW durchrechnen sollte. Die mit nachhaltigen Rohstoffen betriebenen Biogas-BHKW können hingegen zur Versorgung größerer Wohngebiete oder ganzer Orte sehr wohl wirtschaftlich und nachhaltig sein, betreffen aber eben nicht das Einfamilienhaus als solches.

Heizen mit Holz

Holz hat als Brennstoff einen guten Ruf. Völlig unproblematisch ist es allerdings nicht – und auch kein Allheilmittel.

Holz ist ein nachwachsender Rohstoff, er gedeiht in heimischen Gefilden und ist in allen fürs Heizen geeigneten Formen verhältnismäßig günstig. Die in den letzten Jahren entstandene Unruhe auf den Energiemärkten und die gestiegene Nachfrage ließen allerdings auch die Holzpreise klettern. Vor allem: In ganz Deutschland wächst nicht genug Holz, um sämtliche Heizungen im Land damit zu feuern. Holz ist deshalb in erster Linie als Brennstoff interessant, wenn man selbst Wald hat oder auf dem Land wohnt und Brennholz in irgendeiner Form vor Ort ausreichend verfügbar ist.

Bei seiner Verbrennung wird nur das CO_2 freigesetzt, das der Baum vorher gebunden hatte, seine CO_2-Bilanz ist also ausgeglichen, dieses Brennmaterial folglich nicht von CO_2-Abgaben betroffen. Die zeitweise starke Nachfrage führte in der Vergangenheit allerdings dazu, dass auch Holz aus dubiosen Quellen auf den Markt kam.

Nicht immer nachhaltig

Wenn das Holz aus Raubbau stammt, ist es alles andere als nachhaltig, die weiten Transportwege verschlechtern außerdem die CO_2-Bilanz. Da speziell bei Holzpellets der Nachweis auf Nachhaltigkeit schwierig zu führen ist, sollte, wer Wert darauf legt, am ehesten dem FSC Deutschland und dem Naturland-Siegel vertrauen. Die meisten Holzheizungen werden vom Bafa gefördert – mehr zu den Förderungen generell ab Seite 14.

Gut zu wissen

Brennholz richtig lagern

Frisch geschlagene Bäume lassen sich gut mit der Axt spalten – verheizen sollte man sie danach aber nicht. Feuchtes Holz brennt weder besonders effektiv noch umweltfreundlich. Ideal ist eine Restfeuchte von 15 bis 17 Prozent. Ob die erreicht ist, lässt sich einfach testen: Man schlägt zwei Scheite gegeneinander – klingt es hohl, ist das Holz trocken genug. Feuchte Holzscheite hingegen klingen beim Gegeneinanderschlagen dumpf.
Zur Lagerung ist ein – auch auf der Grundfläche – abgedeckter Platz im Freien ideal, wo die Luft zirkulieren kann und an dem im Sommer die Sonne aufs Holz scheint. Auch eine nach Süden zeigende Hauswand taugt, sofern man fünf bis zehn Zentimeter Abstand zwischen Wand und Holzstapel lässt. Im Garten frei zugängliche Holzstapel könnten Diebe anlocken – insofern wird man einen Kompromiss eingehen müssen. Optimal wäre ein abschließbarer Gitterkäfig, wenn ein Gartenschuppen trocken ist und nicht anderweitig benötigt wird, eignet sich auch dieser. Manche Ratgeber sprechen sich explizit gegen Keller als Holzlagerort aus – in dieser Absolutheit übertrieben. Der Keller muss trocken sein und sollte ausreichend Luftzirkulation bieten.

Verhältnisse vor Ort klären

Bei der Planung eines Neubaus oder einer neuen Heizung gilt es, örtliche Vorschriften zu beachten. In manchen Gebieten sind alle Arten von mit Brennmaterial betriebenen Heizungen verboten. Ist bereits ein Kamin vorhanden, muss mit dem Schornsteinfeger geklärt werden, ob der sich auch für die gewünschte Holzheizung eignet. Auch die als Ergänzungsheizung beliebten Kaminöfen darf und sollte man nicht aufs Geratewohl anschaffen – klären Sie vorher mit dem örtlichen Kaminkehrer, ob das Haus und insbesondere ein vorhandener Schornstein die technischen und rechtlichen Voraussetzungen für einen sicheren Betrieb solcher Öfen erfüllen.

Lästiger Feinstaub

In Deutschland gilt wie in der gesamten EU in der Atemluft ein Feinstaubanteil von 40 Mikrogramm pro Kubikmeter als gesetzlicher Grenzwert. Neben dem Straßenverkehr und Industriebetrieben trugen in der Vergangenheit gerade Holzheizungen und hier insbesondere Kaminöfen zur Feinstaubbelastung der Luft bei. An manchen Orten waren oder sind sie deshalb nicht erlaubt. Während Öfen mit einfachen Feuerungsstellen in dieser Hinsicht immer noch problematisch sind, unterschreiten moderne Heizkessel den für Feuerungsanlagen erlaubten Wert von 20 Mikrogramm pro Kubikmeter deutlich. Aktuelle, optimierte Pelletbrenner stoßen nur noch 2,5 Mikrogramm pro Kubikmeter aus, was unter den Werten moderner Ölheizkessel (typischerweise 4 Mikrogramm pro Kubikmeter) liegt. Unterschreitet ein Heizkessel also den gesetzlichen Grenzwert von 20 Mikrogramm pro Kubikmeter, hat eine Gemeinde keine rechtliche Handhabe für ein generelles Holzheizverbot. Scheitholz und Hackschnitzel schneiden in dieser Beziehung allerdings weniger günstig ab – hier müsste man mit Filtern im Schornstein arbeiten, um die Grenzwerte zu unterschreiten, was die Heizung teurer und wartungsintensiver macht.

Ein Holzvergaserkessel arbeitet in zwei Stufen und mit ebenso vielen Kammern. Sauerstoff wird kontrolliert zugeführt, was zusammen mit der Verbrennungswärme Gas aus dem Holz treibt, was dann verbrannt wird. Holzvergaser gibt es auch als Brennwertkessel.

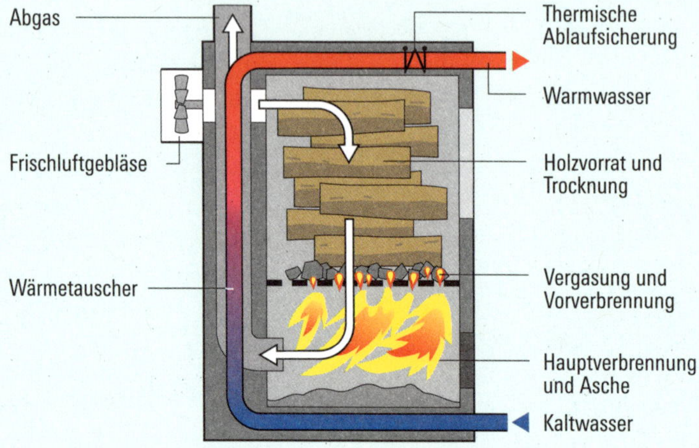

Als Brennmaterial geeignetes Holz

Gängig sind Scheitholz, Pellets, Holzbriketts und Hackschnitzel. Scheitholz eignet sich sowohl für Einzel- oder Kaminöfen wie auch für Zentralheizungen, Hackschnitzel und Pellets kann man zwar in Kaminöfen verfeuern, sonderlich praktisch wäre dies aber nicht. Gedacht sind sie für Zentralheizungen. Holzbriketts eignen sich nur für Einzelöfen.

Bei Scheitholz handelt es sich um passend gesägte und gespaltete Baumstämme, zu Hackschnitzeln werden üblicherweise Äste und andere, für Tischler und andere Nutzer nicht verwertbare Baum- und Strauchreste zerhackt. Pellets sind zu Stiften gepresste Abfälle aus der Holzverarbeitung. Für Holzbriketts werden alle Arten von anderweitig nicht verwertbarem Restholz wie auch Sägespäne verpresst.

Heizkessel und Holzarten

Ideal und günstig sind Niedertemperaturkessel, die sich für alle Holzarten als Brennstoff eignen. In den meisten Fällen reichen vorhandene Rauchabzüge – vor der Installation sollte aber immer der Kaminfeger befragt werden. Brennwertkessel lassen sich ebenfalls mit allen Holzvarianten befeuern, allerdings gelten für diese dieselben Voraussetzungen wie für mit Gas oder Öl betriebene Modelle, insbesondere was den Rauchabzug betrifft (siehe Seite 187). Integraler Bestandteil aller Brennwertkessel ist der Wärmeübertrager, der die Abgaswärme nutzt. Auf diesem setzen sich Rückstände ab – deutlich mehr als an Öl- und erst recht Gasbrennwertkesseln. Diese Rückstände verstopfen die Bauteile, was deren Wirkungsgrad mindert. Automatische Spüleinrichtungen verhindern dies – sie entfernen die Abgas-Rückstände in regelmäßigen Intervallen, womit der Wärmeübertrager sauber und effizient bleibt. Die Heizung wird durch diese zusätzliche Technik aber komplexer, die Spüleinrichtungen müssen ihrerseits gewartet werden – es bleibt ein Rechenexempel, ob die Energieersparnis den zusätzlichen Aufwand für Brennwertkessel rechtfertigt. Falls ja, lässt sich die Brennwerttechnik an vielen Holzheizungen auch nachrüsten.

Ideal und günstig sind Niedertemperaturkessel, die sich für alle Holzarten als Brennstoff eignen.

Technisch einfacher und dennoch effizient sind Holzvergaserkessel. In ihnen wird Holz vergast und das so entstandene Gas verfeuert. Der Umweg über Gas macht die Kessel effizienter. Holzvergaser eignen sich für Pellets, Hackschnitzel oder Scheitholz, es gibt sogar Kombikessel, die beide Holzarten verwerten können, alternativ auch solche mit zusätzlichem Öl- oder Gasbrenner. In der Regel sind diese so konstruiert, dass automatisch auf Pellets oder Öl/Gas umgestellt wird, wenn die Scheitholzstücke abgebrannt sind.

Holzvergaser arbeiten in zwei Schritten – Holzvergasung und Holzgasverbrennung – und mit zwei Brennkammern. In der oberen wird das Brenngut eingelegt und durch kontrollierte Zufuhr von Sauerstoff und der entstehenden Verbrennungswärme vergast. Von der unteren, aus feuerfestem Material (meist Keramik) bestehenden Brennkammer ist sie durch eine perforierte Brennerplatte getrennt.

Auf der Brennerplatte lagern sich Asche und Holzkohle ab. Zusammen mit dem Sauerstoff sorgen sie dafür, dass sich aus den darüber liegenden Holzscheiten Gase bilden. Letztere bestehen zum größten Teil aus Kohlenmonoxid mit 34 Prozent und Methan mit 13 Prozent. Dazu kommen je 2 Prozent Ethylen und Wasserstoff sowie Harzterpene. Außerdem entstehen nicht brennbare Gase – von denen ist je fast die Hälfte Kohlendioxid oder Wasserdampf, dazu enthalten sie noch 1 Prozent Stickstoff. Der leicht zündbare Anteil der brennbaren Holzgase fackelt in der oberen Kammer ab. Die dabei entstehenden Verbrennungsgase und die schwerer entzündlichen Holzgasanteile ziehen über Holzkohle und Asche durch die Brennerplatte in die untere Brennkammer. Dort verwirbeln sie mit dem Restsauerstoff und entzünden sich, alle noch brennbaren Gasanteile werden verbrannt .

Wegen des Verbrennungsvorgangs von oben nach unten werden Holzvergaserkessel auch als Sturzbrandofen bezeichnet. Sie funktionieren nur mit einem kontinuierlichen Luftstrom, den ein – üblicherweise elektrisch betriebenes – Gebläse produziert. Wie andere konventionelle Heizkessel (Brennwertkessel also nicht) benötigen Holzvergaser eine Rücklauf(temperatur)anhebung im Heizkreislauf, um die Bildung aggressiver Kondensate sowie Teerablagerungen zu verhindern. Diese könnten auftreten, wenn die Rücklauftemperatur weniger als 55 Grad Celsius beträgt. In der Praxis sollte man einen Holzvergaser mit einem Pufferspeicher (siehe Seite 67) kombinieren.

❝ Für maximale Effizienz kombiniert man Holzvergaser- und Brennwerttechnik.

Für maximale Effizienz kombiniert man Holzvergaser- und Brennwerttechnik. Hier gelten dann aber wieder deren bauliche Voraussetzungen für den Rauchabzug. Da ein Holzvergaser im Wesentlichen Gas verheizt, ist der Brennwertteil einer Holzvergaser-/Brennwertkombi ähnlich wartungsarm wie ein mit Erdgas betriebener Brennwertkessel. Der Holzvergaserteil muss allerdings regelmäßig von Asche befreit und gegebenenfalls mit Scheitholz beschickt werden. Durch die saubere Verbrennung beziehungsweise Vergasung des Holzes fällt allerdings vergleichsweise wenig Asche an.

Heizen mit Pellets

Pelletheizungen sind beliebt: Die Restholzstäbchen lassen sich ähnlich wie Heizöl oder Gas automatisch in den Heizkessel befördern, außer der gelegentlichen Entfernung von Asche fallen im normalen Betrieb keine Wartungsschritte an. Praktischerweise sind Pellets der Holzbrennstoff mit der geringsten Aschebildung (bezogen auf Niedertemperatur- und Brennwertkessel).

Neben dem Platz für den Heizkessel ist ein Lagerraum für die Pellets nötig. Mit etwa drei Kubikmetern ist ein Gewebetank der kompakteste verfügbare Speicher, der üblicherweise in oder neben dem Heizungsraum aufgestellt wird. Alternativ kann man – beispielsweise am

Brennholz in seinen gängigen Varianten: ganz oben Pellets, die für Zentralheizungen praktischste Form; in der Mitte Scheitholz, unten Hackschnitzel

früheren Standort eines Heizöltanks – einen Betontank für Pellets einrichten oder im Garten einen Erdtank installieren. Beton- wie Erdtank müssen ein Fassungsvermögen von rund fünf Kubikmetern haben. Eine weitere Möglichkeit besteht darin, einen vorhandenen Heizöltank zum Pelletreservoir umzubauen.

Pelletheizungen arbeiten weitgehend selbsttätig, wenn eine Förderschnecke oder ein Saugsystem installiert sind, das die Pellets in den Heizkessel transportiert. Im typischen Einfamilienhaus entleert man einmal pro Woche den Aschekasten des Heizkessels. Idealerweise steht eine Fläche zur Verfügung, auf der die Asche vor der Entsorgung abkühlen kann.

Heizen mit Hackschnitzeln

Das Heizen mit Hackschnitzeln ist im typischen Einfamilienhaus eher selten anzutreffen. Das hat Gründe. Anders als die kompakt gepressten Pellets sind Hackschnitzel vergleichsweise voluminös, benötigen also einen großen Lagerraum. Der sollte dazu noch trocken sein, denn die Schnitzel selbst sind bei der Lieferung feucht und klebrig. Zudem ist es schwierig, einen Lieferanten zu finden, der die fürs Einfamilienhaus üblichen Mengen liefern will – in diesem Geschäft handelt man meist mit größeren Mengen.

Für ein Einfamilienhaus lohnt sich eine Hackschnitzelheizung also nur, wenn das Haus schlecht bis gar nicht gedämmt ist und dessen Dämmung nicht möglich oder unwirtschaftlich wäre. Ansonsten sind Hackschnitzelheizungen eher interessant für Mehrfamilienhäuser, Bauernhöfe oder andere ausladende Gebäude. Idealerweise sind deren Eigentümer oder Mieter Landwirt oder Waldbesitzer, also Angehörige von Berufsgruppen, in deren Arbeitsalltag regelmäßig Hackschnitzel anfallen.

Automatische Beschickung

Auch mit Hackschnitzeln lässt sich weitgehend automatisch heizen, sofern man eine Förderschnecke oder Saugvorrichtung zum Vorratsraum installiert. Der muss für ein Einfamilienhaus ebenfalls mindestens fünf Kubikmeter groß und witterungsgeschützt sein – ebenerdig könnte man ihn auf der Fläche eines Carports errichten. Sollen die Hackschnitzel im Keller lagern, benötigt dieser zur reibungslosen Lieferung des Brennstoffs einen zwei bis drei Meter breiten Kellerschacht. Bezogen auf Niedertemperatur- und Brennwertkessel entsteht beim Verbrennen von Hackschnitzeln mehr Asche als mit Pellets, aber weniger als mit Stückholz.

Heizen mit Scheitholz

Es liegt auf der Hand: An mit Scheitholz befeuerten Zentralheizungen muss man ebendieses regelmäßig nachlegen – je nach Kesselgröße, Heizbedarf und Größe der Scheite ein- bis zweimal pro Tag. Einen möglichst trockenen Vorratsraum benötigt man auch für Scheitholz, dieser muss sich aber nicht für die Installation von Förder- oder Saugvorrichtungen eignen. Da in jüngster Zeit auch Brennholz zum begehrten Diebesgut wurde, sollte man es nach Möglichkeit nicht unter einer unverschlossenen Abdeckung im Garten lagern. Bezogen auf Niedertemperatur- und Brennwertkessel entsteht beim Verbrennen von Scheitholz die meiste Asche. Neben regelmäßigem Nachlegen ist also auch häufigeres Entaschen angesagt. Ausnahme: Holzvergaser.

Grund(kachel)ofen

In Grundöfen wird das Brenngut auf dem Grund des Ofens entzündet – anders als auf dem Rost eines Kaminofens oder eines Holz-/Kohleherdes. Oft sind sie mit Kacheln verkleidet, die die Wärme über einen langen Zeitraum speichern und dosiert in den Raum abgeben können. In der Praxis herrscht um die Begriffe etwas Verwirrung, Funktion und Einsatzmöglichkeiten von Grundöfen können sich deutlich unterscheiden.

Für Grundöfen sind zwar vorgefertigte Bauteile erhältlich, zumindest Teile von ihnen werden aber individuell geplant und gefertigt. Da vor dem Bau die korrekte Berechnung steht, ist dies ein Unterfangen für den Fachmann (Ofenbauer/„Hafner") und entsprechend teuer. In einem Neubau wird man nur einen installieren, wenn der Wärme- und Warmwasserbedarf von Haus und Bewohnern zum Ofen passt und der Preis nachrangig ist. Befindet sich ein Grundofen in einem Bestandsbau, sollte man mit Kaminfeger und Energieberaterin gründlich berechnen, ob es sinnvoll ist, den Grundofen bei einer Sanierung zu erhalten. Denn dieser gibt primär als angenehm empfundene Strahlungswärme ab. In den meisten Fällen wird man ihn mit Scheitholz oder Holzbriketts beschicken – Steinkohle oder Briketts eignen sich ebenfalls,

So teuer sind Holzheizkessel und -öfen

Unsere Tabelle listet typische Kosten für dezentrale und zentrale Holz-Heizmöglichkeiten auf. Eine Pellet-Zentralheizung bietet mit fossilen Brennstoffen vergleichbaren Komfort, ist aber auch die teuerste Lösung. Soll mit Holz nur gelegentlich geheizt werden – etwa wenn die Wärmepumpe an sehr kalten Tagen an ihre Grenzen kommt –, sind Schwedenöfen (siehe Seite 185) eine preiswerte Ergänzung.

Zentralheizungen	von	bis
Holz Pellet	16 000 Euro	22 000 Euro
Holz Pellet Brennwert*	19 000 Euro	25 000 Euro
Holz Pellet mit Stromerzeugung 10 kW thermisch und 0,6 kW elektrisch	28 000 Euro	35 000 Euro
Hinweis: Fördermöglichkeit > 30 %		
Hinweis: Kosten für Wartung und Kaminfeger ca.	300 Euro/a	500 Euro/a
Brennstofflager Textilsilo	3 500 Euro	5 000 Euro
Pelletlager im Raum	1 500 Euro	4 000 Euro

Dezentrale Feuerstätten	von	bis
Schwedenofen	1 500 Euro	4 000 Euro
Kaminofen Pellet	8 800 Euro	12 000 Euro
Grundofen 6 kW	6 000 Euro	15 000 Euro

* Reduziert Pelletverbrauch um 10 bis 15 Prozent, Amortisation 8 bis 14 Jahre
Wichtig: Ab dem 01. Januar 2024 müssen die Abgaswerte der 2. Stufe der BImSchV eingehalten werden. Quelle: Eigene Berechnungen; Stand: September 2023

Ein Grundofen arbeitet hauptsächlich mit Strahlungswärme. Es dauert länger, bis er sich erwärmt hat, er hält die Wärme dann aber auch stundenlang.

Hackschnitzel oder Pellets hingegen nicht. Grundöfen brauchen zwei, eher drei Stunden, bevor sich ihre Wärme im Raum bemerkbar macht – als kurzfristig greifbare Wärmequelle für kalte Tage taugen sie nicht.

Es hängt vom Grundriss eines Hauses, dem technischen Aufwand sowie den individuellen Vorlieben der Bewohner ab, ob ein Grundofen nur einen Raum, eine Etage oder das ganze Haus erwärmt. Auch das Zusammenspiel mit irgendeiner Art von Zentralheizung ist möglich und kann wirtschaftlich sinnvoll sein. Grundöfen verwerten Holz sehr effizient, es fällt also nur wenig Asche an.

Grundofen für einen Raum

In der einfachsten Form beheizt ein Grundofen nur den Raum, in dem er installiert ist. Feuerungsöffnung, Brennkammer, Rauchabzug und optional die wärmespeichernden Kacheln und eventuell eine Ofenbank befinden sich im selben Raum.

Ist der Grundofen in einem Bestandsbau schon vorhanden und soll in einem schlecht gedämmten Haus nur als Zusatzheizung in der kalten Jahreszeit dienen oder als Notheizung bei einem Stromausfall, kann man ihn so weiterbetreiben, wenn es energetisch sinnvoll und wirtschaftlich ist. In einem Neubau einen teuren Ofen nur für einen Raum planen und bauen zu lassen dürfte sich aber kaum rentieren.

Grundofen als Etagenheizung

Wenn es der Gebäudegrundriss erlaubt, einen Grundofen mittig im Haus zu betreiben, er also alle angrenzenden Räume einer Etage erwärmen kann, kann ein solcher Ofen als Alltagsheizung dienen, sofern man den Aufwand für Beschickung und das Beseitigen der Asche nicht scheut. Die Feueröffnung sollte dann in einem Raum liegen, den alle Familienmitglieder benutzen, oder auf einem Flur oder Treppenaufgang.

Grundofen für das ganze Haus

Wenn der Ofenbauer den Grundofen entsprechend leistungsfähig dimensioniert, ist es technisch kein Problem, damit auch ein ganzes Haus zu beheizen. Dies geschieht dann zweckmäßigerweise über passende Schächte und warme Luft. Mit Strahlungswärme beheizt der Grundofen also nur die an ihn grenzenden Räume, die Zimmer auf den anderen Etagen mit als trocken empfundener warmer Luft.

Idealerweise platziert man in dieser Konstellation den Grundofen im Erdgeschoss des Gebäudes, damit die warme Luft ohne Gebläse in die anderen Stockwerke zieht. Für ein solches Konzept muss natürlich der Platz für die Heizungsluftschächte im Haus vorhanden sein beziehungsweise bei der Planung berücksichtigt werden.

Unterschied zum Kachelofen

Ein typischer Kachelofen erwärmt den Raum über warme Luft; die Kacheln und ein eventuell installiertes Nachheizaggregat halten die Wärme über Stunden. Ein Grundofen (der mit Außenkacheln kombiniert werden kann, aber nicht muss) hingegen heizt über Strahlungswärme. Man kann ihn in einem Durchgang mit drei bis 18 Kilogramm Holz beschicken. In ihm hält ein vom Heizgas durchströmter keramischer Massespeicher die Wärme. Je größer dieser ist, desto geringer ist dessen Oberflächentemperatur. Es ist also fast unmöglich, einen Raum mit einem Grundofen zu überheizen. Die Wärme hält ein Grundofen länger.

Holzofen als Heizungsunterstützung nutzen

Nicht nur mit Grundöfen, sondern jeder Art von Kachel- oder Kaminofen kann man eine Zentralheizung unterstützen. Voraussetzung: Der Ofen muss eine Wassertasche mitbringen, also eine Art Vorratsbehälter oder Pufferspeicher. Dieser wiederum muss mit der Zentralheizung verbunden sein – der Ofen erwärmt also nicht nur direkt den Raum, sondern hilft über die Wassertasche der Zentralheizung.

„Nicht nur mit Grundöfen, sondern jeder Art von Kachel- oder Kaminofen kann man eine Zentralheizung unterstützen.

Typischerweise bleiben 20 bis 30 Prozent der Wärme im Raum, der große Rest geht in die Zentralheizung. Besonders sinnvoll ist diese Konstellation in Verbindung mit einer Wärmepumpe. Wird diese so dimensioniert, dass sie nur an mäßig kalten Tagen ausreichend Wärme produziert, arbeitet sie besonders effizient (siehe auch ab Seite 103). An den wenigen bitterkalten Wintertagen heizt man zusätzlich mit günstigem Holz ein.

Kaminofen

Wenn eine Unterstützung der Zentralheizung durch einen Holzofen im Bestandsbau nicht möglich oder nicht sinnvoll ist, man aber dennoch für kalte Tage oder für einen Stromausfall eine (Zusatz-)Heizung haben möchte, empfehlen sich einfache Kaminöfen (ausführlich ab Seite 184). Diese produzieren nach dem Entzünden schnell Wärme – überwiegend aber in Form von heißer, also trockener Luft. Dennoch sind sie überall dort, wo das Heizen mit Holz oder Kohle grundsätzlich wirtschaftlich sinnvoll und machbar ist, als Reserve für kalte Tage oder tatsächlich als Notbehelf bei einem länger dauernden Stromausfall sinnvoll. Darüber hinaus stellen sie in den meisten Räumen auch einen attraktiven Blickfang dar.

Offene Kamine

Offene Kamine blasen fast so viel Wärme durch den Schornstein, wie sie in den Raum abgeben – ihr Wirkungsgrad liegt bei nur 20 bis 25 Prozent. Energetisch sind sie völlig unsinnig, weshalb sie lediglich in Bestandsbauten erlaubt sind und als sogenannte Lustfeuer nur gelegentlich betrieben werden dürfen. Die im Neubau genehmigungsfähige Variante des offenen Kamins ist der Heizkamin. Ein metallener Brennraum mit Glasscheibe („Kamineinsatz") verbessert die Effektivität des Kamins dramatisch, da weniger warme Luft aus dem Raum gezogen wird. Dergestalt steigert sich sein Wirkungsgrad auf rund 75 Prozent.

Ein Wunder an Effizienz ist aber auch dieser Kamintyp nicht. Die zuvor geschilderten Öfen können meist aber mit einer Glasscheibe für den Brennraum ausgestattet werden, sind also gleichzeitig heimelig und sparsam.

Fernwärme – die effiziente Alternative?

Das Gebäudeenergiegesetz dürfte zum massiven Ausbau der Fernwärmenetze führen – mit Folgen für Hausbesitzer und -besitzerinnen.

Als Fernwärme bezeichnet man grundsätzlich jede Art der Wärmeerzeugung außerhalb des eigenen Gebäudes oder Grundstücks. Technisch macht es keinen Unterschied, ob sich etwa die Bewohner eines Neubaugebiets zum Bau einer gemeinsamen Heizzentrale mit Blockheizkraftwerk (siehe Seite 148) entschließen, oder ob die Wärme aus einem 25 Kilometer entfernten Großkraftwerk kommt. Dennoch wird zwischen Nah- und Fernwärme unterschieden. Nahwärme wird außerhalb des eigenen Hauses erzeugt, aber in dessen Nachbarschaft, bei Fernwärme ist die Entfernung zum Lieferanten meist größer, vielfach versorgt dieser dann nicht nur einige Dutzend, sondern Tausende Kunden.

Das Prinzip ist immer gleich: Man erhitzt Wasser und setzt es unter Druck – wie beim Schnellkochtopf: Durch den Druck kann das Wasser heißer als 100 Grad Celsius sein, ohne zu kochen. Um das Wasser zu erwärmen, nutzt man Abwärme, etwa von mit fossilen Brennstoffen betriebenen Kraftwerken, aber auch Chemie- oder Müllverbrennungsanlagen oder Rechenzentren. Statt Abwärme kann auch ein eigenes Heizkraftwerk diese Aufgabe übernehmen. Sofern nachhaltige, CO_2-neutrale Brennstoffe verwendet werden, ist dies nachhaltig.

Über wärmeisolierte, druckfeste Leitungsnetze wird die Fernwärme zu den Abnehmern transportiert. Trotz ihrer Isolierung transportieren Fernwärmeleitungen das erhitzte Wasser mit Temperaturverlust, was den möglichen Versorgungsradius beschränkt.

Kraftwerksabwärme dürfte mit dem Abschied von fossilen Brennstoffen in Zukunft nur selten als Fernwärmequelle fungieren; Wind- oder Solarkraftwerke produzieren ausschließlich Strom. Sofern sich eine Gemeinde, Baugenossenschaft oder ein Bauträger zur Versorgung mit Fernwärme entschließt, dürfte dies in Zukunft durch eigene, mit regenerativen Brennstoffen betriebene Wärmekraftwerke oder Großwärmepumpen erfolgen, die Fluss- oder Erdwärme („Geothermie") nutzen – eventuell unterstützt durch Solarthermie.

Fernwärme: Vor- und Nachteile

Es mag im ersten Moment paradox klingen – aber Fernwärme ist wesentlich zuverlässiger als die eigene Zentralheizung. Fabrik- und Kraftwerksbetreiber haben ein großes Interesse daran, dass ihre Anlagen rund um die Uhr störungsfrei arbeiten – jeder Ausfall kostet viel Geld. Damit ist auch die Wärmelieferung gesichert. Freilich kommt es vor, dass etwa durch Bauarbeiten ein Fernwärmerohr beschädigt wird. Die Erfahrung lehrt, dass dies eher selten geschieht. Zudem sind die Kosten für die Übergabestation – die Verbindung zur Heizung im Haus – wesentlich niedriger als die für die Anschaffung eines Heizkessels oder gar einer Wärmepumpe. Auch ist die Übergabestation praktisch wartungsfrei, was die Betriebskosten senkt. An der eigenen Heizung kann eher etwas ausfallen – wer keine eigene Stromversorgung hat, sitzt schon bei einem Stromausfall im Kalten. Neben technischen Störungen und Defekten aller Art soll mancher Ölheizungsbesitzer auch schon mal vergessen haben, die Tanks rechtzeitig aufzufüllen. Kurz gesagt: Die Abhängigkeit von externer Wärmeerzeugung macht diese nicht unzuverlässiger. Wer auch bei einem länger anhaltenden Stromausfall nicht frieren will, muss in jedem Fall einen Kaminofen oder Ähnliches (siehe

Seite 184) installieren und über ausreichenden Vorrat an Brennmaterial verfügen.

Beim Preis hingegen ist die Abhängigkeit tatsächlich ein Problem. Eine Gemeinde kann für ein Neubaugebiet verfügen, dass es ausschließlich mit Fernwärme heizt. Wenn dann ein externer Anbieter die Wärme liefert, ist man dessen Preisgestaltung komplett ausgeliefert. Jüngst erhöhten Fernwärmeversorger die Tarife ihrer Zwangskunden deutlich, während sie in Gebieten, in denen die Hausbesitzer Alternativen hatten, ihre Interessenten gleichzeitig mit günstigeren Tarifen köderten. Potenzielle Hausbesitzerinnen sollten also die Vertragskonditionen genau prüfen, bevor sie sich zum Kauf oder Bau einer Immobilie unter solchen Umständen entschließen.

Bislang können Gemeinden nur für Neubaugebiete die Bewohner und Bewohnerinnen zum Fernwärmeanschluss zwingen, nicht jedoch wenn sie nachträglich ein Gebiet mit Fernwärme erschließen. Theoretisch könnte der Gesetzgeber aber auch für diesen Fall den Anschluss vorschreiben. Je besser Häuser gedämmt sind, desto geringer ist deren Wärmebedarf und desto unwahrscheinlicher, dass eine Gemeinde die Fernwärmeerschließung eines Bestandsgebiets überhaupt erwägt.

Fernwärme in der Praxis

Techniker unterscheiden zwei Prinzipien: warme oder kalte Fernwärme. Zunächst wollen wir uns mit warmer Fernwärme befassen. Die existiert ihrerseits in zwei Varianten: Hoch- oder Niedertemperaturfernwärme.

Hoch- und Niedertemperaturfernwärme unterscheiden sich nur in Details, die grundsätzliche Technik ist identisch. Hier wie dort liefert der Versorger heißes Wasser, das über einen Wärmetauscher (statt eines zentralen Heizkessels) das Wasser für die Heizkörper im Haus erwärmt und über einen Tank (meist mit einem Fassungsvermögen von 300 Litern) warmes Wasser produziert. Der Wärmetauscher selbst ist recht kompakt – nicht größer als etwa ein 5-Liter-Warmwasserboiler. Die gesamte Fernwärmeübergabestation in Keller oder Technikraum erstreckt sich über etwa zwei Meter Wandstrecke.

Der wesentliche Unterschied zwischen („klassischer") Hoch- und Niedertemperaturfernwärme liegt in der Vorlauftemperatur: In Hochtemperaturnetzen arbeitet man im Sommer mit mindestens 70 Grad Celsius, im Winter hat das Wasser in den Zuleitungsrohren über 100 Grad Temperatur. Dementsprechend herrscht im Warmwassertank ohne weitere technische Maßnahmen eine legionellensichere Temperatur. Niedertemperaturfernwärme hingegen arbeitet mit nur 55 Grad Celsius Vorlauftemperatur. Dies ist immer noch heiß genug, um auch klassische Heizkörper (siehe ab Seite 170) betreiben zu können. Allerdings bedarf es eines Warmwassertanks, der regelmäßig (üblicherweise einmal pro Woche) durch einen zusätzlichen elektrischen Heizstab auf über 60 Grad Celsius erwärmt werden muss, um Legionellen zu töten.

Gänzlich anders arbeitet **kalte Fernwärme**. Mit einer Wassertemperatur von nur 12 Grad Celsius mag es zunächst grotesk erscheinen, überhaupt von Wärme zu sprechen. Tatsächlich kann man mit derart kaltem Wasser keine klassische Heizung betreiben.

Dieses Wasser ist aber warm genug, um einer Wärmepumpe die Arbeit massiv zu erleichtern und deren Strombedarf deutlich zu senken. Weiterer Vorteil: Eine von kalter Fernwärme gespeiste Wärmepumpe benötigt keinerlei Außeneinheit, beeinträchtigt also nicht den Anblick von Haus und Grundstück. Zudem arbeitet der Wärmetauscher, der die Energie der Fernwärme an die Wärmepumpe übergibt, geräuschfrei.

Weiterer Vorteil der kalten Fernwärme: Sie erschließt Wärmequellen, die für die klassische Fernwärme nicht ausreichend sind beziehungsweise sich von einem einzelnen Haushalt nicht wirtschaftlich nutzen lassen. Wasser auf 12 Grad Celsius erhitzen kann auch die Abwärme der Bäckerei oder des Bürogebäudes um die Ecke. Mit kalter Fernwärme und Wärmepumpen lässt sich also eine wesentlich kleinteiligere Wärmeversorgung als mit konventioneller organisieren, was die Technik für kleine und mittelständische Betriebe oder Genossenschaften interessant macht – die Investitionen bleiben überschaubar. Das liegt auch daran, dass für kalte Fernwärme einfache Kunststoffrohre als Leitung reichen, die zudem weder wärmeisoliert noch besonders druckfest sein müssen. Die Verteilung kalter Fernwärme erfolgt bei einer Temperatur, die etwa der des Erdreichs entspricht. Deshalb treten bei kalter Fernwärme kaum Wärmeverluste auf; die Lebensdauer der Fernwärmerohre ist bei geringer Temperatur deutlich höher.

Im Rahmen der Energiewende sind die Kommunen aufgefordert, Fernwärmegebieten zu erweitern und neu zu erschließen. Gerade in dicht bebauten Quartieren mit unzureichend gedämmten Bestandsgebäuden bietet sich die Einrichtung eines Fernwärmenetzes an. So kann an zentraler Stelle, und damit zu relativ günstigen Kosten, eine leistungsstarke, regenerative Heizquelle errichtet werden, an die allmählich die Bestandsgebäude angeschlossen werden, sobald deren vorhandene, fossile Heizanlage ersetzt werden muss.

Für Neubaugebiete kann die Installation eines Wärmenetzes mit niedrigen Temperaturen interessant werden, wenn dafür Abwärme im Umkreis von circa ein bis zwei Kilometern dauerhaft zur Verfügung steht.

Die aus den jährlichen Gesamtkosten für Wärmeerzeugung ermittelten Wärmepreise wurden für Wärmepumpen und Hybridheizungen mit etwa 30 ct/kWh (denkmalgeschütztes Haus = hoher Wärmebedarf) berechnet. Deshalb ist Fernwärme wirtschaftlich interessant, sofern der Fernwärmewärmepreis unter Berücksichtigung des Arbeits- und Leistungspreises bei um 2/3 des Wärmepreises einer eigenen Heizungsanlage liegt. Auch für einen Fernwärmeanschluss fallen Investitionen an, die aber mit 6000 bis 8000 Euro für ein Einfamilienhaus vergleichsweise gering sind – Verfügbarkeit von Fernwärme vorausgesetzt.

Wichtige Auswahlfaktoren

Wer beim Heizen sparen will, muss investieren – günstige Wärme kostet zunächst.

Bei der Wahl der Heizquelle und der Warmwasserbereitung spielen selbstverständlich immer die Kosten eine Rolle.

Wie teuer wird die Wärme?

Als Faustregel gilt: Günstige Heizquellen haben höhere Betriebskosten, teure Heizquellen amortisieren sich über niedrigere oder gar keine Kosten für den Brennstoff. Aber es gibt Ausnahmen von dieser Regel, die man bei der Wahl der Heizquelle kennen und berücksichtigen sollte.

Bei den Anschaffungskosten sind Gas- oder Ölbrennwertkessel die günstigste Option. Allerdings ist seit dem Lieferboykott durch Russland und den damit einhergegangenen Preissteigerungen klar, dass deren Betrieb mit Erdgas oder Erdöl nicht zukunftssicher ist und zur Geldverbrennungsmaschine mutieren kann. Unabhängig davon ist ein reiner Öl- oder Erdgasbetrieb ab dem Jahr 2024 nicht mehr genehmigungsfähig. Zudem bezeichnen Branchenkenner Brennwertkessel als die Sportwagen unter den klassischen Heizkesseln. Will heißen: Diese Anlagen wollen regelmäßig gewartet werden, die anfallenden Kosten muss man in der Gesamtrechnung berücksichtigen.

Wärmepumpen erfordern den höchsten Investitionsaufwand, allerdings ist hier eine Förderung möglich (siehe ab Seite 14). Auch hier fallen Wartungskosten an, die man in der Wirtschaftlichkeitsberechnung berücksichtigen muss.

Solarthermie ist relativ günstig zu haben und als Ergänzung zu Heizung und/oder Warmwasser an den meisten Standorten sinnvoll. Paneele für Photovoltaik (PV) sind zwar in den letzten Jahren günstiger geworden, aber dennoch teurer als Kollektoren für Solarthermie. Einmal mehr ist es ein Rechenexempel: Wie viel Strom könnte man per Photovoltaik zu welchem Preis produzieren? Würde er reichen, um damit eine Wärmepumpe zu betreiben? Benötigt das Haus so wenig Heizenergie, dass sich das Heizen mit Strom rechnet? Könnte Photovoltaik die dafür nötige Energie produzieren? Sollen ein oder gar mehrere Elektroautos per Photovoltaik geladen werden? Falls ja, sollte man eine Regelung einplanen, die intelligent zwischen dem Strombedarf des Hauses und dem der Autos umschalten kann und, sofern die Autos dafür geeignet sind, deren Akkus als Strompufferspeicher verwendet.

Neben der initialen Investition müssen auch Folgekosten bedacht werden: Die für Photovoltaikanlagen nötigen Wechselrichter (sie wandeln den Gleichstrom aus den Fotozellen um in haushaltsüblichen Wechselstrom) halten zehn bis 15 Jahre, Ersatz kostet zum Zeitpunkt der Drucklegung rund 1500 Euro. Auf die meisten Paneele geben die Hersteller 25 Jahre Garantie – irgendwann wird man auch die erneuern müssen.

Platz für die Energieträger

Fernwärme und typische Gasheizungen sowie außerhalb des Hauses aufgestellte Wärmepumpen benötigen den wenigsten Platz, denn deren Brennstoff beziehungsweise die Wärme kommt aus einer Leitung und muss nicht gelagert werden. Wer nicht ans Gasnetz angeschlossen ist, muss allerdings den Platz für einen (Flüssig-)Gastank berücksichtigen. Diese dürfen nur außerhalb des Hauses untergebracht sein – in der Praxis vergräbt man sie im Garten oder stellt sie in ihm auf. Den Anblick mag allerdings nicht jeder. Alternative dazu: ein eigener Schuppen für den Gastank.

Mehr Platz benötigen die Tanks von Ölheizungen. Hier ist ein eigener, hochwasser- und auslaufsicherer Kellerraum Pflicht. Noch etwas mehr Vorratsraum für Brennstoff benötigt, wer mit Holz heizen will. Scheitholz, Hackschnitzel oder Pellets brauchen einen eigenen, trockenen Kellerraum. Für Pellets sollten im Einfamilienhaus mindestens acht Quadratmeter Grundfläche vorgehalten werden. Dieser Platzbedarf im Gebäude kann vermieden werden, wenn vor dem Gebäude Platz für einen Erdtank vorhanden und die Brennstofflagerung im Erdboden zulässig ist. Für Pellets werden dafür vorgefertigte Betonbehälter verwendet.

Betriebssicherheit der Wärmeerzeuger

Die meisten Heizkessel für fossile und regenerative Brennstoffe brauchen Strom, ebenso Wärmepumpen. Das heißt in der Konsequenz: Fällt der Strom aus, wird das Haus kalt. Eine eigene Photovoltaikanlage kann den Strombedarf eines Heizkessels problemlos decken, schützt also vor Ausfällen. Eine Wärmepumpe über mehrere Tage komplett mit Photovoltaikstrom zu betreiben dürfte aber nur in sehr günstiger Sonnenlage, mit sehr effizienten Paneelen und einem ausreichend dimensionierten Batteriespeicher möglich sein. Auch die Betriebssicherheit bei Stromausfällen ist also ein Entscheidungskriterium. Wer als Notnagel noch über einen Kaminofen oder Ähnliches verfügt, wird sicher auch ein paar Tage ohne Wärmepumpe auskommen. Ist der Wärmebedarf des Hauses aber hoch oder ein Kaminofen keine Option, kann die Betriebssicherheit beispielsweise für einen Brennwertkessel in Kombination mit Photovoltaik sprechen.

Wärme-
verteilung

164 Prinzipien der Wärmeübertragung
166 Heizung: Bestandsaufnahme
168 Warmluft oder -wasser als Medium?
170 Heizkörper
175 Fußboden-, Wand- und Deckenheizungen
180 Luftheizung
182 Kühlen mit der Heizung – und umgekehrt
184 Kamine und Kaminöfen
187 Der richtige Rauchabzug

Prinzipien der Wärmeübertragung

Ob im Gasverbrenner, in der Solarthermieanlage oder Wärmepumpe – die erzeugte oder gewonnene Energie muss auf einen Mittler übertragen werden. Hier bestehen verschiedene Mechanismen.

Energie – wozu auch Wärme zählt – ist stets bestrebt, sich gleichmäßig zu verteilen. Wärme macht dies auf drei Wegen: Konvektion, Strahlung und Leitung. Für den Wärmetransport in Gebäuden sind hauptsächlich Konvektion und Strahlung relevant, die Wärmeleitung spielt nur eine untergeordnete Rolle. Dennoch greifen alle drei Prinzipien in der Praxis ineinander – ausschlaggebend für ihre Unterscheidung ist, welcher Transportweg den Löwenanteil ausmacht.

Wichtig dabei: Wärme wird nur weitergegeben, wenn zwischen Quelle und Empfänger ein Temperaturgefälle herrscht.

Konvektion

Diese Art des Transports wird auch Wärmemitführung oder -strömung genannt. Ein Medium, im Zusammenhang mit Heizungen üblicherweise Wasser (in den Heizungsrohren) oder Luft (im Raum), nimmt Wärme auf oder gibt sie wieder ab. Um diesen Prozess („freie Konvektion“) in Gang zu setzen, reicht der erwähnte Temperaturunterschied beispielsweise zwischen Heizkörper und Raumluft; die Wärmeabgabe steigt näherungsweise linear mit dem Temperaturunterschied. Klassische Heizkörper sind am Boden eines Raumes angebracht, erwärmen also dort die Luft. Durch die Erwärmung wird sie spezifisch leichter und steigt Richtung Zimmerdecke. Dort kühlt sie über die Zeit wieder ab und wird spezifisch schwerer. Dadurch sinkt sie wieder in Boden- und Heizkörpernähe, wo dieser sie wieder erhitzen kann und der Kreislauf sich wiederholt.

In einem geschlossenen, zugfreien Raum herrschen folgende Konvektionskräfte, die als Wärmeübergangskoeffizienten h angegeben werden:

- **Decke:** 5 W/m² K (Watt pro Quadratmeter mal Kelvin), Wärmeabgabe nach unten
- **Wand:** 7 W/m² K
- **Boden:** 10 W/m² K Wärmeabgabe nach oben

Wie man sieht, reicht schon die freie Konvektion in einem normalen geschlossenen Raum, um Luft und damit Wärme umzuwälzen. Wesentlich effizienter arbeitet hingegen die erzwungene Konvektion. Bei ihr verstärken Gebläse oder Umwälzpumpen den Wärmeaustausch. Kombiniert man beispielsweise eine Heizquelle mit einem Lüfter, ergibt sich ein h-Wert von mehr als 100 W/m² K. Prinzipiell gilt: Je mehr Luft über die Wärmetauscherfläche geleitet wird, desto mehr Wärme lässt sich übertragen. In der Praxis gibt es Grenzen: Mit der von einem Ventilator beförderten Luftmenge steigen Lärm und notwendige Antriebsenergie; wenn ein Ventilator schnell genug bläst, um sämtliche Wärme vom Heizelement in den Raum zu bewegen, bringt eine höhere Geschwindigkeit nichts mehr – sie könnte im Gegenteil das Heizelement sogar unerwünscht auskühlen. In der Praxis arbeitet man deshalb für Heizungen mit erzwungener Konvektion nur mit Luftgeschwindigkeiten von 1 bis 4 Metern pro Sekunde (m/s).

Strahlung

Wärme kann durch elektromagnetische Wellen transportiert werden – sogar durch ein Vakuum. Prominentestes Beispiel dafür ist die Sonnenenergie. Diese Art Wärme wird auch als thermische Strahlung bezeichnet. Sie entsteht, sobald die Temperatur eines Körpers etwas über dem absoluten Nullpunkt (0 Kelvin oder -273,15 Grad Celsius) liegt. Das Gros der Strahlungswärme befindet sich im infraroten Spektrum, wird also vom menschlichen Auge nicht wahrgenommen. Es existiert aber auch ein sichtbarer Anteil, den wir beispielsweise bei einem Kaminfeuer als rötliches Flackern sehen. Auch für den Transport von Strahlungswärme ist ein Temperaturunterschied zwischen Heizfläche und zu wärmendem Objekt Voraussetzung.

Leitung

Wärme kann sich von einem festen Material auf ein anderes übertragen – ganz ohne Medium oder Strahlung. Ursache ist der Fakt, dass Wärme auch in festen Stoffen die Moleküle in Schwingung versetzt. Diese Schwingungen und damit die Wärmeenergie können von einem Material auf ein anderes überspringen, was auch Konduktion genannt wird. Beispiele aus dem Alltag: Sofern keine besondere Isolierung vorliegt, erwärmt ein Kochtopf aus Metall auch die daran angebrachten Kunststoffgriffe. Mehrere direkt miteinander verbundene Wandmaterialien leiten ebenfalls Wärme durch alle Schichten.

Konvektion, Strahlung, Leitung – was ist fürs Heizen relevant?

Alle drei Wärmearten wirken gemeinsam – allerdings in unterschiedlichem Maß. Leitungswärme entsteht als Abfallprodukt, wenn beispielsweise ein unisoliertes Heizungsrohr mit einem Mauerstein (etwa an einem Wanddurchbruch) in Kontakt steht. Gezielt nutzt man zum Heizen aber nur Konvektions- oder Strahlungswärme. Die klassischen Heizkörper aus Stahl etwa erzeugen hauptsächlich Konvektionswärme, eine Fußbodenheizung hingegen überwiegend Strahlungswärme. Letztere wird allgemein als angenehmer empfunden, da sie die Raumluft weniger austrocknet.

Technisch ist das Verhältnis zwischen Konvektions- und Strahlungswärme verblüffend: Bei 20 Grad Celsius Raumtemperatur dominiert bis zur Oberflächentemperatur einer Wärmequelle von rund 90 Grad Celsius die Wärmeübertragung durch Konvektion; erst bei höheren Temperaturen der Heizfläche überwiegt die Wärmeübertragung durch Strahlung. Dies klingt zunächst widersinnig, denn bei solchen Temperaturen müsste die Berührung der durch eine Fußbodenheizung erwärmten Fläche recht schmerzhaft sein. Das Rätsel klärt sich, wenn man weiß, dass sich die Zahlen immer auf dieselbe Heizfläche beziehen. Im Vergleich zu einem Heizkörper ist die von einer Fußbodenheizung erwärmte Fläche aber gigantisch, sodass diese effektiv auch bei moderater Betriebstemperatur Strahlungswärme abgibt.

Der Wohlfühlfaktor

Der Mensch nimmt die Temperatur der Raumluft sowie die Oberflächentemperaturen aller Raumumschließungsflächen – also Wände, Türen und Fenster – wahr. Die „operative Raumtemperatur" bildet der Mittelwert aus Lufttemperatur und mittlerer Oberflächentemperatur. Beträgt die operative Raumtemperatur 20 bis 21 Grad Celsius, fühlt sich der Mensch am wohlsten. Dabei darf es aber keine oder nur sehr geringe Luftbewegung, also Durchzug, im Raum geben. Treten Luftbewegungen mit Geschwindigkeiten von mehr als 0,15 Metern pro Sekunde auf, wird dies als unangenehm empfunden. Erst eine Erhöhung der operativen Temperatur auf 23 Grad Celsius stellt dann subjektiv den Komfort eines zug freien Raums mit 21 Grad Celsius wieder her.

In der VDI-Richtlinie (Verband Deutscher Ingenieure) 6030 sind die Temperaturen aller Umschließungsflächen sowie die der Heizung angegeben, mit denen man die letztlich gewünschten und als angenehm empfundenen 20 bis 21 Grad Celsius Raumtemperatur erreicht.

Heizung: Bestandsaufnahme

Zur Entscheidung für das richtige Heizsystem gehört maßgeblich der Blick auf den Ist-Zustand des Gebäudes. Denn nicht jedes Haus erfüllt die idealen Voraussetzungen für jedes beliebige System.

Nicht jeder Heizkörper oder jede Art der Wärmeverteilung lässt sich mit einer bestimmten Wärme- oder Energiequelle verbinden. Manche Kombinationen sind schon technisch unmöglich, andere zwar machbar, aber unwirtschaftlich. Hier wird erläutert, welche Folgen sich daraus wie auch aus der Bausubstanz für die Wärmeverteilung ergeben.

Das Gebäude

Die wichtigste Frage zum Haus selbst ist die nach Art und Umfang seiner Dämmung. Man kann es nicht oft genug sagen: Die günstigste Energie ist die, die man nicht verbraucht. Leider stehen dem oft praktische oder finanzielle Hindernisse entgegen. Wenn die energetische Sanierung eines Gebäudes nicht leistbar oder für die von den Eigentümern geplante Nutzungsdauer nicht wirtschaftlich darstellbar ist oder der Denkmalschutz viele Maßnahmen vereitelt, sollte auf die zweitbeste Lösung zurückgegriffen werden. Des Weiteren spielen die Architektur eine Rolle sowie bei einem Bestandsbau der geplante beziehungsweise gewünschte Umfang von Umbau und Sanierung. Wenn sie nicht von vornherein eingeplant wurden, lassen sich Fußbodenheizungen beispielsweise nicht immer problemlos nachträglich installieren.

Die wichtigsten Fragen zum Haus

Zur bedarfsgerechten und wirtschaftlichen Beurteilung anstehender Umbau- und Sanierungsmaßnahmen sind eine grundlegende Bestandsaufnahme einerseits und ein Wunschkatalog andererseits unumgänglich. Im Folgenden finden Sie die wichtigsten Punkte dazu; individuelle Ergänzungen sind natürlich möglich.

Grundlegend für die Bestandsaufnahme ist der Heizenergiebedarf des Hauses (siehe ab Seite 53). Ebenso wichtig die Frage: Wie gut ist das Haus gedämmt, beziehungsweise lässt es sich wirtschaftlich dämmen? Hat das Haus ungedämmte Fachwerkaußenwände?

Außerdem sollten Sie klären, ob sich Sonnenenergie in Form von Solarthermie oder Photovoltaik nutzen lässt. Falls diese Möglichkeit besteht, sollten Sie ermitteln, wie viel die Sonne zur Wärmeerzeugung beisteuern kann (siehe dazu ab Seite 118).

Sind ein oder mehrere Rauchabzüge („Schornsteine") vorhanden oder ließen sie sich mit geringem Aufwand bauen, sollten Sie prüfen, ob deren Revisionsklappen nach einer Sanierung weiter zugänglich wären.

Als Nächstes sollte das Heizsystem betrachtet werden: Lohnt sich eine Zentralheizung, oder sind dezentrale Heizelemente besser? Falls es eine Zentralheizung sein soll, müssen Sie prüfen, bei welcher Vorlauftemperatur diese im optimalen Bereich arbeitet.

Beschäftigen Sie sich als Nächstes mit der Wärmeverteilung: Ist es möglich, eine Flächenheizung (Fußboden-, Wand- oder Deckenheizung) zu installieren? Falls dies nicht machbar oder erwünscht ist, sollten Sie sich ansehen, an welchen Stellen sich Heizkörper mit hohem Wirkungsgrad anbringen ließen. Wenn Sie eine Fußbodenheizung bevorzugen, sollten Sie unbedingt auch den gewünschten Fußbodenbelag (zum Beispiel Teppichboden, Laminat oder Parkett) in die Betrachtung einbeziehen. Wesentlich ist in diesem Zusammenhang, ob es im Haus denkmalgeschützte Böden oder Wandfriese gibt.

Um zu ermitteln, ob sich eine Luftheizung (siehe Seite 180) lohnt, muss geprüft werden,

Viele Hausbesitzerinnen und -besitzer müssen handeln – alte Heizbrenner und -kessel sind nicht nur umweltschädlich, sondern auch unwirtschaftlich. Zur Bestandsaufnahme gehört nicht nur ein Blick auf den Wärmeerzeuger, sondern auch die Wärmeverteilung, also Rohre, Umwälzpumpen und Heizkörper.

ob im Haus mit vertretbarem Aufwand entsprechende Heizungsrohre oder Schächte verlegt werden können. Vielleicht planen Sie ohnehin, eine aufwendige Lüftungsanlage zu installieren? Nicht außer Acht lassen sollten Sie die Frage, ob im Haus Allergiker leben, die den von Konvektions- oder Luftheizungen aufgewirbelten Staub nicht vertragen könnten.

Falls alle oder einzelne Räume im Sommer gekühlt werden sollen, muss das ebenfalls in die Bestandsaufnahme eingehen.

Planen Sie einen Holzherd, ist es wichtig, ob dieser als Grundherd oder nur als Lustfeuer dienen soll.

Die wichtigsten Fragen rund um Heizkörper und Wärmetransport

Wird heute ein bestehendes Heizungssystem umgebaut, modernisiert oder ein neues installiert, muss es kompatibel mit den Anforderungen der Zukunft sein. Dabei sind folgende drei Punkte zu beachten:

1. Die erforderliche **Vorlauftemperatur** sollte 50 Grad Celsius nicht überschreiten und möglichst bei nur 35 Grad Celsius liegen, um den Einsatz regenerativer Wärmeerzeuger wie Wärmepumpen und Solarthermie wirtschaftlich zu ermöglichen.
2. Zumindest in Gebäuden leichter Bauart und mit großen Fensterflächen sollte **die Option „Kühlung"** über das Heizungssystem möglich sein. Dabei geht es nicht unbedingt um eine Klimatisierung auf eine exakt einstellbare Temperatur von 24 Grad Celsius – unabhängig von der Außentemperatur –, sondern um die Vermeidung einer Überhitzung der Innenräume, sodass zumindest in der Nacht wieder Innentemperaturen unter 25 Grad Celsius erreicht werden.
3. Die **Trägheit des Heizsystems** stimmt man im Idealfall auf die des Gebäudes ab – unabhängig von dessen Dämmung. Ein energetisch sanierter Massivbau mit 40 Zentimeter-Ziegelmauerwerk etwa reagiert sehr träge – ideal als Wärmeverteiler sind hier Flächenheizungen. Umgekehrt sind in einem leichtgewichtigen Neubau mit großen Glasfassaden Luftheizungen vorteilhaft – sie passen sich beispielsweise der zusätzlichen Erwärmung durch Sonneneinstrahlung schnell an. Bei anderen Kombinationen muss man trägheitheitsbedingte Regelungsverluste akzeptieren.

Warmluft oder -wasser als Medium?

Eine Zentralheizung kann Wärme per Luft oder Wasser transportieren – beide Medien haben ihre Berechtigung.

Ein zentraler Wärmeerzeuger (WEZ) versorgt die im Haus installierten Heizkörper praktisch immer über wärmeisolierte Rohre, durch die heißes Wasser zirkuliert. Es durchläuft die Heizkörper mit der Vorlauftemperatur, gibt dabei einen Teil der Wärme an die Heizkörper und damit an den Raum ab und fließt mit der kühleren Rücklauftemperatur zurück in den Kreislauf zum Kessel. Dort wird es erneut auf die Vorlauftemperatur erwärmt, und der Kreislauf beginnt von vorn.

Wasser als Wärmeübertrager

Dass man Wasser als Medium verwendet, hat gute Gründe: Es kann, bezogen auf sein Volumen, viel Wärmeenergie aufnehmen und vergleichsweise lange speichern, seine hydraulischen Eigenschaften sind für einen Kreislauf ideal – und es ist ein ungefährlicher Stoff; dazu billig und praktisch überall verfügbar.

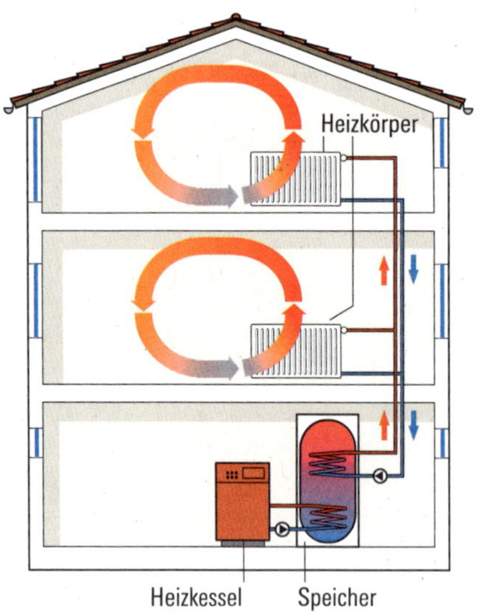

Mit Wasser als Medium lässt sich Wärme effizient zwischenspeichern und im Haus verteilen.

Soll mit Wasser geheizt werden, so ist als zentraler Wärmeerzeuger entweder einer der ab Seite 134 beschriebenen Heizkessel plus Solarthermie richtig, jede Form von wassergeführter Wärmepumpe oder Fernwärme.

Das heißt im Umkehrschluss aber auch: Ein solches Haus wird in den meisten Fällen schon über gedämmte Fassaden und Decken verfügen, hat aber mehr Heizenergiebedarf als ein hochaktuelles Effizienzhaus 40 oder gar ein Passivhaus. Es hängt vom Standort des Hauses, dessen energetischem Zustand sowie den Wünschen und der Zahl der Bewohner ab, ob man den Wärmeerzeuger auch mit der Warmwasserbereitung betraut.

Ein prinzipieller Nachteil ergibt sich durch den Wärmetransport per Wasser: Es ist in den Räumen nicht unmittelbar als Wärmequelle zu verwenden, sondern verlangt immer nach irgendeiner Art Heizkörper als Mittler. Welche dies sein können, betrachten wir in den folgenden Abschnitten näher. Klar ist aber: Solche Heizkörper kosten Geld und wollen im Raum untergebracht werden.

Die Art der installierten Heizkörper bestimmt die geforderte Vorlauftemperatur des Heizwassers. Selbst konventionelle Heizkörper (siehe nächster Abschnitt, Seite 170) kommen heutzutage mit einer Temperatur von 65 Grad Celsius problemlos aus – zu den Zeiten, als Heizkörper und Wärmeerzeuger ineffizienter und Energie billiger waren, waren Vorlauftemperaturen von 80 bis über 100 Grad Celsius gängig. Als Rohrmaterial kommen bei

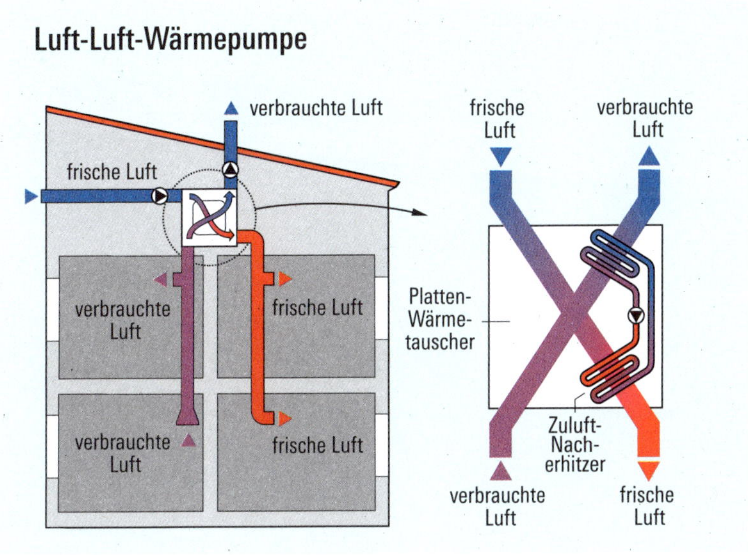

Luftheizungen empfehlen sich für gut gedämmte Häuser. Über Wärmetauscher nutzen sie die Energie verbrauchter Raumluft, arbeiten also besonders effizient. An kalten Tagen kann sie ein Heizregister unterstützen.

Neuinstallation oder Sanierung überwiegend Kupferrohre, gelegentlich auch Weichstahlrohre zum Einsatz; sollen Fußbodenheizungen (siehe ab Seite 175) versorgt werden, können es Kunststoffrohre sein – alternativ aber auch hier: Kupfer. Die Nennweite der Rohre definiert die Din EN ISO 6708, den Nenn- und Betriebsdruck regelt Din EN 1333. Als Dämmmaterial für die Rohre verwendet man Dämmschläuche oder -schalen aus Kautschuk, Kunststoff oder Mineralwolle.

Einmal installiert, sind Heizungsrohre und Heizkörper selbst zwar Jahrzehnte haltbar – aber der Wasserkreislauf und die zu seinem Erhalt nötigen Bauteile verlangen nach regelmäßiger Aufmerksamkeit und Wartung. Lässt sich auf Rohre und Heizkörper auch komplett verzichten?

Luft als Wärmeübertrager

Das geht – Luftheizungen sind seit Jahrhunderten bekannt .Im eher kühlen Mitteleuropa findet man sie aber nur selten : Sie transportieren Wärme deutlich schlechter als Wasser.

Beispiel: Ein Wohnzimmer mit einer Grundfläche von 4 x 5 Metern und einer Höhe von 2,5 Metern (was ein Fassungsvermögen von 50 Kubikmetern ergibt) soll beheizt werden. Eine Warmluftleitung von 10 Zentimetern Durchmesser bläst 26 Grad Celsius warme Luft in den Raum, die Raumtemperatur liegt bei 20 Grad Celsius. Das entspricht einem Heizeffekt von 100 Watt. Ein Heizwasserrohr mit 4 Zentimetern Durchmesser (inklusive Wärmedämmung) versorgt denselben Raum mit 1200 Watt Heizleistung. Zudem wirken Luftheizungen in mäßig bis nicht isolierten Gebäuden erst, wenn die Heizluft eine Temperatur von 60 Grad Celsius hat – dabei werden mehr als 26 Grad Celsius aber schon als unangenehm empfunden.

Eine Luftheizung ist also nur wirtschaftlich in einem Haus, das wenig Wärme braucht. In der Praxis reden wir hier vom Effizienzhaus 40 oder von Passivhäusern. Diese sind hervorragend gedämmt und bereits mit Lüftungsanlagen ausgestattet. Muss geheizt werden, schaltet man einfach einen im Luftkreislauf untergebrachten Wärmeerzeuger an. Das kann eine Luft-Luft-Wärmepumpe oder ein elektrisches Heizelement („Elektroheizregister") sein. Ein Vorteil der Luftheizung ist ihre hohe Reaktionsgeschwindigkeit: Ist Wärme gefordert, verbreitet sich diese schon nach wenigen Minuten im Raum. Die für Lüftung und Heizung gebräuchlichen Luftkanäle haben meist einen Durchmesser von maximal 16 Zentimetern, in abgehängten Decken greift man zu Röhren von 10 Zentimetern Durchmesser oder Flachkanälen mit nur 6 Zentimetern Höhe. Wenn möglich, wird der Luftauslass nahe an der Zimmerdecke platziert. Dies ist dem Coandă-Effekt geschuldet, der besagt, dass sich Gase entlang einer Fläche ausbreiten – die warme Luft klebte also am Boden, wenn sie über ein bodennahes Rohr in den Raum geführt würde. Umgekehrt bildet sich, wenn sie von einem möglichst hoch angebrachten Rohr in den Raum befördert wird, entlang der Zimmerdecke eine als angenehm empfundene Strahlungswärme.

Auch Warmluftheizungen bilden einen Kreislauf im Haus. Üblicherweise ist es aber nicht nötig, in jedem Raum auch ein Abluftrohr zu installieren. Je nach Bauart des Hauses (offenes oder verbautes Treppenhaus) reicht ein Abluftsauger in der obersten Etage – oder einer pro Etage. Am unauffälligsten erledigen dies die üblichen Ventilatoren in Toiletten oder Bädern ohne Fenster. Nur, dass deren Ventilator die Luft nicht aus dem Haus bläst, sondern zurück in den Heizkreislauf. Damit die Luft in einer solchen Konstellation zirkulieren kann, muss auf jedem Fall im Türblatt der Toilettentür (oder des Raums, in dem der Lüfter sitzt) ein Luftgitter installiert sein; die Türen der übrigen Räume des Hauses sollten nicht hermetisch dicht sein.

Die eingefangene warme Abluft wird keineswegs zurück ins Haus gepustet: Sie trifft – üblicherweise im Keller – auf einen Wärmetauscher, wo sie frische, von außen angesogene Kaltluft erwärmt und ihrerseits danach aus dem Haus geblasen wird.

Heizkörper

Wasser transportiert Wärme zuverlässig – gibt sie aber nur über Heizkörper an den Raum ab.

Ein zentraler Wärmeerzeuger (WEZ) transportiert die Wärme durch Rohre in die zu heizenden Zimmer eines Hauses und gibt sie über Heizkörper an den Raum ab. Bei diesen stehen Typen und Materialien zur Wahl, die sich nicht nur optisch unterscheiden.

Gliederheizkörper

Die älteste und wohl bekannteste Art der Wärmeabgabe ist der Gliederheizkörper, der Radiator. Ursprünglich wurde er aus Gusseisen gefertigt, heute aus Stahlrohr. Gusseisen erwärmt sich langsam, aber einmal auf Temperatur gebracht, hält es sie lange, was früher in kaum gedämmten Häusern von Vorteil war.

Ebenso vorteilhaft ist, dass man diese Heizkörper in fast beliebigen Längen herstellen kann. Nachteilig gestaltet sich ihre vergleichsweise bescheidene Wärmeabgabe – moderne Heizkörper bieten bei ähnlichen Abmessungen das Fünffache an Konvektionsfläche. Stichwort Konvektion: Andere Heizkörpertypen geben mehr Energie als Strahlungswärme ab – Radiatoren hingegen überwiegend heiße Luft, die als trocken empfunden wird und deutlich mehr Staub aufwirbelt.

Zudem bauen sie verhältnismäßig tief, nehmen also mehr Platz in Anspruch. Zwar sind die Rippen der Heizflächen nicht scharfkantig – dennoch stellen sie für spielende Kinder ein

Verletzungsrisiko dar. Sie sauber zu halten ist einerseits simpel, weil man zwischen jeder Rippe mit einem Lappen oder Mopp durchwischen kann, an größeren Heizkörpern kann das andererseits langwierig werden. Hin und wieder sollte man sie streichen, was perfekt eigentlich nur gelingt, wenn man sie dazu demontiert. Aus all diesen Gründen sind sie für die Erstausstattung oder Renovierung von Privathäusern kein Thema mehr. Im Bestand findet man sie allerdings noch häufig.

Gliederheizkörper sind ein Auslaufmodell. Sie sind zwar günstig, verlangen aber nach hohen, ineffizienten Vorlauftemperaturen.

Sonderform: Röhrenheizkörper

Eine spezielle Form des Gliederheizkörpers – nach wie vor gefragt und aktuell – ist der Röhren- oder Badheizkörper, der „Handtuchradiator". Auch er gibt einen Großteil der Wärme (um 70 Prozent) per Konvektion ab. Als Handtuchablage beziehungsweise -trockner erfreut er sich dennoch großer Beliebtheit.

Wer Handtuchradiatoren effizient nutzen will, sollte trockene Handtücher vom Heizkörper nehmen, da diese bis zu 30 Prozent der abgegebenen Wärme schlucken. Im Einfamilienhaus bleibt der eigene Wärmeerzeuger im Sommer kalt – die Handtücher sollen aber dennoch trocknen. Für die Badheizkörper bieten sich deshalb Typen mit elektrischer Heizpatrone an, die genau gleich aussehen, aber unabhängig vom Betrieb des zentralen Wärmeerzeugers erwärmt werden können.

Platten-/Flachheizkörper

Sie sind heutzutage der am häufigsten verbaute Heizkörpertyp. Das hat Gründe: Sie haben eine völlig glatte oder nur leicht gewellte Oberfläche, sind also pflegeleicht. Bestehen sie allein aus Platten, geben sie den Großteil der Wärme als angenehme Strahlung ab – etwa 50 bis 70 Prozent. Oft befinden sich in ihrem Inneren aber zusätzlich Konvektionsflächen, was den ohnehin schon guten Wirkungsgrad (Energieeinsparungen von bis zu 30 Prozent gegenüber Uraltradiatoren) dieses Typs weiter steigert und die Wärme bei Bedarf schneller in den Raum bringt. Dadurch steigt dann allerdings auch der Anteil der Konvektionswärme.

Plattenheizkörper gibt es in verschiedensten Farben und Formen, wodurch sie sich vielen Gebäude- und Einrichtungsstilen anpassen, und sind sie platzsparend, kompakt und leicht. Für die gängigen Modelle haben sich Typenbezeichnungen durchgesetzt, die die Zahl der verbauten Platten und Konvektionsflächen nennen.

Günstige Plattenheizkörper bestehen aus Stahlblech. Alternativen sind Aluminium oder Edelstahl. Edelstahl ist sehr langlebig, aber auch teuer. Edelstahlheizkörper können unlackiert eingesetzt werden, bieten also eine ganz eigenständige Optik. Aluminium hält die Wärme ähnlich lange wie Gusseisen, erwärmt sich aber wesentlich schneller als dieses. Preislich liegen solche Heizkörper im Mittelfeld.

Trotz aller positiven Eigenschaften von Plattenheizkörpern haben sie einen Nachteil: Die Modelle mit Konvektionsblechen sind schwer zu reinigen – vernünftig klappt das nur mittels Spezialbürsten, mit denen man die Bleche über die gesamte Länge putzen kann.

Konvektionsheizkörper

Dass Strahlungswärme im Vergleich zu Konvektionswärme als angenehmer empfunden wird, ist kein Geheimnis. Es gibt aber Situationen, in denen sie besser ist, als zu frieren – nämlich immer dann, wenn der Platz für Radiatoren oder Plattenheizkörper nicht aus-

Stand der Technik sind Flachheizkörper, die es in zahlreichen Technik- und Materialvarianten gibt. Ziffernkombinationen schlüsseln die Zahl der verbauten Strahlungs- und Konvektionselemente auf.

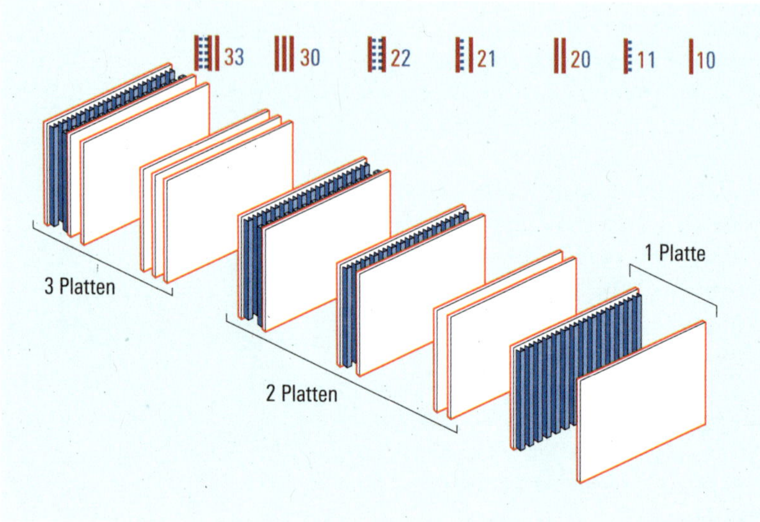

reicht oder eine extrem schnelle Wärmeabgabe gefordert wird. In diesen Fällen sind Konvektionsheizkörper ideal. Durch sie laufen wasserführende Rohre, an denen Lamellen aus Aluminium, Kupfer oder Stahlblech angebracht sind. An den Lamellen erwärmt sich kalte Luft schnell; dieser Heizkörpertyp ist kompakt (typische Höhe: 25 Zentimeter) und leicht – man kann ihn beispielsweise vor Fenstern oder in Fußleisten vor großen Terrassentüren verbauen. Im Sinne einer hohen Wärmeabgabe funktionieren sie nur richtig bei hohen Heizungsvorlauftemperaturen über 60 Grad Celsius. Damit ist aber die von ihnen abgegebene heiße Luft relativ trocken und staubig; und wegen der vielen Lamellen ist auch diese Heizkörperbauart mühsam zu reinigen.

Alternativ zur hohen Betriebstemperatur kann die Konvektion (Luftströmung) am Heizkörper auch mit Ventilatoren in Schwung gebracht werden. Dann spricht man von Ventilatorkonvektoren. Dieser Heizkörpertyp ist relativ neu und wird zum Beispiel als „Wärmepumpenheizkörper" vermarktet. Dabei werden an einem Plattenheizkörper auf der gesamten Länge Kleinventilatoren integriert, die Raumluft von unten nach oben durch den Heizkörper (den Zwischenraum zwischen front- und rückseitiger Heizplatte) befördern. Dieser Heizkörpertyp funktioniert schon gut bei 40 Grad Celsius Vorlauftemperatur.

Fußleistenheizung

Eine Sonderform der Raumheizung ist die sogenannte Fußleistenheizung. Wie der Name nahelegt, wird diese Art Heizkörper in der Regel am Übergang vom Boden zur Außenwand installiert. Dabei werden ein bis zwei ungedämmte Heizungsrohre hinter einer luftdurchlässigen Abdeckung (Leiste) verlegt. Die an den Heizungsrohren erwärmte Luft strömt nach oben und folgt der Wand bis zur Decke. Dadurch wird die Wandoberfläche erwärmt und effektiv verhindert, dass feuchte Raumluft an der sonst kalten Innenseite von Außenwänden kondensiert. Deshalb ist dieses Heizungssystem geeignet für Altbauten sowie denkmalgeschützte Gebäude, deren Wände weder außen noch innen wärmegedämmt werden können oder dürfen. Aufgrund der höheren Wandinnentemperatur steigt der thermische Komfort im Raum deutlich an. Den Anbietern dieser Heizkörper zufolge ergibt sich so eine Heizenergieeinsparung von über 20 Prozent, weil ohne die Erhöhung der Wandinnentemperatur die Temperatur der Raumluft um 3 bis 4 Kelvin höher eingestellt werden müsste, um den gleichen thermischen Komfort zu erreichen. Diesem Effekt muss gegengerechnet werden, dass aufgrund der höheren Wandinnentemperatur auch der Wärmeabfluss durch Wärmeleitung erhöht wird, also die Wärmeverluste durch die Wand steigen.

Fußleistensysteme werden wasserführend (Anschluss an Zentralheizung) oder elektrisch (Heizleisten) angeboten. Wasserführende Heizleisten kommen für dauerhaft beheizte Räume und in Bestandsgebäuden zum Einsatz

Elektrische Heizleisten verwendet man in zeitweise beheizten Räumen, auch in frostgefährdeten Bereichen wie Wintergärten.

Heizleisten geben abhängig von der gewählten Heizmitteltemperatur etwa 45 Watt (bei 35 Grad Celsius) bis rund 240 Watt pro Meter (bei 75 Grad Celsius) Wärme an einen auf 20 Grad Celsius beheizten Raum ab. Reicht die verfügbare Länge für Heizleisten an der Außenwand nicht aus, um den Heizleistungsbedarf voll zu decken, können zusätzliche Heizleisten an Innenwänden ergänzt werden.

Bei Fußleistenheizungen ist eine möglichst glatte Wandoberfläche vorteilhaft. Direkt an der Wand treten Konvektionsströmungen auf, die Staub mitführen, der sich an Wandunebenheiten ablagert. Wände mit Fußleistenheizung sollten nicht mit Möbeln oder Bildern zugestellt werden. An Innenwänden können die Heizleisten in die Sockel von Schränken integriert werden, die an der Wand stehen.

Montage und Anzahl der Heizkörper

Für die früher üblichen Radiatoren war der natürliche Anbringungsort eine Nische unterm Fenster. Das lag nicht nur am dort zur Verfügung stehenden Platz. An Außenwänden und den in älteren Häusern gängigen, nur einfach verglasten Fenstern bildet sich eine Luftwalze – die kalte Luft sinkt von Wand und Fenster in den Raum. Platziert man den Heizkörper unterm Fenster, nimmt er diese Kaltluft auf, erwärmt sie und befördert sie in den Raum. Prinzipiell gilt dies auch heute noch – dank doppelt oder dreifach verglaster Fenster und gedämmter Außenwände ist der Effekt deutlich geringer. Wenn es unterm Fenster Platz gibt, sind Heizkörper dort immer noch gut aufgehoben. Sind bodentiefe Fenster oder Türen im Weg, ist der nächstbeste Anbringungsort für Heizkörper der an einer Wand direkt neben Fenster oder Balkon-/Terassentür.

Wie man die Heizlast eines Gebäudes überschlägig pro Quadratmeter berechnet, haben wir bereits im Kapitel „Wie kann man in Zukunft günstig heizen?“ (siehe Seite 44) erläutert. Multiplizieren Sie diese mit der Raumfläche, erhalten Sie den zu deckenden Wärmebedarf. Bei einem Raum mit einer Fläche von 20 Quadratmetern und einem Wärmebedarf von 50 Watt pro Quadratmeter wären dies 1000 Watt oder 1 Kilowatt. Bei einem solchen Zimmer wäre es in den meisten Fällen sinnvoll, die

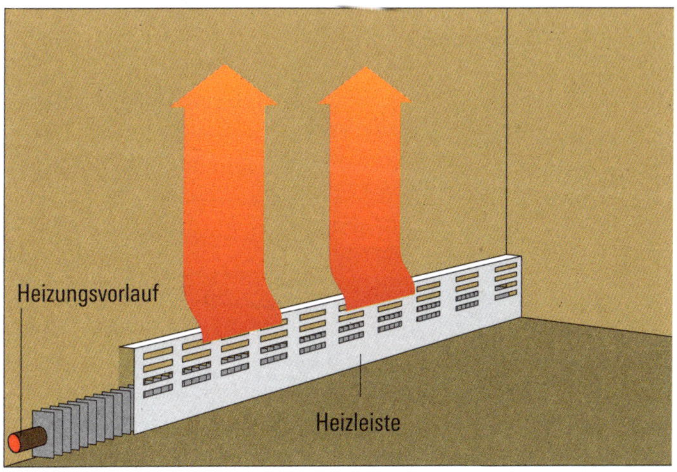

Fußleistenheizungen sind ideal, um die Kälte nicht dämmbarer Wände zu neutralisieren. Die durch Heizungswasser oder Strom erwärmte Luft steigt entlang der Wände zur Raumdecke.

Beispiel für eine Fußleistenheizung. Diese Art Heizkörper sorgt unauffällig für Wärme und kann sogar klamme Altbau-Außenwände warm halten.

Wärmeabgabe auf zwei Heizkörper à 0,5 Kilowatt zu verteilen.

Welche Vorlauftemperatur benötigen Heizkörper?

Moderne Heizkörper lassen sich mit Vorlauftemperaturen ab 45 Grad Celsius betreiben, man arbeitet aber mit 65 bis 70 Grad Celsius. Damit sind klassische Heizkessel oder Pelletheizungen optimale Partner für solche Heizkörper – ideal ergänzt um Solarthermie. Werden Heizkörper auf eine niedrige Vorlauftemperatur bis etwa 52 Grad Celsius ausgelegt, sind sie mit Wärmepumpen kompatibel.

Heizkörper in der Praxis

Für die auf Seite 34 skizzierten Beispielhäuser beziehungsweise Ausgangssituationen eignen sich Heizkörper unterschiedlich gut:

1. Der Neubau auf einer unbebauten Fläche, bei dem man als Bauherrin einerseits alle Freiheiten hat, sich andererseits an die aktuellen Vorschriften zum energieeffizienten Bauen halten muss, würde allein beim Bau nach dem Stand der Technik schon gedämmt. Als Effizienzhaus 40 hätte der Neubau fast Passivhausstandard. Und für ein solches lohnen sich weder ein zentraler Wärmeerzeuger noch klassische Heizkörper.
2. Das freistehende, praktisch ungedämmte Haus aus der Zeit von etwa 1930 bis 1980: Hier steht vor allen Überlegungen zur Wärmeverteilung eine energetische Ertüchtigung und Gebäudedämmung, wie ab Seite 36 beschrieben. Nach der Sanierung sind Heizkörper aber eine preiswerte Möglichkeit, die Wärme im Haus zu verteilen. Der Heizkessel oder die Pelletheizung sollte durch Solarthermie unterstützt werden.
3. Im Reihenhaus aus der Mitte der 1990er-Jahre, bei dem man eine wirksame und ausreichend effiziente Gebäudedämmung voraussetzen kann, besteht mit Blick auf die Wärmeverteilung wenig zwingender Handlungsbedarf. Vorhandene Heizkörper könnte man weiternutzen; Ersatz wäre nur nötig, wenn diese defekt oder verrostet wären. Sinnvoll und effizienzsteigernd wäre ein Austausch, sollten im Haus als Erstausstattung noch Gliederheizkörper verbaut worden sein.
4. Beim denkmalgeschützten Altbau, an dessen äußerem Erscheinungsbild sich nichts ändern darf, sind die Optionen gering (siehe ab Seite 41). In ihm wäre der Einbau von Heizkörpern nicht sinnvoll.

Fußboden-, Wand- und Deckenheizungen

Viel effizienter als einzelne Heizkörper ist es, ganze Gebäudeflächen die Wärme abgeben zu lassen.

Die Namen sagen alles: Es geht um in Fußböden, Wände oder Zimmerdecken integrierte Wärmeverteiler. Diese können mit elektrischem Strom betrieben werden – zu den Vor- und Nachteilen dieser Energiequelle siehe Seite 143. Kurz werden wir auch in diesem Abschnitt noch einmal auf elektrische Heizungen eingehen. Hauptthema sind hingegen Wärmeverteiler, die von einem zentralen Wärmeerzeuger (WEZ) versorgt werden, also Wärmepumpen oder Heizkesseln – optional durch Solarthermie oder Photovoltaik unterstützt. Sie werden Flächenheizungen genannt, weil es statt weniger Heizkörper im Raum eine über den gesamten Boden, die gesamte Wand oder Decke verteilte Wärmequelle gibt. Im Gegensatz zu konventionellen Heizkörpern geben Fußboden-, Wand- und Deckenheizungen hauptsächlich Strahlungswärme ab, die als angenehmer und näher an althergebrachten Wärmequellen wie einem offenen Kamin empfunden wird. Anders als die mit Konvektion arbeitenden klassischen Heizkörper wirbeln Flächenheizungen keinen Staub auf, was Allergikern entgegenkommt. Da Flächenheizungen ohne dezidierte Heizkörper arbeiten, steht im Prinzip der gesamte Raum zur freien Verfügung. In der Praxis gibt es allerdings auch mit Flächenheizungen Dinge zu beachten, die Raumgestaltung und Möblierung beschränken – dazu später mehr.

Flächenheizungen arbeiten bei niedrigeren Vorlauftemperaturen (35 bis 40 Grad Celsius, siehe Seite 47) als Standardheizkörper, was konventionelle Wärmeerzeuger wie etwa Heizkessel sowie das Zusammenspiel mit Solarthermie effizienter macht. Idealer Partner von Flächenheizungen sind Wärmepumpen. Diese können in Verbindung mit Flächenheizungen im Sommer die Räume auch kühlen. Bei extremer Hitze ersetzt dies zwar keine Klimaanlage – es schafft aber in jedem Fall eine niedrigere und angenehmere Raumtemperatur. Da die Kühlung ein Abfallprodukt der Heizung ist, gibt es sie praktisch umsonst. Strom verbrauchen natürlich sowohl Klimaanlage als auch Wärmepumpe.

Die Wärme beziehen von einem zentralen Wärmeerzeuger versorgte Flächenheizungen über erhitztes Wasser, das über Rohre zu den Heizelementen geleitet wird. Diese bestehen ihrerseits aus Rohren, bei vielen Wand- und Deckenheizungen eher Röhrchen, die in Schlangenlinien über die gesamte Heizfläche verlegt werden.

Flächenheizung: trocken oder nass verlegen?

Alle genannten Flächenheizungen lassen sich nass oder trocken verlegen. Nass bedeutet, dass man die Heizungsrohre in Estrich (bei Fußbodenheizungen) oder Stuck/Putz (Wand- oder Deckenheizung) eingießt. Bei der Trockenverlegung setzt man die Rohre oder Heizungselemente in ein auf Boden, Wand oder Decke befestigtes Schienensystem beziehungsweise Gerüst. Soll bei der Renovierung von Bestandsbauten eine Fußbodenheizung trocken verlegt werden, schlägt man in den vorhandenen Estrich Schlitze für die Heizschleifen und legt diese dort hinein. Darüber wird dann ein stabiler Boden, etwa aus Holz, gelegt. Nachgiebige Materialien wie Teppichboden oder Linoleum eignen sich für diese Art der Fußbodenheizungsverlegung nicht. Auch auf das Schienensystem einer in einem Neu-

Diese Fußbodenheizung wurde trocken unter dem Bodenbelag verlegt.

bau trocken verlegten Fußbodenheizung lassen sich keine weichen Böden legen. Vor trocken verlegte Wand- oder Deckenheizungen setzt man Gips- oder Holzplatten, die verspachtelt werden können.

Beide Verlegearten haben Vor- und Nachteile. In der Praxis dominiert die Nassbauweise bei Fußbodenheizungen in Neubauten, bei Sanierungen herrscht Trockenbauweise vor. Wandheizungen werden in Neubauten eher trocken, bei Sanierungen ebenfalls eher trocken verlegt. Deckenheizungen verbaut man fast ausschließlich trocken . Hier spricht schon der höhere Bauaufwand gegen Nassverlegung: Während man Estrich recht simpel auf den Boden des Rohbaus gießt, muss man etwas Aufwand treiben, damit Stuck an der Decke haftet.

Bei Fußbodenheizungen ist die Nassverlegung günstiger. Für das Eingießen der Heizungsrohre in den Estrich spricht die gleichmäßigere Wärmeverteilung im Boden. Zudem sind sie im Estrich vor Beschädigungen geschützt. Allerdings reagieren eingegossene Fußbodenheizungen sehr träge auf Temperaturänderungswünsche. Wenn in einem modernen, mit großzügigen Fenstern und Türen versehenen Haus im Winter für die Nacht die Heizung hochgestellt wurde, hält sich die Wärme im Estrich. Fällt nach der kalten Nacht tagsüber strahlender Sonnenschein durch die Fenster, heizt sich ein Raum mit einer im Estrich verbauten Fußbodenheizung mehr auf, als noch als behaglich empfunden wird. Wenn die Heiztemperatur dann reduziert wurde, kann es sich umgekehrt verhalten: Sobald die Sonne weg ist, dauert es mitunter lange, bis die Fußbodenheizung im Estrich wieder für behagliche Wärme sorgt. Auch trocken verlegte Flächenheizungen sind keine Sprinter – aber sie reagieren ein wenig flinker auf Temperaturänderungswünsche als nass verlegte.

Bei Nassverlegung von Fußbodenheizungen gilt es, Dinge in der Bauplanung zu berücksichtigen: Die Heizungsrohre können erst in einem fortgeschrittenen Baustadium in den Estrich gegossen werden – Heizkessel oder Wärmepumpe müssen betriebsbereit sein. Denn damit der Estrich sauber und ohne Risse abbindet, müssen die Rohre kontrolliert aufheizen. Weiterer Minuspunkt: Sollten die Rohre irgendwann einmal verstopfen oder undicht werden, muss man den Estrich aufstemmen, um sie auszutauschen. Bei der Trockenverlegung hingegen bleiben die Rohre unter dem Fußboden zugänglich.

Fußbodenheizung: pro und contra

Schon die alten Römer kannten als Hypokaustum bezeichnete Fußbodenheizungen. Die modernen Varianten begannen ihren Siegeszug in Deutschland in den 1970er-Jahren eher verhalten. Grund waren die damals noch wenig bis gar nicht gedämmten Gebäude, die nur durch entsprechend hohe Heizleistung je Boden ausreichend warm wurden. Seinerzeit mussten die Heizungen 80 bis 100 Watt pro Quadratmeter liefern, wodurch sich der Boden auf unangenehme 33 Grad Celsius erhitzte. Zum Standard in vielen Neubauten wurden Fußbodenheizungen ab den 1990ern – dank gedämmter Häuser und Fenstern mit Doppelverglasung reichen die Heizleistungen nun von 40 bis 60 Watt pro Quadratmeter, die Temperatur des Bodens darf 29 Grad Celsius nicht mehr überschreiten. Nur in den Randzonen, etwa vor Türen oder Fenstern, dürfen die Bodentemperaturen noch darüber liegen.

Trotz gedeckelter Maximalwärme – eine Grundsatzfrage müssen sich Bauherren und Saniererinnen stellen: Will ich warme Füße? Das empfinden zwar die meisten Menschen als angenehm, aber bei Weitem nicht alle. Wer die Hitze von unten nicht mag, ist mit Fußbodenheizungen nicht gut bedient.

Fußbodenheizungen benötigen etwas mehr als zwei Zentimeter Platz, nass verlegte sind zudem mit einem Gewicht von 40 Kilogramm pro Quadratmeter relativ schwer. In einem Neubau lässt sich dies problemlos bei der Planung berücksichtigen, bei der Sanierung eines Altbaus kann beides zu einem Problem werden. Zumindest wird man Türblätter kürzen müssen, damit sich Türen auch nach der Installation einer Fußbodenheizung noch bewegen lassen; eventuell müssen Sie auch Treppenstufen oder andere Böden anpassen. Falls der Bestandsbau das zusätzliche Gewicht des Estrichs für die Nassverlegung nicht tragen kann, bleibt nur eine trocken verlegte Fußbodenheizung – oder eine der anderen Flächenheizungen.

Das Deckmaterial für den Boden muss sich mit Fußbodenheizungen vertragen: Ideal sind Stein- oder Fliesenböden. Weniger optimal, aber noch unkritisch, ist Linoleum. Teppichboden muss explizit fußbodenheizungstauglich sein, ebenso Parkett oder Laminat. Eine zu dichte und massive Möblierung behindert den Wärmetransport – statt der wuchtigen Schrankwand sollte es in engen Räumen dann vielleicht eher ein offenes Regal sein.

Wandheizung: pro und contra

Die Heizschleifen einer Wandheizung werden im typischen Einfamilienhaus in den Außenwänden angebracht. Voraussetzung dafür ist, dass diese ausreichend gedämmt sind, was aber bei einem Neubau oder nach einer Grundsanierung der Fall ist. Der Nachteil einer Wandheizung liegt auf der Hand: Jeder gedankenlos eingeschlagene Nagel kann das Heizsystem beschädigen; in eine Gipsplatte kann man nicht unmittelbar Dübel einsetzen, um daran etwa ein schweres Regal aufzuhängen. Mit einem Metalldetektor oder einer Wärmebildkamera spürt man natürlich die Leitungen auf und setzt Nägel oder Dübel ohne Schaden für die Heizung ein. Allerdings sollte man sich auch darüber im Klaren sein, dass sehr große Bilder, Regale oder Wandschränke vor einer beheizten Wand fehl am Platze sind. Zumindest kostbare Bilder und Gemälde sollte man grundsätzlich nicht vor einer Wandheizung platzieren, denn auf Dauer könnte ihnen die Wärme schaden – abgesehen davon, dass verdeckende Objekte den Heizeffekt mindern.

Dennoch sind Wandheizungen überall dort einsetzbar, wo es zu kompliziert oder teuer würde, eine Fußbodenheizung zu installieren. Trocken verlegt, empfehlen sie sich insbesondere für Grundsanierungen. Auch wer Wärme von unten als unangenehm empfindet, wird sich eher mit einer Wandheizung anfreunden können. Alle anderen Vor- und Nachteile teilen sie sich mit den anderen Flächenheizungen: Sie arbeiten mit niedrigerer Vorlauftemperatur, mit geeigneten Wärmepumpen kühlen sie im Sommer und reagieren auf Temperaturänderungen eher träge.

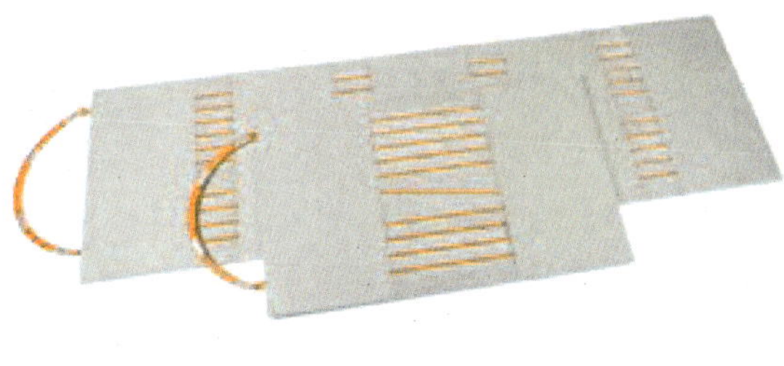

Beispiel für die Heizflächen einer Wandheizung

Deckenheizung: pro und contra

Heiße Luft steigt nach oben – warum also eine Heizung an der Zimmerdecke anbringen? Die Lösung: Fußboden-, Wand- und Deckenheizungen sind Flächenstrahler, die ihre Wärme nicht per Konvektion abgeben, sondern zu 95 Prozent als Wärmestrahlung. Daher ist es kein Problem, sie an der Decke anzubringen.

Deckenheizungen sind ideal, wenn man ohnehin plant, abgehängte Decken zu installieren – in ihnen verschwinden sie, ohne zusätzlichen Raum zu beanspruchen. Technisch ist es ebenfalls kein Problem, in beispielsweise mit Teppichboden ausgelegten Wohnräumen Deckenheizkörper zu installieren, in Räumen wie dem Bad oder der Toilette mit eher kaltem Kachelboden aber die Heizrohre im Boden zu verlegen. Wenn Sie das möchten, sollten Sie dies im Vorfeld mit Ihrem Heizungsbauer und insbesondere Ihrer Architektin besprechen. Denn ohne störende Stufen geht das nur, wenn man schon bei der Planung den Platzbedarf der Fußbodenheizung berücksichtigt.

Andere Vor- und Nachteile entsprechen denen der anderen Flächenheizungen: niedrige Vorlauftemperatur, angenehme Wärme – aber träge Temperaturänderung. Im Zusammenspiel mit einer Wärmepumpe kühlen auch Deckenheizungen im Sommer. Das tun sie sogar effektiver als die anderen Flächenheizungen, denn kühle Luft sinkt immer zu Boden.

Flächenheizungen mit Strom betreiben?

Prinzipiell lassen sich alle beschriebenen Typen von Flächenheizungen elektrisch betreiben. Elektrische Fußbodenheizungen als primäre Wärmequelle wird man aber nur in Bestandsbauten finden. Wegen der stark gestiegenen Strompreise ist diese Heizungsart unwirtschaftlich – auch mit einer Photovoltaikanlage auf dem Dach, denn im Winter, wenn die Heizung gebraucht wird, scheint die Sonne am wenigsten. Im Neubau wird man eine elektrische Fußbodenheizung nur noch fürs sporadische Heizen kleiner Flächen verwenden – etwa um im Bad nicht auf kalten Kacheln zu stehen.

Anders sieht es hingegen mit elektrischen Wand- und Deckenheizungen aus. Im Gegensatz zu ihren wassergespeisten Gegenstücken beanspruchen die elektrischen Varianten nicht die gesamte Wand- oder Deckenfläche. Vielmehr handelt es sich um einzelne Heizflächen, die ähnlich wie ein Bild an der Wand hängen oder an die Decke geschraubt werden. Interessant und wirtschaftlich sind sie für nach dem Stand der Technik gedämmte Häuser. Mehr dazu im nächsten Abschnitt.

Flächenheizungen in der Praxis

Für unsere skizzierten Beispielhäuser beziehungsweise Ausgangssituationen (siehe ab Seite 34) eignen sich Flächenheizungen unterschiedlich gut – und zwar aus folgenden Gründen:

1. Ein heute erstellter **energieeffizienter Neubau** befände sich als Effizienzhaus 40 schon nahe an einem Passivhaus. Für diese lohnt sich ein zentraler Heizkessel nicht mehr, eine Fußbodenheizung wäre überdimensioniert. Ideal wäre hier eine mit Wasser zentral gespeiste Deckenheizung, die von einer Luft-Wasser-Wärmepumpe versorgt wird, die im Sommer auch kühlen könnte; der für den Betrieb nötige Strom sollte aus einer Photovoltaikanlage kommen. Diese Deckenheizung verlegt man trocken, bei der Optik haben Sie die Wahl zwischen Deckenkassetten und einer abgehängten Loch- oder Gipskartondecke. Wichtig ist, bei der Planung und Installation Platz für Stromkabel und Aufhängevorrichtungen zu lassen – etwa für Deckenleuchter. Eine Alternative wären für ein derart gut gedämmtes Gebäude, welches nur an wenigen kalten Tagen im Jahr tatsächlich eine Heizung benötigt, elektrisch betriebene Wand- oder Deckenheizelemente.
2. Beim **freistehenden Bestandshaus** aus der Zeit von etwa 1930 bis 1980 ste-

hen vor allen Überlegungen zur Wärmeverteilung eine energetische Ertüchtigung und Gebäudedämmung im Fokus (siehe ab Seite 36). Deshalb gehen wir davon aus, dass dieses Gebäude mindestens auf das im Gebäudeenergiegesetz (GEG) für einen modernisierten Altbau geforderte Niveau wärmegedämmt wird. Der Wärmebedarf wird dann immer noch 40 Prozent über dem eines vergleichbaren Neubaus liegen, aber nur noch bei einem Drittel des nicht wärmegedämmten Ausgangszustands.
Soll das sanierte Haus seine tragenden Holzdecken behalten, kann man darin keine Deckenheizung installieren. Hier würde man eine Fußbodenheizung trocken verlegen – in alten Häusern bei Bedarf um zusätzlichen Schall- und Brandschutz ergänzt. Bleiben Beton- oder Steinböden nach der Sanierung im Haus, wählt man, sofern die Deckenstatik dies erlaubt, eine nass verlegte Fußbodenheizung. Bei der Wärmequelle ist man flexibel: Es kommen sowohl durch Photovoltaik ergänzte Wärmepumpen in Betracht als auch ein Niedertemperaturheizkessel, unterstützt durch Solarthermie.

3 Im **Reihenhaus aus der Mitte der 1990er-Jahre**, bei dem man eine wirksame und ausreichend effiziente Gebäudedämmung voraussetzen kann, besteht mit Blick auf die Wärmeverteilung wenig zwingender Handlungsbedarf. Sofern noch mit Standardheizkörpern die Wärme in die Räume gelangt, könnte man überlegen, diese durch eine Fußbodenheizung zu ersetzen. Wie weiter vorn beschrieben, verlegt man diese am problemlosesten trocken, indem man Schlitze in den Estrich klopft – immer vorausgesetzt, die Böden sind massiv genug, um die Rohre aufzunehmen. Unmittelbar bringt der Umstieg auf eine Fußbodenheizung wegen deren angenehmerer Wärme nur etwas mehr Komfort. Der alte, für die höhere Vorlauftemperatur von Heizkörpern ausgelegte Kessel versorgt mühelos auch die Fußbodenheizung und wird dabei auch ein bisschen weniger Energie verbrauchen – aber deutliche Einsparungen darf man von dieser Konstellation nicht erwarten. Dennoch kann die Investition in eine Fußbodenheizung ein sinnvoller erster Schritt zum Sparen sein: Irgendwann muss der bestehende Heizkessel einem Nachfolger weichen. Das wäre dann natürlich ein sparsamerer Niedertemperaturkessel – oder eine ebenfalls effiziente Wärmepumpe. Auch wäre es möglich, bei nur mildem Winterwetter die Fußbodenheizung von einer Wärmepumpe versorgen zu lassen und den alten, nicht so effizienten Kessel nur noch zu betreiben, wenn wirklich harte Minusgrade herrschen.

Unter den richtigen Voraussetzungen lässt sich auch mit Strom wirtschaftlich heizen.

4 Beim **denkmalgeschützten Altbau**, an dessen äußerem Erscheinungsbild sich nichts ändern darf, sind die Optionen gering (siehe ab Seite 141). Sinnvoll realisierbar ist hier eine Wandheizung, die man, wenn sowieso saniert wird, nass verlegt; als Wärmeerzeuger käme eine Pelletheizung infrage.

Luftheizung

Auch das Heizen mit Luft kann effizient und nachhaltig sein – wenn die Rahmenbedingungen stimmen.

In ihrer Urform, als vollständige Heizung für wenig bis nicht gedämmte Häuser, sind Luftheizungen in den USA verbreitet – dort produziert für den Winter ein öl- oder gasbetriebener konventioneller Heizkessel viel Wärme, die wenig effizient per Luft transportiert wird. Für den Sommer hängt am zugehörigen Rohrsystem zusätzlich eine Klimaanlage. In den 1960ern, als Strom und Öl auch in der Bundesrepublik billig waren, setzte man dieses Prinzip gelegentlich auch in Deutschland in eher luxuriösen Häusern um. Nach heutigen Maßstäben ist dies teuer und unwirtschaftlich. Zum Redaktionsschluss dieses Buches musste man für ein entsprechendes System zur Ausstattung eines typischen Einfamilienhauses Kosten von 12 000 bis 15 000 Euro veranschlagen. Anders stellt sich die Situation dar, wenn – etwa in einem Passivhaus – ohnehin eine Lüftungsanlage nötig ist. Dann kann man darüber auch Wärme verteilen.

Die Komponenten einer Luftheizung

Kern einer Luftheizung ist das Röhrensystem. Als Material werden dafür meist Wickelfalzrohre aus verzinktem Stahlblech oder Kunststoffrohre beziehungsweise -kanäle verwendet. Neben geraden Leitungen in vielen Längen gibt es sie auch als Winkelstücke, Abzweiger und Muffen – eben alles, was man braucht, um damit Lüftungsanlagen aufzubauen.

Mit den Wickelfalzrohren baut man ein Rohrsystem vom Keller oder Technikraum des Hauses in die einzelnen Etagen und von dort in die jeweiligen Räume. Im Keller bläst ein Ventilator die Luft durch die Rohre in die Räume; je nach Ausgestaltung des Hauses saugen weitere Lüfter vom höchsten Stockwerk des Hauses oder auf jeder Etage die verbrauchte Luft zurück in den Keller, wo sie über einen Wärmetauscher ihre Energie an frische Kaltluft abgibt. Ohne Heizelemente bildet ein solches Rohrsystem eine – in maximal gedämm-

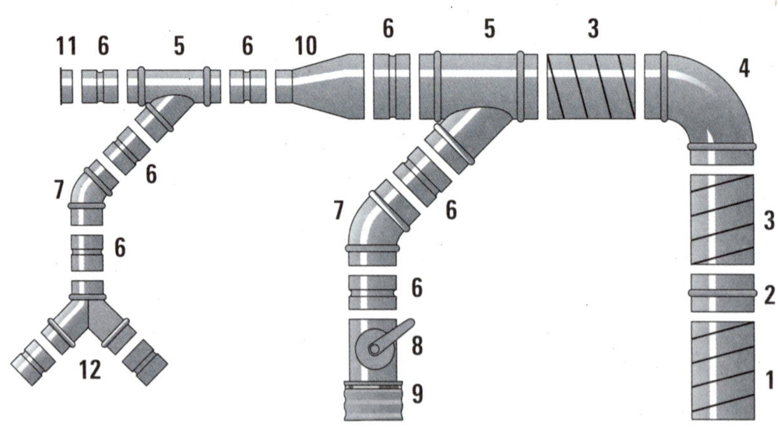

Zum Bau einer Luftheizung sind verschiedene Rohrtypen und -winkel erforderlich. Die Grafik illustriert die Vielzahl verfügbarer Komponenten.

1 Rohr zum Entstauber
2 Nippel
3 Rohr
4 90°-Bogen
5 Abzweigung
6 Muffe
7 45°-Bogen
8 Drosselklappe
9 Saugschlauch von den Saugstellen
10 Reduzierstück
11 Abschlussdeckel
12 Zweiwegverteiler

Filter und Schalldämpfer sorgen in Lüftungsanlagen für saubere Luft und Ruhe in den Zimmern.

ten Häusern unverzichtbare – Lüftungsanlage. Setzt man vor den Ventilator in Keller oder Technikraum des Hauses eine Wärmequelle, kann mit warmer Luft geheizt werden. Wirtschaftlich ist diese Art der Luftheizung in Passivhäusern mit einem Wärmeleistungsbedarf von höchstens 10 Watt pro Quadratmeter. Als Wärmeerzeuger dienen Luft-Luft-Wärmepumpen oder elektrische Heizungen („Heizregister").

Trotz der geschilderten Schwächen haben Luftheizungen selbstverständlich auch Vorteile. Sie liefern sehr schnell Wärme in die Räume, benötigen keinerlei Heizkörper oder -flächen, die Raumluft ist frisch, und im Sommer kann ein solches System auch kühlen. Als Nachteile gelten die Kosten, die Tatsache, dass sich Gerüche durch die Rohre schnell im ganzen Haus ausbreiten, die eher trockene Luft und dass diese Art der Heizung trotz Filtern Staub aufwirbelt, was für Allergiker zum Problem werden kann. Ein fundamentaler Dollpunkt solcher Systeme ist deren Regelung: Die Temperatur lässt sich nur pauschal fürs gesamte Haus festlegen. Nur wenn man statt simpler Luftauslässe in jedem Raum regelbare Modelle installiert, lässt sich dies umgehen. Bei einfachsten Ausführungen handelt es sich um mechanische Schieber, komfortablere Modelle öffnen oder schließen den Luftauslass elektrisch – dieser lässt sich dann auch von einem Thermostat steuern. Für die Technik muss man pro Raum rund 300 Euro zusätzlich veranschlagen.

Schall- und Staubfilter

Röhren leiten Schall hervorragend – ohne Gegenmaßnahmen könnte man in einem Raum des Hauses geführte Gespräche in anderen Zimmern belauschen beziehungsweise würde durch sie gestört. Auch die nötigen Ventilatoren arbeiten nicht völlig geräuschlos. Innerhalb des Röhrensystems werden deshalb vor dem Abzweig zu jedem Raum Telefonieschalldämpfer installiert, die für Ruhe sorgen.

Wenn viel Luft bewegt wird, wirbelt dies wortwörtlich Staub auf. Am Einlass des Lüftungssystems sowie vor jedem Raumauslass sitzen deshalb Luftfilter.

Wartung

Der große Vor- wie Nachteil von Luftheizungen besteht in ihrer Einfachheit. Es gibt weder geschlossene Rohrsysteme noch Heizkörper. Dadurch, dass sie sich im ständigen Kontakt mit Luft befinden, sind sie allem ausgesetzt, was diese transportiert, also hauptsächlich Staub. Die Filter sollten alle sechs Monate kontrolliert und gegebenenfalls gereinigt und spätestens nach einem Jahr ausgetauscht werden. Nach spätestens fünf Jahren sollte man die Lüftungsrohre von innen reinigen. Dazu führt man spezielle flexible Reinigungsbürsten durch die Auslassöffnungen in den Räumen in die Rohre; an unzugänglichen Stellen des Systems sind Revisionsklappen angebracht, durch die die Bürsten eingeschoben werden können.

Kühlen mit der Heizung – und umgekehrt

Mit den richtigen Heizkörpern und Wärmeerzeugern lässt sich das Haus auch kühlen – oder mit der Klimaanlage heizen.

Manche Heizflächen lassen sich bekanntermaßen unter bestimmten Bedingungen auch zum Kühlen eines Raums verwenden. Das spart in den meisten Fällen die Klimaanlage und senkt im Haus die hochsommerliche Hitze auf erträgliche Temperaturen. Aber die Technik kann auch in umgekehrter Richtung funktionieren: Wenn die Voraussetzungen stimmen, kann man im Winter mit einer Klimaanlage heizen.

Welche Heizsysteme und -körper eignen sich zur Kühlung?

Alle beschriebenen Flächenheizungen, also Decken-, Fußboden- und Wand- sowie Luftheizungen und Gebläsekonvektionsheizkörper, können grundsätzlich auch zur Kühlung verwendet werden. In der Theorie ist es unerheblich, welcher Wärmeerzeuger im Winter heizt – wenn man für den Sommer eine Möglichkeit vorsieht, irgendein Gerät mit dem Heizkreislauf zu verbinden, welches dessen Wasser kühlen kann. Sonderlich praktisch und platzsparend wäre eine solche Konstellation aber nicht. Sinnvoll hingegen ist der Einsatz reversibler Wärmepumpen. Um über einen Wasserkreislauf und daran angeschlossene Flächenheizungen oder Gebläsekonvektoren zu kühlen, eignen sich Luft-Wasser-, Wasser-Wasser- oder Sole-Wasser-Wärmepumpen; passender Partner einer Luftheizung ist auch eine Luft-Luft-Wärmepumpe. Für alle Wärmepumpen gilt: Es muss sich um ein reversibles Modell handeln, also eines, das auch kühlen kann.

Flächenheizungen kühlen Räume je nach ihrem Installationsort unterschiedlich stark. Am wenigsten wirksam sind Fußbodenheizungen – die von ihnen abgegebene kühle Luft bleibt am Boden. An heißen Tagen nimmt man sicher auch diese begrenzte Wirkung dankbar an; mit einem handelsüblichen Ventilator kann man sie zudem verstärken. Dennoch: Wer die Heizung schon mit Blick auf sommerliche Kühle plant, ist mit einer Fußbodenheizung nicht optimal bedient. Deutlich wirksamer als Kühlfläche sind Wandheizungen, ideal Deckenheizungen.

Die Kühlwirkung aller Heizungen ist beschränkt: Sie kühlen um 2 bis 4 Grad Celsius; im Hochsommer erzielen sie so eine Raumtemperatur von 26 bis 28 Grad Celsius. Niedrigere Werte wären theoretisch kein Problem – in der Praxis dagegen schon. Denn dann würde der Taupunkt unterschritten, auf Boden, Wand oder Decke sammelte sich Kondensat, also Wasser. Das wäre nicht nur lästig (auf dem Boden auch gefährlich), sondern würde die Flächen beschädigen und Schimmel wachsen lassen.

Aufgrund anderer Details, aber prinzipiell derselben Ursache wegen sind Gebläsekonvektoren in ihrer Kühlleistung beschränkt. Praktisch allen dieser Heizkörper fehlt ein Kondensatablauf. Man muss sich also auch bei ihnen mit einer Kühlwirkung von 2 bis 4 Grad Celsius begnügen. Für neuere Modelle mit Ablauf gilt diese Einschränkung allerdings nicht mehr.

Auch Luftheizungen können die Raumtemperatur nur im genannten Rahmen senken, da der mit ihnen mögliche Luftdurchsatz begrenzt ist. Immerhin verhindern sie, dass über die Lüftungsanlage dauernd warme und feuchte Außenluft in das sowieso schon überwarme Gebäude eingeblasen wird. Kann die Außenluft im Lüftungsgerät gekühlt und

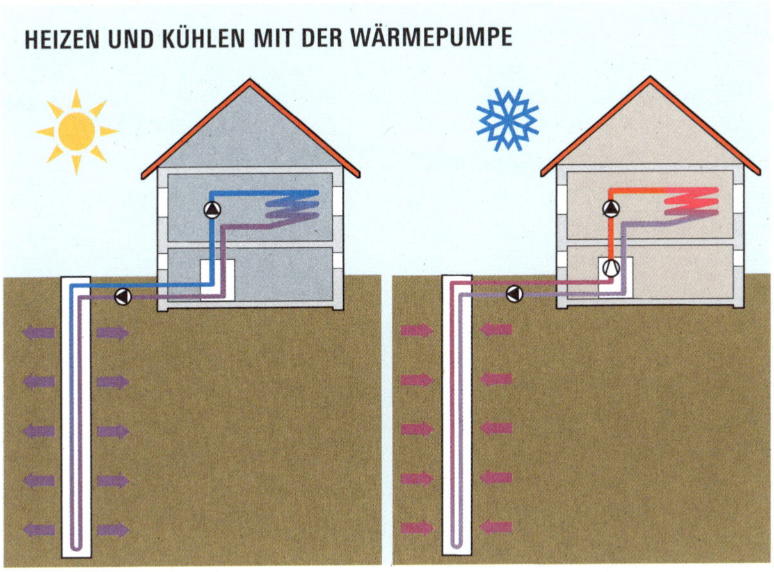

Funktionsprinzip des Heizens und der passiven Kühlung mit Erdsonden

möglichst auch entfeuchtet werden, führt das zu einer Reduktion der Schwüle, was auch ohne große Temperaturabsenkung als sehr angenehm empfunden wird.

Zusätzlicher Spareffekt bei Sole- und Wasser-Wasser-Wärmepumpen

Sole-Wärmepumpen ziehen über eine Sonde Wasser aus dem Erdreich, Wasser-Wasser-Wärmepumpen greifen auf das Grundwasser zu. Im Winter ist das von ihnen heraufgepumpte Wasser wärmer als Oberflächenwasser, womit sich heizen lässt. Im Sommer ist das Wasser aus dem Erdreich kühl und kann die Temperaturen im Haus senken. Die Nutzung von Wasser hat den Vorteil, dass diese Art Wärmepumpen im Sommer nur Strom für die Wasserzirkulation benötigt – im Gegensatz zu einer Luft-Wasser-Wärmepumpe, die aktiv mit Strom über das Kompressionskälteaggregat kühlen muss. Bei der Sole-Wärmepumpe ergibt sich sogar ein positiver Langzeiteffekt: Das kühle Wasser aus der Erdsonde einer Sole-Wasser-Wärmepumpe nimmt die Hitze aus dem Haus auf und wird erwärmt ins Erdreich zurückgepumpt. Diese Wärme hält sich dort – man spricht vom Regenerationseffekt. Der hilft dann im nächsten Winter, die Heizkosten zu senken, denn durch das aufgewärmte Erdreich benötigt die Wärmepumpe weniger Strom zum Heizen. Grundwasserwärmepumpen profitieren von diesem Effekt nicht, denn das von ihnen im Sommer zurückgepumpte, erwärmte Wasser diffundiert.

Die Vorteile von zum Kühlen benutzten Sole-Wasser- und Wasser-Wasser-Wärmepumpen sind klar. Sie nur deswegen zu kaufen, ist bei den zum Redaktionsschluss aufgerufenen Preisen aber unwirtschaftlich, die Preisdifferenz zu Luft-Wasser-Wärmepumpen deutlich.

Mit der Klimaanlage heizen

Mit Klimaanlagen verbindet man im Allgemeinen Kühlung im Sommer. Es klingt zunächst unlogisch, mit diesen Gerätschaften im Winter heizen zu wollen. Technisch ist das aber kein Problem. In einem auch nur mittelmäßig gedämmten Gebäude liegt der Wärmebedarf bei nicht mehr als 50 Watt pro Quadratmeter, ein 20 Quadratmeter großer Raum verlangt also nach 1 Kilowatt Heizleistung. Das bewältigen moderne Klimageräte problemlos. Wirtschaftlich interessant kann es werden, weil die Geräte für das eine Kilowatt Heiz- oder Kühlleistung nur 300 Watt Strom benötigen. Wenn das Haus ausreichend gedämmt ist, tatsächlicher Wärmebedarf also nur an wenigen Tagen im Jahr besteht, kann es daher effizient sein, mit der Klimaanlage statt mit Elektroheizflächen Wärme zu produzieren.

Manch zukünftige Hauseigentümerin mag allerdings die wuchtige Technik abschrecken: In Bestandsbauten sitzen die ganze Klimaanlage oder ihre Außeneinheit in Fenstern oder unübersehbar auf der Fassade – beides keine Augenweiden. Wenn Sie die Klimatisierung aber schon in der Planungsphase berücksichtigen, können Sie einen unauffälligen Platz für die Technik finden. Zudem wird man üblicherweise eine Multisplit-Anlage installieren. Dabei versorgt eine Außeneinheit die Gebläsekonvektoren in den einzelnen Räumen, zu denen entsprechend Rohre verlegt werden müssen. Geräuschfrei arbeiten die Raumlüfter einer Klimaanlage nicht: Wer auf Lärm empfindlich reagiert, sollte sich für andere Kühl- und Heizmöglichkeiten entscheiden.

Bei aller Begeisterung für die Möglichkeit, mit einem Klimagerät zu heizen: Die im Baumarkt erhältlichen, eher günstigen Split-Anlagen, die für den Kühlbetrieb in den Sommermonaten konzipiert sind, dürften einen Heizungsdauerbetrieb nicht lange durchhalten. Wer sich für dieses Konzept interessiert, sollte stattdessen zu einer Luft-Luft-Wärmepumpe greifen, denn diese entsprechen technisch einer für den Heizbetrieb optimierten Klimaanlage. Nutzt man sie nicht als Wärmeerzeuger einer Luftheizung, sondern installiert sie wie eine Klimaanlage, kühlt sie auch wie diese. Die nordeuropäischen Hersteller, die aktuell in diesen Markt einsteigen, optimieren den Betrieb bei sehr tiefen Außentemperaturen, damit Luft-Luft-Wärmepumpen auch bei minus 15 Grad Celsius als vollwertige Heizung eingesetzt werden können, und verstärken alle Komponenten, weil diese Anlagen in Nordeuropa rund 5 500 Stunden im Jahr für die Heizung und zusätzlich etwa 700 Stunden im Jahr für die Kühlung bereitstehen müssen – insgesamt also 6 200 von den 8 760 Stunden eines Jahres. Das stellt sehr hohe Anforderungen an die Betriebssicherheit und Zuverlässigkeit solcher Anlagen.

Kamine und Kaminöfen

Kamine sind eine Augenweide – aber nur mit der richtigen Technik heizen sie auch effektiv.

Offene Kamine sind schön anzuschauen – bezüglich ihrer Heizwärmelieferung aber eigentlich nutzlos. Im Betrieb blasen sie fast so viel Wärme durch den Schornstein, wie sie erzeugen. In Neubauten sind sie deshalb nicht mehr gestattet, im Bestand dürfen sie nur gelegentlich angefacht werden. Ab 2024 endet übrigens auch der Bestandsschutz für offene Kamine: Diese brauchen dann eine geschlossene Glasscheibe. Weil sie kaum zur Heizung eines Raumes beitragen, heißen offene Kamine im Fachjargon Lustfeuer. Aber Kataloge, Zeitschriften und die Internetseiten von Herstellern und Händlern sind voll mit Kaminen – sind die nun alle illegal?

Keineswegs. Nur technisch handelt es sich bei ihnen eben nicht mehr um offene Kamine, sondern um Kaminöfen. Deren Brennraum ist ab Werk durch eine Glasscheibe verschlossen, wodurch sie deutlich effizienter brennen als ihre offenen Verwandten. Kaminöfen können an einer Wand platziert werden, sogenannte Kamineinsätze werden vermauert. Wesentlicher Unterschied zum offenen Kamin: Diesen

Ein Schwedenofen ist nicht nur ein Blickfang – er unterstützt bei Bedarf etwa eine Wärmepumpe und heizt auch, wenn der Strom einmal ausfällt.

Kaminen kann man über ein Rohr zu einer Außenwand ihre Brennluft zuführen („Außenluftzuführung"). Über welche Dimensionen das Rohr verfügen muss und wo man es am besten anbringt, weiß Ihr Bezirksschornsteinfeger. In modernen, stark gedämmten Häusern mit Lüftungssystem ist ein Kaminbetrieb ohne Außenluftzuführung praktisch kaum möglich oder mindestens umständlich. Aber auch in Räumen, in denen ein Kamin prinzipiell arbeiten würde, erhöht die Außenluftzuführung die Effizienz, denn ohne diese zieht ein Kamin die erwärmte Luft aus dem Raum. Und natürlich ist der Sauerstoffgehalt der Raumluft höher, wenn der Kamin seine Luft von außen bezieht.

Stilecht wird ein Kamin mit Holz beschickt. Es gibt allerdings auch gasbetriebene Kamine, deren Flammenbild dem von Holzkaminen entspricht. Das ist nicht nur bequemer, weil man kein Holz nachlegen muss – diese Art Kaminofen verschmutzt zudem kaum. Wer einen Kamin im Haus installieren will, um bei einem längeren Stromausfall nicht im Kalten zu sitzen, sollte überlegen, ob ein klassischer Kaminofen („Schwedenofen") nicht die bessere Wahl ist: Auf vielen dieser Öfen kann man nämlich auch kochen, was bei den Schaukaminen in der Regel nicht möglich ist.

Kamin nur mit Rauchabzug

Beim Verbrennen von Holz oder Gas entsteht Abgas. Pflicht und Voraussetzung für Einbau und Betrieb eines Kamins ist also ein Schornstein – Details im Abschnitt „Der richtige Rauchabzug" ab Seite 187. Sollte der in einem sanierten Bestandsbau vorhanden sein, können Sie sich nicht darauf verlassen, dass an ihm auch ein Kamin betrieben werden darf. Bevor Sie einen Kamin planen oder gar anschaffen, klären Sie mit dem für Sie zuständigen Bezirksschornsteinfeger, ob der vorhandene Schornstein für einen Kamin taugt.

Sicherheitsmaßnahmen für den Kaminbetrieb

Sofern ein Kamin nicht über Außenluftzuführung verfügt, muss am Küchenfenster ein elektrischer Kontakt angebracht werden, sofern dort eine Dunstabzugshaube installiert ist. Ist das Fenster geschlossen, bleibt die Abzugshaube aus. In den Lüftungssystemen moderner Häuser arbeiten Einblas- und Absaugventilatoren. Fällt einer von denen aus, müssen sich alle anderen abschalten, wenn im Haus ein Kamin ohne Außenluftzuführung betrieben wird. Das heißt also: Die Abzugshaube muss bei geschlossenem Fenster ausgeschaltet bleiben, da ansonsten die Abgase des

Wer kein Holz nachlegen und Asche fegen mag, kann auch mit einem Ethanolfeuer stimmungsvolle, gemütliche Wärme ins Haus bringen. Solche offenen Feuer sind jedoch nicht ungefährlich.

Kamins in die Küche und übrige Wohnung transportiert würden.

Ethanolkamine

Wie gesagt, kein Kamin ohne Schornstein. Wenn das Haus ausreichend beheizbar ist, der Anblick der Flammen also nur eine Augenweide sein soll, wird sich manche Bauherrin fragen, ob das die Mehrkosten für einen Schornstein rechtfertigt. Lustfeuer für wenig Geld versprechen schließlich auch mit Ethanol betriebene Kamine. Nennenswert heizen können sie nicht, Fachleute beschreiben sie als wärmende offene Feuerstelle. Sie sind beliebt, aber nicht ungefährlich, tendenziell raten wir von ihrer Anschaffung ab. Im November 2021 berichtete die Stiftung Warentest von Ethanolkaminen, die – völlig legal – ohne jede Sicherheitsprüfung verkauft werden dürfen. Manche Hersteller warben zwar damit, dass ihre Kamine der Din 4734 entsprechen – die aber ist veraltet. Aktuell ist Din EN 16 647:2016.

Trügerische Sicherheit

Der Zündpunkt von Ethanol liegt mit 425 Grad Celsius deutlich über dem von Benzin (240 Grad Celsius). Das schützt aber nicht vor Feuer: Bereits ab einer Temperatur von 21 Grad Celsius bildet Ethanol zusammen mit Luft ein entzündliches Gemisch. Und dieses entsteht sehr schnell, wenn sich der Tank eines Ethanolkamins leert. Deshalb sollten diese Kamine nur befüllt werden, wenn sie komplett auskühlen konnten.

Schlechte Luft

Jede offene Flamme benötigt Sauerstoff, um zu brennen. Gerade in gut gedämmten, zugdichten Gebäuden verschlechtern Ethanolkamine die Raumluft: Wer sie betreiben will, muss für ausreichende Lüftung sorgen. Das sollte man schon wegen der Verbrennungsrückstände. Die Stiftung Warentest maß in einem Versuchsraum mit konstantem Luftaustausch eine Konzentration des geruchlosen und giftigen Kohlenmonoxids von etwa 13 Milligramm pro Kubikmeter. Laut Weltgesundheitsorganisation (WHO) sollten es im Acht-Stunden-Mittel nicht mehr als 10 Milligramm sein. Auch die Werte für das krebserregende Formaldehyd stiegen auf 140 bis 192 Mikrogramm pro Kubikmeter– die WHO definiert 100 Mikrogramm pro Kubikmeter im Laufe von 30 Minuten als noch unbedenkliche Obergrenze. Auch beim Ausstoß von krebserregendem Benzol und Feinstaub schnitten die getesteten Kamine schlecht ab.

Der richtige Rauchabzug

Alle auf Verbrennung basierenden Wärmeerzeuger produzieren Rauch und Abgase – die müssen aus dem Haus.

Bei der Verwendung vieler Brennstoffe zum Heizen entsteht Abgas, das aus dem Haus geführt werden muss – nach Möglichkeit so, dass dessen Rauch die Nachbarn nicht über Gebühr beeinträchtigt. Diese Aufgabe erledigt ein Rauchabzug, auch als Schornstein geläufig, der, seinem Namen zum Trotz, für viele moderne Heizungen nicht mehr aus Stein gemauert sein muss. Da der Schornstein nicht nur für Komfort in Gestalt des Rauchabzugs sorgt, sondern auch im höchsten Maße sicherheitskritisch ist, sind dessen technische Details durch zahlreiche Gesetze und Normen geregelt. Im föderalen Deutschland haben selbstverständlich auch die Länder ein Wörtchen mitzureden – jedes Bundesland hat eigene Vorschriften.

Bei einem Neubau bespricht man mit Architekt und Heizungsbauer, welche Art der Heizung verwendet werden soll und welche Folgen dies für den oder die Schornsteine hat (zu den Besonderheiten der Schornsteine moderner Brennwertkessel siehe Seite 188). Ansonsten ist es zunächst Aufgabe des Architekten oder der Architektin, in Abstimmung mit dem jeweiligen Bezirksschornsteinfeger den Schornstein zu planen.

Voraussetzung ist selbstverständlich, dass das Haus überhaupt einen benötigt. Wer mit Fernwärme oder elektrisch heizt, etwa per Elektroheizung, Solarthermie oder Wärmepumpe, braucht nicht zwingend einen Schornstein – den erwähnten modernen Brennwertkesseln reicht ein Kunststoff- oder Stahlrohr als Rauchabzug. Unter solchen Voraussetzungen ist es Abwägungssache, ob man noch Geld für einen gemauerten Schornstein ausgibt. Zum Redaktionsschluss waren für einen Massivschornstein 5 000 bis 8 000 Euro zu berappen. Sinnvoll wäre der in einem modernen Neu- oder grundsanierten Bestandsbau nur, wenn man der Gemütlichkeit wegen und als Notfallreserve noch einen Kaminofen oder Heizkamin betreiben oder sich die Möglichkeit offenhalten will, einen mit Kohle oder Holz befeuerten Grundofen oder Heizkessel zu installieren.

Ein falsch berechneter Schornstein stellt ein Brandrisiko dar.

Wenn es ein Schornstein sein muss oder soll: Für Schornsteine sind die Feuerungsverordnung sowie die Bundes-Immissionsschutzverordnung (BImSchV) maßgeblich. Details zu gemauerten Schornsteinen legt Din 18 160 fest; ergänzend regelt Din 18 150 die Baustoffe und Bauteile für Hausschornsteine, die Din 18 147 Baustoffe und Bauteile für dreischalige Hausschornsteine. Um Schornsteine aus Stahl kümmert sich die Din 4133; Din EN 13384 schließlich erklärt die Berechnung von Schornsteinabmessungen. Din EN 13384 regelt außerdem die Bedingungen für Temperatur und Druck. Hintergrund des Paragrafendschungels ist, dass der Rauchabzug sehr genau zu Art und Größe der Feuerstelle passen muss – ein falsch berechneter Schornstein stellt ein Brandrisiko dar. Zu den EU- und Bundesrichtlinien kommen dann die örtlichen Landesbauordnungen hinzu. Bitter für begabte Heimwerker: Manche Bundesländer erlauben nur Fachbetrieben das Mauern eines Schornsteins.

An einem Schornstein dürfen maximal drei gleichartige Anlagen, also etwa Gasthermen, Kamine oder Heizkessel, betrieben wer-

Der richtige Platz für den Rauchabzug ist möglichst in der Gebäudemitte. Sofern das Haus einen hat, sollte er bis in den Keller reichen.

den. Deren Abzugsrohre dürfen nicht mehr als jeweils 6,5 Meter voneinander entfernt liegen. In der Praxis bedient ein Schornstein also die Feuerstellen von zwei bis drei Geschossen. Die an einen Schornstein angeschlossenen Wärmeerzeuger müssen alle entweder ihre Luft aus dem Raum oder über einen Luftschacht beziehen, Kamine brauchen eine selbstschließende Klappe.

Moderne Brennwertkessel erzeugen Überdruck im Schornstein – sie brauchen auf jeden Fall einen eigenen.

Nicht empfehlenswert, aber auch nicht verboten ist die Kombination etwa von Heizkessel und Kaminofen an einem Schornstein. Die Ausnahme: Moderne Brennwertkessel erzeugen Überdruck im Schornstein – sie brauchen auf jeden Fall einen eigenen.

Wichtig bei der Sanierung: Im Jahr 2022 wurden die Regeln für Schornsteine von Neubauten verschärft, Schornsteine von Bestandsbauten dürfen aber weiter betrieben werden.

Der richtige Standort

Ein entlang der Außenwand eines Hauses hochgemauerter Schornstein sieht pittoresk aus. Praktisch ist er aber nicht: Durch die auf ihn einwirkende Kälte entsteht weniger Zug, im Zweifelsfall müsste er deswegen mit größerem Durchmesser gebaut werden, was ihn verteuerte. Auch statisch wird ein Außenwandschornstein bei den für Neubauten geforderten Höhen kritisch. Wann immer möglich, sollte man ihn also in der Gebäudemitte anlegen.

Möglichst im Keller beginnen

Sofern ein Haus unterkellert ist, sollte ein Schornstein auch dort beginnen. Vorgeschrieben ist dies nicht – aber gleich aus mehreren Gründen anzuraten. Der wichtigste: So lässt sich die zwingend nötige Revisionsklappe ins

Kellergeschoss verlegen. Wenn der Schornsteinfeger an dieser arbeiten muss, wirbelt dies ordentlich Staub und Schmutz auf – im Wohnbereich ist der wesentlich ärgerlicher und hartnäckiger als im Keller. Vorteil eines durchgehenden Schornsteins im Alltag: Führt er bis in den Keller, ist er stabiler und entwickelt mehr Zug, schafft die Abgase also besser weg.

Höhe und Verbindung zum Dach, Abstände

Die BImSchV definiert Höhe und Länge eines Kamins. So muss etwa der Schlot mindestens 40 Zentimeter über dem Dachfirst liegen. Ist ein Dach weniger als 20 Grad geneigt, muss die Schornsteinmündung mindestens 1 Meter über den Dachfirst ragen; bei mehr als 20 Grad Neigung gar 2,3 Meter.

Mit der Dachhaut eines konventionellen Schrägdachs werden Schornsteine durch Zinkblechkragen und dauerelastisch abgedichtete Übergangsleisten verbunden. Die Übergangsleisten machen die durch Erwärmung und Auskühlen sowie schwankende Außentemperaturen verursachten Materialdehnungen und -kontraktionen klaglos mit und halten Niederschläge fern. Zwischen Holzbalken, Verkleidungen oder Fußböden und einem gemauerten Schornstein muss ein Abstand von mindestens 5 Zentimetern liegen, für Edelstahlschornsteine sind es 10 Zentimeter.

Reinigungsklappen

Schornsteine müssen regelmäßig gefegt werden. Die zwingend erforderliche Revisionsklappe am Fuße eines Rauchabzugs muss mindestens 20 Zentimeter unter dem ersten Anschluss für eine Feuerstätte liegen. Kann der Schornstein nicht über seine Mündung geputzt werden, ist eine weitere Revisionsklappe am Dach oder im Dachraum nötig, die höchstens 3 Meter unter der Mündung liegen darf. Sollte ein Schornstein ausnahmsweise schräg geführte Abschnitte aufweisen, können für diese weitere Reinigungsklappen erforderlich sein.

Die Revisionsklappe muss für den Schornsteinfeger zugänglich bleiben. Idealerweise wird sie im Keller installiert.

Was tun mit Bestandsschloten?

Wenn bei einer Grundsanierung eines Hauses die Heizung auf eine Technik umgestellt wird, die ohne Schornstein auskommt oder einen neuen braucht, stellt sich die Frage, was mit einem vorhandenen Schornstein geschieht. Wenn er im Haus gemauert wurde, ist es statisch mindestens kritisch, ihn abzureißen, meist ohnehin schon aus praktischen Gründen schwer bis gar nicht möglich. Die Kunststoff- oder Edelstahlrohre moderner Brennwertkessel passen in den meisten Fällen in Altschlote. Ein tatsächlich nicht mehr als Rauchabzug benötigter Schornstein ist zudem ideal, um dort die Rohre einer Solarthermieanlage unterzubringen. Auch alle anderen Arten von Kabeln und Leitungen finden dort Platz, etwa die einer Satellitenantenne („Schüssel") oder einer PV-Anlage.

Heizungs-steuerung und Smart Home

192 Regelung des Wärmeerzeugers
194 Regelung der Heizkörper
199 Smart-Home-Systeme
205 Das Haus für die Intelligenz vorbereiten
206 Wahl des richtigen Smart-Home-Systems
208 Die Heizung per Smart Home steuern?

Regelung des Wärmeerzeugers

In vielen Häusern ist eine sogenannte Pumpen-Warmwasserheizung Standard. Dabei wird von einem beliebigen Wärmeerzeuger Wasser erwärmt, das als Wärmeträger in einem Rohrsystem zu den Heizflächen in den Räumen oder zum Warmwasserbereiter transportiert wird.

Zu jedem modernen Heizkessel oder anderen Wärmeerzeuger gehört eine – üblicherweise elektronische – Steuerung, die sich ums Einhalten der gewünschten Vorlauftemperatur kümmert, also direkt auf den Wärmeerzeuger wirkt. In der Höhe der Vorlauftemperatur liegt logischerweise das größte Sparpotenzial, denn Wärme, die nicht erzeugt werden muss, verbraucht keine Energie. Die Vorlauftemperatur wiederum hängt neben persönlichen Komfortwünschen im Wesentlichen davon ab, welche Art Heizkörper im Haus installiert sind und ob der Wärmeerzeuger auch das Warmwasser bereitet. Die Logik der Regelung ist simpel: Sie schaltet Brenner oder Wärmepumpe jeweils ein, wenn die Vorlauftemperatur des Wassers im Heizsystems ein gewisses Maß unterschreitet, und schaltet sie ab, wenn die Solltemperatur wieder erreicht ist. Am Markt durchgesetzt hat sich die Regelung der Heizungsanlage nach der Außentemperatur. Deshalb benötigen Heizungsanlagen einen Außentemperaturfühler. Dieser sollte möglichst an der nördlichen Außenwand angebracht werden, damit Sonneneinstrahlung den Temperaturmesswert nicht verfälscht. In der Regelung des Wärmeerzeugers sind sogenannte Heizkurven hinterlegt, die in Abhängigkeit von der Außen- die Heizungsvorlauftemperatur bestimmen. Die Auswahl der für das Gebäude beziehungsweise Heizsystem passenden Heizkurve ist Sache des Heizungsbauers. Die Ersteinstellung basiert auf den Planungswerten, im laufenden Betrieb der Anlage optimiert man die Einstellung nach individuellen Bedürfnissen und Erfahrungen der Gebäudenutzer.

Die Überlegungen, die hinter den mathematisch definierten Heizkurven stehen, sind folgende:

Die grundsätzliche Abhängigkeit von Außen- und Vorlauftemperatur legt der Installateur durch die Heizkennlinie fest.

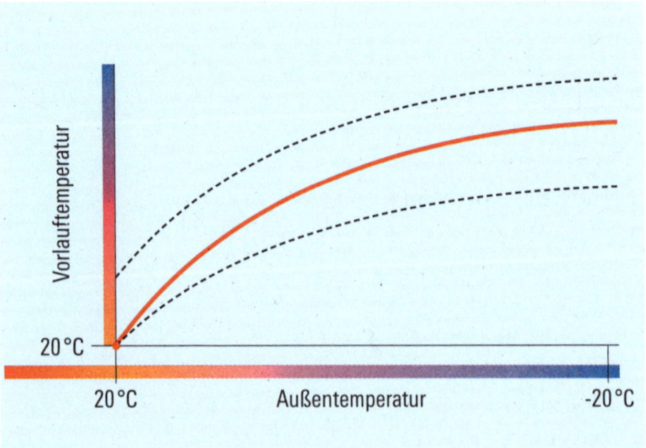

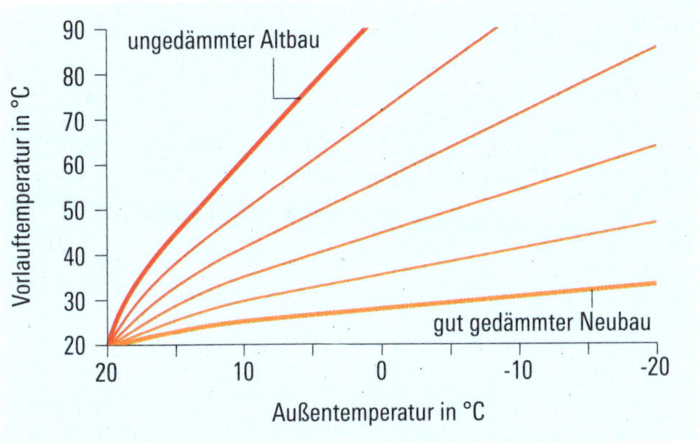

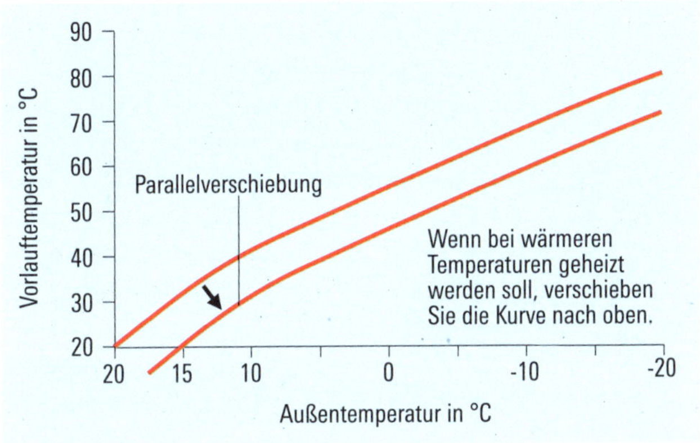

Die Grundeinstellung der Heizkurve (oben) ist Sache des Heizungsbauers. Wenn das grundsätzliche Regelungsverhalten stimmt, passt man sie durch Parallelverschiebung (unten) an die gewünschte Raumtemperatur an.

Erst bei einer Außentemperatur unter 20 Grad Celsius muss überhaupt geheizt werden können. Deshalb beginnt die Standardheizkurve bei einer Außentemperatur von 20 Grad Celsius mit einer Heizungsvorlauftemperatur von ebenfalls 20 Grad Celsius.

Abhängig von den im Gebäude installierten Heizflächen ist bei der Auslegungstemperatur der Heizungsanlage, die aus lokalen Klimadaten bestimmt wird, eine maximale Heizungsvorlauftemperatur notwendig.

Die Heizlast des Gebäudes, also die Wärmeleistung, die notwendig ist, um eine eingestellte Raumtemperatur von beispielsweise 20 Grad Celsius aufrechtzuerhalten, steigt mit der Temperaturdifferenz zwischen Außenluft und Raumtemperatur annähernd linear. Die Wärmeabgabe von Heizflächen an einen Raum erfolgt aufgrund des Temperaturunterschieds der Heizfläche und des Raums. Weil die Wärme durch eine Mischung aus Konvektion und Wärmestrahlung übertragen wird, ist der Zusammenhang zwischen Heizungsvorlauftemperatur und Wärmeabgabe an einen Raum nicht trivial. Deshalb wurden in der Heizungstechnik Heizkurven erarbeitet, mit denen bei einem fest eingestellten Heizwasserdurchsatz (früher waren Heizungspumpen nicht regelbar) die Heizflächen bei jeder Außentemperatur die Wärme im geforderten Maß abgeben – sofern die Heizfläche auf den Betrieb bei Normaußentemperatur (also Volllast) korrekt ausgelegt wurde.

Zur Anpassung der Heizkurve an das aktuelle Heizungssystem müssen Parameter eingestellt werden. Diese sind im Wesentlichen:

Steilheit der Heizkurve: Je höher die Heizungsvorlauftemperatur bei Normaußentemperatur sein muss, desto steiler muss die Heizkurve eingestellt werden.

Parallelverschiebung: Bei modernen, gut wärmegedämmten Gebäuden muss erst ab einer Außentemperatur von unter 12 bis 10 Grad Celsius mit dem Heizen begonnen werden. Entsprechend kann die Heizkurve parallel so verschoben werden, dass erst unterhalb dieser Außentemperatur die Vorlauftemperatur angefordert wird. Auch das Aufheizen der Wohnräume durch Menschen, elektrische Geräte und große, nach Süden ausgerichtete Glasflächen sollte für eine möglichst effiziente Heizungsregelung bei der Wahl der Heizkurve berücksichtigt werden.

Die Ersteinstellung dieser Parameter ist Sache des Heizungsbauers. Die Grundlagen der Heizungsregelung stammen aus einer Zeit, als es noch keine Mikrocomputer gab. Es wurde versucht, mit überschaubarem Aufwand eine einigermaßen energieeffiziente Regelstrategie aufzubauen – in diesem Fall in Form einer auf das Heizungssystem abgestimmten Heizkurve beziehungsweise Heizkennlinie. Heute lassen sich Rückmeldungen aus dem Heizungssystem auswerten und daraus eine optimierte Regelstrategie ableiten. Eine solche Heizungsregelung wird als adaptives System bezeichnet und ist in der Lage, Lernprozesse zu durchlaufen und ständige Anpassungen selbsttätig durchzuführen. Sie berechnet die effizienteste Heizkurve und passt sie den örtlichen Gegebenheiten automatisch an. Wird Wärme gebraucht (Heizgerät läuft), misst das Regelgerät ständig die Abweichung zwischen Raumsoll- und Raumisttemperatur. Je größer die gemessene Abweichung ist, desto schneller reagiert die Regelung. Wird die Raumsolltemperatur nicht erreicht, wird die Heizkurve und damit die Vorlauftemperatur erhöht. Wird die Raumsolltemperatur überschritten, senkt die Regelung die Heizkurve und damit die Vorlauftemperatur. Diese neu ermittelte Heizkurve bleibt gespeichert, wird im entsprechenden Reglermenü angezeigt und bei der nächsten Aufheizphase wieder genutzt.

Regelung der Heizkörper

Nicht nur der Wärmeerzeuger will kontrolliert werden. An Standardheizkörpern sind Thermostate vorgeschrieben, also mechanische Regler, die eine gewünschte und vorgewählte Raumtemperatur halten.

Sobald eine voreingestellte Temperatur erreicht ist, sperrt das Thermostat die Wärme aus dem Heizkreislauf, bis die Raumtemperatur den gewünschten Wert wieder unterschreitet. An Flächenstrahlern wie etwa Fußbodenheizungen übernehmen meist elektrisch betätigte Ventile diese Aufgabe. Im Prinzip hat man mit Außentemperaturfühler sowie der Regelung von Wärmeerzeuger und Heizkörpern ein ausreichend intelligentes System zur Steuerung der Heizung. In der Praxis wird es aber um ein Element ergänzt: Mit einer Zeitsteuerung kann man die Vorlauftemperatur des Heizkessels in den Nachtstunden senken – wenn alle Bewohner eines Hauses im mollig-warmen Bett liegen, müssen die Räume nicht so stark geheizt werden wie tagsüber. Auch Warmwasser wird in den meisten Haushalten nachts nicht benötigt. Für viele Bewohner eines Hauses ist die durch diese vier Regelgrößen – Außentemperaturfühler, Wärmeerzeuger-Regelung, Thermostate, Zeitschaltuhr – realisierbare Heizungssteuerung mehr als ausreichend und vor allem auch mit

Digital: Smarte Thermostate zeigen die Temperatur auf einem Display an.

geringen technischen Kenntnissen zu verstehen und bei Bedarf zu ändern. Bevor man über eine aufwendigere Regelung nachdenkt, sollte man gründlich überlegen, ob diese überhaupt sinnvoll ist. So vermitteln etwa Fußbodenheizungen eine wohlige Wärme, reagieren aber auf Temperaturänderungen äußerst träge. Typisch sind Ansprechzeiten von drei Stunden. Wer also unerwartet eine Stunde früher Feierabend machen konnte, wird sich auch mit einer fernsteuerbaren Fußbodenheizung damit abfinden müssen, dass das Haus bei der Ankunft nicht so warm ist wie gewünscht, weil die Heizung gar nicht so schnell die Raumtemperatur erhöhen kann. Dennoch kann es Wohnsituationen geben, die den Wunsch nach einer feinfühligeren Regelung aufkommen lassen.

Programmierbare Thermostate

In Baumärkten, bei Internetversendern und immer wieder als Sonderposten bei Discountern finden sich programmierbare Thermostate für kleines Geld. Sie ersetzen die mechanischen Thermostate an Heizkörpern und bringen eine elektronische Zeitschaltuhr mit, die sich für bestimmte Zeiten auf die gewünschten Temperaturen einstellen lässt. Vorausgesetzt, man hat den Heizkessel so programmiert, dass er rechtzeitig aus der Nachtabsenkung erwacht, wärmen diese Thermostate morgens das Badezimmer wohlig, halten das Schlafzimmer beispielsweise aber zunächst kühl, wenn man dort nach dem Aufstehen lüften möchte. Je nach Modell lassen sich für jeden Raum nicht nur tageszeitabhängig die Temperaturen wählen, sondern auch für jeden Wochentag individuell. Wer beispielsweise am Wochenende ausschlafen kann, braucht das warme Bad und das warme Esszimmer an diesen Tagen nicht um 7 Uhr, sondern vielleicht erst gegen 10 Uhr. Praktisch alle diese Thermostate interpretieren eine plötzlich sinkende Raumtemperatur als ein offenes Fenster und stellen die Wärmezufuhr automatisch ab. Das ist hilfreich, wenn Kinder oder ältere, vergessliche Menschen im Haus wohnen. Nach einer fest im Thermostat programmierten Zeit gehen diese davon aus, dass das Fenster wieder geschlossen wurde, drehen die Heizung also wieder auf. Diese Logik ersetzt keine speziellen Fensterkontakte – zu denen später mehr. Ob sich die Investition in die pro Stück etwa 20 bis 30 Euro teuren Thermostate lohnt, hängt von den Umständen ab. In einem zeitgemäß gedämmten Gebäude herrscht auch im Winter eine ausreichende Grundwärme, der Heizbedarf ist insgesamt eher gering. Die Thermostate benötigen regelmäßig neue Batterien, was Geld kostet. Insgesamt lohnen sie sich am ehesten, wenn das Gebäude wenig bis gar nicht gedämmt ist – dann heizt man mit programmierbaren Thermostaten wirklich nur dann, wenn es im jeweiligen Raum nötig ist. Sinnvoller wäre allerdings eine energetische Sanierung des Gebäudes. Die kostet zwar mehr als ein paar Thermostate, rentiert sich aber sehr schnell. Kein prinzipielles, aber bei bestimmten Produkten schon beobachtetes Problem: Die Stellmotoren in den Thermostaten mancher Hersteller produzieren vernehmliche Geräusche.

Per App steuerbare Thermostate

Die Steigerung der programmierbaren Thermostate sind solche, die sich per App und Smartphone programmieren und bedienen lassen. Deren Bedienung ist wesentlich komfortabler und übersichtlicher, komplexe Heizwünsche lassen sich recht simpel einstellen – und in der Regel kann man die Heizung auch von unterwegs regeln. Im oben geschilderten Fall des unerwarteten früheren Feierabends kann man die Heizung (wenn keine Fußbodenheizung oder Vergleichbares) von unterwegs aufdrehen, kommt also in einem wohlig gewärmten Heim an. Ebenso können Sie die Wärme während eines Urlaubs so weit wie möglich senken, dann aber bei der Rückkehr rechtzeitig von unterwegs angenehme Temperaturen einstellen. In den meisten Fällen greifen die jeweiligen Apps auf Wettervorhersagen zu, können also bei einem Wetterumschwung rechtzeitig und ohne Zutun des Nutzers die Temperaturen anpassen. Hier gibt es allerdings einiges zu beachten, da diese Thermostate deutlich teurer sind als ihre Zeitschaltuhr-Gegenstücke. Was das Einsparpotenzial anbelangt, nehmen sich app- und zeitgesteuerte Thermostate wenig. Auch die App-Regler benötigen Batterien, unter den App-Thermostaten gab es ebenso schon Modelle mit auffälliger Geräuschkulisse. In erster Linie gewinnt man mit den modernen Thermostatvarianten Komfort. Wer seine klassischen Thermostate stets vorbildlich per Hand einstellt, spart mit smarten Geräten kaum weitere Energie. Wem aber die manuell vorzunehmenden Einstellungen zu aufwendig sind oder wer sich bislang gar nicht darum gekümmert hat, der hat mit smarten Thermostaten nun die Chance, bequem energiesparend zu heizen.

Man sollte an dieser Stelle allerdings sehr genau hinschauen, für welche Produkte man sich entscheidet.

Will man neben der Heizung noch andere Dinge im Haus steuern, sollten alle Elemente kompatibel sein. Man sollte also schauen, welche Produkte außer solchen für die Heizungssteuerung ein Anbieter liefern kann beziehungsweise welche anderen Systeme sich mit einer Heizungssteuerung kombinieren lassen.

Wie sind Programmierung und Bedienung übers Smartphone im Detail geregelt? Manche Systeme lassen sich ausschließlich über Server des Herstellers programmieren und bedienen. Deren Erwerb sollte man sich gründlich überlegen, denn stellt ein Anbieter sein System samt zugehörigem Server ein, geht er pleite oder erhöht den Preis für seinen Dienst drastisch, sind die teuren Thermostate Elektroschrott. Alle wichtigen Funktionen sämtlicher Smart-Home-Produkte sollten sich aus dem eigenen Computernetz heraus programmieren und bedienen lassen; eine Internetverbindung sollte nur für Komfortfunktionen wie etwa die Fernsteuerung nötig sein – und auch die sollte sich ohne unter Umständen kostenpflichtige Dienste des Herstellers realisieren lassen. Um mit einem verbreiteten Irrtum aufzuräumen: Egal, ob WLan oder kabelgebundenes Netz – beide vernetzen nur die Geräte im eigenen Heim. Erst der normalerweise vom Telekommunikationsanbieter zur Verfügung gestellte Router verbindet mit dem Internet.

Neben der allgemeinen Betriebssicherheit spielt schließlich auch der Datenschutz eine Rolle. Wer Dienste eines Geräteanbieters nutzt, legt diesem gegenüber seinen Tagesablauf offen. Verschaffen sich Kriminelle Zugriff auf Server eines Herstellers, könnten sie lohnende und für sie sichere Einbruchsziele ausspähen. Sollten Hacker, wie es in der letzten Zeit häufiger passierte, Server eines Herstellers in erpresserischer Absicht verschlüsseln, könnte es auch sein, dass man einige Tage im Kalten sitzt, wenn sich die Heizung ausschließlich über die Server des Anbieters bedienen lässt.

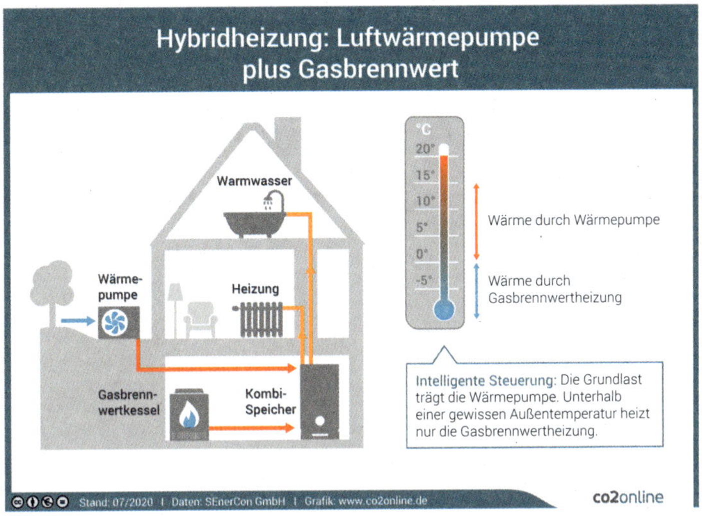

Hybridheizungen bieten sich für wenig gedämmte Bestandsbauten an. Das Zusammenspiel der verschiedenen Komponenten kann ein Smart-Home-System übernehmen, sofern diese dafür vorbereitet sind.

Im September 2023 hat die Stiftung Warentest elf smarte Heizkörperthermostate und die dazugehörigen Apps untersucht. Die Raumtemperatur regelten fast alle zuverlässig. Das mit 110 Euro teuerste Heizkörperthermostat Evo von Homematic IP schnitt am besten ab, das mit 58 Euro deutlich günstigere FritzDect 302 von AVM lag nur knapp dahinter. Als einzige im Test ließen sich beide Geräte einfach bedienen.

▶ Details und alle Ergebnisse finden Sie online unter test.de/thermostate (mit Flatrate kostenfrei).

Wettervorhersagen einbeziehen

Der weiter oben erwähnte und heutzutage gängige Außentemperaturfühler kann nur den Ist-Zustand feststellen – sinkt die Temperatur im Freien beispielsweise, reagiert die Heizung nur verzögert darauf. In einem zeitgemäß gedämmten Haus ist dies kein Drama, denn das hält die Raumtemperatur recht lange und schirmt die Wohnräume von den grimmigen Außentemperaturen ab. In einem schlecht gedämmten Gebäude kann es in einer solchen Situation aber kühl werden. Wäre der Heizungssteuerung die Wetterprognose bekannt, könnte sie die Temperatur rechtzeitig erhöhen. Solche Steuerungen gibt es als autarke Ergänzung zu den eingangs genannten Regelungen – sie lassen sich aber auch mit Smart-Home-Technik realisieren. Wofür man sich entscheidet, hängt im Wesentlichen davon ab, ob man außer einer möglichst feinfühligen und effizienten Heizungssteuerung keine weiteren Wünsche mehr hat oder ob das gesamte Haus „intelligent" werden soll.

Hybridheizungen steuern

Gleich, wofür man sich entscheidet – sinnvoll ist eine solche Regelung nur, wenn sie die Vorlauftemperatur des Wärmeerzeugers steuern kann. Viele moderne Wärmepumpen und Brennwertkessel haben entsprechende Steuerkontakte – meist für ein autarkes System des Heizungsherstellers, aber oft auch für die gängigen Smart-Home-Systeme. Wer Wettervorhersagen zur Heizungsregelung heranziehen, Fehler- und Störungsmeldungen direkt aufs Smartphone bekommen und die Heizung fernsteuern möchte, muss schon beim Kauf die technischen Daten des Wärmeerzeugers studieren und sicherstellen, dass dieser mit dem präferierten Smart-Home- oder Steuerungssystem zusammenspielt. Dies gilt noch mehr für die kombinierte Energieerzeugung, die in Zukunft eher die Regel als die Ausnahme sein dürfte. In ihr stellt beispielsweise eine Wärmepumpe die benötigte Heizungsvorlauftemperatur oberhalb einer Außentemperatur von 0 Grad Celsius bereit, bei tieferen Außentemperaturen übernimmt oder unterstützt aber ein Heizkessel die Heizwassererwärmung. Das Zusammenspiel von Wärmepumpe und Brenner koordiniert eine Kesselfolgeschaltung – oft „renewable-ready" genannt. Eine Heizungsanlage, die aus mehreren Wärmeerzeugern besteht, wobei mindestens einer erneuerbare Energie nutzt, wird als Hybridheizung bezeichnet.

Werden mehrere Wärmeerzeuger unterschiedlicher Bauweise kombiniert, empfiehlt es sich, die Wärmeerzeuger und die Regelung von Hybridheizungen von einem Hersteller zu beziehen. Das hat zwei Gründe: Die energieeffiziente Regelung von Hybridsystemen ist komplex, es kann deshalb für Heizungsbauer wie Hausbesitzer zur frustrierenden bis unmöglichen Aufgabe werden, etwa eine Wärmepumpe von Hersteller A und einen Brennwertkessel von Hersteller B mit einem Smart-Home-System von Hersteller C zu verheiraten. Zudem muss für die gesamte Wärmeerzeugungsanlage ein Heizungslabel nach Ökodesignrichtlinie ausgestellt werden – bei Lieferung der Gesamtanlage von einem Hersteller ist dies einfach; stellt man hingegen Komponenten mehrerer Hersteller zusammen, erfordert die Bescheinigung einen nicht zu vernachlässigenden Zeitaufwand.

Auch eine Hybridheizung mit herstellereigener Regelung lässt sich, entsprechende Schnittstellen vorausgesetzt, ins Smart Home einbinden. Die Arbeitsteilung ist dann wie folgt: Die Raum- und Außensensoren sagen der Regelung der Hybridheizung, welche Temperatur gerade gefordert wird, die Steuerung der Hybridheizung entscheidet anschließend, ob Wärmepumpe, Heizkessel oder beide liefern müssen – und gegebenenfalls mit welchem Anteil. Das Smart Home kommuniziert mit dem Hybrid-Verbund, die Arbeitsteilung der Wärmeerzeuger regelt deren Steuerung.

Einbindung in die übrige Energieerzeugung und Gebäudesteuerung

Fakt ist: In vielen aktuellen Heizsystemen sind entsprechende Anschlüsse vorhanden, sie spielen also mit komplexen Haussteuerungen zusammen. Darüber lassen sich eine eventuell vorhandene Solarthermie- oder Photovoltaikanlage befehligen wie auch Batteriespeicher oder Elektroautos. Die Smart-Home-Steuerung wählt dann die zum jeweiligen Zeitpunkt günstigste verfügbare Energiequelle oder lädt, wenn etwa die Photovoltaikanlage aktuell mehr Strom liefert, als gebraucht wird, Elektroautos oder Akkus. Auch Pufferspeicher für Warmwasser lassen sich einbinden. Andere Komponenten im Gebäude perfektionieren die Steuerung: Tür- und Fensterkontakte erkennen, wenn diese geöffnet sind, und stellen automatisch die Heizkörper des betreffenden Raumes ab. Gleichzeitig erhöhen sie die Sicherheit der Bewohner, denn wenn diese das Haus verlassen, warnt sie das Smart Home, wenn noch Türen oder Fenster offen stehen. Ein Smart Home kann auch Rollläden und Markisen automatisch öffnen oder schließen, wenn es erkennt, dass Verschattung oder mehr Sonnenwärme im Haus gefragt sind. Darüber hinaus zeigt die dazugehörige Software den aktuellen Energiebedarf beziehungsweise -verbrauch und dessen Kosten an. Fazit: Eine ebenso sparsame wie komfortable Regelung der Wärmeerzeugung ist in einem gut gedämmten Gebäude ganz ohne Smart-Home-Systeme realisierbar – dazu günstig. Komfort und Präzision der Heizungsregelung lassen sich perfektionieren, wenn der Heizkessel beziehungsweise die Hybridheizung mit passenden Smart-Home-Schnittstellen ausgestattet sind, gegebenenfalls mit elektronisch regelbaren Thermostaten, Temperatursensoren und unter Einbeziehung von Wettervorhersagen. Eine ans Smart Home angeschlossene Heizung kann auch bei technischen Problemen sofort den Hausbesitzer oder einen Notdienst verständigen. Zudem bringt ein ausgewachsenes Smart Home weitere Energiequellen wie -verbraucher im Haus unter einen Hut.

Smart-Home-Systeme

Der Smart-Home-Markt ist sehr unübersichtlich. Mit unseren Tipps finden Sie das für Ihre Bedürfnisse passende System.

In einem Smart Home steuern und kontrollieren elektronische Regelsysteme die Technik weitestgehend automatisch: Heizung, Beleuchtung oder Gartenbewässerung – bis hin zur gesamten Haustechnik. Doch manche der Systeme sind recht teuer, für ihren Betrieb müssen zusätzliche Leitungen installiert werden. Von einem Standard ist der Markt weit entfernt – viele Hersteller kochen ihr eigenes Süppchen. Auf welches System und welche Technik setzt man? Wenn eine Steuerung mehr als die Heizung regeln soll, muss man als Erstes überlegen, was man im Haus kontrollieren will. Es empfiehlt sich, schon bei der Planung eines Hauses eine Wunschliste zu erstellen. Mit Blick auf die Kosten muss man nicht alle wünschenswerten Dinge gleich beim Einzug installieren – aber das Haus sollte darauf vorbereitet sein. Die Erfahrung zeigt: Zumindest bei der Konzeption eines intelligenten Hauses sollte man möglichst viele Optionen durchspielen und entscheiden, ob sie fürs Eigenheim wünschenswert sind. Denn es ist immer günstiger, ein Leerrohr oder einen Draht mehr zu installieren, als im Nachhinein Wände aufzustemmen. Zudem: Mit einer Wunschliste kann man für die Systeme der engeren Wahl Angebote einholen und vergleichen.

Was nicht Smart Home ist

Wer sich bisher nicht mit dem Thema befasst hat, kennt oft nur Produkte, für die aktiv geworben wird. Es handelt sich dabei mehrheitlich um Nachrüstsysteme, die auch von technischen Laien problemlos installiert werden können. Meist decken sie nur bestimmte Aufgaben ab, etwa die Licht- oder Heizungssteuerung. Auch diverse Sprachsteuerungen werden als „smart" beworben. Schon die Sicherheit der Nutzer setzt der Technik Grenzen: Am Stromnetz sollen Laien aus gutem Grund nicht basteln, denn es besteht die Gefahr eines tödlichen Schlags oder Brandes. Die Konsequenz: Für die meisten dieser Systeme gibt es bestenfalls passende Zwischenstecker, mit denen sich etwa eine Stehlampe ein- und ausschalten lässt – an der Deckenleuchte scheitern sie bereits. Viele Komponenten solcher Systeme spielen nur mit ihresgleichen zusammen, sie um Produkte von Drittanbietern zu ergänzen ist schwierig bis unmöglich.

Solche Insellösungen werden als proprietär bezeichnet. Weiteres typisches Merkmal dieser Art Smart Home: Die Komponenten tauschen Informationen ausschließlich per Funk aus, lassen sich nur über Apps und Internetserver des Anbieters bedienen, und für die Nutzung von App und Server werden oft jährliche Gebühren fällig. Beschließt der Hersteller, den Geschäftszweig zu schließen, ist das Smart Home plötzlich ziemlich dumm und ein Fall für den Elektroschrott. Exemplarisch lässt sich das an einer Produktreihe beobachten, die ein deutscher Energieversorger kurz nach der Jahrtausendwende mit großem Werbegetöse gestartet hatte. Nach zwei Namenswechseln und einem für den Hersteller mutmaßlich unbefriedigenden Geschäftsverlauf endet die Unterstützung kurz nach der Veröffentlichung dieses Handbuchs – die Technik ist ein Auslaufmodell. Zum Redaktionsschluss fallen auch die von den Technikfirmen Apple und Google angebotenen Produkte in diese Kategorie, was sich aber ändern kann, wenn diese Firmen den von ihnen forcierten, herstellerübergreifenden „Matter"-Standard (siehe Seite 207) in ihrem eigenen Sortiment durchgängig implementieren.

Wir wollen uns deshalb in unserer Übersicht auf Systeme beschränken, die prinzipiell

❶ Photovoltaik Überschüssiger Solarstrom fließt in einen Batteriespeicher oder treibt Hausgeräte an.
❷ Lüftung Sensoren messen die Luftqualität und schalten bei Bedarf die Lüftung ein.
❸ Wärmepumpe Solarstrom vom Dach heizt für den Abend das Warmwasser vor.
❹ Heizung Regler in den Räumen fordern nur dann Wärme von der Anlage im Keller an, wenn sie benötigt wird.
❺ Hausgeräte Die Waschmaschine meldet, wenn ihr Programm fertig ist. Der Herd schaltet selbst den Dunstabzug ein.
❻ Beschattung Rollläden oder Markisen öffnen und schließen sich automatisch.
❼ Beleuchtung Außen- und Innenlampen sind programmierbar. Lichtszenen verändern die Beleuchtung nach Wunsch.
❽ Steckdosen Die Steuerung schaltet elektrische Geräte ein und wieder aus – etwa beim Verlassen der Wohnung.
❾ Bedienung Vernetzte Wandtaster oder Touchdisplays rufen programmierte Smart-Home-Szenen auf.
❿ Zugang Ein elektrischer Türschlossantrieb (Smartlock) lässt autorisierte Bewohner ins Haus – wenn nötig und erwünscht sogar ferngesteuert über das Internet.
⓫ Bewässerung Regner und Rasensprenger treten automatisch in Aktion, wenn der Boden zu trocken wird.
⓬ Rasenmäher Der Mähroboter zieht abhängig von Witterung und Anwesenheit der Bewohner seine Runden.
⓭ Lautsprecher Multiroom-Lautsprecher spielen Musik im ganzen Haus und geben Alarmtöne wieder.
⓮ Sprachsteuerung Smart Speaker mit einem integrierten digitalen Assistenten steuern die Haustechnik auf Zuruf.
⓯ Alarm Ob Rauchentwicklung oder Einbruch: Das Smart Home warnt seine Bewohner in gefährlichen Situationen.
⓰ Videoüberwachung Innen- und Außenkameras behalten das Haus bei Abwesenheit im Blick.
⓱ E-Auto-Ladestation Die Wallbox tankt den Akku vollautomatisch auf, wenn genügend Solarstrom zur Verfügung steht.
⓲ Fernbedienung Eine Smartphone-App gewährt von unterwegs aus Zugriff auf Licht, Heizung, Kameras und mehr.

Das System von RWE hat seit dem Start 2001 einige Male den Namen und auch den Besitzer gewechselt. Was aus dem heutigen Livisi Smarthome wird, ist ungewiss.

sämtliche Gerätschaften im Haus steuern und mit ihnen Daten austauschen können. Zu deren Installation ist zwingend die Unterstützung eines Elektrikers und meist auch eines Systemintegrators erforderlich. Diese Systeme arbeiten entweder per Definition herstellerübergreifend oder sind so verbreitet, dass sie von Drittanbietern unterstützt werden.

Proprietär – weniger problematisch

Gerade haben wir vor proprietären Systemen gewarnt – aus gutem Grund. Aber die Smart-Home-Welt ist nicht schwarz-weiß, manch herstellereigenes System ist weit verbreitet und wird von einer Vielzahl anderer Anbieter unterstützt, während ein theoretisch offenes System mangels Unterstützung durch Drittanbieter wenig zu bieten hat oder schlicht sehr teuer ist. Bei der Auswahl eines Smart-Home-Systems ist es also falsch, sich stur an diesem Kriterium zu orientieren – man muss leider selbst recherchieren (oder mit dem Elektriker/Installateur klären), wie gängig und universell ein System in der Praxis ist und welche Verbindungs- und Erweiterungsmöglichkeiten es bietet. Zusätzlich dürfte sich die Flexibilität vieler bislang geschlossener Komponenten erhöhen, wenn mehr Anbieter bislang proprietärer Systeme den herstellerübergreifenden „Matter"-Standard unterstützen.

Funk oder Kabel?

Eine Grundsatzentscheidung bei der Wahl jedes Smart-Home-Systems ist die Frage: Funk oder Kabel? Wie schon erwähnt, kann die Verbindung zwischen Sensoren und Aktoren sowohl per Draht als auch drahtlos, also per Funk, hergestellt werden. Ebenso bezeichneten wir günstige, ausschließlich per Funk bedienbare Systeme als wenig vorteilhaft.

Grundsätzlich gilt tatsächlich der alte Technikerspruch: Funk ist immer dann ideal, wenn Kabel nicht geht. Soll heißen: Verbindungen per Draht sind betriebssicherer. Beim Neubau oder einer Grundsanierung sollte man also vorzugsweise auf Systeme setzen, die sich per Kabel verbinden und steuern lassen. Das heißt nicht, komplett auf Funktechnik zu verzichten: Wenn es etwa unverhältnismäßig aufwendig wäre, in den Garten oder zur Garage Steuerleitungen zu verlegen, kann man dort installierte Smart-Home-Komponenten sehr wohl per Funk anbinden. Es ist aber nur selten sinnvoll, die gesamte Haussteuerung drahtlos abwickeln zu wollen. Die meisten Funkkomponenten eines Smart Homes benötigen Batterien, die man regelmäßig kontrollieren und ersetzen muss. Zwar entwickelt sich die Funktechnik für die Vernetzung aller Arten von Geräten immer weiter, gleichzeitig steigt aber auch die Zahl der Geräte, deren Signale sich

Brückensysteme

Anbieter	Unterstützte Protokolle/Produkte	Internet
Homee	EnOcean, Wan, Z-Wave, ZigBee	www.hom.ee
Mediola	Elro Home Control, FS 20, HomeEasy, HomeMatic, Intertechno, Kopp Free-control, McPower Multi Comfort, Roiscock, X10, dazu Infrarot-Unterstützung zur Steuerung von Unterhaltungselektronik, bei der Premium-Variante zusätzlich Abus Privest, EnOcean-Aktoren, Insta-Funkbus, I-tec-Jalousien, Warema EWFS und Infrarot-Unterstützung für B&O.	www.mediola.com
Qivicon	Home-Matic, ZigBee (nur Telekom), weitere per USB-Stick möglich, unterschiedliche Produkte, unterschiedliche Oberflächen	www.qivicon.com
WiButler	Zahlreiche Komponenten von Afriso, Eltako, Peha, Permundo, Thermokon, Wilo, Winkhaus	www.wibutler.com

auf den Funkkanälen tummeln – und damit die Wahrscheinlichkeit gegenseitiger Störungen. Wer in Haus oder Wohnung bereits Computer und Smartphones via WLan nutzt, weiß zudem aus Erfahrung, dass in Gebäuden die Reichweite deutlich geringer ausfallen kann als erwartet. Wenn man auf Funktechnik setzt, sollte man sogenannte bidirektionale Komponenten wählen, also solche, die den Empfang eines Befehls quittieren – so hat man die Sicherheit, dass die gewünschte Funktion tatsächlich ausgeführt wurde.

Plant man ein Smart Home, sollte man also zu leitungsbasierten Systemen greifen – idealerweise solchen, die sich um Funkkomponenten ergänzen lassen. Geht es nicht ohne eine größere Anzahl von Funkkomponenten , sollten diese untereinander vermaschte Netze („mesh") organisieren können – dies steigert die Funkreichweite deutlich.

Draht ist nicht gleich Draht

Bei Smart Homes handelt es sich um Bussysteme, über die Datentelegramme, also digitale Codes, transportiert werden, die den beteiligten Geräten sagen, was sie zu tun haben. Für die Übermittlung der Steuerbefehle per Draht existieren zwei Technologien: Im einfachsten Fall schickt man die Befehle huckepack über die vorhandenen Stromkabel. Neudeutscher Oberbegriff des Verfahrens: Powerline. Gerade für Nachrüstlösungen ist dieser Ansatz populär, denn für die Datenverbindung müssen keine Wände aufgestemmt und keine zusätzlichen Leitungen verlegt werden. Je nach Aufbau des Stromnetzes in einem Haus klemmt der Datentransfer aber – bevor man in ein solches System investiert, sollte man prüfen, ob es für die vorhandene Elektroinstallation taugt. Im Neubau sind Systeme mit eigenen Signal- oder Datenleitungen auf jeden Fall zuverlässiger und flexibler.

Auch für Gebäudesteuerungen mit zahlreichen Komponenten bedarf es nur weniger Daten, die sich mit technisch simpel aufgebauten Digitalsignalen transportieren lassen. Viele frühe Bussysteme nutzen deshalb eigene, sehr effiziente Sprachen, mit denen sich die Bauteile verständigen. Mit dem Siegeszug des Internets durchdringt das dafür entwickelte Netzwerkprotokoll TCP-IP (Transmission Control Protocol – Internet Protocol, etwa: Übertragungssteuerungsprotokoll – Internetprotokoll) aber immer mehr Technikbereiche. Zwar ist es für die wenigen Daten, die man zur Gebäudesteuerung braucht, eigentlich völlig überdimensioniert. Aber Bauteile, die TCP-IP sprechen, kosten in der Massenherstellung kaum noch etwas. Es ist also oft günstiger, Smart-Home-Komponenten per TCP-IP zu vernetzen, als dafür eigene, technisch optimierte Bauteile zu produzieren. Ein einheitliches Netzwerkprotokoll erleichtert es zudem, Produkte verschiedener Hersteller zu kombinieren und das Smart Home von unterschiedlichsten Geräten und Standorten aus zu steuern. Und da, wo es nötig ist, ist TCP-IP leistungsfähiger als Spezialprotokolle.

Viele Gebäudesteuerungen jüngeren Datums arbeiten deshalb mit IP. Dies ist kein Wert an sich – es kommt immer noch darauf an, welche Funktionalität ein Anbieter mit TCP-IP realisiert. Aber wenn das Smart Home auf einem aktuellen Netzwerkprotokoll basiert, schadet dies nicht und garantiert ein gewisses Maß an Zukunftssicherheit. Stichwort Zukunftssicherheit: IP-basierte Produkte sollten den Adressraum IPv6 unterstützen – mit dem Vorgängersystem IPv4 gingen dem Internet buchstäblich die Adressen aus, was bei immer mehr netzwerkfähigen Geräten zu technischen Problemen und Gerangel um die verfügbaren Adressen führte. Mit den mit IPv6 möglichen 2^{128} (entspricht ungefähr 340 Sextillionen) Adressen wurden nicht nur deren Knappheit beseitigt, sondern auch weitere Verbesserungen eingeführt, die es einfacher machen, Netzwerkkomponenten direkt anzusprechen – auch das vereinfacht die Nutzung von IP im Smart Home.

Kombisysteme

Anbieter	Kurzbeschreibung	Unterstützte Protokolle/ Produkte	Internet
Control 4	Übergreifendes Smart-Home-System mit einheitlicher Benutzeroberfläche und besonders breiter Unterstützung von Unterhaltungselektronik, eigene Benutzeroberfläche „Smart Home OS"	Steuerung von mehr als 8000 Geräten, Brücken u. a. zu Amazon Echo („Alexa"), KNX, Somfy	https://de.control4.com/
Crestron	Aus der Konferenztechnik stammendes, auch für gehobene Privathaushalte erhältliches, drahtgebundenes Bussystem, Funkerweiterung möglich, eigene Benutzeroberfläche „Home OS"	Brücken zu DMX, KNX, DALI, Lon, RS-232/485 u. a. vom Hersteller erhältlich	https://de.crestron.com/
myGekko	Universelles Smart-Home-System, das ab Werk viele Heizungssteuerungen unterstützt, eigene Benutzeroberfläche „myGekko OS"	EnOcean/WiFi. Unterstützte Bussysteme: Bacnet, DALI, eKey, GMS, KNX, M-Bus, Modbus RTU/ASCII/TCP-IP, myfare. Schrack-/Telenot-Alarmanlagen, Aktoren, Sensoren und Taster von Beckhoff, Elsner, myGekko, Phoenix, Thies und Wago, Barix-/Bose-/RTI-/Sonos-Audioanlagen	www.my-gekko.com/de/

Zentrale gegen dezentrale Systeme

Klassische, für große, gewerbliche Gebäude ausgelegte Bussysteme wie beispielsweise KNX (siehe Tabelle Seite 218/219) benötigen nicht zwingend eine zentrale Steuerung. Gibt irgendwo im Bus ein Sensor einen Befehl, kommt der beim zuständigen Aktor an. Viele jüngere, eher für Einfamilienhäuser konzipierte Systeme hingegen kommen oft nicht ohne eine Zentraleinheit aus, die in wenigen Baugruppen konzentriert, was in verteilten Smart-Home-Systemen viele einzelne und entsprechend teure Komponenten erledigen müssen.

Es liegt auf der Hand: Sollte die Zentraleinheit eines Smart Homes ausfallen, ist das intelligente Haus tot. Diese Komponenten sind zwar langlebig ausgelegt, können aber dennoch versagen. Trotzdem ist dies ein eher theoretischer Nachteil, denn für ausgeklügeltere Steuermöglichkeiten setzen auch dezentrale Systeme auf zusätzliche, zentrale Steuercomputer. Fallen diese aus, lassen sich zwar nach wie vor einfache Komponenten wie Licht oder Rollladen bedienen, komplexere Steuervorgänge sind dann aber nicht mehr möglich.

Zusammengefasst: die wichtigsten Smart-Home-Klassen

- **Proprietäre Insellösungen:** Sie decken meist nur ein oder zwei Steuerungsbereiche (etwa Licht, Heizung, Videoüberwachung oder Verschattung) ab, werden nur von einem Hersteller angeboten, spielen nur mit ihresgleichen zusammen, arbeiten mit Funk, benötigen für den Betrieb Batterien und lassen sich oft nur über Apps und/oder die Server des Herstellers bedienen. Sie sind nur empfehlenswert, wenn sie die geforderte Regelung schnell, unkompliziert und zu überschaubaren Kosten erledigen und man sicher ist, nicht doch noch andere Teile der Gebäudetechnik steuern zu wollen. Es handelt sich um typische Nachrüstlösungen, auf die man bei Neubau oder Grundsanierung nicht zurückgreifen sollte.
- **Herstellerübergreifende Installationssysteme:** Sie bieten die größte Auswahl miteinander funktionsfähiger Komponenten. Man muss allerdings prüfen, ob im jeweiligen Standard die für den eigenen Bedarf wichtigen Bausteine angeboten werden. Für manch relativ junges System gibt es noch kein großes Sortiment.
- **Proprietäre Installationssysteme:** Sie decken die meisten Anforderungen ab. Die Entscheidung für sie sollte man davon abhängig machen, ob die verfügbaren Komponenten den eigenen Bedarf abdecken, ob und welche Erweiterungsmöglichkeiten es gibt und ob und welche Schnittstellen zu anderen Smart-Home-Systemen existieren. Weitere Kriterien sind Preise und Verbreitung im Markt.
- **Brückensysteme:** Sie versprechen, zwischen Komponenten verschiedener Hersteller und Standards zu vermitteln. Hilfreich sind sie immer dann, wenn sich in keiner Produktlinie Komponenten finden, die die gesamte Smart-Home-Funktionalität abdecken. Wichtig ist an ihnen, welche Hersteller und Systeme sie tatsächlich abdecken und wie einheitlich oder umständlich die Bedienung ist.
- **Kombis aus proprietären und Brückensystemen:** Diese Produkte haben ein eigenes Bussystem und dazu passende Komponenten, bringen aber ab Werk auch besonders viele Schnittstellen zu Fremdprodukten und -systemen mit. Je nach Anbieter steht beispielsweise die Unterstützung möglichst vieler Heizungssteuerungen oder Unterhaltungselektronikgeräte im Vordergrund. Neben der unterstützten Technik ist wichtig, wie gut die Hersteller das eigene und Fremdsysteme unter eine einheitliche, möglichst anwenderfreundliche Benutzeroberfläche bringen.

Das Haus für die Intelligenz vorbereiten

Am flexibelsten und zuverlässigsten arbeiten Smart-Home-Systeme mit eigenen Steuerleitungen. Die sollte man anhand der zuvor erstellten Wunschliste planen und bei Neubau oder Renovierung verlegen.

In der Praxis reicht für manche Systeme zwar eine üblicherweise vieradrige Telefonleitung zu den gewünschten Sensor- und Aktor-Montagepunkten. Für KNX gibt es alternativ eigene, grün gefärbte Leitungen – dies soll sie deutlicher als Verbindung fürs Bussystem markieren und Verwechslungen vermeiden, macht technisch aber keinen Unterschied. Je nach Smart-Home- und Bussystem sind aber Kabel besser, deren einzelne Adern vor Einstreuungen geschützt („geschirmt") sind. Die für die Verbindung von Computern und vielen Unterhaltungselektronikgeräten gängigen Netzwerkkabel erfüllen diese Voraussetzung.

Das hier Gesagte gilt unter der Voraussetzung, dass man die Steuerleitung getrennt von Leitungen verlegt, die 230 Volt Netzspannung führen. Liegen Bus- und Stromleitung nebeneinander in einem Kabelschacht oder sollen gemeinsam in einem Wandschlitz verlegt werden, sind Spannungsüberschläge nicht auszuschließen. Aus diesem Grund ist das grüne KNX-Kabel spannungsgeprüft bis 4000 Volt. Telefon- und Lan-Kabel bieten solche Sicherheitsreserven in der Regel nicht.

Wo auch Bild und Ton in hoher Qualität transportiert werden sollen oder das Internet zur Verfügung stehen soll, sollte man ein weiteres, dezidiertes Netzwerkkabel führen, eventuell auch die verbreitete Heimkinoverbindung HDMI. Auf jeden Fall sollten an Wärmeerzeuger und Stromzähler Netzwerkanschlüsse verfügbar sein; falls eine PV-Anlage geplant ist, auch an deren Wechselrichter. Für eine umfassende Heizungssteuerung muss der Wärmeerzeuger in die Regelung einbezogen werden (siehe Seite 192); die ersten Versorger bieten tageszeit- oder netzlastabhängige Stromtarife an – um diese zu nutzen, bedarf es einer Netzwerkverbindung zum Zähler und Kontakt zu den Verbrauchern im Haus. Ebenso soll der Wechselrichter der Photovoltaikanlage gesteuert werden können, um zu entscheiden, ob und wie viel Strom im Haus verbraucht wird – und wo.

Alternativ kann man statt Bus- oder Netzwerkleitungen Leerrohre installieren, in die man dann die passenden Kabel führt, wenn das Haus zum Smart Home wird. Leerrohre garantieren maximale Flexibilität und Ausbaumöglichkeiten, sind aber teurer, als gleich beim Bau Drähte in die Wände zu legen.

Mit den Busleitungen ist es nicht getan: In den meisten Fällen benötigt man dort, wo die zu steuernden Geräte angebracht werden sollen, auch Strom für diese. Sollen sich Rollläden oder Jalousien elektrisch öffnen oder schließen, sind Stromanschlüsse an den Fenstern Pflicht, wer mit einem Heimkino liebäugelt, braucht Strom (und Steuerkabel) an der Stelle, an der der Videoprojektor montiert werden soll. Auch Lautsprecher sollte man entsprechend einbeziehen.

Ob Bus- oder Funklösungen: Wer sein Haus aufs Smart Home vorbereiten oder gleich die passende Technik installieren will, sollte überall, wo es möglich ist, tiefe Installationsdosen einsetzen, also Unterputzdosen mit 63 oder 66 Millimetern Tiefe. So findet bei Bedarf ein Aktor leichter hinter dem vorhandenen Schalter oder der Steckdose Platz. An die Orte geplanter Stromverbraucher sollte man fünfadrige Stromleitungen verlegen – sie bieten mehr Flexibilität für Erweiterungen.

Wahl des richtigen Smart-Home-Systems

Viele technische und praktische Aspekte rund ums Smart Home wurden bereits behandelt. Doch gibt es auch Details, die man beim Vergleich technischer Daten gern übersieht.

Kein zum Redaktionsschluss verfügbares Smart-Home-System deckt alle in einem Eigenheim wünschenswerten und prinzipiell machbaren Anwendungen ab. So gibt es für ein verbreitetes System keine elektronischen Türschlösser, anderen fehlen direkte Schnittstellen etwa für Heimkinokomponenten. Auch scheinbar banale Dinge wie die Auswahl an Lichtschaltern/Dimmern können für oder gegen eine bestimmte Smart-Home-Technik sprechen. Ist die nötige Elektronik Teil des Tasters oder Reglers, muss das Schalterdesign der verfügbaren Komponenten zum Einrichtungsstil und dem eigenen Geschmack passen. Die Technik anderer Systeme hingegen lässt sich unter beliebige konventionelle Schalter bauen. Dasselbe gilt auch für andere Komponenten, etwa schaltbare Steckdosen, Thermostate und anderes.

Einmal mehr hilft es, eine Liste der wünschenswerten Smart-Home-Funktionen zu erstellen und das Angebot der verschiedenen Hersteller oder Systeme darauf abzuklopfen, inwieweit deren Sortiment möglichst viele der gewünschten Dinge beherrscht – und zu welchem Preis.

Auf den Seiten 218/219 im Serviceteil dieses Buchs finden Sie einen tabellarischen Überblick über die wichtigsten verfügbaren Smart-Home-Systeme und ihre Eigenschaften.

Der Elektriker muss mitziehen

Viele Handwerker installieren nur Systeme, die sie kennen. Das ist in Grenzen nachvollziehbar, denn sie müssen ja für eine einwandfreie Funktion der Technik geradestehen und werden vom Kunden gerufen, wenn es irgendwo klemmt. Dennoch sind manche Vertreter der Zunft bemerkenswert unflexibel und wenig bereit, sich mit neuen Dingen zu befassen. Heißt: Wenn man sich für ein System entscheidet, braucht man auch einen Elektriker, der das Wunsch-Smart-Home installiert. Sofern man nicht auf Anhieb Glück hat, nennen zumindest die größeren Hersteller Handwerker in der jeweiligen Region.

Verschlüsselte Kommunikation der Komponenten

Nicht nur ein gesicherter Internetzugriff aufs Smart Home ist essenziell. Auch die verschiedenen Systembestandteile im Haus sollten untereinander standardmäßig verschlüsselt kommunizieren. Bei Funkkomponenten leuchtet dies mit minimalem technischen Verständnis ein, da deren Signale nicht an den Grundstücksgrenzen haltmachen, also leicht von der Straße oder vom Nachbargrundstück aus abgefangen beziehungsweise das Smart Home von dort etwa mit Befehlen gefüttert werden könnte, die Haustür zu öffnen.

Aber auch drahtgebundene Komponenten sollten verschlüsselt kommunizieren. Denn es reicht, wenn sich Kriminelle etwa Zugang zu einem smarten Bewegungsmelder verschaffen, der an einer schwer einsehbaren Grundstücksecke montiert ist. Mit einem Schraubenzieher und den passenden Befehlsgebern könnten sie sich in die gesamte Haussteuerung einbuchen und diese kompromittieren.

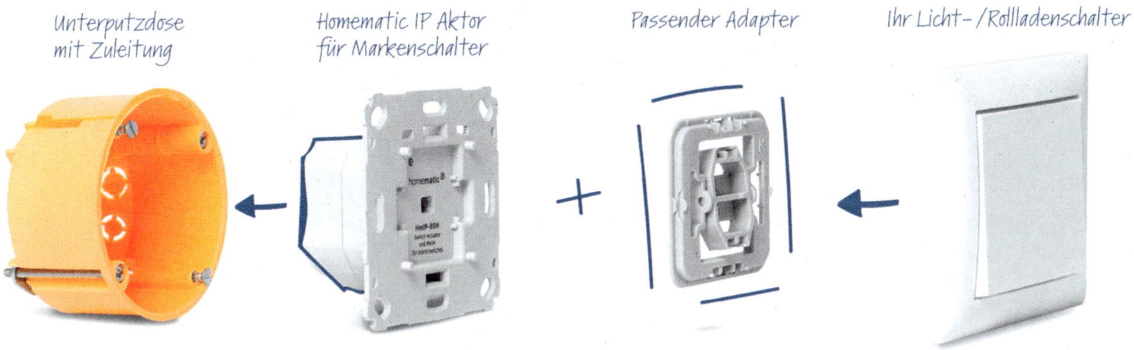

Bei diesem System ergänzt ein Unterputz-Schaltaktor den traditionellen Lichtschalter – dieser kann weiterverwendet werden. Andere Smart-Home-Systeme setzen auf eigene Taster.

Komfort und Preis von Programmierung und Bedienung der Technik

Um beispielsweise ein KNX-Smart-Home komplett einzurichten und zu programmieren, benötigt man eine ET genannte Software („Engineering Tool", oft auch ETS genannt). Dieses PC-Programm kostet und ist nicht übermäßig endanwenderfreundlich. Die meisten anderen Smart-Home-Systeme lassen sich mit günstigerer Software, per Smartphone-App oder idealerweise per Webbrowser bedienen. Vor der Auswahl eines Smart-Home-Systems sollte man sich deshalb Kosten, Funktion und Anwenderfreundlichkeit der verfügbaren Benutzeroberflächen genau anschauen.

Matter – endlich ein herstellerübergreifendes System?

Der Markt der Smart-Home-Systeme ist stark fragmentiert und unübersichtlich, nur mit viel Aufwand lassen sich Geräte unterschiedlicher Produktfamilien zur Zusammenarbeit bewegen. Die maßgeblich von Amazon, Apple, Bosch, Comcast, Google, Samsung und vielen anderen Herstellern angestoßene „Matter"-Initiative will das ändern und so das intelligente Haus in den Massenmarkt bringen. Matter ist kein weiteres System, sondern eine Art Dolmetscher und Gütesiegel. Dolmetscher deshalb, weil sich Matter-Produkte miteinander verstehen – unabhängig von ihrer internen Technik. Gütesiegel, weil eine Matter-Zertifizierung ebendiese Verständigung garantiert. Im Mai 2021 wurden die Matter-Spezifikationen fixiert. Matter setzt auf das Internetprotokoll (siehe Seite 202), Daten zwischen den Geräten werden per LAN, WLAN (auch dessen für Smart Home optimierter Variante „Thread") oder „Bluetooth Low Energy" (BLE) übertragen.

Zum Redaktionsschluss dieses Buches hat das Konsortium seinen ursprünglichen Zeitplan nicht ganz einhalten können, insgesamt scheint das Projekt aber Fahrt aufzunehmen. Viele der teilnehmenden Firmen brachten im Jahr 2023 erste Matter-kompatible Produkte auf den Markt. So wünschenswert es wäre: Ob sich dieser Standard durchsetzt, kann leider niemand vorhersagen.

Für Smart-Home-Interessenten heißt das: Wenn sich im derzeitigen Angebot Produkte finden, die die aktuellen Wünsche erfüllen, sollte man den Kauf nicht wegen Matter verschieben. Umgekehrt ist es aber mit Blick auf die Investitionssicherheit sinnvoll, wo immer möglich bereits Matter-taugliche Komponenten zu erwerben. Die herstellerunabhängige Seite matter-smarthome.de informiert über den aktuellen Stand der Dinge, technisch Interessierte finden auf der englischsprachigen offiziellen Seite csa-iot.org/all-solutions/matter/ Spezifikationen und aktuelle Übersichten der teilnehmenden Hersteller.

Viele Heizungshersteller bieten mittlerweile eine smarte Steuerung für ihre Wärmeerzeuger an.

Die Heizung per Smart Home steuern?

Wir haben Chancen und mögliche Probleme von Smart Homes erläutert. Die wesentliche Frage im Zusammenhang mit der Heizung ist: Soll sie per Smart Home gesteuert werden?

Mindestens drei gewichtige Argumente sprechen gegen ausgewachsene Smart-Home-Systeme zur Heizungssteuerung. Das erste: Für viele Fälle ausreichende Regelungstechnik bringen Heizungen seit Jahrzehnten mit. Das zweite: Die zusätzliche Technik kostet und braucht ihrerseits Strom oder Batterien. Das dritte: Je besser ein Gebäude wärmegedämmt ist, desto besser hält es die Wärme – spricht dann aber auch träger auf Wünsche an, die Temperatur zu ändern. Zudem reagieren die als Partner von Wärmepumpen empfohlenen Flächenheizungen (siehe Seite 175) ihrerseits nur sehr behäbig auf Änderungen der Temperatur. Eine Smart-Home-Steuerung, die theoretisch in Sekundenbruchteilen auf geänderte Wetterverhältnisse reagieren kann, wird durch Dämmung und Flächenheizung ausgebremst.

Hinzu kommt: Je besser gedämmt ein Gebäude ist, desto weniger Energie lässt sich durch eine intelligente Regelung sparen.

Man kann also mit gutem Grund beschließen: Ein Temperaturfühler im Außenbereich des Hauses, konventionelle Thermostate an den Heizkörpern und eventuell eine simple, per Schaltuhr kontrollierte Heizungssteuerung sind mehr als ausreichend. Wem es nichts ausmacht, nach der Rückkehr aus dem Urlaub ein wenig zu warten, bis alle Räume wieder wohlig warm sind – der kommt auch ohne Smart Home zurecht.

Allerdings sprechen auch in einem zeitgemäß gedämmten Gebäude einige Faktoren für die Verbindung von Heizung und Smart Home. Auf jeden Raum angepasste Temperaturen lassen sich komfortabel und maximal effizient nur mit Smart-Home-Technik realisieren. Gerade weil Flächenheizungen recht träge reagieren, kann es sinnvoll sein, etwa Wetterdaten zu berücksichtigen und die Reaktionsgeschwindigkeit der Heizfläche in die Regelung einzubeziehen. Hybridheizungen und die Kombination mit Photovoltaik oder Solarthermie sind weitere Anwendungsbereiche von Smart-Home-Technik. Voraussetzung für eine wirklich effiziente Regelung ist dann aber, dass sich nicht nur die Thermostate der Heizkörper steuern lassen, sondern, wie eingangs erläutert, auch der Wärmeerzeuger.

Voraussetzungen für den Einsatz

Am besten geht man an die Entscheidung pragmatisch heran: Gibt es vom Wärmeerzeugerhersteller eine komfortabel bedienbare und fürs eigene Haus ausreichende Regelung und hat man absehbar kein Interesse an weiteren Smart-Home-Komponenten, kann man darauf verzichten. Soll das ganze Haus möglichst intelligent arbeiten, ist es sinnvoll, auch die Heizungssteuerung einzubeziehen. Und: In einem wenig gedämmten Bestandsbau ist das mit Smart-Home-Technik realisierbare Einsparpotenzial deutlich höher als im Neubau. Konkrete Zahlen lassen sich wegen der Vielzahl der möglichen Systeme und deren Kosten sowie den unterschiedlichen Voraussetzungen der individuellen Gebäude nicht nennen.

Systeme der Heizungshersteller

Viele Anbieter von Wärmeerzeugern, also Brennwertkesseln, Wärmepumpen und anderem, bieten ab Werk oder als Ergänzung Steuerungssysteme, die über einen simplen Temperatursensor hinausgehen und sich meist per Smartphone-App bedienen lassen. Es hängt von den jeweiligen Produkten ab, ob bestimmte Herstellersysteme empfehlenswert sind oder man sie meiden sollte.

Für die Systeme der Heizungshersteller gilt alles, was auch fürs Smart Home allgemein gilt: Offene, möglichst herstellerübergreifende Systeme sind Insellösungen vorzuziehen, Produkte, die ausschließlich über die Infrastruktur des Anbieters funktionieren, abzulehnen.

Mit Opentherm (opentherm.eu) existiert ein herstellerübergreifendes Protokoll speziell zur Heizungssteuerung. Bislang verschmähten es die meisten Heizungshersteller aber. Besser sieht es mit dem herstellerübergreifenden EEBus aus, den viele Anbieter unterstützen. Ob mit Matter mehr Offenheit bei den Herstellern einzieht, lässt sich nur vermuten.

Smart Home – die Checkliste

Mit unserer Checkliste haben Sie die wichtigsten Fragen rund um Gebäudesteuerung im Blick.

- → Von wo aus soll sich das System bedienen/überwachen lassen? Nur vor Ort oder auch von unterwegs?
- → Soll das System nur mehr Komfort bieten, oder wollen Sie auch Heizenergie und/oder Strom sparen?
- → Wer soll steuern dürfen? Nur eine Person oder auch andere Familienmitglieder und Kinder?
- → Lässt sich das System von den Bewohnern einrichten/anpassen? Braucht es zu seiner Steuerung – kostenpflichtige – Software, oder reicht ein Webbrowser?
- → Falls die Bedienung nur per App möglich ist: Wie lange garantiert der Hersteller Aktualisierungen?
- → Funktioniert das Wunschsystem autark, oder ist zu seinem Betrieb eine Internetverbindung nötig?
- → Fallen monatliche Gebühren an?
- → Bleiben Daten zum Nutzerverhalten im eigenen Haus?
- → Welche Bus-/Signalleitungen oder sonstigen Anschlüsse benötigen die jeweiligen Komponenten des Systems?
- → Wollen Sie das System selbst installieren oder das einem Fachmann überlassen?
- → Welche Gebäudetechnik soll sich fernsteuern/automatisieren lassen: Licht, Fenster, Jalousien/Rollläden, (Garagen-)Türen, Heizung/Lüftung/Klima, Alarmsensoren, Überwachungskameras/Türsprechstelle, Unterhaltungselektronik?

Service

1 **Bedarfsberechnungen für die Beispielgebäude** 210

2 **So teuer wird Ihr Warmwasser** 211

3 **Wann lohnt sich eine Hybridheizung?** 212

4 **Die Kosten verschiedener Wärmepumpentypen im Vergleich** 214

5 **Luft-Wasser-Wärmepumpen im Test** 216

6 **Smart-Home-Systeme im Überblick** 218

Energiepreise

Für die beispielhaften Wirtschaftlichkeitsberechnungen in den folgenden Tabellen haben wir Energiepreise von 32 Cent pro Kilowattstunde für Strom und 12 Cent für Erdgas zugrunde gelegt – typische Marktpreise zum Redaktionsschluss dieses Buchs. Die Energiepreise sind weiterhin in Bewegung. Wie und wohin sie sich in den nächsten Jahren entwickeln werden, ist ungewiss. Aber auch bei Strompreisen, die bis zu 30 Prozent höher liegen als die hier angenommenen Werte, ändert sich an den getroffenen Aussagen zur Wirtschaftlichkeit der Wärmepumpensysteme wenig.

Förderung

Mit der ab dem 1. Januar 2024 vorgesehenen Änderung der Förderung bei der Heizungsmodernisierung wird es sehr unterschiedliche Förderhöhen für technisch gleiche Maßnahmen geben. Abhängig vom Zeitpunkt der Umsetzung, vom Einkommen der Bauherren und der Existenz eines Sanierungsfahrplans werden die Förderbeträge für Heizungsmodernisierung im Einfamilienhaus zwischen circa 9 000 Euro und circa 30 000 Euro liegen. Für die folgenden Berechnungsbeispiele haben wir die Fördersätze des bis Ende 2023 gültigen BEG verwendet. Die so ermittelten Förderbeträge sind auch für die Bewertung der BEG-Förderbeträge ab 2024 realistisch, müssen aber im konkreten Einzelfall überprüft werden.

Bedarfsberechnungen für die Beispielgebäude (zu Seite 34 bis 43)

	1: Freistehender Neubau	2: Bestandshaus, modernisiert	3: Reihenmittelhaus, teilmodernisiert	4: Denkmalgeschütztes Haus, minimal modernisiert
Wohnfläche in m^2	150	150	150	150
Wärme für Heizung in kWh/a	5814,50	8077	6812	24606
Wärme für Warmwasser in kWh/a	3509	3509	3509	3509
Wärmebedarf in kWh/a	9323,50	11586	10321	28115
Spez. Wärmebedarf in kWh/m^2a	62,16	77,24	68,81	187,43

Quelle: eigene Berechnungen
Stand: September 2023

So teuer wird Ihr Warmwasser (zu Seite 62)

Im kleinen Haushalt kommt die dezentrale Bereitung per Durchlauferhitzer billiger, eine Familie mit Kindern duscht und wäscht mit zentraler Warmwasserbereitung günstiger.

Geringer Warmwasserbedarf, 2 Personen im Haushalt

	Warmwasserbereiter über Heizkessel beheizt		Dezentrale Warmwasserbereitung mit Durchlauferhitzer
	Verteilung mit Zirkulation	Verteilung mit Heizband	
Investition Warmwasserbereitung, Verteilung	5350 Euro	4500 Euro	2080 Euro
Kapitalkosten[1]	482 Euro/Jahr	405 Euro/Jahr	187 Euro/Jahr
Energiekosten	662 Euro/Jahr	562 Euro/Jahr	326 Euro/Jahr
Wärmebedarf[2]	3217 kWh/Jahr	1298 kWh/Jahr	1020 kWh/Jahr
Energiebedarf Brennstoff[3]	3784 kWh/Jahr	1527 kWh/Jahr	
Energiebedarf Strom	105 kWh/Jahr	1183 kWh/Jahr	1020 kWh/Jahr
Brennstoffpreis	0,12 Euro/kWh	0,12 Euro/kWh	
Strompreis	0,32 Euro/kWh	0,32 Euro/kWh	0,32 Euro/kWh
Wartungskosten	100 Euro/Jahr[4]	80 Euro/Jahr[5]	30 Euro/Jahr[6]
Gesamtkosten Warmwasserbereitung	**1243 Euro/Jahr**	**1047 Euro/Jahr**	**543 Euro/Jahr** günstigste Lösung

Hoher Warmwasserbedarf, 4 Personen im Haushalt

Investition Warmwasserbereitung, Verteilung	4930 Euro	4284 Euro	2080 Euro
Kapitalkosten[1]	444 Euro/Jahr	386 Euro/Jahr	187 Euro/Jahr
Energiekosten	662 Euro/Jahr	708 Euro/Jahr	1305 Euro/Jahr
Wärmebedarf[2]	5935 kWh/Jahr	4463 kWh/Jahr	4078 kWh/Jahr
Energiebedarf Brennstoff[3]	6982 kWh/Jahr	5250 kWh/Jahr	
Energiebedarf Strom	105 kWh/Jahr	736 kWh/Jahr	4078 kWh/Jahr
Brennstoffpreis	0,09 Euro/kWh	0,09 Euro/kWh	
Strompreis	0,32 Euro/kWh	0,32 Euro/kWh	0,32 Euro/kWh
Wartungskosten	100 Euro/Jahr[4]	80 Euro/Jahr[5]	30 Euro/Jahr[6]
Gesamtkosten Warmwasserbereitung	**1243 Euro/Jahr**	**1174 Euro/Jahr** günstigste Lösung	**1522 Euro/Jahr**

1) Annuitätsfaktor: 0,09 bei Finanzierung über 15 Jahre mit 4% Zins 2) für Warmwasserbereitung, Speicherung und Verteilung 3) Jahresnutzungsgrad 85% 4) Warmwasserbereiter, Warmwasser- und Zirkulationsleitung, Regulierventile 5) Warmwasserbereiter, Warmwasserleitung mit Heizband, Regler Heizband 6) Durchlauferhitzer Quelle: eigene Berechnungen Stand: September 2023

Wann lohnt sich eine Hybridheizung? (zu Seite 105)

Gerade in wenig gedämmten Bestandsbauten, wo ein Erdgas-Heizkessel sowie Netzanschluss und Kamin vorhanden sind, kann die Verbindung von Wärmepumpe und Bestandskessel wirtschaftlich sein. Dabei übernimmt die Wärmepumpe die Wärmeversorgung oberhalb einer Außentemperatur von 0 bis 2 Grad Celsius. Übers Jahr produziert die Wärmepumpe rund 70 Prozent der benötigten Heizwärme, der Erdgaswärmeerzeuger den Rest. Die Zahlen zeigen aber auch, dass sich eine energetische Sanierung schnell bezahlt macht. Zu beachten ist: Das denkmalgeschützte Haus benötigt wesentlich mehr Wärme – daher sind die Gesamtkosten hier am höchsten, die Kilowattstunde aber am günstigsten.

Luft-Wasser-Wärmepumpe
Lage: unter 500 m über Meereshöhe

	3: Reihenmittelhaus, teilmodernisiert	**4: Denkmalgeschütztes Haus**
Heizungsvorlauftemperatur	45 °C	55 °C
Max. Heizleistung	9,0 kW	15,0 kW
Jahresarbeitszahl (JAZ) Wärmepumpe inkl. Warmwasserbereitung und Zirkulationsverlusten	3,1	2,9
Investition Wärmepumpe	22 000 Euro	30 000 Euro
Förderung BEG 35% (bei Ersatz aller fossilen Wärmerzeuger)	–7 700 Euro	–10 500 Euro
Kapitalkosten[1)]	1 287 Euro/Jahr	1 755 Euro/Jahr
Energiekosten Strom	1 133 Euro/Jahr	3 279 Euro/Jahr
Wärmebedarf[2)]	10 321 kWh/Jahr	28 115 kWh/Jahr
Energiebedarf Strom	3 539 kWh/Jahr	10 247 kWh/Jahr
Strompreis	0,32 Euro/kWh	0,32 Euro/kWh
Erdgaspreis	0,12 Euro/kWh	0,12 Euro/kWh
Wartungskosten[3)]	880 Euro/Jahr	1 200 Euro/Jahr
Gesamtkosten Heizwärme	**3 300 Euro/Jahr**	**6 234 Euro/Jahr**
Wärmepreis	0,32 Euro/kWh	0,222 Euro/kWh

Anmerkungen: 1) Annuitätsfaktor: 0,09; bei Finanzierung über 15 Jahre mit 4% Zins 2) Deckung 97% Wärmepumpe, 3% Heizstab)
3) Ca. 4% der Investition ohne Förderung jährlich
Quelle: eigene Berechnungen Stand: September 2023

Luft-Wasser-Wärmepumpe 50% Heizleistung + Erdgas-Brennwertkessel 100% Heizleistung[1)]

	3: Reihenmittelhaus, teilmodernisiert	4: Denkmalgeschütztes Haus
Heizungsvorlauftemperatur	45 °C	55 °C
max. Heizleistung	9,0 kW	15,0 kW
Jahresarbeitszahl (JAZ) Wärmepumpe inkl. Warmwasserbereitung und Zirkulationsverlusten	3,41[2)]	3,19[2)]
Investition Erdgastechnik[3)]	8000 Euro	9000 Euro
Investition Wärmepumpe	16000 Euro	18000 Euro
Förderung BEG 25% für Wärmepumpe bei Hybridheizung mit fossilem Energieträger	–4000 Euro	–4500 Euro
Kapitalkosten[4)]	1800 Euro/Jahr	2025 Euro/Jahr
Energiekosten Erdgas	413 Euro/Jahr	1125 Euro/Jahr
Energiekosten Strom	969 Euro/Jahr	1974 Euro/Jahr
Wärmebedarf[5)]	10321 kWh/Jahr	28115 kWh/Jahr
Energiebedarf Strom	3027 kWh/Jahr	6169 kWh/Jahr
Energiebedarf Erdgas	3440 kWh/Jahr	9372 kWh/Jahr
Strompreis	0,32 Euro/kWh	0,32 Euro/kWh
Erdgaspreis	0,12 Euro/kWh	0,12 Euro/kWh
Wartungskosten[6)]	960 Euro/Jahr	1080 Euro/Jahr
Gesamtkosten Heizwärme	**3729 Euro/Jahr**	**6204 Euro/Jahr**
Einsparung Hybridsystem	**–429 Euro/Jahr**	**30 Euro/Jahr**
	nicht wirtschaftlich	
Wärmepreis	0,361 Euro/kWh	0,221 Euro/kWh

Anmerkungen: 1) An kalten Tagen muss der Brennwertkessel den gesamten Heizbedarf decken können; die Wärmepumpe hingegen nur für mäßig kalte Tage dimensioniert werden. 2) Verbessert, weil ineffizienter Betrieb bei tiefen Außentemperaturen entfällt. 3) Vorhandener Kamin und Erdgasanschluss 4) Annuitätsfaktor: 0,09; bei Finanzierung über 15 Jahre mit 4% Zins 5) Deckung 70% Wärmepumpe, 30% Heizkessel 6) Ca. 4% der Investition ohne Förderung jährlich
Quelle: eigene Berechnungen Stand: September 2023

Die Kosten verschiedener Wärmepumpentypen im Vergleich (zu Seite 76)

Für unsere Beispielhäuser haben wir errechnet, wie teuer die jeweiligen Wärmepumpentypen beziehungsweise die genutzten Wärmequellen werden. In fast allen Fällen schneidet die Luft-Wasser-Wärmepumpe am günstigsten ab. Weil Neubauten kaum Heizwärme benötigen, sind die Kosten pro Kilowattstunde hier am höchsten – in der Summe liegen die Kosten hier dennoch am niedrigsten.

Luft-Wasser-Wärmepumpe, Lage: unter 500 m über Meereshöhe

	1: Freistehender Neubau	2: Bestandshaus, modernisiert	3: Reihenmittelhaus, teilmodernisiert	4: Denkmalgeschütztes Haus, minimal modernisiert
Heizungsvorlauftemperatur	35 °C	35 °C	45 °C	55 °C
Max. Heizleistung	4,5 kW	6,7 kW	9,0 kW	15,0 kW
Jahresarbeitszahl (JAZ) Wärmepumpe inkl. Warmwasserbereitung und Zirkulationsverlusten	3,3	3,2	3,1	2,9
Investition	18 000 Euro	20 000 Euro	22 000 Euro	30 000 Euro
Förderung[1)]	–1 800 Euro	–7 000 Euro	–7 700 Euro	–10 500 Euro
Kapitalkosten[2)]	1 458 Euro/Jahr	1 170 Euro/Jahr	1 287 Euro/Jahr	1 755 Euro/Jahr
Energiekosten[3)]	980 Euro/Jahr	1 249 Euro/Jahr	1 147 Euro/Jahr	3 276 Euro/Jahr
Wärmebedarf	9 324 kWh/Jahr	11 586 kWh/Jahr	10 321 kWh/Jahr	28 115 kWh/Jahr
Energiebedarf Strom	3 062 kWh/Jahr	3 904 kWh/Jahr	3 584 kWh/Jahr	10 239 kWh/Jahr
Strompreis	0,32 Euro/kWh	0,32 Euro/kWh	0,32 Euro/kWh	0,32 Euro/kWh
Wartungskosten	720 Euro/Jahr	800 Euro/Jahr	880 Euro/Jahr	1 200 Euro/Jahr
Gesamtkosten Heizwärme	**3 158 Euro/Jahr**	**3 219 Euro/Jahr**	**3 314 Euro/Jahr**	**6 231 Euro/Jahr**
Wärmepreis	0,34 Euro/kWh	0,28 Euro/kWh	0,32 Euro/kWh	0,22 Euro/kWh

Anmerkungen: 1) Förderung BEG 35% bei Ersatz der fossilen Wärmeerzeuger bei Modernisierung. Förderung 10% bei Neubau Effizienzhaus 40 NH 2) Annuitätsfaktor 0,09; bei Finanzierung über 15 Jahre mit 4% Zins 3) Deckung 97% Wärmepumpe, 3% Heizstab
Quelle: eigene Berechnungen Stand: September 2023

Anmerkungen:
1) 50 W/m Entzugsleistungen, 80 Euro/m
2) Förderung BEG 35% bei Ersatz der fossilen Wärmeerzeuger bei Modernisierung. Förderung 10% bei Neubau Effizienzhaus 40 NH
3) Annuitätsfaktor: 0,9 bei Finanzierung über 15 Jahre mit 4% Zins
4) Wärmepumpe inkl. Warmwasserbereitung und Zirkulationsverlusten
Quelle: eigene Berechnungen
Stand: September 2023

Sole-Wasser-Wärmepumpe mit Erdsonden, Lage: unter 500 m über Meereshöhe

	1: Freistehender Neubau	2: Bestandshaus, modernisiert	3: Reihenmittelhaus, teilmodernisiert	4: Denkmalgeschütztes Haus, minimal modernisiert
Heizungsvorlauftemperatur	35 °C	35 °C	45 °C	55 °C
Max. Heizleistung	4,5 kW	6,7 kW	9,0 kW	15,0 kW
Jahresarbeitszahl (JAZ)[4]	3,7	3,6	3,5	3,3
Investition Wärmepumpe	18000 Euro	18000 Euro	22000 Euro	27000 Euro
Investition Erdsonden[1]	7200 Euro	10784 Euro	14400 Euro	23920 Euro
Förderung[2]	–2520 Euro	–11514 Euro	–14560 Euro	–20368 Euro
Kapitalkosten[3]	2041 Euro/Jahr	1554 Euro/Jahr	1966 Euro/Jahr	2750 Euro/Jahr
Energiekosten	798 Euro/Jahr	1020 Euro/Jahr	939 Euro/Jahr	2695 Euro/Jahr
Wärmebedarf	9324 kWh/Jahr	11586 kWh/Jahr	10321 kWh/Jahr	28115 kWh/Jahr
Energiebedarf Strom	2494 kWh/Jahr	3188 kWh/Jahr	2936 kWh/Jahr	8422 kWh/Jahr
Strompreis	0,32 Euro/kWh	0,32 Euro/kWh	0,32 Euro/kWh	0,32 Euro/kWh
Wartungskosten	792 Euro/Jahr	828 Euro/Jahr	1024 Euro/Jahr	1319 Euro/Jahr
Gesamtkosten Heizwärme	**3631 Euro/Jahr**	**3402 Euro/Jahr**	**3929 Euro/Jahr**	**6764 Euro/Jahr**
Wärmepreis	0,39 Euro/kWh	0,29 Euro/kWh	0,38 Euro/kWh	0,24 Euro/kWh

Sole-Wasser-Wärmepumpe mit PVT-Kollektoren, Lage: unter 500 m über Meereshöhe

	1: Freistehender Neubau	2: Bestandshaus, modernisiert	3: Reihenmittelhaus, teilmodernisiert	4: Denkmalgeschütztes Haus, minimal modernisiert
Heizungsvorlauftemperatur	35 °C	35 °C	45 °C	55 °C
Max. Heizleistung	4,5 kW	6,7 kW	9,0 kW	15,0 kW
Jahresarbeitszahl (JAZ)[4]	3,6	3,5	3,4	3,2
PVT-Kollektoren für Sole bis -22°C				
Investition Wärmepumpe	18000 Euro	18000 Euro	22000 Euro	27000 Euro
Investition PVT-Kollektoren	18000 Euro	26960 Euro	36000 Euro	59000 Euro
Förderung[2]	–3600 Euro	–17984 Euro	–23200 Euro	–34720 Euro
Kapitalkosten[3]	2916 Euro/Jahr	2428 Euro/Jahr	3132 Euro/Jahr	4687 Euro/Jahr
Nutzen aus Photovoltaikstrom	–973 Euro/Jahr	–1094 Euro/Jahr	–1824 Euro/Jahr	–2432 Euro/Jahr
Energiekosten	834 Euro/Jahr	1067 Euro/Jahr	982 Euro/Jahr	2818 Euro/Jahr
Wärmebedarf	9324 kWh/Jahr	11586 kWh/Jahr	10321 kWh/Jahr	28115 kWh/Jahr
Energiebedarf Strom	2607 kWh/Jahr	3333 kWh/Jahr	3069 kWh/Jahr	8805 kWh/Jahr
Strompreis	0,32 Euro/kWh	0,32 Euro/kWh	0,32 Euro/kWh	0,32 Euro/kWh
Wartungskosten	900 Euro/Jahr	990 Euro/Jahr	1240 Euro/Jahr	1678 Euro/Jahr
Gesamtkosten Heizwärme	**3678 Euro/Jahr**	**3390 Euro/Jahr**	**3530 Euro/Jahr**	**6751 Euro/Jahr**
Wärmepreis	0,39 Euro/kWh	0,29 Euro/kWh	0,34 Euro/kWh	0,24 Euro/kWh

Wärmepumpen: Viessmann und Wolf heizen effizient und klimaschonend

Produkt	**Viessmann** Vitocal 250-A AWO-E-AC 251.A10, Bestell-Nr.: Z022166	**Wolf** CHA-10/400V, Art.-Nr.: 9146863[9]	**Stiebel Eltron** WPL-A 07 HK 230 Premium, Art.-Nr.: 200123[10]	**Vaillant** Arotherm plus VWL 105/6 A S2, Bestell-Nr.: 0010021120[11]	**Daikin** Altherma 3 H MT + Innengerät Art.-Nr.: EPRA10EW1 + ETBX12E9W	**Mitsubishi Electric** PUZ-WM85YAA & ERPX-YM9D Set 7.23, Art.-Nr.: 506427
Brutto-Listenpreis ca. (Euro)[1]	**18 700**	**19 400**	**19 700**	**16 900**	**14 900**	**9 050**
Jährlicher Strombedarf für Beispielhaus ca. (kW/h)[2]	4 950	5 000	5 220	5 650	5 680	6 510
test - QUALITÄTSURTEIL 100 %	**GUT (2,1)**	**GUT (2,3)**	**GUT (2,4)**	**GUT (2,5)**	**BEFRIEDIGEND (2,6)**	**BEFRIEDIGEND (2,9)**
Energieeffizienz und Umwelteigenschaften im Heizbetrieb 70 %	**gut** (2,1)	**gut** (2,2)	**gut** (2,4)	**befriedigend** (2,6)	**befriedigend** (2,9)	**befriedigend** (3,1)
Effizienz mit Radiatorenheizung, mittlere Klimazone[3]	+	+	+	○	○	○
Effizienz mit Radiatorenheizung, kältere Klimazone[4]	○	○	○	⊖	○	⊖
Effizienz mit Fußbodenheizung[5]	+	+	++	+	○	+
Klimabelastung durch Stromverbrauch/ Kältemittel	+/++	+/++	+/○	+/++	+/⊖	+/⊖
Maximales Geräusch des Außengeräts[6]	+	○	+	+	○	+
Handhabung 25 %	**gut** (1,6)	**gut** (2,4)	**gut** (2,0)	**gut** (2,2)	**sehr gut** (1,5)	**gut** (2,2)
Montage und Inbetriebnahme[7]	+	+	+	+	+	+
Bedienungsanleitung	+	○	+	○	++	○
Bedienung am Gerät/via App	++/++	+/++	+/++	++/++	++/+	+/+
Basisschutz persönlicher Daten 5 %	**befriedigend** (3,5)	**befriedigend** (3,5)	**befriedigend** (3,5)	**befriedigend** (3,5)	**befriedigend** (3,5)	**befriedigend** (3,5)
Datensendeverhalten der App	○	○	○	○	○	○
Nutzerkonto und Netzwerksicherheit	+	++	++	+	+	+
Mängel in der Datenschutzerklärung	Deutlich*)	Deutlich*)	Deutlich*)	Deutlich*)	Deutlich*)	Deutlich*)
Ausstattung/Technische Merkmale						
Kältemittel/Menge (kg)	R290 (Propan)/ 2,00	R290 (Propan)/ 3,40	R454C/3,00	R290 (Propan)/ 1,30	R32/3,25	R32/2,19
Leistung bei −10/+55 °C laut Anbieter (kW)	10,00	8,00	8,00	9,00	9,00	9,00
Leistung bei −7/+35 °C laut Anbieter (kW)	9,70	7,95	6,87	9,20	Entfällt	8,50
Energieeffizienzklasse 55 °C laut Anbieter[8]	A+++	A++	A+++	A++	A++	A++
Schallleistungspegel Außen-/ Inneneinheit laut Anbieter (dB(A))	54/40	53/32	48/Keine Angabe	59/29	53/44	58/40
Gewicht Außeneinheit in kg ca.	221	162	135	210	118	98
Höhe x Breite x Tiefe Außeneinheit ca. (cm)	138 x 114 x 60	98 x 129 x 56	90 x 127 x 59	157 x 110 x 45	100 x 127 x 53	102 x 105 x 48
Höhe x Breite x Tiefe Inneneinheit ca. (cm)	92 x 45 x 36	79 x 44 x 37	90 x 59 x 41	72 x 44 x 35	84 x 44 x 39	80 x 53 x 36

Bewertungsschlüssel der Prüfergebnisse:
++ = Sehr gut (0,5–1,5). + = Gut (1,6–2,5). ○ = Befriedigend (2,6–3,5). ⊖ = Ausreichend (3,6–4,5).
— = Mangelhaft (4,6–5,5).

***) Führt zur Abwertung** (siehe „So haben wir getestet" rechts).
Mängel in der Datenschutzerklärung: keine, sehr gering, gering, deutlich.

1) Viele Installationsbetriebe gewähren Rabatte auf die Brutto-Listenpreise. Hinzu kommen die Kosten für Einbau und Inbetriebnahme.

2) Ermittelt für ein Beispielhaus mit einem jährlichen Wärmebedarf von 150 kWh pro m^2, einer beheizten Wohnfläche von 140 m^2 und der von uns im Labor ermittelten jährlichen mittleren Effizienz für mittleres europäisches Klima.

3) Mittlere jährliche Effizienz bei einer Vorlauftemperatur von 55 °C für mittleres Klima in Europa.

4) Mittlere jährliche Effizienz bei einer Vorlauftemperatur von 55 °C für kälteres Klima in Europa.

5) Effizienz bei einer Vorlauftemperatur von 35 °C und −2 °C Außentemperatur für mittleres Klima in Europa.

6) Schalldruckpegel ermittelt in einem Abstand von 1 Meter vor dem Außengerät bei hoher Last sowohl im normalen Modus als auch im „Silent Mode", der für geringere Lärmwerte sorgen soll.

7) Inklusive Anleitungen für Fachpersonal.

8) Die höchste Energieeffizienzklasse ist bei Wärmepumpen A+++, die zweithöchste A++.

9) Geprüft mit Bedienmodul BM-2 inkl. Außentemperatursensor (schwarz), Art.-Nr.: 2745304, Schnittstellenmodul Link home, Art.-Nr.: 2746365.

10) Geprüft mit Hydraulikmodul HM trend, Art.-Nr.: 232805, ISG Web (Internet Gateway), Art.-Nr.: 229336.

11) Geprüft mit Hydraulikstation VWZ MEH 97/6, Bestell-Nr.: 0010023609, Sensocomfort (Regelung) VRC 720/2, Bestell-Nr.: 0020260914,Sensonet VR 921 (Internet Gateway), Bestell-Nr.: 0020260962.

So haben wir getestet

Im europäischen Gemeinschaftstest: 6 Luft-Wasser-Wärmepumpen mit geschlossenem Kältemittelkreislauf im Außengerät. Wir kauften die Geräte von Dezember 2022 bis März 2023 ein. Alle Pumpen haben wir in Anbieter-Warenlagern aus jeweils mehreren Geräten nach dem Zufallsprinzip gewählt. Preise ermittelten wir per Anbieterbefragung im Juni und Juli 2023.

Untersuchungen: Details zu den Prüfmethoden finden Sie unter test.de/waermepumpen/methodik.

Energieeffizienz und Umwelteigenschaften im Heizbetrieb: 70 %

Wir prüften die **Effizienz mit Radiatorenheizung** bei einer Vorlauftemperatur von 55 Grad Celsius sowie bei den Außentemperaturen −15, −7, −2, +2, +7 und +12 Grad Celsius. Wir gewichteten die Ergebnisse danach, wie häufig die jeweiligen Außentemperaturen in mittlerem sowie kälterem europäischen Klima auftreten. Daraus ergibt sich die mittlere jährliche Effizienz. Wir maßen per Kompensationsmethode und setzten dabei jedes Gerät vergleichbaren Bedingungen aus. Wir berücksichtigten auch den Energieaufwand für automatische Abtauvorgänge sowie den Heizstab. Die **Effizienz mit Fußbodenheizung** beurteilten wir anhand der Effizienz bei der Temperaturpaarung −2 Grad Celsius Außentemperatur und +35 Grad Celsius Vorlauftemperatur. Die jährliche **Klimabelastung durch den Stromverbrauch** ermittelten wir anhand eines Hauses mit 140 Quadratmetern Wohnfläche und eines jährlichen Wärmebedarfs von 150 Kilowattstunden pro Quadratmeter. Dabei berücksichtigten wir den deutschen Strommix. Die jährliche **Klimabelastung durch das Kältemittel** ermittelten wir nach dem TEWI-Prinzip (Total Equivalent Warming Impact), das die Kältemittelmenge, den kältemittelspezifischen GWP100-Wert (Global Warming Potential 100 years) sowie Verlustraten für Herstellung, Entsorgung der Kältemittel und Betrieb der Wärmepumpen berücksichtigt. Das **maximale Geräusch des Außengeräts** bestimmten wir in der Prüf-Klimakammer bei hoher Last sowohl für den normalen als auch für den leisen Betriebsmodus.

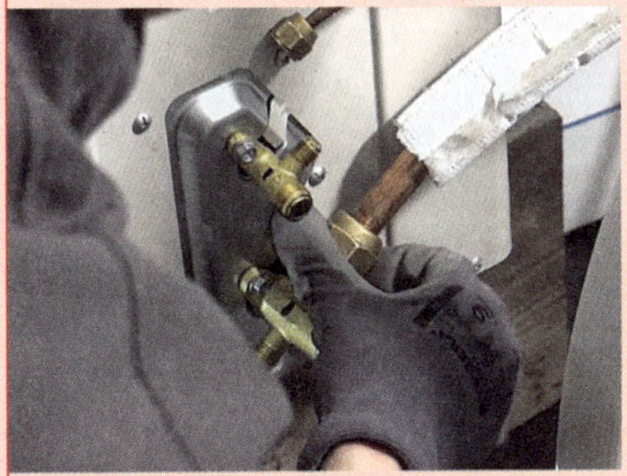

Handhabung: 25 %

Zwei Experten beurteilten **Montage und Inbetriebnahme** (etwa Befestigung und Außentemperatursensor) inklusive Anleitungen für Fachpersonal sowie **Bedienungsanleitung** und **Bedienung am Gerät** (etwa Einrichten von Temperaturen) beziehungsweise **via App**. Dabei achteten sie etwa darauf, ob die Benutzerführung intuitiv war.

Basisschutz persönlicher Daten: 5 %

Wir prüften das **Datensendeverhalten der Android- und iOS-Apps**, das **Nutzerkonto** (etwa Passwortstärke oder Hilfe bei vergessenen Zugangsdaten) und die **Netzwerksicherheit** der Geräte mit den zehn häufigsten Hackerangriffen laut OWASP-Methode. Wir prüften, ob es **Mängel in der Datenschutzerklärung** gab – zum Beispiel, dass sie nicht auf Deutsch vorliegt oder die Speicherdauer nicht angibt.

Abwertungen:

Abwertungen führen dazu, dass sich Mängel verstärkt auf das Qualitätsurteil auswirken. Folgende Abwertung setzten wir ein: Bei deutlichen Mängeln in der Datenschutzerklärung konnte das Urteil Basisschutz persönlicher Daten maximal Befriedigend (3,5) sein.

Smart-Home-Systeme im Überblick (zu Seite 206)

Name	Typ	Kurzbeschreibung	Wichtige verfügbare Komponenten
Comexio	proprietär	drahtgebunden	Aktoren, Heizungssteuerung, Jalousiensteuerung, Photovoltaik, Sicherheitstechnik, Sensoren, Taster
DALI	herstellerübergreifend	drahtgebundenes Bussystem, primär für gewerbliche/öffentliche Gebäude konzipiert	Betriebsgeräte für Leuchtmittel, Sensoren
Digitalstrom	proprietär	drahtgebunden, Datenübertragung per Stromleitung	Aktoren, Heizungssteuerung, Jalousiensteuerung, Rauchmelder, Sensoren, Server, Taster, Türsprechstellen
eNet	proprietär	funkbasiertes System (868 MHz), eigenes, IP-basiertes Protokoll	Aktoren, Funksteckdosen, Jalousiensteuerung, Licht, Sensoren, Taster
EnOcean	herstellerübergreifend	funkbasiertes System (in Europa 868 MHz), viele Komponenten kommen ohne Batterien aus, Energie wird per Piezoelement oder Solarzelle erzeugt	Aktoren, Heizungssteuerung, Jalousiensteuerung, Rauchmelder, Sensoren, Taster, Zugangskontrolle
free@home	proprietär	kombiniertes Draht-/Funksystem (2,4 GHz)	Aktoren, Alarmtechnik, Heizungs-/Klimasteuerung, Info-Display, Jalousiensteuerung, Licht/Schalter, Lüftungssteuerung, Sensoren, Türsprechanlagen, Wetterstation
HomeMatic IP/ wired	proprietär	sowohl drahtgebundene wie Funkkomponenten (868 MHz) verfügbar, IP-basiertes Bussystem	Aktoren, Alarmtechnik, Jalousiensteuerung, Lüftungssteuerung, Sensoren
Jung Home	proprietär	vermaschtes Bluetooth-Funknetz	Bewegungsmelder, Heizungssteuerung, Licht/Schalter, Steckdosen
KNX	herstellerübergreifend	drahtgebundenes Bussystem, Funkerweiterung möglich	Aktoren, Heizungssteuerung, Jalousiensteuerung, Rauchmelder, Sensoren, Taster, Türsprechstellen – umfangreichstes Sortiment im Markt
Loxone/Loxone Air	proprietär	sowohl drahtgebundene wie Funkkomponenten (868 MHz) verfügbar	Aktoren, Heizungssteuerung, Jalousiensteuerung, Musikserver, Rauchmelder, Sensoren, Taster, Türsprechstelle, Zugangskontrolle
Z-Wave	herstellerübergreifend/proprietäres Protokoll	funkbasiertes System (in Europa 868 MHz)	Aktoren, Heizungssteuerung, Jalousiensteuerung, Rauchmelder, Sensoren, Taster, Zugangskontrolle
ZigBee	herstellerübergreifend	funkbasiertes System (in Europa 2,4 GHz und 868 MHz)	Aktoren, Heizungssteuerung, Jalousiensteuerung, Rauchmelder, Sensoren, Taster, Zugangskontrolle

Wichtige Anbieter	Bidirektional	Bei Funk: Aufbau vermaschter Netze möglich	Anmerkungen	Internet
Comexio	•		Schnittstelle zu KNX ab Werk, Erweiterungen für EnOcean und intelligente Stromzähler verfügbar	comexio.com
ABB, Fagerhult, Helvar, Jung, Mean Well, Osram, Panasonic, Philips, Tridonic, Zumtobel	•		Brücken zu diversen anderen Bus-/Steuerungssystemen verfügbar	dali.ag.org
Digitalstrom	•		Brücken zu DALI, EnOcean und Hue vom Hersteller erhältlich	digitalstrom.com
Gira/Jung	•	•		gira.de, jung.de
alphaEOS, Eltako, Eon, Jäger Direkt, Kieback&Peter, Omnio, Peha, Somfy, Sys-Tec, Thermokon, Viessmann, Wago, Zumtobel	•	–		enocean.com, enocean-alliance.org
Busch-Jaeger	•	•	Brücke zu DALI vom Hersteller erhältlich	busch-jaeger.de/busch-freehome
ELV	•	•	über „Mediola"-Schnittstelle in Zentraleinheit Verbindung zu anderen Systemen möglich, Weiterverwendung von Komponenten des Vorgängers HomeMatic u. U. möglich, Zentrale in Software auf Mini-PC „Raspberry Pi" realisierbar	homematic.com
Jung	•	•		jung-group.com/de-DE/Produkte/Systeme/JUNG-Home/
Berker, Busch-Jaeger, Gira, Hager, Jung, Lingg&Janke, MDT, Merten, Sys-Tec, Theben, Zennio	•	–		knx.org
Loxone	•	•	Schnittstelle zu KNX ab Werk, Erweiterungen für DMX, EnOcean, ModBus u. v. a. verfügbar, eigene Funkerweiterung „Air"	loxone.com
Buffalo, Danfoss, Develo, Diehl, D-Link, Duco, DuneHD, Enerwave, FlexControl, LG Electronics, Merten, Motorola, NEC, Rademacher, Sharp, Zyxel	•	•		z-wavealliance.org
Belkin, Buffalo, Cisco, Comcast, Epson, Huawei, LG Electronics, Motorola, Oki, Panasonic, Philips, Plugwise, Samsung, Siemens, Sony, Texas Instruments, Toshiba	•	•		zigbee.org

Stichwortverzeichnis

A

Abgas 187
Abluft-Wärmepumpe siehe Brauchwasser-Wärmepumpe
Absorber (Solarthermie) 132
Absorberwand 97
Abwärmenutzung 35
Aktivhaus 24
Altbau, Rahmenbedingungen für Sanierung 20
Anlagendimensionierung 53
Anlagenhydraulik 115
Auslegung 105
Auslegungstemperatur 193
Außentemperaturfühler 192, 197
Autarkie 46

B

Batteriespeicher 120
Beispielgebäude 34
- Bestand unsaniert, Beispiel für Haustechniksystem 36
- Bestand unsaniert, Wärmebedarf 53
- Denkmalgeschützt, Beispiel für Haustechniksystem 41
- Denkmalgeschützt, Wärmebedarf 53
- Neubau, Beispiel für Haustechniksystem 34
- Neubau, Wärmebedarf 53
- Reihenhaus, Beispiel für Haustechniksystem 39
- Reihenhaus, Wärmebedarf 53
Bestandsaufnahme 53, 166
Betriebssicherheit 161
Biogas 138
Biomasse, Heizen mit 21
Bivalenz 47, 66, 103
Bivalenzbetrieb 104
Bivalenzpunkt 113
Bivalenztemperatur 104
Blasenspeicher 69
Blockheizkraftwerk 39, 49, 148, 158
Bohrungen 101
Bohrunternehmen, Zertifizierung 93
Brauchwarmwasserspeicher 56
Brauchwasserwärmepumpe 38, 42, 65, 66, 78
Brennstoffe
- fossile 51, 134
- nachwachsende 52
Brennstoffzellen 49
Brennwertkessel 47, 136, 152
Bundesamt für Wirtschaft und Ausfuhrkontrolle (Bafa) 14
Bundesförderung für energieeffiziente Gebäude (BeG) 14
Bundes-Immissionsverordnung (BlmSchV) 187

C & D

Coefficient of Performance (COP) siehe Leistungszahl (Wärmepumpe)
Dachbodenausbau 27
Dämmung 27, 166
Deckenheizung 175, 177, 179
Dezentrale Warmwasserbereitung 62
Dimensionierung der Haustechnik 32, 33
Direkt-Elektroheizung 146
Doppel-U-Sonden 93
Drehstromanschluss 115
Drei-Liter-Regel 63
Durchlauferhitzer 34, 56, 64, 67
Duschwasserwärmerückgewinnung 62

E

Effizienz von Wärmepumpen 101
Ein/Aus-Wärmepumpen siehe On/Off-Wärmepumpen
Einzelöfen 50
Einzelraumregelung 115
Eisspeicher 98
Elektrische Begleitheizung 63, 67
Elektroboiler 64
Elektroheizregister 169
Elektroheizung 143, 145, 147
Elektromobilität 35
Energiebedarf 32
Energiebedarf Warmwasserbereitung berechnen 61
Energieberatung, Förderung 53
Energieeffizienz 25
Energiequellen 18
Energiestandard 53
Entleerungsventile 88
Entzugswärmetauscher 98
Erdwärmekorb 96
Erdwärmepumpen 92, 93, 95, 97
- Bohrtiefen 94
- mit Eisspeicher 98, 99
- mit PVT-Kollektoren 132
- Sondentypen 93
- zur Kühlung 97, 109, 183
Erdwärmeübertrager siehe Luftbrunnen
Ertragsquoten 127
Ethanolkamine 186
Exergie siehe Niedrig-Exergie
Expansionsventil (Wärmepumpe) 75

F

Feinstaub 21, 151
Fensterlüftung, Heizenergieverlust 54
Fernwärme 19, 22, 24, 67, 158
Fixed-Speed-Wärmepumpe siehe On/Off-Wärmepumpe
Flächenheizung 29
- Effizienz 178
- Funktionsweise 175
- mit Strom betrieben 178
- Verlegung 175
- Vorlauftemperatur 47
Flächenkollektoren 95
Flachheizkörper 171
Flachkollektor (Solarthermie) 129
Förderbrunnen siehe Saugbrunnen
Fördermöglichkeiten 14, 15, 17, 19
Frischwasserstation 68

Frostschutzmittel, Erdwärmepumpen 92
Fußbodenheizung 30, 175, 177, 179
- Regelung 195
- Vor- und Nachteile 176
Fußleistenheizung 172

G

Gasheizung 134, 135, 137
- mit Wärmepumpe kombinieren 103, 106
Gas-Hybridheizung 106
Gebäudeausrichtung 56
Gebäudedämmung 46
Gebäudeenergiegesetz (GEG) 6, 9, 51, 61
Gebäudehülle 26
Gebläsekonvektoren 182
Geothermie 92, 97
Gliederheizkörper 147, 170
Global Warming Potential (GWP) 78
Grabenkollektoren 95
Graue Energie 8
Grundlast 46
Grundöfen 155
Grundwasserwärmepumpen 100, 101

H

Hackschnitzelheizung 154
Handtuchradiator 171
Heizfolien 146
Heizkamin 157
Heizkennlinie 115
Heizkörper 29, 30, 170, 171, 173, 174
- Mindestzahl 114
- Regelung 194, 195, 197
Heizkostenverordnung 11
Heizkreislauf 47
Heizkurve 113, 116, 192
Heizlast 193
Heizleisten 173
Heizleistungsbedarf ermitteln 110
Heizlüfter 147
Heizregister 91, 181
Heizstab 112
Heizungsrohre 168
Heizungssteuerung 30, 192
- adaptives System 194
- per Smart Home 205, 208
Hocheffizienzhäuser 46
Hochwassergefahr 57
Holzheizung 52, 150, 151, 153, 155, 157
Holz-Hybridheizung 106
Holzofen als Heizungsunterstützung 157
Holzvergaserkessel 153, 155
Hybridheizung,Regelung 198
Hybrid-Wärmepumpen 103, 105

I & J

Infrarotheizung 50, 147
Inverter (Wärmepumpe) 77
Jahresarbeitszahl (JAZ) 81
Jahreswärmebedarf ermitteln 54

K

Kachelofen 42, 157
Kältemittel 74, 78, 101
Kamin, offener 157, 184
Kamin, Sicherheit 185
Kaminofen 50, 157
Kleinwindkraftanlagen 52
Klimaanlagen zur Heizung 183
Klimafreundlich heizen 51
Klimatisierung 30
Koaxialsonden 94
Kombispeicher 67
Kommunale Wärmeplanung 9
Kompakt-Wärmepumpen siehe Monoblock Wärmepumpen
Kompressor (Wärmepumpe) siehe Verdichter (Wärmepumpe)
Kondensat 137
Kondensatablauf 108, 109, 182
Kondensationsenthalpie 47
Kondensator (Wärmepumpe) 75
Konduktion siehe Leitung von Wärme
Konvektion 164, 170, 172
Konvektionsheizkörper 171
- Aufbau 172
- Vorlauftemperatur 47
Konvektorheizkörper 38
Kopplung Heizung/Warmwasserbereitung 55, 61, 63
Kostenplanung 32
Kraft-Wärmekopplung 49
Kreditanstalt für Wiederaufbau (KfW) 14
Kühlen mit Eisspeicher 98
Kühlen mit der Heizung 167
Kühlen mit Heizflächen 182
Kühlen mit Wärmepumpen 78, 97, 101, 108, 109
Kühlenergiebedarf Wärmepumpe 114
Kühlmittel 90

L

Lärmbelastung 57
Latente Wärme 47
Legionellen 67, 159
Leistungszahl (Wärmepumpe) 75, 80, 82
Leitung von Wärme 165
LowEx-Haus 24
Luft als Wärmeübertrager 169
Luft-Abgas-Schornstein (LAS) 137
Luftbewegung 165
Luftbrunnen 89, 91
Luftfeuchtigkeit 33
Luftheizung 29, 30, 169, 180, 182
Luftkollektoren 133
Luft-Luft-Wärmepumpe 91, 169, 181
Lüftung 31, 33, 34, 38
Lüftungssystem mit Wärmerückgewinnung 54
Luft-Wasser-Wärmepumpen 85, 87, 89, 91
- mit Luftkollektoren 133
- Heizstab 112
- Kühlen mit 108
- Test 85
Lustfeuer 184

M

Matter-Initiative 207
Mindestanlagenvolumen 114
Mindestfußbodenfläche 114
Mittlerer Transmissionskoeffizient (HT) 11

Modulierende Betriebsweise 104
Monoblock-Wärmepumpen 86
Monoenergetische Betriebsweise 77, 103
Monovalenz 47
Multi-Split-Wärmepumpen 91

N

Nachhaltigkeit 7, 51
- Wärmepumpen 77
Nachtspeicherheizung 144
Nachtspeicheröfen 50
Nachtstrom 144
Nahwärme siehe Fernwärme
Niedertemperaturkessel (Holz) 152
Niedrig-Exergie 24
Normaußentemperatur 113
Nutzungsfehler vermeiden 33

O

Ölheizung 134, 135, 137
Öl-Hybridheizung 106
On/Off-Wärmepumpen 77

P

Passivhaus 23, 91, 147, 169
- Wärmebedarf 53
- Warmwasserbereitung 56
PEFC 149
Pelletheizung 153
- und Solarthermie 66
Per- und polyfluorierte Alkylverbindungen (PFAS) 78
Photovoltaik 18, 22, 34, 52, 107, 144
- und Denkmalschutz 43
- Gebäudeausrichtung 56
- Kombination mit Wärmepumpen 76, 118
- Kosten 161
- mit Solar-Luft-Absorbern 100
- Modulausrichtung 118
- Stromüberschuss 64
Plattenheizkörper 171
Plattenspeicher 67
Platzbedarf 31
Polystyrol 27
Polyvalenz 47
Primärenergiebedarf (PE) 10
Primärenergiefaktor 145
Pufferspeicher 67, 118, 120
- bei Hybridsystemen 107
Push-Pull-Ventilatoren siehe Saug-Zug-Ventilatoren
PVT-Kollektoren 120, 129, 131

R

Radiator siehe Gliederheizkörper
Radon 57
Rauchabzug 187, 189
Raumtemperatur, empfohlene 33
Raumtemperatur, operative 165
Regenerationswärmetauscher 98
Regenerative Brennstoffe siehe Brennstoffe, nachwachsende
Restförderhöhe Solepumpe 94
Reversible Wärmepumpen 108
Ringgrabenkollektor 96
Röhrenheizkörper 171
Röhrenkollektoren (Solarthermie) 129
Rücklauftemperatur 47

S

Saugbrunnen 101
Saug-Zug-Ventilatoren 38
Scheitholz 155
Schichtenspeicher 69
Schluckbrunnen 101
Schornstein 136, 187, 189
Schwedenofen 185
Sicherheitswärmetauscher 101
Simulationsprogramme für Wärmepumpen 115
Smart Home 199
- Brückensysteme 204
- Planung 205
- proprietäre Systeme 199, 201, 204
- zur Heizungssteuerung 208, 209
Smart-Home-Klassen 204
Solare Einstrahlung 21
Solar-Luft-Absorber 98, 100, 106
Solarthermie 22, 35, 52, 124, 125, 127, 129, 131, 133
- Gebäudeausrichtung 56
- Kombination mit Holzheizung 128
- Kombinationen mit Heizsystemen 66
- und Flächenheizung 175
- Wirtschaftlichkeit 134
- zentrale Warmwasserbereitung 62
- zur Heizungsunterstützung 127
Solarthermieanlage, Aufbau 128
Sole 78, 92
Solepumpe 94
Sole-Wasser-Wärmepumpen siehe Erdwärmepumpen
Sonderbohrungen, Erdwärme 92
Sonnenschutz 30
Speicherladesystem 67
Sperrzeiten 112
Spiralsonden 94
Split-Klima-Geräte 109
Split-Wärmepumpen 90
Standkessel 135
Strahlung, thermische 164
Stromheizung 50, 51
Stromspeicher 22, 24, 145
Stromzähler 121
- für Wärmepumpe 116
Sturzbrandofen siehe Holzvergaserkessel
Systemplanung 9

T

Tank-in-Tank-Systeme 69
TCP-IP 202
Teilparallelbetrieb 105
Therme 135
Thermostate 194
- programmierbare 195
- Steuerung per App 196
Tiefenbohrungen 93
Trivalenzpunkt 105

U

Umgebungstemperatur 80
Umwälzpumpe 117
Umweltbilanz eines Gebäudes 25
Umweltwärme 22, 29
U-Sonden 93
U-Wert 28
Uw-Wert 28

V

Vakuumdämmung 27
Vakuumröhrenkollektoren siehe Röhrenkollektoren (Solarthermie)
Ventilatorkonvektoren 172
Verdampfer (Wärmepumpe) 74
Verdichter (Wärmepumpe) 75
Vollbrennwertkessel 47
Volumenstrom 114, 117
Vorlauftemperatur 24, 37, 47, 167, 168, 192
- Wärmepumpen 76, 80
- Fernwärme 159
- Flächenheizung 175

W

Wandheizung 30, 175, 177, 179
Wärmebedarf 12, 21, 43, 53, 76
Wärmedämmung 56
- bei Bestandsbauten 27
- beim Reihenhaus 40
Wärmedämmverbundsystem 27
Wärmeerzeuger 46
Wärmepumpen 47, 74
- Angabe Wärmequelle 81
- Anlagenhydraulik 115
- Aufstellort 86, 90, 115
- Bedarfsermittlung 110
- Betrieb und Wartung 116, 117, 119, 121
- Dimensionierung 83, 90, 103
- effiziente Auslegung 77
- Hybridlösungen 77
- im Altbau 42, 103, 104, 115
- invertergeregelt 77
- kalte Fernwärme 159
- Kennzahlen 80, 81, 83
- Kombination mit Holzheizung 106, 157
- Kombination mit Photovoltaik 118
- Kombination mit Solarthermie 66, 106
- Kosten 81, 82
- Kühlenergiebedarf 114
- Messpunkte 81
- modulierend 77
- mit integriertem Warmwasserspeicher 111
- Nachhaltigkeit 77
- reversible 182
- Schallschutz 85, 87, 88
- Simulationsprogramme 115
- Strom aus Photovoltaik 107, 144
- und Heizkörper 172, 174
- Vorlauftemperatur 37
- Warmwasserbereitung 65
- Wirtschaftlichkeit 76, 120
- zur Kühlung 78, 108, 182
Wärmepumpenstrom 85
Wärmepumpentarife 121
Wärmerückgewinnung 38
- Duschwasser 62
Wärmetransport 164
Wärmeübergangskoeffizient 164
Wärmeübertrager Brennwertkessel 152
Wärmeverteilung 29
Warmwasser 31
- Energiebedarf ermitteln 55
- zentral oder dezentral 62
Warmwasserbereitung im Neubau 35
Warmwasserbereitung mit Durchlauferhitzer 50
Warmwasserspeicher 61
Warmwasserwärmepumpe siehe Brauchwasserwärmepumpe
Wasser, als Wärmeübertrager 168
Wasser-Wasser-Wärmepumpen, zur Kühlung 183
Wasserstoff 23, 39
Wassertasche 157
Wellenrohrsonden 93
Windenergie 22
Wirtschaftlichkeit 55
Wohlfühlfaktor 165

Z

Zentrale Warmwasserbereitung 62, 67
Zentralheizung 46, 114
- Medium 168
Zirkulationsleitung 112
Zirkulationsleitungen 61, 63, 67

Die Stiftung Warentest wurde 1964 auf Beschluss des Deutschen Bundestages gegründet, um dem Verbraucher durch vergleichende Tests von Waren und Dienstleistungen eine unabhängige und objektive Unterstützung zu bieten.

Karl-Gerhard Haas ist Technikjournalist und in allen Themen bewandert, die mit elektrischem Strom und Elektronik zu tun haben. Sein Fachwissen gibt er in anschaulicher Weise als Autor zahlreicher verständlich geschriebener Technikratgeber weiter.

Dipl.-Ing. Jochen Letsch hat nach dem Studium des Maschinenwesens in mehreren Planungsbüros für technische Gebäudeausrüstung Anlagen geplant und deren Aufbau überwacht. Seit 2005 betreibt er ein Ingenieurbüro mit den Schwerpunkten Energieeffizienz und Erneuerbare Energie. Jochen Letsch leitet die Fachgruppe Energie bei der Ingenieurkammer Baden-Württemberg und ist Referent für Energieeffizienz in Wohngebäuden und in mittelständischen Betrieben.

Stiftung Warentest
Lützowplatz 11–13
10785 Berlin
Telefon 0 30/26 31–0
Fax 0 30/26 31–25 25
www.test.de
email@stiftung-warentest.de

USt-IdNr.: DE136725570

Vorstand: Hubertus Primus
Weitere Mitglieder der Geschäftsleitung:
Dr. Holger Brackemann, Julia Bönisch, Daniel Gläser

Programmleitung: Niclas Dewitz

Autoren: Karl-Gerhard Haas, Jochen Letsch
Projektleitung: Philipp Sperrle, Alexandra Germann
Lektorat: Magnus Enxing, Münster
Korrektorat: Christoph Nettersheim, Nürnberg
Titelentwurf: Daniela Greven
Layout, Satz: Anne-Katrin Körbi
Bildredaktion: Magnus Enxing, Münster

Infografiken/Diagramme: Michael Römer (S. 95, 97, 113 (Quelle: Buderus), 121, 124, 126, 131, 152, 156 (oben), 168, 169, 172, 173, 180, 183, 192, 193 (oben), 193 (unten)
Bildnachweis: Adobe Stock: 19 S. Leitenberger, 24 bildlove, 26 schulzfoto, 29 sveta, 33 USeePhoto, 35 schulzfoto, 37 stefanfister, 40 Andrei Nekrassov, 42 keBu.Medien, 51 Joao Bispo, 52 (rechts) reimax16, 54 Martin Debus, 87 Andrea Danti, 93 RGtimeline, 94 photo 5000, 111 Andrey Popov, 140 creativenature.nl, 154 (oben) tiero, 154 (Mitte) apcefoto, 154 (unten) eloko67, 171 Gundolf Renze, 185 Lilli, 186 2ragon, 188 Otto Durst, 189 evbrbe; Alnor: 181; Annett Hansen: 80, 83; Bosch Thermotechnik GmbH: 200; Buderus: 48 Thorsten Bohlmann, 68 (unten); Büro Brendel: 127; Co2on line.de: 10, 149, 167 Alois Müller, 197; Elektroflachheizung Schnatterer GmbH: 144; Elektro Heinle Fautspach/Althütte: 96; eQ-3 AG, eq-3.de: 207; Förm (Quelle: K. Mertens, lehrbuch-photo voltaik.de): 125; Fröling: (oben links und rechts): 68; Frank-Oliver Grün: 201; Rehau: 177; Remko: 104; Stiftung Warentest: 75, 86, 102 René Reichelt, 129 Isabella Galanty, 195; Vaillant: 7, 137, 208; Variotherm: 174, 176; Viessmann: 65, 99; WikiCommons: 12 Pujanak, 49 BHKW-Infothek, Louis-F. Stahl, 52 (links) Glogger, 139 Martina Nolte; Ximax / ximax.at: 146, 179
Danksagung: Für die freundliche Unterstützung bei den Foto- und Grafikarbeiten bedanken wir uns bei Bosch Thermotechnik GmbH; Buderus; Co2online.de; Elektro Heinle; Elektroflachheizung Schnatterer GmbH; Fröling Heizkessel- und Behälterbau Ges.m.b.H.; Rehau; Remko; Vaillant; Variotherm; Viessmann; Ximax.

Produktion: Anne-Katrin Körbi
Verlagsherstellung: Rita Brosius (Ltg.), Romy Alig, Susanne Beeh
Litho: tiff.any, Berlin
Druck: Firmengruppe APPL, aprinta druck, Wemding

ISBN: 978-3-7471-0711-9

Wir haben für dieses Buch 100 % Recyclingpapier und mineralölfreie Druckfarben verwendet. Stiftung Warentest druckt ausschließlich in Deutschland, weil hier hohe Umweltstandards gelten und kurze Transportwege für geringe CO_2-Emissionen sorgen. Auch die Weiterverarbeitung erfolgt ausschließlich in Deutschland.